Rahmen und Balken

Eine vollständige, leichtfaßliche Entwicklung gebrauchsfertiger Rahmenformeln auf rechnerischer Grundlage für 23 verschiedene Rahmenformen

Mit Formeln für die Berechnung von Balken auf 2 bis 6 Stützen mit freien und mit eingespannten Endauflagern nebst einem Anhang mit Durchbiegungsformeln Bemessungstabellen für Eisenbeton und Tabellen über Pfahlrammungen

Von

Jürgen Staack

Bauingenieur in Hamburg

Mit mehr als 1000 Rahmen- und über 300 Balken-Belastungsfällen sowie 448 Abbildungen

Berlin

Verlag von Julius Springer

1931

Softcover reprint of the hardcover 1st edition 1931

ISBN-13: 978-3-642-98200-2 e-ISBN-13: 978-3-642-99011-3

DOI: 10.1007/978-3-642-99011-3

Vorwort.

Der erste Anlaß zur Bearbeitung des vorliegenden Buches ist teils einem Zufall zu verdanken. Vor mehreren Jahren sah ich mich vor die Aufgabe gestellt, einen beiderseits fest eingespannten Rahmen zu berechnen. Wie früher schon mehrfach in ähnlichen Fällen statischer Art erweiterte ich mir auch diesmal die gestellte Aufgabe, und zwar zu dem im I. Abschnitt dieses Buches behandelten Rahmen 1. Diese Erweiterung statischer Aufgaben hat den Vorteil, daß man von der Lösung der generellen Aufgabe ohne große Mühe die Lösung der einfacheren, von der allgemeinen Form umschlossenen Aufgaben ableiten kann. Mit der Bearbeitung dieses generellen Beispiels auf rechnerischer Grundlage waren zugleich die Lösungen recht vieler einfacherer Rahmenformen, und zwar sowohl für zweiseitige, als auch für einseitige Einspannung der Rahmenendglieder gefunden. Die gliedweise Vereinfachung der Rahmenform erfolgte in diesem Falle in der Reihenfolge des Inhaltsverzeichnisses bis herab zum beiderseits fest eingespannten Balken. Manche Lösungen für letztere wurden allerdings auch nach dem einfacheren Clapeyronschen Verfahren ermittelt. Hierbei ist zu erwähnen, daß von der Möglichkeit zur Wahl anderer Rahmenformen noch nicht in erschöpfendster Weise Gebrauch gemacht wurde.

Nachdem in mir der Entschluß gereift war, diese aus dem Bedürfnis der Praxis heraus entstandene Arbeit der Öffentlichkeit zu übergeben, ging ich denselben Weg für den Zweigelenkrahmen, und um gleichzeitig den in der Praxis fühlbar werdenden Wünschen nach einer übersichtlichen Berechnung und Zusammenstellung aller erforderlichen Werte für durchlaufende Balken entgegenzukommen, entwickelte ich mit Hilfe der Clapeyronschen Gleichungen für eine große Anzahl häufig vorkommender Durchlaufbalken brauchbare Formeln.

So entstand ein Buch, welches in besonders umfassender Weise eine größere Anzahl verschiedener Rahmenformen behandelt, und dadurch den Wünschen der Praxis weitgehendst entgegenkommt. In ihm werden für beiderseits und einseitig eingespannte Rahmen, ebenso auch für Rahmen mit festen Fußgelenken viele gebrauchsfertige Formeln vollständig entwickelt. Mehr als 1000 Rahmenbelastungsfälle sind entweder unmittelbar mit Hilfe dieser Formeln zu lösen, oder es ist in weitgehendstem Maße der endgültigen formelmäßigen Lösung zugestrebt worden. Der Möglichkeit, kurze und praktische Formeln zu schaffen, ist natürlich eine Grenze gesetzt. In solchen Fällen, wo Formeln zu lang und unübersichtlich werden würden, ist auf sie verzichtet worden. Zahlenmäßige Ermittlung der gegebenen Verschiebungswerte und Lösung der Elastizitätsgleichungen mit diesen Zahlenwerten führen beispielsweise bei vielen unsymmetrischen Rahmenformen mit beiderseitiger Einspannung schneller und sicherer zum Ziele. In den meisten Fällen jedoch ist eine formelmäßige Endlösung gebracht, und wo dies aus eben genannten Gründen unzweckmäßig erschien, die endgültige Lösung doch in größtmögliche Nähe gerückt worden.

Infolge der Ableitung aller Rahmenformeln — mit alleiniger Ausnahme derjenigen für die Mansardbinder — von den Lösungen der generellen Beispiele, ist jede Formel nachprüfbar, und mit Sicherheit die Feststellung von Fehlern möglich. Ich bitte daher alle freundlichen Benutzer vorliegenden Buches, mich von etwaigen Fehlern, die sich eingeschlichen haben könnten, in Kenntnis setzen zu wollen.

Durch die Ermittlung vieler Einflußwerte, Biegungslinien und sonstiger Formeln für Balken auf zwei bis sechs Stützen, teils mit eingespannten, teils mit freien Endauflagern, dürfte — obgleich in den meisten Fällen hier nur die Endergebnisse, nicht aber die Entwicklungen wiedergegeben sind — der praktische Wert des Buches nicht unwesentlich erhöht werden. Für mehr als 300 verschiedene Balken-Belastungsfälle werden die Ansätze für Auflager- und Feldmomente und für die Auflagerkräfte in kürzester Fassung gebracht.

Der Inhalt dieses Buches dürfte dazu beitragen, die noch vorhandenen Lücken in der deutschen technischen Literatur schließen zu helfen. Praktische Anregungen zum weiteren Ausbau desselben werden jederzeit von mir dankbar begrüßt werden.

Möge dies Buch in der Arbeitsstube des entwerfenden und des prüfenden Ingenieurs ein unentbehrliches Handbuch, dem Studierenden ein unterstützendes Kompendium und dem Techniker im Selbststudium ein willkommener Berater werden und möge es ihm infolge der Vielseitigkeit und der vielfachen Anwendungsmöglichkeiten, sowie wegen der Kürze der von ihm gebotenen Formeln gelingen, sich einen angemessenen Freundeskreis zu erwerben.

Der Verlagsbuchhandlung danke ich für die sorgfältige Drucklegung und für die würdige Ausstattung.

Hamburg 39, Langenkamp 27, im Dezember 1930.

Der Verfasser.

Inhaltsverzeichnis.

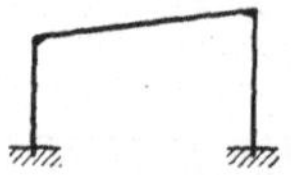

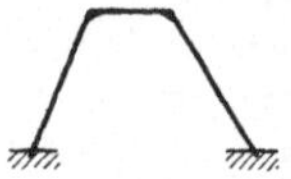

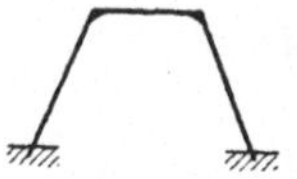

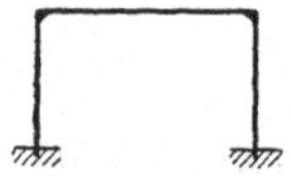

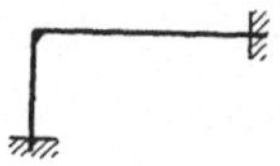

Abschnitt V.

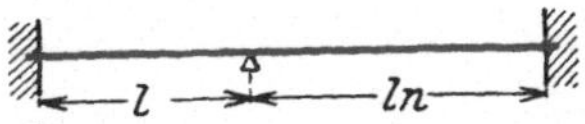

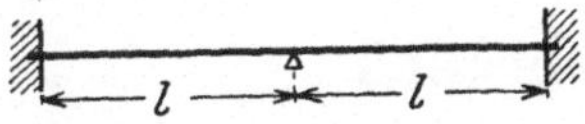

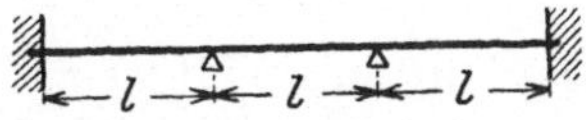

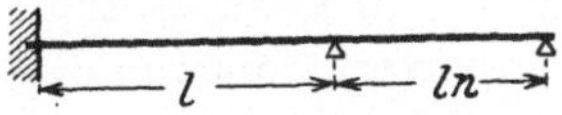

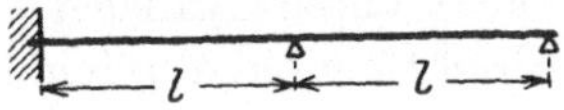

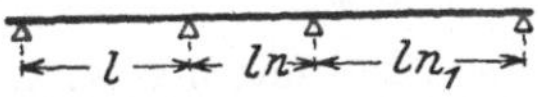

Balken.

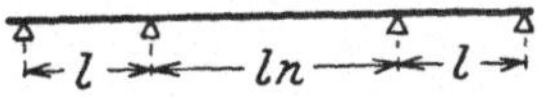

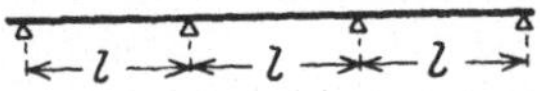

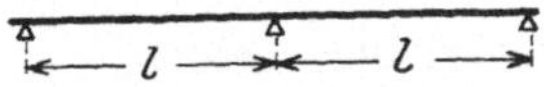

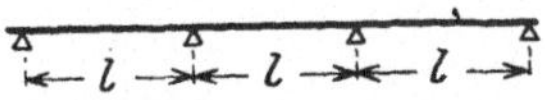

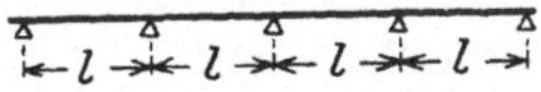

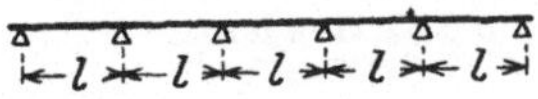

Anhang.

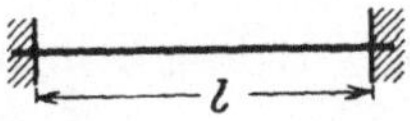

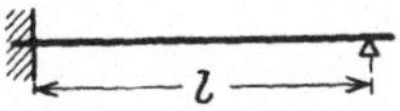

Bemerkungen für den Gebrauch.

Bei der Berechnung von Rahmen nach den Abschnitten I—III ist zu beachten, daß alle Minusmomente an den Rahmen-Außenseiten Zug- und an den -Innenseiten Druckspannungen, alle positiven Momente die entgegengesetzten Spannungen erzeugen. Alle senkrechten Auflagerkräfte mit einem Minusvorzeichen haben eine Pfeilrichtung nach unten. Bei den Momentansätzen ist dieses Minuszeichen zu berücksichtigen, womit der negativen Pfeilrichtung Rechnung getragen wird.

Weiter ist stets mit x bzw. x_0 und x_m die Abszisse und mit y bzw. y_0 und y_m die Ordinate bezeichnet worden.

Druckfehlerberichtigung.

Seite 25 am Schluß der letzten Zeile muß es richtig heißen:

$$-\frac{2}{3} H_B h \quad \text{statt} \quad -\frac{2}{3} H_B l.$$

Seite 144, Zeile 6 von oben muß es richtig heißen:

$$H = \frac{p d}{2 l b h} \cdot \frac{1{,}5 b (a \gamma + u \gamma') + 0{,}5 l d (b + 2 e) + a b k \gamma + u b k_1 \gamma'}{3 + k + k_1}$$

Seite 170, in der 2. und 8. Zeile von unten muß es richtig heißen:

$$+ 0{,}25 b h_2 \quad \text{statt} \quad - 0{,}25 b h_2.$$

I. Der beiderseits fest eingespannte Rahmen.

A. Erläuterung des Rechnungsverfahrens.

An den beiden Auflagern der fest eingespannten Rahmen treten infolge äußerer Lastwirkungen folgende Gegenwirkungen:

zwei Einspannmomente, zwei senkrechte und zwei wagerechte Auflagerkräfte, zusammen also sechs Unbekannte,

auf. Von diesen kann man mit den bekannten drei Gleichgewichtsbedingungen:

$$1.\quad \Sigma V = 0,$$
$$2.\quad \Sigma H = 0,$$
$$3.\quad \Sigma M = 0$$

nur drei ermitteln; die restlichen drei sind mit Hilfe der Statik nicht zu bestimmen. Daher ist der beiderseits fest eingespannte Rahmen dreifach statisch unbestimmt.

In dem in nebenstehender Abbildung dargestellten allgemeinen Beispiel eines viermal geknickten Rahmens mit verschieden hohen Auflagern sollen die Gegenwirkungen am rechten Auflager:

der senkrechte Auflagerdruck X_a oder V_B,
der wagerechte Auflagerdruck X_b oder H_B,
das Einspannmoment X_c oder M_B

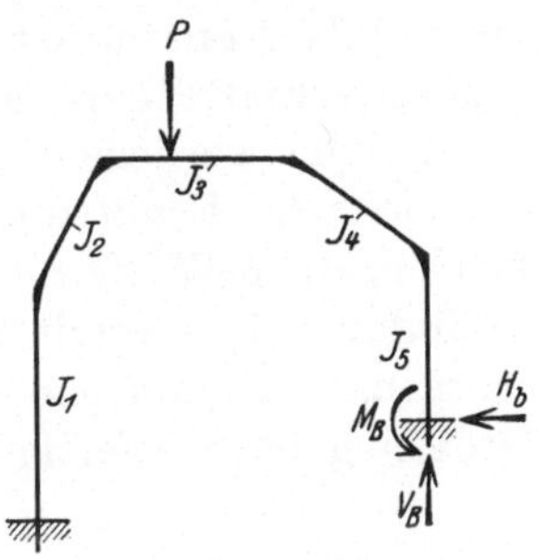

Abb. 1.

als statisch unbestimmte Größen eingeführt und mit Hilfe der bekannten Gleichungen:

$$1.\quad 0 = \Sigma P\,\delta_{m\,a} + X_a\,\delta_{a\,a} + X_b\,\delta_{b\,a} + X_c\,\delta_{c\,a}$$
$$2.\quad 0 = \Sigma P\,\delta_{m\,b} + X_a\,\delta_{a\,b} + X_b\,\delta_{b\,b} + X_c\,\delta_{c\,b}$$
$$3.\quad 0 = \Sigma P\,\delta_{m\,c} + X_a\,\delta_{a\,c} + X_b\,\delta_{b\,c} + X_c\,\delta_{c\,c}$$

ermittelt werden. Es sei auf die bekannte Tatsache hingewiesen, daß die in diesen drei Gleichungen enthaltenen, mit $\delta_{a\,a}$, $\delta_{b\,a}$, $\delta_{c\,a}$ ... usw. bezeichneten Verschiebungswerte, welche in Verbindung mit den drei statisch unbestimmten Größen stehen, von der Belastung des Rahmens unabhängig sind. Sie sind ausschließlich abhängig von der Rahmenform. Dagegen sind die in Verbindung mit der Lastbezeichnung stehenden drei Verschiebungswerte δ_{ma}, δ_{mb} und δ_{mc} abhängig von der Rahmenbelastung und von der Rahmenform.

Die zur Lösung der vorstehenden drei Gleichungen nötigen neun Verschiebungswerte δ_{aa}, δ_{ab}, δ_{ac}, δ_{bb}, δ_{bc}, δ_{cc}, δ_{ma}, δ_{mb} und δ_{mc} können nach dem Prinzip der virtuellen Verschiebungen aus den Zuständen $X_a = -1$, $X_b = -1$, $X_c = -1$ und $P = 1$ mit der allgemeinen Arbeitsgleichung:

$$\Sigma P \delta + \Sigma C \Delta_c = \int \frac{M \cdot M'}{EJ} ds + \int \frac{N \cdot N'}{EF} ds + \int \varepsilon t_0 N' ds + \int \varepsilon \frac{\Delta t}{h} \cdot M' ds$$

ermittelt werden. Unter Hinweis auf den Maxwellschen Satz von der Gegenseitigkeit der Verschiebungen sei bemerkt, daß $\delta_{ba} = \delta_{ab}$, $\delta_{ca} = \delta_{ac}$ und $\delta_{cb} = \delta_{bc}$ ist. Da bei der Ermittlung der statisch unbestimmten Größen die Einwirkungen der Normalkräfte, die Einflüsse von Temperaturunterschieden und von Auflagerverschiebungen unberücksichtigt bleiben sollen, erhält der obige Ausdruck für die virtuelle Arbeit der Auflagerkräfte folgende einfache Form:

$$\Sigma P \delta = \int \frac{M \cdot M'}{EJ} ds.$$

Nachdem alle Verschiebungswerte zahlenmäßig gefunden sind, kann man die vorerwähnten drei Bestimmungsgleichungen nach den drei statisch unbestimmten Werten auflösen und darauf die fehlenden drei Auflagerwiderstände V_A, H_A und M_A ermitteln. Wenn alle sechs Auflager-Unbekannte feststehen, lassen sich alle Rahmenmomente, Längs- und Querkräfte ohne große Mühe ermitteln.

In dem vorliegenden I. Abschnitte dieses Buches sind nun, um die vielfache Ermittlung der statisch unbestimmten Größen zu vermeiden, die δ-Werte für einfachere Rahmenformen aus den im Beispiel — Rahmen 1 — ermittelten Werten ohne weiteres abgeleitet worden. In mehreren einfachen Fällen wurden für die statisch unbestimmten Größen gebrauchsfertige Formeln entwickelt.

B. Die Entwicklung der Verschiebungswerte.

Als Hauptsystem erhält man bei der eingangs erwähnten Wahl der statisch unbestimmten Größen den in nebenstehender Abbildung dargestellten statisch bestimmten Rahmen mit linksseitiger Einspannung bei A und rechtsseitig freischwebendem Stabende B. Die Knickpunkte seien mit C, D, F und G bezeichnet. Im Endpunkte B des Rahmenteils $\overline{GB}$ denke man sich als äußere Kräfte:

eine senkrechte Kraft in der Größe von X_a,
eine wagerechte Kraft in der Größe von X_b und
ein linksdrehendes Moment in der Größe von X_c

angebracht, wenn man die ursprüngliche Wirkung wieder hergestellt haben will.

Im folgenden soll nun in der bekannten Weise die Ermittlung aller Verschiebungswerte vorgenommen werden.

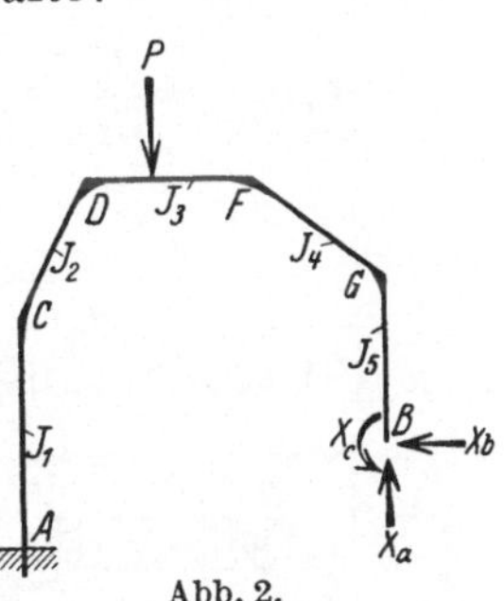

Abb. 2.

Rahmen 1.

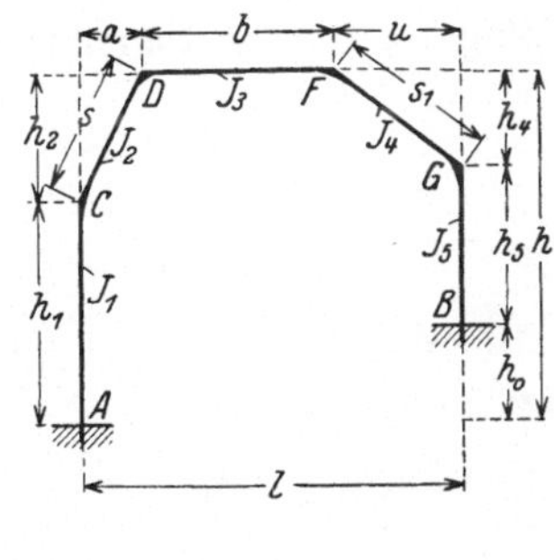
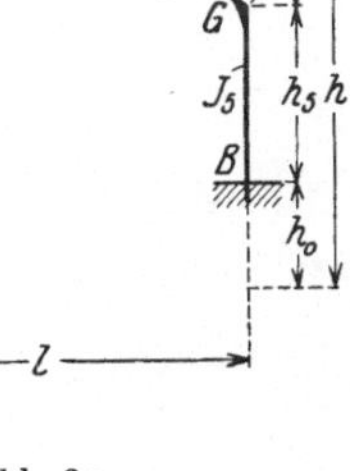

Abb. 3a. Abb. 3b.

Bestimmung von δ_{aa} aus dem Zustand $X_a = -1$.

$$\delta_{aa} = \int_0^l \frac{M_a^2}{EJ}\,ds$$

Senkrechter Auflagerdruck in $A = 1$.

M_a-Momente:	M_a^2-Werte:	Bem.
$\overline{AC}$: $M_a = -l$	$M_a^2 = l^2$	
$\overline{CD}$: $M_a = x - l$	$M_a^2 = l^2 - 2lx + x^2$	$ds = \frac{s}{a}\,dx$
$\overline{DF}$: $M_a = a + x - l$	$M_a^2 = (l-a)^2 - 2x(l-a) + x^2$	x von D an
$\overline{FG}$: $M_a = -x$	$M_a^2 = x^2$	x von G an
$\overline{GB}$: $M_a = 0$	$M_a^2 = 0$	$ds_1 = \frac{s_1}{u}\,dx$

$$\delta_{aa} = \frac{l^2}{EJ_1}\int_0^{h_1} dy + \frac{s}{aEJ_2}\int_0^a (l^2 - 2lx + x^2)\,dx + \frac{(l-a)^2}{EJ_3}\int_0^b dx - \frac{l-a}{EJ_3}\int_0^b 2x\,dx$$
$$+ \frac{1}{EJ_3}\int_0^b x^2\,dx + \frac{s_1}{uEJ_4}\int_0^u x^2\,dx\,.$$

Multipliziert man die Gleichung mit EJ_3, so ergibt sich nach Auswertung der Integrale:

$$\boldsymbol{EJ_3\delta_{aa} = \frac{J_3}{J_1}\cdot h_1 l^2 + \frac{J_3}{J_2}\cdot s\left(l^2 - la + \frac{a^2}{3}\right) + b\left(u^2 + ub + \frac{b^2}{3}\right) + \frac{J_3}{J_4}s_1\cdot\frac{u^2}{3}.}$$

Bestimmung von δ_{bb} aus dem Zustand $X_b = -1$.

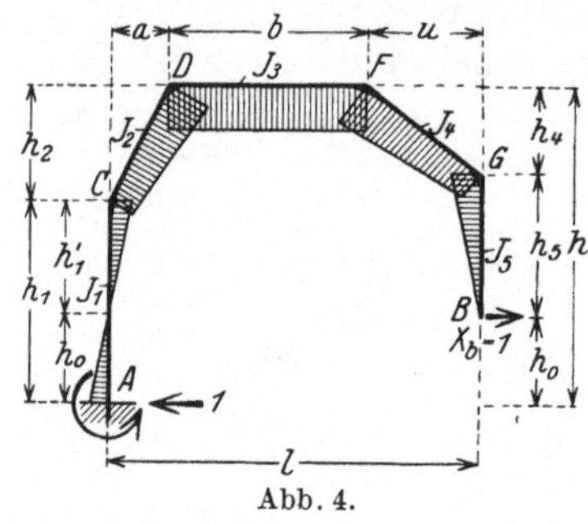

Abb. 4.

$$\delta_{bb} = \int_0^l \frac{M_b^2}{EJ}\,ds$$

Wagerechter Auflagerdruck in $A = 1$.

M_b-Momente:	M_b^2-Werte:	Bem.
$\overline{AC}$: $M_b = y - h_0$	$M_b^2 = h_0^2 - 2h_0 y + y^2$	
$\overline{CD}$: $M_b = h_1' + \frac{h_2}{a}x$	$M_b^2 = h_1'^2 + \frac{2h_1'h_2}{a}x + \frac{h_2^2}{a^2}x^2$	$ds = \frac{s}{a}dx$
$\overline{DF}$: $M_b = h - h_0 = h_4 + h_5$	$M_b^2 = h_4^2 + 2h_4h_5 + h_5^2$	$ds_1 = \frac{s_1}{u}dx$
$\overline{FG}$: $M_b = h_5 + \frac{h_4}{u}x$	$M_b^2 = h_5^2 + \frac{2h_4h_5}{u}x + \frac{h_4^2}{u^2}x^2$	x von G an
$\overline{BG}$: $M_b = y$	$M_b^2 = y^2$	

$$\delta_{bb} = \frac{1}{EJ_1}\int_0^{h_1}(h_0^2 - 2h_0 y + y^2)\,dy + \frac{s}{aEJ_2}\int_0^a\left(h_1'^2 + \frac{2}{a}h_1'h_2 x + \frac{h_2^2}{a^2}x^2\right)dx$$

$$+ \frac{1}{EJ_3}\int_0^b (h_4 + h_5)^2\,dx + \frac{s_1}{uEJ_4}\int_0^u\left(h_5^2 + \frac{2}{u}h_4\cdot h_5 x + \frac{h_4^2}{u^2}x^2\right)dx + \frac{1}{EJ_5}\int_0^{h_5} y^2\,dy.$$

Multipliziert man die Gleichung wieder mit EJ_3, so erhält man nach Auswertung der Integrale:

$$\boldsymbol{EJ_3\delta_{bb} = \frac{J_3}{J_1}\cdot h_1\left(\frac{h_1^2}{3} - h_1'h_0\right) + \frac{J_3}{J_2}\cdot s\left(\frac{h_2^2}{3} + h_1'^2 + h_1'h_2\right) + b(h_4 + h_5)^2 + \frac{J_3}{J_4}\cdot s_1\left(\frac{h_4^2}{3} + h_5^2 + h_4h_5\right) + \frac{J_3}{J_5}\cdot\frac{h_5^3}{3}.}$$

Bestimmung von $\delta_{ba} = \delta_{ab}$.

$$\delta_{ba} = \delta_{ab} = \int_0^l \frac{M_a \cdot M_b}{EJ}\, ds.$$

Multipliziert man die auf den Vorseiten verzeichneten Werte für M_a und M_b miteinander, so ergeben sich folgende

$M_a \cdot M_b$-Werte:	Bem.
$\overline{AC}$: $M_a \cdot M_b = l(h_0 - y)$	
$\overline{CD}$: $M_a \cdot M_b = -l h_1' + x\left(h_1' - \frac{l h_2}{a}\right) + \frac{h_2}{a} x^2$	$ds = \frac{s}{a} dx$
$\overline{DF}$: $M_a \cdot M_b = (a + x - l)(h_4 + h_5)$	x von D an
$\overline{GF}$: $M_a \cdot M_b = -h_5 x - \frac{h_4}{u} x^2$	x von G an; $ds_1 = \frac{s_1}{u} dx$
$\overline{BG}$: $M_a \cdot M_b = 0$.	

$$\delta_{ab} = \delta_{ba} = \frac{l}{EJ_1}\int_0^{h_1}(h_0 - y)\,dy + \frac{s}{aEJ_2}\int_0^a\left[-l h_1' + x\left(h_1' - \frac{l h_2}{a}\right) + \frac{h_2}{a}x^2\right]dx$$

$$+ \frac{h_4 + h_5}{EJ_3}\int_0^b (a - l + x)\,dx - \frac{s_1}{uEJ_4}\int_0^u\left(h_5 x + \frac{h_4}{u}x^2\right)dx.$$

Nach Auswertung der Integrale und Multiplikation mit EJ_3 erhält man den Ausdruck:

$$\boldsymbol{EJ_3\delta_{ab} = -\frac{J_3}{J_1}\cdot\frac{l h_1}{2}(h_1 - 2h_0) - \frac{J_3}{J_2}\cdot\frac{s}{6}[3h_1'(2l - a) + h_2(3l - 2a)]}$$

$$\boldsymbol{- b(h_4 + h_5)\left(l - a - \frac{b}{2}\right) - \frac{J_3}{J_4}\cdot\frac{s_1 u}{6}(2h_4 + 3h_5).}$$

Bestimmung von δ_{cc} aus dem Zustand $X_c = -1$.

$$\delta_{cc} = \int_0^l \frac{M_c^2}{EJ}\,ds.$$

M_c-Momente: $\overline{ACDFGB} = -1$.

M_c^2-Werte: $\overline{ACDFGB} = +1$.

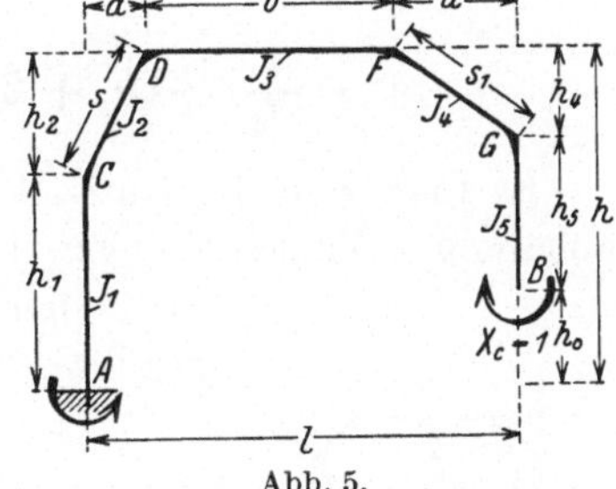

Abb. 5.

$$\delta_{cc} = \frac{1}{EJ_1}\int_0^{h_1} dy + \frac{s}{aEJ_2}\int_0^a dx + \frac{1}{EJ_3}\int_0^b dx + \frac{s_1}{uEJ_4}\int_0^u dx + \frac{1}{EJ_5}\int_0^{h_5} dy$$

$$\boldsymbol{EJ_3\delta_{cc} = \frac{J_3}{J_1}h_1 + \frac{J_3}{J_2}s + b + \frac{J_3}{J_4}s_1 + \frac{J_3}{J_5}h_5.}$$

Bestimmung von $\delta_{a c}=\int\limits_0^l \frac{M_a \cdot M_c}{E J} d s$.

Weil $M_c=-1$ ist, so sind die $M_a \cdot M_c$-Werte gleich den Minuswerten von M_a — vgl. diese auf Seite 3 —. Demnach ist der Ansatz für

$$\delta_{a c}=\frac{l}{E J_1} \int\limits_0^{h_1} d y+\frac{s}{a E J_2} \int\limits_0^a(l-x) d x+\frac{1}{E J_3} \int\limits_0^b(l-a-x) d x+\frac{s_1}{u E J_4} \int\limits_0^u x d x .$$

Nach Auswertung der Integrale und Multiplizieren mit $E J_3$ ergibt sich:

$$\boldsymbol{E J_3 \delta_{a c}=\frac{J_3}{J_1} l h_1+\frac{J_3}{J_2} \cdot \frac{s}{2}(2 l-a)+\frac{b}{2}(b+2 u)+\frac{J_3}{J_4} \cdot \frac{s_1 u}{2}} .$$

Bestimmung von $\delta_{b c}=\int\limits_0^l \frac{M_b \cdot M_c}{E J} d s$.

Die $M_b \cdot M_c$-Werte sind gleich den Minuswerten von M_b, daher ist

$$\delta_{b c}=-\frac{1}{E J_1} \int\limits_0^{h_1}\left(y-h_0\right) d y-\frac{s}{a E J_2} \int\limits_0^a\left(h_1^{\prime}+\frac{h_2}{a} x\right) d x-\frac{h_4+h_5}{E J_3} \int\limits_0^b d x$$

$$-\frac{s_1}{u E J_4} \int\limits_0^u\left(h_5+\frac{h_4}{u} x\right) d x-\frac{1}{E J_5} \int\limits_0^{h_5} y d y .$$

Hieraus ergibt sich nach Auswertung der Integrale und Multiplikation mit $E J_3$ der Ausdruck:

$$\boldsymbol{E J_3 \delta_{b c}=-\frac{J_3}{J_1} \cdot \frac{h_1}{2}\left(h_1^{\prime}-h_0\right)-\frac{J_3}{J_2} \cdot \frac{s}{2}\left(2 h_1^{\prime}+h_2\right)-b\left(h_4+h_5\right)}$$

$$\boldsymbol{-\frac{J_3}{J_4} \cdot \frac{s_1}{2}\left(h_4+2 h_5\right)-\frac{J_3}{J_5} \cdot \frac{h_5^2}{2}} .$$

Es folgt nun die Entwicklung der von der Belastung des Rahmens abhängigen Verschiebungswerte $\delta_{m a}$, $\delta_{m b}$ und $\delta_{m c}$. Die Momente, die von einer Last $P=1$ im Hauptsystem hervorgerufen werden, seien mit M_m bezeichnet.

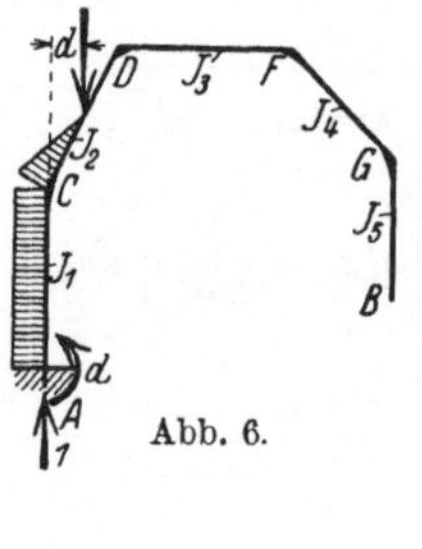

Abb. 6.

Belastungsfall 1.

M_m-Momente: $\overline{A C}$: $M_m=-d$

$\overline{C P}$: $M_m=x-d$

$\overline{P B}$: $M_m=0$.

Bestimmung von $\delta_{ma} = \int \frac{M_m \cdot M_a}{EJ} ds$.

$M_m \cdot M_a$-Werte: $\overline{AC}$: $M_m \cdot M_a = l d$

$\overline{CP}$: $M_m \cdot M_a = l d - x(l+d) + x^2$.

$$E J_3 \delta_{ma} = \frac{J_3}{J_1} \cdot l d \int_0^{h_1} dy + \frac{J_3}{J_2} \cdot \frac{s}{a} \int_0^d [l d - x(l+d) + x^2] dx.$$

Hieraus nach Auswertung der Integrale:

$$\boldsymbol{E J_3 \delta_{ma} = \frac{J_3}{J_1} l d h_1 + \frac{J_3}{J_2} \cdot \frac{s d^2}{6a} (3l - d).}$$

Bestimmung von $\delta_{mb} = \int \frac{M_m \cdot M_b}{EJ} ds$.

$M_m \cdot M_b$-Werte: $\overline{AC}$: $M_m \cdot M_b = d(h_0 - y)$

$\overline{CP}$: $M_m \cdot M_b = -d h_1' + x\left(h_1' - \frac{h_2 d}{a}\right) + \frac{h_2}{a} x^2$.

$$E J_3 \delta_{mb} = -\frac{J_3}{J_1} d \int_0^{h_1} (y - h_0) dy + \frac{J_3}{J_2} \cdot \frac{s}{a} \int_0^d \left[-d h_1' + x\left(h_1' - \frac{h_2 d}{a}\right) + \frac{h_2}{a} x^2\right] dx.$$

Hieraus

$$\boldsymbol{E J_3 \delta_{mb} = -\frac{J_3}{J_1} \cdot \frac{d h_1}{2} (h_1 - 2h_0) - \frac{J_3}{J_2} \cdot \frac{s d^2}{6a^2} (3a h_1' + h_2 d).}$$

Bestimmung von $\delta_{mc} = \int \frac{M_m \cdot M_c}{EJ} ds$.

$M_m \cdot M_c$-Werte:

$\overline{AC}$: $M_m \cdot M_c = d$

$\overline{CP}$: $M_m \cdot M_c = d - x$

$$E J_3 \delta_{mc} = \frac{J_3}{J_1} d \int_0^{h_1} dy + \frac{J_3}{J_2} \cdot \frac{s}{a} \int_0^d (d - x) dx.$$

Nach Auswertung der Integrale:

$$\boldsymbol{E J_3 \delta_{mc} = \frac{J_3}{J_1} h_1 d + \frac{J_3}{J_2} \cdot \frac{s d^2}{2a}.}$$

Belastungsfall 2.

Für diesen Belastungsfall setze man in den obigen drei Verschiebungswerten $d = x$ und integriere zwischen den Grenzen $x = 0$ und $x = a$. Dann erhält man folgende Ausdrücke:

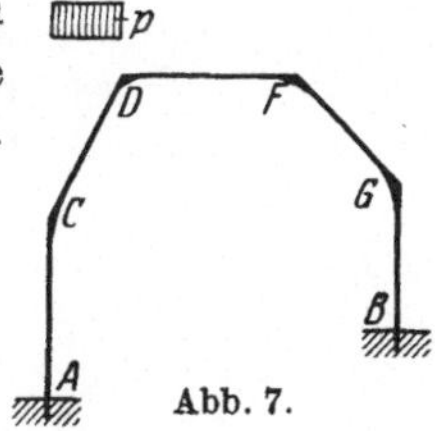

Abb. 7.

a) $E J_3 \delta_{ma} = \frac{J_3}{J_1} h_1 l \int_0^a x\, dx + \frac{J_3}{J_2} \frac{s}{6a} \int_0^a (3 l x^2 - x^3) dx.$

Nach Auswertung der Integrale:

$$\boldsymbol{E J_3 \delta_{m a} = \frac{J_3}{J_1} \cdot \frac{h_1 l a^2}{2} + \frac{J_3}{J_2} \cdot \frac{s a^2}{24} (4 l - a)}.$$

b) $$E J_3 \delta_{m b} = -\frac{J_3}{J_1} \cdot \frac{h_1}{2} (h_1 - 2 h_0) \int_0^a x\, dx - \frac{J_3}{J_2} \cdot \frac{s}{6 a^2} \int_0^a (3 a h_1' x^2 + h_2 x^3)\, dx.$$

Hieraus:

$$\boldsymbol{E J_3 \delta_{m b} = -\frac{J_3}{J_1} \cdot \frac{h_1 a^2}{4} (h_1 - 2 h_0) - \frac{J_3}{J_2} \cdot \frac{s a^2}{24} (4 h_1' + h_2)}.$$

c) $$E J_3 \delta_{m c} = \frac{J_3}{J_1} \cdot h_1 \int_0^a x\, dx + \frac{J_3}{J_2} \cdot \frac{s}{2 a} \int_0^a x^2\, dx.$$

Nach Auswertung der Integrale ergibt sich:

$$\boldsymbol{E J_3 \delta_{m c} = \frac{J_3}{J_1} \cdot \frac{h_1 a^2}{2} + \frac{J_3}{J_2} \cdot \frac{s a^2}{6}}.$$

Belastungsfall 3.

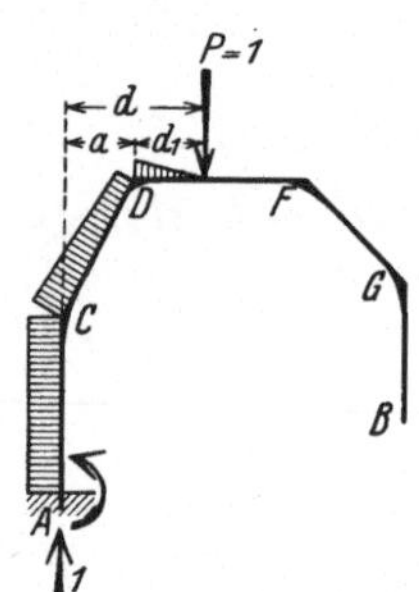

Abb. 8.

M_m-Momente:

$\overline{AC}$: $M_m = -d$

$\overline{CD}$: $M_m = x - d$

$\overline{DP}$: $M_m = a + x - d$ $\qquad x$ von D an

$\overline{PB}$: $M_m = 0$.

Bestimmung von $\delta_{m a} = \int \frac{M_m \cdot M_a}{E J} ds$.

$M_m \cdot M_a$-Werte:

$\overline{AC}$: $M_m \cdot M_a = l d$

$\overline{CD}$: $M_m \cdot M_a = (x - l)(x - d) = l d - x(l + d) + x^2$

$\overline{DP}$: $M_m \cdot M_a = (a + x - l)(a + x - d) = d_1 (b + u) - x(l + d - 2a) + x^2$.

$$\delta_{m a} = \frac{l d}{E J_1} \int_0^{h_1} dy + \frac{s}{a E J_2} \int_0^a [l d - x(l + d) + x^2]\, dx$$

$$+ \frac{1}{E J_3} \int_0^{d_1} [d_1 (b + u) - x(l + d - 2a) + x^2]\, dx.$$

Nach Auswertung der Integrale und Multiplikation mit $E J_3$ ergibt sich:

$$\boldsymbol{E J_3 \delta_{ma} = \frac{J_3}{J_1} \cdot h_1 l d + \frac{J_3}{J_2} s \left[\frac{a}{6}(3l - a) + \frac{d_1}{2}(2l - a)\right] + \frac{d_1^2}{6}[3(l - a) - d_1].}$$

Bestimmung von $\delta_{mb} = \int \frac{M_m \cdot M_b}{E J} ds$.

$M_m \cdot M_b$-Werte:

$\overline{AC}$: $M_m \cdot M_b = d(h_0 - y)$

$\overline{CD}$: $M_m \cdot M_b = (x - d)\left(h_1' + \frac{h_2}{a} x\right) = -h_1' d + x\left(h_1' - \frac{h_2 d}{a}\right) + \frac{h_2}{a} \cdot x^2$

$\overline{DP}$: $M_m \cdot M_b = (a + x - d)(h_4 + h_5)$.

$$\delta_{mb} = \frac{d}{E J_1} \int_0^{h_1} (h_0 - y)\, dy + \frac{s}{a E J_2} \int_0^a \left[-h_1' d + x\left(h_1' - \frac{h_2 d}{a}\right) + x^2 \frac{h_2}{a}\right] dx + \frac{h_4 + h_5}{E J_3} \int_0^{d_1} (a + x - d)\, dx.$$

Nach Auswertung der Integrale und Multiplikation mit $E J_3$ ergibt sich:

$$\boldsymbol{E J_3 \delta_{mb} = -\frac{J_3}{J_1} \cdot \frac{h_1 d}{2}(h_1 - 2h_0) - \frac{J_3}{J_2} s \left[\frac{h_1'}{2}(a + 2d_1) + \frac{h_2}{6}(a + 3d_1)\right] - \frac{d_1^2}{2}(h_4 + h_5).}$$

Bestimmung von $\delta_{mc} = \int \frac{M_m \cdot M_c}{E J} ds$.

$M_m \cdot M_c$-Werte: $\overline{AC}$: $M_m \cdot M_c = d$ $\qquad$ y von A nach oben

$\overline{CD}$: $M_m \cdot M_c = d - x$

$\overline{DP}$: $M_m \cdot M_c = d - a - x$ $\qquad$ x von D an

$$\delta_{mc} = \frac{d}{E J_1} \int_0^{h_1} dy + \frac{s}{a E J_2} \int_0^a (d - x)\, dx + \frac{1}{E J_3} \int_0^{d_1} (d - a - x)\, dx.$$

Die Integration nach Multiplikation mit $E J_3$ ergibt:

$$\boldsymbol{E J_3 \delta_{mc} = \frac{J_3}{J_1} h_1 d + \frac{J_3}{J_2} \cdot \frac{s}{2}(a + 2d_1) + \frac{d_1^2}{2}.}$$

Belastungsfälle 4 und 5.

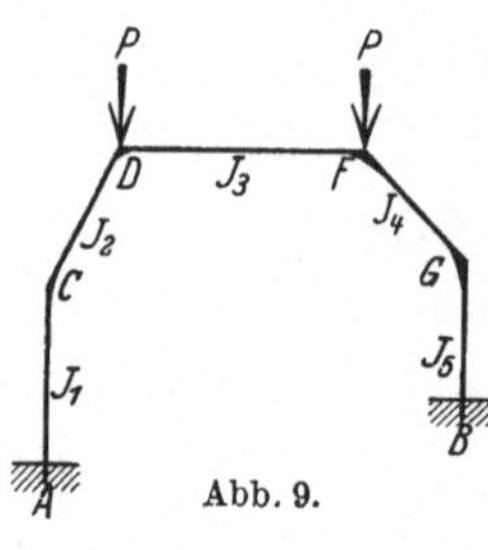

Abb. 9.

Belastungsfall 4: Einzellast P im Punkte D.

Setzt man in den für den Belastungsfall 1 entwickelten Formeln $d = a$ und in den Formeln für den Belastungsfall 3 $d = a$ und $d_1 = 0$, so erhält man für den Belastungsfall 4 folgende Werte:

$$E J_3 \delta_{ma} = \frac{J_3}{J_1} h_1 l a + \frac{J_3}{J_2} \cdot \frac{s a}{6} (3 l - a)$$

$$E J_3 \delta_{mb} = - \frac{J_3}{J_1} \cdot \frac{h_1 a}{2} (h_1 - 2 h_0) - \frac{J_3}{J_2} \cdot \frac{s a}{6} (3 h_1' + h_2)$$

$$E J_3 \delta_{mc} = \frac{J_3}{J_1} h_1 a + \frac{J_3}{J_2} \cdot \frac{s a}{2}.$$

Belastungsfall 5: Einzellast P im Punkte F.

In den für den Belastungsfall 3 ermittelten Werten setze man $d_1 = b$ und $d = a + b$. Dann ergeben sich folgende Ausdrücke:

$$E J_3 \delta_{ma} = \frac{J_3}{J_1} h_1 l (a + b) + \frac{J_3}{J_2} s \left[\frac{a}{6}(3 l - a) + \frac{b}{2}(2 l - a)\right] + \frac{b^2}{6}(2 b + 3 u)$$

$$E J_3 \delta_{mb} = - \frac{J_3}{J_1} \cdot \frac{h_1}{2} (a + b)(h_1 - 2 h_0) - \frac{J_3}{J_2} s \left[\frac{h_1'}{2}(a + 2 b) + \frac{h_2}{6}(a + 3 b)\right] - \frac{b^2}{2}(h_4 + h_5)$$

$$E J_3 \delta_{mc} = \frac{J_3}{J_1} h_1 (a + b) + \frac{J_3}{J_2} \cdot \frac{s}{2} (a + 2 b) + \frac{b^2}{2}.$$

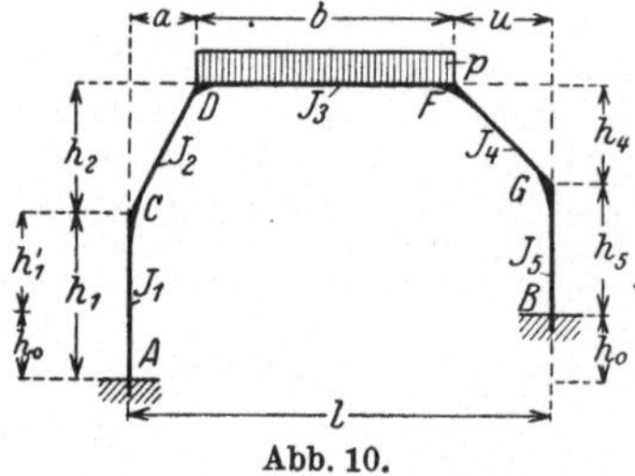

Abb. 10.

Belastungsfall 6.

Man setze in den für den Belastungsfall 3 entwickelten Werten $d_1 = x$ und $d = a + x$ und integriere zwischen den Grenzen $x = 0$ und $x = b$. Dann erhält man:

$$E J_3 \delta_{ma} = \frac{J_3}{J_1} h_1 l \int_0^b (a + x)\, dx + \frac{J_3}{J_2} s \int_0^b \left[\frac{a}{6}(3 l - a) + \frac{x}{2}(2 l - a)\right] dx + \frac{1}{6} \int_0^b [3 x^2 (l - a) - x^3]\, dx.$$

Die Auswertung der Integrale ergibt:

$$EJ_3\delta_{ma} = \frac{J_3}{J_1}\cdot\frac{h_1 l b}{2}(2a+b) + \frac{J_3}{J_2}\cdot\frac{sb}{12}[2la+(2a+3b)(2l-a)] + \frac{b^3}{24}(3b+4u).$$

Ferner ist:

$$EJ_3\delta_{mb} = -\frac{J_3}{J_1}\cdot\frac{h_1}{2}(h_1-2h_0)\int_0^b (a+x)\,dx - \frac{J_3}{J_2}s\left[\frac{h_1'}{2}\int_0^b (a+2x)\,dx + \frac{h_2}{6}\int_0^b (a+3x)\,dx\right] - \frac{1}{2}(h_4+h_5)\int_0^b x^2\,dx.$$

Die Auflösung der Integrale ergibt folgenden Wert:

$$EJ_3\delta_{mb} = -\frac{J_3}{J_1}\cdot\frac{h_1 b}{4}(h_1-2h_0)(2a+b) - \frac{J_3}{J_2}\cdot\frac{sb}{12}[6h_1'(a+b)+h_2(2a+3b)] - \frac{b^3}{6}(h_4+h_5).$$

Endlich ist:

$$EJ_3\delta_{mc} = \frac{J_3}{J_1}h_1\int_0^b (a+x)\,dx + \frac{J_3}{J_2}\cdot\frac{s}{2}\int_0^b (a+2x)\,dx + \frac{1}{2}\int_0^b x^2\,dx.$$

Hieraus folgt:

$$EJ_3\delta_{mc} = \frac{J_3}{J_1}\cdot\frac{h_1 b}{2}(2a+b) + \frac{J_3}{J_2}\cdot\frac{sb}{2}(a+b) + \frac{b^3}{6}.$$

Belastungsfall 7.

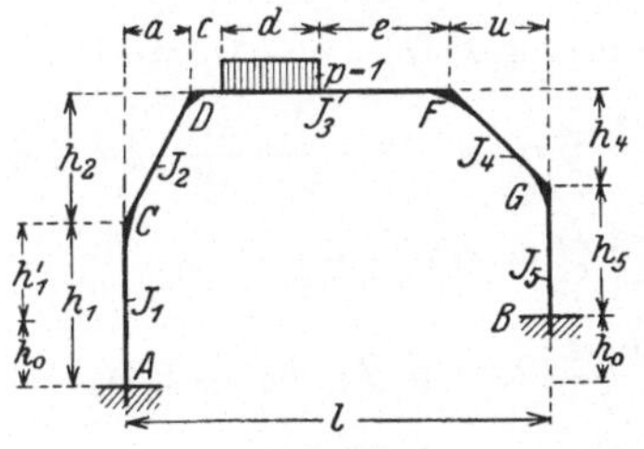

Für diesen Belastungsfall setze man wieder wie im Belastungsfall 6 in den für den Belastungsfall 3 entwickelten Werten $d_1 = x$ und $d = a + x$; integriere aber zwischen den Grenzen $x = c$ und $x = c + d$. Dann erhält man folgende Gleichungen:

$$v = (c+d)^3 - c^3$$
$$w = (c+d)^4 - c^4$$
$$z = a + 2c + d$$

Abb. 11.

$$EJ_3\delta_{ma} = \frac{J_3}{J_1}h_1 l\int_c^{c+d} (a+x)\,dx + \frac{J_3}{J_2}s\int_c^{c+d}\left[\frac{a}{6}(3l-a) + \frac{x}{2}(2l-a)\right]dx + \frac{1}{6}\int_c^{c+d}[3x^2(l-a) - x^3]\,dx.$$

Hieraus folgt:

$$\boldsymbol{E J_3 \delta_{ma} = \frac{J_3}{J_1} \cdot \frac{h_1 l d}{2} (a + z) + \frac{J_3}{J_2} \cdot \frac{s d}{12} [6 l z - a (3 z - a)] + \frac{1}{6}\left[v (l - a) - \frac{w}{4}\right].}$$

$$E J_3 \delta_{mb} = -\frac{J_3}{J_1} \cdot \frac{h_1}{2} (h_1 - 2 h_0) \int_c^{c+d} (a + x)\, dx$$

$$- \frac{J_3}{J_2} s \left[\frac{h_1'}{2} \int_c^{c+d} (a + 2x)\, dx + \frac{h_2}{6} \int_c^{c+d} (a + 3x)\, dx\right] - \frac{1}{2} (h_4 + h_5) \int_c^{c+d} x^2\, dx .$$

Nach Auflösung der Integrale:

$$\boldsymbol{E J_3 \delta_{mb} = -\frac{J_3}{J_1} \cdot \frac{h_1 d}{4} (a + z)(h_1 - 2 h_0) - \frac{J_3}{J_2} \cdot \frac{s d}{12} [6 h_1' z + h_2 (3 z - a)] - \frac{v}{6} (h_4 + h_5).}$$

$$E J_3 \delta_{mc} = \frac{J_3}{J_1} h_1 \int_c^{c+d} (a + x)\, dx + \frac{J_3}{J_2} \cdot \frac{s}{2} \int_c^{c+d} (a + 2x)\, dx + \frac{1}{2} \int_c^{c+d} x^2\, dx .$$

Hieraus folgt:

$$\boldsymbol{E J_3 \delta_{mc} = \frac{J_3}{J_1} \cdot \frac{h_1 d}{2} (a + z) + \frac{J_3}{J_2} \cdot \frac{s z d}{2} + \frac{v}{6}.}$$

Belastungsfall 8.

Linksseitige Belastung des Riegels $\overline{DF}$ durch eine Streckenlast $p d$.

Dann ist im Belastungsfall 7: $c = 0$ und $b = d + e$. $p = 1$.

$$\boldsymbol{E J_3 \delta_{ma} = \frac{J_3}{J_1} \cdot \frac{h_1 l d}{2} (2 a + d) + \frac{J_3}{J_2} \cdot \frac{s d}{12} [2 l a + (2 a + 3 d)(2 l - a)] + \frac{d^3}{24} [4 (l - a) - d]}$$

$$\boldsymbol{E J_3 \delta_{mb} = -\frac{J_3}{J_1} \cdot \frac{h_1 d}{4} (2 a + d)(h_1 - 2 h_0) - \frac{J_3}{J_2} \cdot \frac{s d}{12} [6 h_1' (a + d) + h_2 (2 a + 3 d)] - \frac{d^3}{6} (h_4 + h_5)}$$

$$\boldsymbol{E J_3 \delta_{mc} = \frac{J_3}{J_1} \cdot \frac{h_1 d}{2} (2 a + d) + \frac{J_3}{J_2} \cdot \frac{s d}{2} (a + d) + \frac{d^3}{6}.}$$

Belastungsfall 9.

Rechtsseitige Belastung des Riegels $\overline{DF}$ durch eine Streckenlast $p d$.

Dann ist im Belastungsfall 7: $e = 0$ und $b = c + d$. $p = 1$.

Es werden hier:

$$v = b^3 - c^3; \quad w = b^4 - c^4; \quad z = a + b + c.$$

Mit diesen drei veränderten Werten gelten für $E J_3 \delta_{ma}$, $E J_3 \delta_{mb}$ und $E J_3 \delta_{mc}$ die Formeln des Belastungsfalles 7.

Setzt man in den drei mit $E J_3$ multiplizierten Ausdrücken für δ_{ma}, δ_{mb} und δ_{mc} der Belastungsfälle 7 bis 9 c bzw. $e = 0$ und $d = b$, so erhält man die drei Werte für den Belastungsfall 6.

Belastungsfall 10.

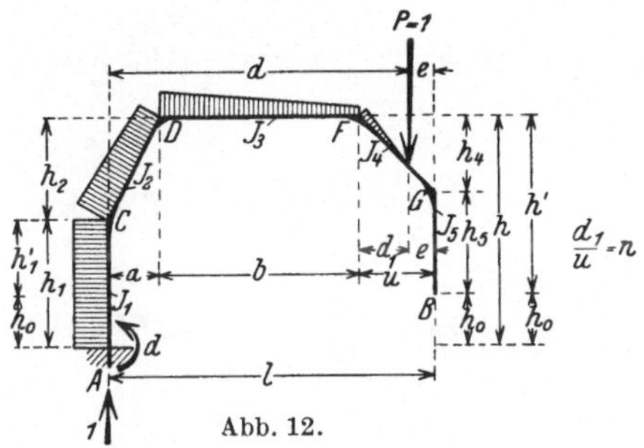

Abb. 12.

M_m-Momente: $\overline{AC}$: $M_m = -d$

$\overline{CD}$: $M_m = x - d$ — x von A an.

$\overline{DF}$: $M_m = a + x - d$ — x von D an.

$\overline{FP}$: $M_m = x - d_1$ — x von F an.

Bestimmung von $\delta_{ma} = \int \frac{M_m \cdot M_a}{EJ} ds$.

$M_m \cdot M_a$-Werte:

$\overline{AC}$: $M_m \cdot M_a = l d$

$\overline{CD}$: $M_m \cdot M_a = l d - x(l + d) + x^2$ — x von A an.

$\overline{DF}$: $M_m \cdot M_a = (l - a)(d - a) - x(l + d - 2a) + x^2$ — x von D an.

$\overline{FP}$: $M_m \cdot M_a = (x - d_1)(x - u) = u d_1 - x(u + d_1) + x^2$ — x von F an.

$$E J_3 \delta_{ma} = \frac{J_3}{J_1} l d \int_0^{h_1} dy + \frac{J_3}{J_2} \cdot \frac{s}{a} \int_0^a [l d - x(l + d) + x^2] dx$$

$$+ (l - a)(d - a) \int_0^b dx - (l + d - 2a) \int_0^b x\, dx + \int_0^b x^2 dx$$

$$+ \frac{J_3}{J_4} \cdot \frac{s_1}{u} \int_0^{d_1} [u d_1 - x(u + d_1) + x^2] dx.$$

Nach Auswertung der Integrale und einigen Vereinfachungen ergibt sich:

$$\boldsymbol{E J_3 \delta_{ma} = \frac{J_3}{J_1} \cdot h_1 l d + \frac{J_3}{J_2} \cdot \frac{s}{6} [6 l (b + d_1) + a (2 a + 3 e)]}$$
$$\boldsymbol{+ \frac{b}{6} [b (2 b + 3 e) + 6 d_1 (b + u)] + \frac{J_3}{J_4} \cdot \frac{s_1 n d_1}{6} (2 u + e).}$$

Bestimmung von $\delta_{mb} = \int \frac{M_m \cdot M_b}{EJ} ds.$

$M_m \cdot M_b$-Werte:

$\overline{AC}$: $M_m \cdot M_b = d (h_0 - y)$ $\qquad$ y von A nach oben

$\overline{CD}$: $M_m \cdot M_b = (x - d) \left(h_1' + \frac{h_2}{a} x\right) = - d h_1' + x \left(h_1' - \frac{h_2 d}{a}\right) + \frac{h_2}{a} x^2$

$\overline{DF}$: $M_m \cdot M_b = h' (a - d + x)$

$\overline{FP}$: $M_m \cdot M_b = (x - d_1) \left(h' - \frac{h_4}{u} x\right) = - h' d_1 + x \left(h' + \frac{h_4 d_1}{u}\right) - \frac{h_4}{u} x^2.$

$$E J_3 \delta_{mb} = \frac{J_3}{J_1} d \int_0^{h_1} (h_0 - y)\, dy + \frac{J_3}{J_2} \cdot \frac{s}{a} \int_0^a \left[- d h_1' + x \left(h_1' - \frac{h_2 d}{a}\right) + x^2 \frac{h_2}{a}\right] dx$$
$$+ h' \int_0^b (a - d + x)\, dx - \frac{J_3}{J_4} \cdot \frac{s_1}{u} \int_0^{d_1} \left[d_1 h' - x \left(h' + \frac{h_4 d_1}{u}\right) + \frac{h_4}{u} x^2\right] dx.$$

Die Auflösung ergibt:

$$\boldsymbol{E J_3 \delta_{mb} = - \frac{J_3}{J_1} \cdot \frac{h_1 d}{2} (h_1 - 2 h_0)}$$
$$\boldsymbol{- \frac{J_3}{J_2} \cdot \frac{s}{6} [(3 h_1' + h_2)(d + b + d_1) + h_2 (b + d_1)]}$$
$$\boldsymbol{- \frac{b h'}{2} (b + 2 d_1) - \frac{J_3}{J_4} \cdot \frac{s_1 n d_1}{6} (3 h' - n h_4).}$$

Bestimmung von $\delta_{mc} = \int \frac{M_m \cdot M_c}{EJ} ds.$

$M_m \cdot M_c$-Werte: $\overline{AC}$: $M_m \cdot M_c = d$

$\overline{CD}$: $M_m \cdot M_c = d - x$

$\overline{DF}$: $M_m \cdot M_c = d - a - x$

$\overline{FP}$: $M_m \cdot M_c = d_1 - x.$

$$E J_3 \delta_{mc} = \frac{J_3}{J_1} d \int_0^{h_1} dy + \frac{J_3}{J_2} \cdot \frac{s}{a} \int_0^a (d - x)\, dx + \int_0^b (d - a - x)\, dx$$
$$+ \frac{J_3}{J_4} \cdot \frac{s_1}{u} \int_0^{d_1} (d_1 - x)\, dx.$$

Aufgelöst:

$$\boldsymbol{EJ_3\delta_{mc} = \frac{J_3}{J_1}h_1 d + \frac{J_3}{J_2}\cdot\frac{s}{2}(2d-a) + \frac{b}{2}(b+2d_1) + \frac{J_3}{J_4}\cdot\frac{s_1 n d_1}{2}.}$$

Belastungsfall 11.

In vorstehenden drei δ-Werten des Belastungsfalles 10 setze man

$$d = a + b + x\,, \qquad d_1 = x\,, \qquad n = \frac{x}{u}$$

und integriere zwischen den Grenzen $x = 0$ und $x = u$.

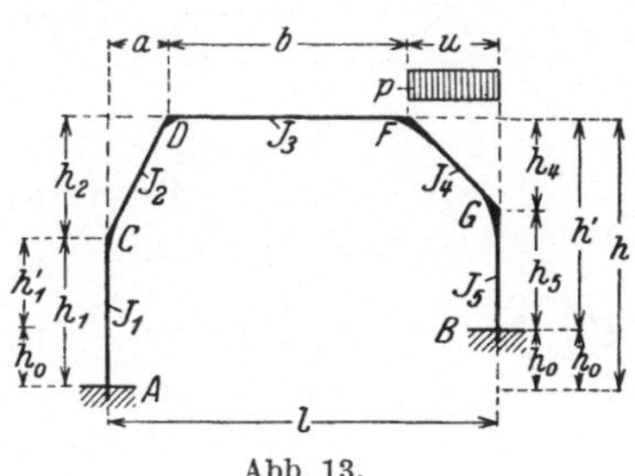

Abb. 13.

Bestimmung von δ_{ma}.

$$EJ_3\delta_{ma} = \frac{J_3}{J_1}h_1 l\int_0^u (a+b+x)\,dx$$

$$+\frac{J_3}{J_2}\cdot\frac{s}{6}\int_0^u \{6l(b+x) + a[2a+3(u-x)]\}\,dx$$

$$+\frac{b^2}{6}\int_0^u [2b+3(u-x)]\,dx + (b^2+bu)\int_0^u x\,dx$$

$$+\frac{J_3}{J_4}\cdot\frac{s_1}{6u}\int_0^u (3ux^2 - x^3)\,dx\,.$$

$$\boldsymbol{EJ_3\delta_{ma} = \frac{J_3}{J_1}\cdot\frac{h_1 l u}{2}(2l-u) + \frac{J_3}{J_2}\cdot\frac{su}{12}[6l(2b+u) + a(4a+3u)]}$$
$$\boldsymbol{+\frac{bu}{12}(4b^2+9bu+6u^2) + \frac{J_3}{J_4}\cdot\frac{s_1 u^3}{8}.}$$

Bestimmung von δ_{mb}.

$$EJ_3\delta_{mb} = -\frac{J_3}{J_1}\cdot\frac{h_1}{2}(h_1 - 2h_0)\int_0^u (l-u+x)\,dx$$

$$-\frac{J_3}{J_2}\cdot\frac{s}{6}\left[(3h_1' + h_2)\int_0^u (a+2b+2x)\,dx + h_2\int_0^u (b+x)\,dx\right]$$

$$-\frac{bh'}{2}\int_0^u (b+2x)\,dx - \frac{J_3}{J_4}\cdot\frac{s_1}{6u^2}\int_0^u (3ux^2h' - h_4x^3)\,dx\,.$$

$$\boldsymbol{E J_3 \delta_{mb} = -\frac{J_3}{J_1} \cdot \frac{h_1 u}{4}(2l - u)(h_1 - 2h_0)}$$
$$\boldsymbol{-\frac{J_3}{J_2} \cdot \frac{s u}{6}\left[3 h_1'(l + b) + \frac{h_2}{2}(2l + 4b + u)\right]}$$
$$\boldsymbol{-\frac{b u h'}{2}(b + u) - \frac{J_3}{J_4} \cdot \frac{s_1 u^2}{24}(3h' + h_5).}$$

Bestimmung von δ_{mc}.

$$E J_3 \delta_{mc} = \frac{J_3}{J_1} h_1 \int_0^u (l - u + x)\, dx + \frac{J_3}{J_2} \cdot \frac{s}{2} \int_0^u [2(l - u + x) - a]\, dx$$
$$+ \frac{b}{2} \int_0^u (b + 2x)\, dx + \frac{J_3}{J_4} \cdot \frac{s_1}{2u} \int_0^u x^2\, dx.$$

$$\boldsymbol{E J_3 \delta_{mc} = \frac{J_3}{J_1} \cdot \frac{h_1 u}{2}(2l - u) + \frac{J_3}{J_2} \cdot \frac{s u}{2}(l + b) + \frac{b u}{2}(b + u) + \frac{J_3}{J_4} \cdot \frac{s_1 u^2}{6}.}$$

Belastungsfall 12.

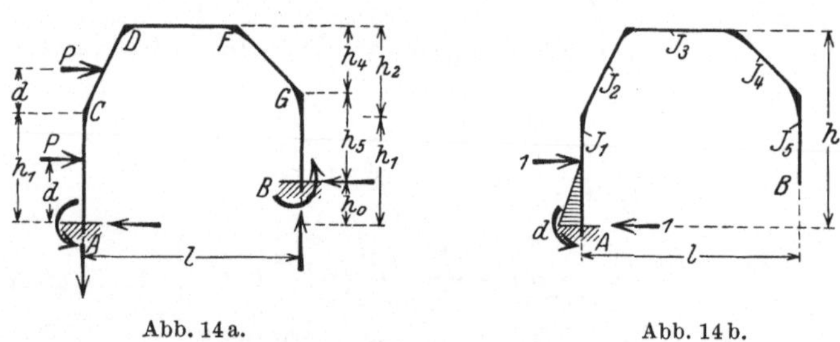

Abb. 14a. Abb. 14b.

Einzellast P gegen $\overline{AC}$ im Abstand d von A.

M_m-Momente: $\overline{AP}$: $M_m = y - d$. $M_m \cdot M_a = -l(y - d)$. y von A nach oben.

Bestimmung von $\delta_{ma} = \int \frac{M_m \cdot M_a}{EJ} ds$.

$$E J_3 \delta_{ma} = \frac{J_3}{J_1} l \int_0^d (d - y)\, dy. \qquad \boldsymbol{E J_3 \delta_{ma} = \frac{J_3}{J_1} \cdot \frac{l d^2}{2}.}$$

Bestimmung von $\delta_{mb} = \int \frac{M_m \cdot M_b}{EJ} ds$.

$\overline{AP}$: $M_m \cdot M_b = d \cdot h_0 - y(h_0 + d) + y^2$.

$$EJ_3 \delta_{mb} = \frac{J_3}{J_1} \int_0^d [d \cdot h_0 - y(h_0 + d) + y^2] dy. \qquad \boldsymbol{EJ_3 \delta_{mb} = \frac{J_3}{J_1} \cdot \frac{d^2}{6}(3h_0 - d).}$$

Bestimmung von $\delta_{mc} = \int \frac{M_m \cdot M_c}{EJ} ds$.

$$EJ_3 \delta_{mc} = \frac{J_3}{J_1} \int_0^d (d - y) dy. \qquad \boldsymbol{EJ_3 \delta_{mc} = \frac{J_3}{J_1} \cdot \frac{d^2}{2}.}$$

Belastungsfall 13.

In diesem Falle wird $d = h_1$. Demnach erhält man

$$\boldsymbol{EJ_3 \delta_{ma} = \frac{J_3}{J_1} \cdot \frac{h_1^2 l}{2}. \quad EJ_3 \delta_{mb} = \frac{J_3}{J_1} \cdot \frac{h_1^2}{6}(3h_0 - h_1). \quad EJ_3 \delta_{mc} = \frac{J_3}{J_1} \cdot \frac{h_1^2}{2}.}$$

Belastungsfall 14.

Einzellast P gegen $\overline{CD}$ im Abstand d von C.

Im Hauptsystem erzeugt eine Kraft $P = 1$ eine wagerechte Gegenkraft $H = 1$ im Punkt A und ein Einspannmoment $M_A = h_1 + d$. Diese bewirken folgende

M_m-Momente: $\overline{AC}$: $M_m = y - h_1 - d$ $\qquad$ y von A nach oben.

$\overline{CP}$: $M_m = y - d$. $\quad x = \frac{a}{h_2} y$ $\qquad$ y von C nach oben.

Bestimmung von $\delta_{ma} = \int \frac{M_m \cdot M_a}{EJ} ds$.

$M_m \cdot M_a$-Werte:

$\overline{AC}$: $M_m \cdot M_a = l(h_1 + d - y)$. $\qquad ds = \frac{s}{h_2} dy$. $\qquad \frac{d}{h_2} = n$.

$\overline{CP}$: $M_m \cdot M_a = (y - d)\left(\frac{a}{h_2} y - l\right) = l d - y\left(l + \frac{a d}{h_2}\right) + y^2 \cdot \frac{a}{h_2}$.

$$EJ_3 \delta_{ma} = \frac{J_3}{J_1} l \int_0^{h_1} (h_1 + d - y) dy$$

$$+ \frac{J_3}{J_2} \cdot \frac{s}{h_2}\left[l d \int_0^d dy - \left(l + \frac{ad}{h_2}\right) \int_0^d y\, dy + \frac{a}{h_2} \int_0^d y^2 dy\right].$$

$$\boldsymbol{EJ_3 \delta_{ma} = \frac{J_3}{J_1} \cdot \frac{h_1 l}{2}(h_1 + 2d) + \frac{J_3}{J_2} \cdot \frac{s n d}{6}(3l - an).}$$

Bestimmung von $\delta_{mb} = \int \frac{M_m \cdot M_b}{EJ} ds$.

$M_m \cdot M_b$-Werte:

$\overline{AC}$: $M_m \cdot M_b = (y - h_1 - d)(y - h_0) = h_0(h_1 + d) - y(h_1 + d + h_0) + y^2$

$\overline{CP}$: $M_m \cdot M_b = (y - d)(y + h_1') = -d h_1' + y(h_1' - d) + y^2$.

$$EJ_3 \delta_{mb} = \frac{J_3}{J_1}\left\{h_0(h_1 + d)\int_0^{h_1} dy - (h_1 + d + h_0)\int_0^{h_1} y\,dy + \int_0^{h_1} y^2\,dy\right\}$$
$$+ \frac{J_3}{J_2}\cdot\frac{s}{h_2}\left\{-d h_1'\int_0^{d} dy + (h_1' - d)\int_0^{d} y\,dy + \int_0^{d} y^2\,dy\right\}.$$

$$\boldsymbol{EJ_3 \delta_{mb} = -\frac{J_3}{J_1}\cdot\frac{h_1}{6}[h_1^2 - 3h_1 h_0 - 3d(2h_0 - h_1)]}$$
$$\boldsymbol{-\frac{J_3}{J_2}\cdot\frac{snd}{6}(d + 3h_1').}$$

Bestimmung von $\delta_{mc} = \int \frac{M_m \cdot M_c}{EJ} ds$.

$M_m \cdot M_c$-Werte: $\overline{AC}$: $M_m \cdot M_c = h_1 + d - y$ $\qquad M_c = -1$.

$\overline{CP}$: $M_m \cdot M_c = d - y$ $\qquad y$ von C nach oben.

$$EJ_3 \delta_{mc} = \frac{J_3}{J_1}\int_0^{h_1}(h_1 + d - y)\,dy + \frac{J_3}{J_2}\cdot\frac{s}{h_2}\int_0^{d}(d - y)\,dy.$$

$$\boldsymbol{EJ_3 \delta_{mc} = \frac{J_3}{J_1}\cdot\frac{h_1}{2}(h_1 + 2d) + \frac{J_3}{J_2}\cdot\frac{snd}{2}.}$$

Belastungsfall 15.

Setzt man im Belastungsfall 14 $d = 0$, so erhält man wieder dieselben Werte wie im Belastungsfall 13. Wenn man aber $d = h_2$ und $h_1 + h_2 = h$ setzt, so ergeben sich folgende Ausdrücke für den Belastungsfall: Einzellast P wirkt im Punkte D.

$$\boldsymbol{EJ_3 \delta_{ma} = \frac{J_3}{J_1}\cdot\frac{lh_1}{2}(h + h_2) + \frac{J_3}{J_2}\cdot\frac{sh_2}{6}(3l - a)}$$

$$\boldsymbol{EJ_3 \delta_{mb} = -\frac{J_3}{J_1}\cdot\frac{h_1}{6}[h_1^2 - 3h_1 h_0 - 3h_2(2h_0 - h_1)]}$$
$$\boldsymbol{-\frac{J_3}{J_1}\cdot\frac{sh_2}{6}(h_2 + 3h_1')}$$

$$\boldsymbol{EJ_3 \delta_{mc} = \frac{J_3}{J_1}\cdot\frac{h_1}{2}(h + h_2) + \frac{J_3}{J_2}\cdot\frac{sh_2}{2}.}$$

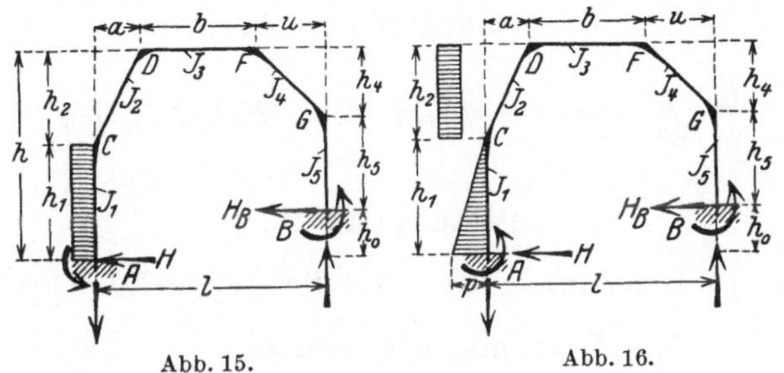

Abb. 15. Abb. 16.

Belastungsfall 16.

Gleichmäßige Last ph_1 gegen $\overline{AC}$. $p = 1$.

Bestimmung von δ_{ma}.

$$E J_3 \delta_{ma} = \frac{J_3}{J_1} \cdot \frac{l}{2} \int_0^{h_1} y^2 \, dy \qquad \text{d. i.} \quad \boldsymbol{E J_3 \delta_{ma} = \frac{J_3}{J_1} \cdot \frac{l h_1^3}{6}}.$$

Bestimmung von δ_{mb}.

$$E J_3 \delta_{mb} = \frac{J_3}{6 J_1} \int_0^{h_1} (3 h_0 y^2 - y^3) \, dy \quad \text{d. i.} \quad \boldsymbol{E J_3 \delta_{mb} = \frac{J_3}{J_1} \cdot \frac{h_1^3}{24} (4 h_0 - h_1)}.$$

Bestimmung von δ_{mc}.

$$E J_3 \delta_{mc} = \frac{J_3}{2 J_1} \int_0^{h_1} y^2 \, dy \qquad \text{d. i.} \quad \boldsymbol{E J_3 \delta_{mc} = \frac{J_3}{J_1} \cdot \frac{h_1^3}{6}}.$$

Belastungsfall 17.

Dreieckslast $0{,}5\, p h_1$ gegen den Stiel $\overline{AC}$. $p_y = p \frac{h_1 - y}{h_1}$.

Bestimmung von δ_{ma}.

$$E J_3 \delta_{ma} = \frac{J_3}{J_1} \cdot \frac{p l}{2 h_1} \int_0^{h_1} (h_1 y^2 - y^3) \, dy \quad \text{d. i.} \quad \boldsymbol{E J_3 \delta_{ma} = \frac{J_3}{J_1} \cdot \frac{p h_1^3 l}{24}}.$$

Bestimmung von δ_{mb}.

$$E J_3 \delta_{mb} = \frac{J_3}{J_1} \cdot \frac{p}{6 h_1} \int_0^{h_1} (h_1 - y)(3 h_0 y^2 - y^3) \, dy$$

$$= \frac{J_3}{J_1} \cdot \frac{p}{6 h_1} \int_0^{h_1} [3 y^2 h_1 h_0 - y^3 (h_1 - 3 h_0) + y^4] \, dy$$

$$\text{d. i.} \quad \boldsymbol{E J_3 \delta_{mb} = \frac{J_3}{J_1} \cdot \frac{p h_1^3}{120} (5 h_0 - h_1)}.$$

Bestimmung von δ_{mc}.

$$E J_3 \delta_{mc} = \frac{J_3}{J_1} \cdot \frac{p}{2 h_1} \int_0^{h_1} (h_1 y^2 - y^3)\, dy \quad \text{d. i.} \quad \boldsymbol{E J_3 \delta_{mc} = \frac{J_3}{J_1} \cdot \frac{p h_1^3}{24}}.$$

Belastungsfall 18.

Gleichmäßige Last ph_2 gegen die Schräge $\overline{CD}$. $p = 1$.

Bestimmung von δ_{ma}.

$$E J_3 \delta_{ma} = \frac{J_3}{J_1} \cdot \frac{h_1 l}{2} \int_0^{h_2} (h_1 + 2y)\, dy + \frac{J_3}{J_2} \cdot \frac{s}{6 h_2^2} \int_0^{h_2} (3 h_2 l y^2 - a y^3)\, dy$$

$$\text{d. i.} \quad \boldsymbol{E J_3 \delta_{ma} = \frac{J_3}{J_1} \cdot \frac{h_1 h_2 h l}{2} + \frac{J_3}{J_2} \cdot \frac{s h_2^2}{24} (4 l - a)}.$$

Bestimmung von δ_{mb}.

$$E J_3 \delta_{mb} = -\frac{J_3}{J_1} \cdot \frac{h_1}{6} \int_0^{h_2} [h_1^2 - 3 h_1 h_0 - 3 y (2 h_0 - h_1)]\, dy$$

$$- \frac{J_3}{J_2} \cdot \frac{s}{6 h_2} \int_0^{h_2} (y^3 + 3 y^2 h_1')\, dy$$

$$\text{d. i.} \quad \boldsymbol{E J_3 \delta_{mb} = -\frac{J_3}{J_1} \cdot \frac{h_1 h_2}{12} [h_1 (2 h + h_2) - 6 h h_0]}$$

$$\boldsymbol{- \frac{J_3}{J_2} \cdot \frac{s h_2^2}{24} (4 h_1' + h_2)}.$$

Bestimmung von δ_{mc}.

$$E J_3 \delta_{mc} = \frac{J_3}{J_1} \cdot \frac{h_1}{2} \int_0^{h_2} (h_1 + 2y)\, dy + \frac{J_3}{J_2} \cdot \frac{s}{2 h_2} \int_0^{h_2} y^2\, dy$$

$$\text{d. i.} \quad \boldsymbol{E J_3 \delta_{mc} = \frac{J_3}{J_1} \cdot \frac{h_1 h h_2}{2} + \frac{J_3}{J_2} \cdot \frac{s h_2^2}{6}}.$$

Rahmen 1a.

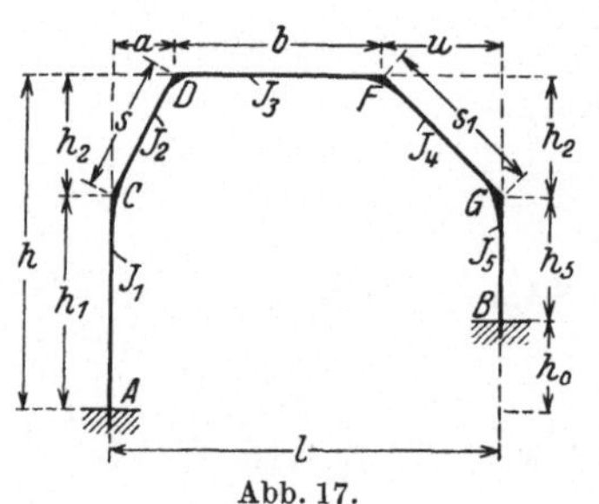

Abb. 17.

Für nebenstehende Rahmenform setze man in allen für den Rahmen 1 auf den Seiten 3 bis 20 ermittelten δ-Werten $h_4 = h_2$ und $h_1' = h_5$. Durch Auflösen der drei Elastizitätsgleichungen mit den gefundenen Zahlenwerten erhält man die drei statisch unbestimmten Größen.

Rahmen 1b.

Für diese Rahmenform setze man in den für den Rahmen 1 ermittelten δ-Werten $J_4 = J_2$, $J_5 = J_1$, $h_4 = h_2$, $h_5 = h_1$, $h_0 = 0$ und $h_1' = h_1$,

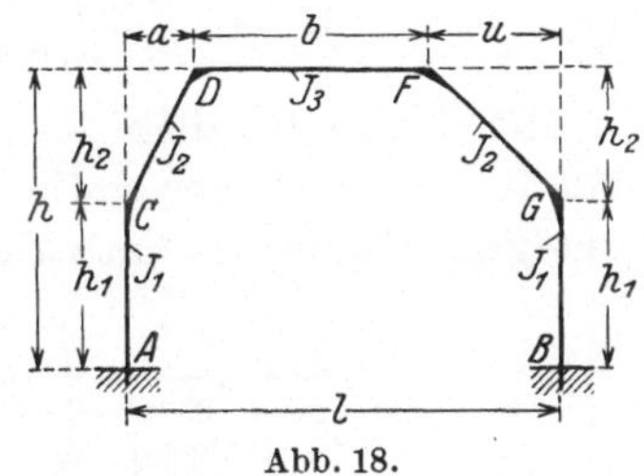

Abb. 18.

Rahmen 2.

$$\frac{J_1}{J} \cdot \frac{h}{l} = k$$

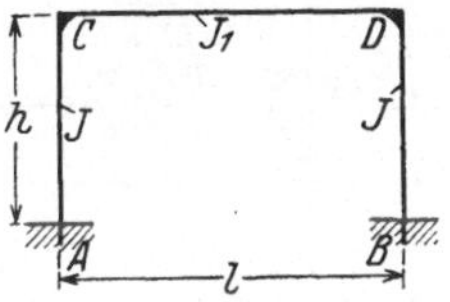

Abb. 19.

Die von der Rahmenform abhängigen Verschiebungswerte.

$$E J_1 \delta_{aa} = \frac{l^3}{3}(1 + 3k). \quad E J_1 \delta_{ab} = -\frac{h l^2}{2}(1 + k). \quad E J_1 \delta_{ac} = \frac{l^2}{2}(1 + 2k).$$

$$E J_1 \delta_{bb} = \frac{l h^2}{3}(3 + 2k). \quad E J_1 \delta_{bc} = -l h (1 + k). \quad E J_1 \delta_{cc} = l(1 + 2k).$$

Mit diesen Werten lauten die drei Elastizitätsgleichungen:

1. $E J_1 \delta_{ma} = V_B \frac{l^3}{3}(1 + 3k) - H_B \frac{h l^2}{2}(1 + k) + M_B \frac{l^2}{2}(1 + 2k)$.

2. $E J_1 \delta_{mb} = - V_B \frac{h l^2}{2}(1 + k) + H_B \frac{l h^2}{3}(3 + 2k) - M_B l h (1 + k)$.

3. $E J_1 \delta_{mc} = V_B \frac{l^2}{2}(1 + 2k) - H_B l h (1 + k) + M_B l (1 + 2k)$.

Multipliziert man die Gleichung 1 mit $\left(-\frac{2}{l}\right)$, so ergibt sich nach Addition der Gleichungen 1 und 3:

$$V_B \frac{l^3}{6}(1 + 6k) = E J_1 (2\delta_{ma} - l \delta_{mc})$$

oder

$$\boldsymbol{V_B = \frac{6 E J_1 (2 \delta_{ma} - l \delta_{mc})}{l^3 (1 + 6k)}}. \tag{a}$$

Setzt man für V_B den kurzen Wert 6α in die Gleichungen 2 und 3, multipliziert die Gleichung 2 mit $(1 + 2k)$, die Gleichung 3 mit $h(1 + k)$ und addiert beide Gleichungen, so erhält man

$$\boldsymbol{H_B = \frac{3 E J_1 [\delta_{mb}(1 + 2k) + h \delta_{mc}(1 + k)]}{k l h^2 (2 + k)}}. \tag{b}$$

Aus der Gleichung 3 entnimmt man weiter die Formel

$$M_B = \frac{E J_1 \delta_{mc}}{l(1+2k)} - V_B \frac{l}{2} + H_B h \cdot \frac{1+k}{1+2k}. \qquad \text{(c)}$$

Mit diesen für diese Rahmenform allgemein gültigen Grundformeln sind für die häufiger vorkommenden Belastungsfälle die folgenden fertigen Formeln entwickelt worden.

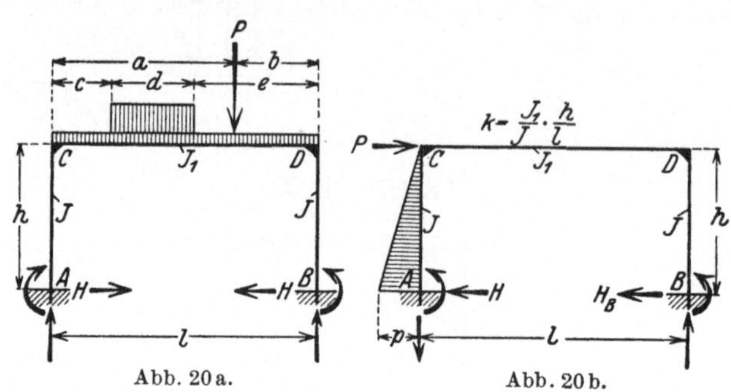

Abb. 20a. Abb. 20b.

Lotrechte Lasten.

Die lotrechten Auflagerkräfte sind im folgenden kurz mit A und B bezeichnet.

1. Einzellast P auf dem Riegel $\overline{CD}$ im Abstand a von A und b von B. $\quad n = \frac{a}{l}$.

$$E J_1 \delta_{ma} = \frac{Pa}{6}(6kl^2 + 3la - a^2). \qquad E J_1 \delta_{mb} = -\frac{Pah}{2}(a + lk).$$

$$E J_1 \delta_{mc} = \frac{Pa}{2}(a + 2lk). \qquad B = Pn \cdot \frac{6k + 3n - 2n^2}{1 + 6k}. \qquad A = P - B.$$

$$H = \frac{3Pnb}{2h(2+k)}. \qquad M_B = \frac{Pnb}{2} \cdot \frac{3 + 7k - 2n(2+k)}{(2+k)(1+6k)}.$$

$$M_A = M_B + Bl - Pa. \qquad M_C = M_A - Hh. \qquad M_P = M_D + Bb.$$

$$M_D = M_B - Hh.$$

2. Einzellast in der Riegelmitte. $\quad A = B = \frac{P}{2}. \quad H = \frac{3Pl}{8h(2+k)}.$

$$M_A = M_B = \frac{Pl}{8(2+k)}. \qquad M_C = M_D = -\frac{Pl}{4(2+k)}.$$

$$M_P = \frac{Pl}{4} \cdot \frac{1+k}{2+k}. \qquad \text{Nullpunkte der Stiele: } y_0 = \frac{h}{3}.$$

3. Zwei gleiche Einzellasten P auf dem Riegel $\overline{CD}$ im Abstand a von C bzw. von D. $\quad b = l - a$.

$$A = B = P. \qquad H = \frac{3Pab}{hl(2+k)}. \qquad M_A = M_B = \frac{Hh}{3}.$$

$$M_C = M_D = -\tfrac{2}{3} Hh. \qquad M_P = M_C + Pa.$$

4. Zwei gleiche Einzellasten P in den Drittelpunkten des Riegels. $A = B = P$. $H = \frac{2Pl}{3h(2+k)}$.

$$M_A = M_B = \frac{Hh}{3}. \quad M_C = M_D = -\frac{2Hh}{3}. \quad M_P = M_C + \frac{Pl}{3}.$$

5. Drei gleiche Einzellasten P in den Viertelpunkten des Riegels. $A = B = 1{,}5\,P$. $H = \frac{15}{16} \cdot \frac{Pl}{h(2+k)}$.

$$M_A = M_B = \frac{Hh}{3}. \quad M_C = M_D = -\frac{2Hh}{3}. \quad M_{\max} = M_C + \frac{Pl}{2}.$$

6. Gleichmäßige Riegelbelastung pl.

$$EJ_1\delta_{ma} = \frac{pl^4}{8}(1+4k). \quad EJ_1\delta_{mb} = -\frac{pl^3h}{12}(2+3k).$$

$$EJ_1\delta_{mc} = \frac{pl^3}{6}(1+3k). \quad A = B = \frac{pl}{2}. \quad H = \frac{pl^2}{4h(2+k)}.$$

$$M_A = M_B = \frac{pl^2}{12(2+k)}. \quad M_C = M_D = -\frac{2}{3}Hh = -\frac{pl^2}{6(2+k)}.$$

Für den Riegel ist: $M_x = -\frac{pl^2}{6(2+k)} + 0{,}5\,px(l-x)$.

$$M_{\max} = \frac{pl^2}{8} + M_C = \frac{pl^2}{24} \cdot \frac{2+3k}{2+k}. \quad y_0 = \frac{h}{3}. \quad x_0 = 0{,}5l \mp l\sqrt{\frac{2+3k}{12(2+k)}}.$$

7. Streckenlast pd auf dem Riegel, siehe Abbildung 20a.

$$v = (c+d)^3 - c^3. \quad w = (c+d)^4 - c^4.$$

$$EJ_1\delta_{ma} = \frac{p}{24}[12\,kdl^2(2c+d) + 4lv - w].$$

$$EJ_1\delta_{mb} = -\frac{ph}{12}[3\,kdl(2c+d) + 2v].$$

$$EJ_1\delta_{mc} = \frac{p}{6}[3kdl(2c+d) + v]. \quad H = \frac{pd}{2hl(2+k)}(3ce + 1{,}5ld - d^2).$$

$$B = \frac{pd}{l^3(1+6k)}\left[3kl^2(2c+d) + e(2c^2 + cd + d^2) + lc(c+2d) + \frac{d^3}{2}\right].$$

$$A = pd - B.$$

$$M_B = \frac{pd}{2l^2}\left\{\frac{l^2(3+7k)(c+0{,}5d) - l(7+9k)\left(c^2+cd+\frac{d^2}{3}\right)}{(2+k)(1+6k)} + \frac{2c^3 + 3c^2d + 2cd^2 + 0{,}5d^3}{1+6k}\right\}.$$

$$M_A = M_B + Bl - 0{,}5\,pd(2c+d). \quad M_C = M_A - Hh. \quad M_D = M_B - Hh.$$

Für die Strecke d ist: $M_x = M_C + Ax - 0{,}5\,p(x-c)^2$.

x von C nach rechts.

8. Streckenlast pd in der Riegelmitte, d. i. $e = c$ und $l = 2c + d$.

$$A = B = 0{,}5\,pd. \qquad H = \frac{pd}{4hl(2+k)}(l^2 + lc + cd).$$

$$M_B = \frac{pd}{4l}\left[\frac{l^2(3+7k) - 2(7+9k)\left(c^2 + cd + \frac{d^2}{3}\right)}{(2+k)(1+6k)} + \frac{l^2+d^2}{2(1+6k)}\right] = M_A.$$

$$M_C = M_D = M_B - Hh. \qquad M_{\max} = M_C + \frac{pd}{4}(l - 0{,}5\,d).$$

9. Linksseitige Streckenlast pd auf dem Riegel, d. i. $c = 0$ und $l = d + e$.

$$B = \frac{pd^2}{2l^3}\cdot\frac{6kl^2 + d(l+e)}{1+6k}. \quad M_B = \frac{pd^2}{12l}\left[\frac{3l(3+7k) - 2d(7+9k)}{(2+k)(1+6k)} + \frac{3d^2}{l(1+6k)}\right].$$

$$H = \frac{pd^2}{4hl}\cdot\frac{l+2e}{2+k}. \qquad A = pd - B. \qquad M_A = M_B + Bl - 0{,}5\,pd^2.$$

$$M_C = M_A - Hh. \qquad M_D = M_B - Hh.$$

Für die Strecke d ist: $\quad M_x = M_C + Ax - 0{,}5\,px^2.$

Wenn $d = 0{,}5\,l.$ $\quad B = \frac{3pl}{32}\cdot\frac{1+8k}{1+6k}. \qquad A = 0{,}5\,pl - B.$

$$M_B = \frac{pl^2}{192}\cdot\frac{14+51k}{(2+k)(1+6k)}. \qquad H = \frac{pl^2}{8h(2+k)}.$$

$$M_A = M_B + Bl - \frac{pl^2}{8} \quad \text{d. i.} \quad M_A = \frac{pl^2}{192}\cdot\frac{2+45k}{(2+k)(1+6k)}.$$

Wagerechte Lasten.

10. Einzellast P gegen den Stiel $\overline{AC}$ im Abstand d von A.

$$n = \frac{d}{h}. \qquad k = \frac{J_1}{J}\cdot\frac{h}{l}.$$

$$EJ_1\delta_{ma} = \frac{Pd^2l^2k}{2h}. \qquad EJ_1\delta_{mb} = -\frac{Pd^3lk}{6h}. \qquad EJ_1\delta_{mc} = \frac{Pd^2lk}{2h}.$$

$$-A = B = \frac{3Pdnk}{l(1+6k)}. \qquad H_B = \frac{Pn^2}{2(2+k)}[3(1+k) - n(1+2k)].$$

$$H = P - H_B. \qquad M_B = \frac{Pdn}{2}\left[\frac{3+2k-n(1+k)}{2+k} - \frac{3k}{1+6k}\right].$$

$$M_A = M_B + Bl - Pd. \qquad M_D = M_B - Hh. \qquad M_C = M_D + Bl.$$

$$M_P = M_A + Hd.$$

11. Einzellast P gegen den Punkt C. $\qquad -A = B = \frac{3Phk}{l(1+6k)}.$

$$H_B = H = \frac{P}{2}. \quad -M_A = M_B = \frac{Ph}{2}\cdot\frac{1+3k}{1+6k}. \quad M_C = -M_D = \frac{3Phk}{2(1+6k)}.$$

12. Gleichmäßige Last ph gegen den Stiel $\overline{AC}$.

$$-A = B = \frac{ph^2 k}{l(1+6k)}. \qquad H_B = \frac{ph}{8} \cdot \frac{3+2k}{2+k}.$$

$$M_B = \frac{ph^2}{24} \cdot \left(\frac{9+5k}{2+k} - \frac{12k}{1+6k}\right). \qquad M_A = M_B + Bl - 0{,}5\,ph^2.$$

$$H = P - H_B. \qquad M_D = M_B - Hh. \qquad M_C = M_D + Bl.$$

$$M_y = M_A + Hy - 0{,}5\,py^2. \qquad y_0 = \frac{H}{p} - \frac{1}{p}\sqrt{H^2 + 2\,pM_A}.$$

13. Dreieckslast $0{,}5\,ph$ nach Abbildung 20b gegen $\overline{AC}$.

$$-A = B = \frac{ph^2 k}{4l(1+6k)}. \qquad H_B = \frac{ph}{40} \cdot \frac{4+3k}{2+k}.$$

$$M_B = \frac{ph^2}{120}\left(\frac{12+7k}{2+k} - \frac{15k}{1+6k}\right). \qquad M_A = M_B + Bl - \frac{ph^2}{6}.$$

$$H = 0{,}5\,ph - H_B. \qquad M_D = M_B - Hh. \qquad M_C = M_D + Bl.$$

Für $\overline{AC}$ ist: $$M_y = M_A + Hy - \frac{py^2}{6h}(3h - y).$$

Rahmen 3.

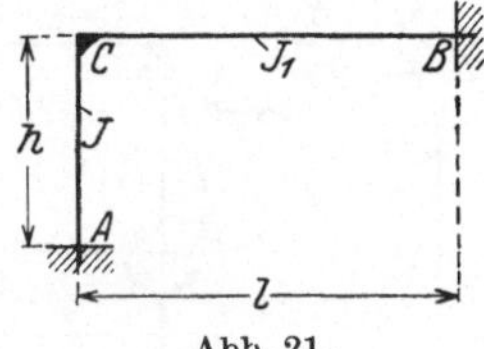

Abb. 21.

Die von der Rahmenform abhängigen Verschiebungswerte.

$$EJ_1\delta_{aa} = \frac{l^3}{3}(1+3k). \qquad EJ_1\delta_{ab} = \frac{hl^2k}{2}. \qquad EJ_1\delta_{ac} = \frac{l^2}{2}(1+2k).$$

$$EJ_1\delta_{bb} = \frac{h^2lk}{3}. \qquad EJ_1\delta_{bc} = \frac{hlk}{2}. \qquad EJ_1\delta_{cc} = l(1+k).$$

Die drei Elastizitätsgleichungen lauten:

1. $EJ_1\delta_{ma} = V_B\frac{l^3}{3}(1+3k) + H_B\frac{hl^2k}{2} + M_B\frac{l^2}{2}(1+2k)$

2. $EJ_1\delta_{mb} = V_B\frac{hl^2k}{2} + H_B\frac{h^2lk}{3} + M_B\frac{hlk}{2}$

3. $EJ_1\delta_{mc} = V_B\frac{l^2}{2}(1+2k) + H_B\frac{hlk}{2} + M_Bl(1+k).$

Nach Gleichung 2 ist:

$$\boldsymbol{M_B = \frac{2EJ_1\delta_{mb}}{hlk} - V_Bl - \frac{2}{3}H_Bh} \tag{a}$$

Setzt man diesen Wert in die Gleichungen 1 und 3 ein und multipliziert die Gleichung 1 mit $-(4+k)$, die Gleichung 3 mit $l(2+k)$, so erhält man:

$$V_B = \frac{3EJ_1[h(4+k)\delta_{ma} - 3l\delta_{mb} - hl(2+k)\delta_{mc}]}{hl^3(1+k)}. \tag{b}$$

Nach Einsetzen in Gleichung 1 ergibt sich:

$$H_B = \frac{3EJ_1\left[l\delta_{mc} + \frac{l}{hk}(1+4k)\delta_{mb} - 3\delta_{ma}\right]}{hl^2(1+k)}. \tag{c}$$

Eine andere Form für die Gleichung (a) ist:

$$M_B = \frac{EJ_1}{l^2(1+k)}\left[l(4+3k)\delta_{mc} + \frac{3l}{h}\delta_{mb} - 3(2+k)\delta_{ma}\right].$$

Für häufiger vorkommende Belastungsfälle sind mit Hilfe dieser Hauptformeln gebrauchsfertige Formeln ermittelt worden. Die lotrechten Auflagerkräfte sind kurz mit A und B bezeichnet.

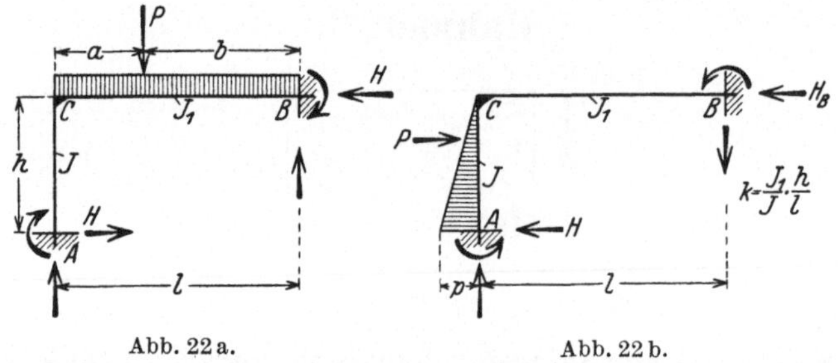

Abb. 22a. Abb. 22b.

Lotrechte Lasten.

1. Einzellast P auf dem Riegel $\overline{CB}$ im Abstand a von A und b von B.

$$EJ_1\delta_{ma} = \frac{Pa}{6}[6kl^2 + a(2l+b)]. \qquad EJ_1\delta_{mb} = \frac{Pahlk}{2}.$$

$$EJ_1\delta_{mc} = \frac{Pa}{2}(2lk + a). \qquad B = \frac{Pa}{2l^3(1+k)}[2a(l+2b) + k(3l^2 - a^2)].$$

$$A = P - B. \qquad H = \frac{1{,}5\,Pab^2}{hl^2(1+k)}. \qquad M_B = -\frac{Pab}{2l^2}\left(2a + \frac{bk}{1+k}\right).$$

$$M_A = Bl + Hh - Pa + M_B \quad \text{d. i.} \quad M_A = \frac{Pab^2}{2l^2(1+k)}. \qquad y_0 = \frac{h}{3}.$$

$$M_C = M_A - Hh. \qquad M_P = M_B + Bb.$$

2. Einzellast P in Riegelmitte.

$$B=\frac{P}{16}\cdot\frac{8+11k}{1+k}.\quad A=P-B.\quad H=\frac{3Pl}{16h(1+k)}.\quad M_A=\frac{Hh}{3}.$$

$$M_B=-\frac{Pl}{16}\cdot\frac{2+3k}{1+k}.\qquad M_P=M_B+0{,}5Bl\ \text{d. i.}\ =\frac{Pl}{32}\cdot\frac{4+5k}{1+k}.$$

3. Zwei gleiche Einzellasten P im Abstand a von B bzw. von C. $l-a=b$.

$$B=P\left(1+\frac{3abk}{2l^2(1+k)}\right).\qquad A=2P-B.\qquad H=\frac{1{,}5Pab}{lh(1+k)}.$$

$$M_B=-\frac{Pab}{2l}\cdot\frac{2+3k}{1+k}.\qquad M_A=\frac{Hh}{3}.\qquad M_C=M_A-Hh.$$

$$M_P=M_C+Aa\quad\text{bzw.}\quad=M_B+Ba.$$

Wenn $a=\frac{l}{4}$:

$$B=P\left(1+\frac{9k}{32(1+k)}\right).\qquad A=2P-B.\qquad H=\frac{9}{32}\cdot\frac{Pl}{h(1+k)}.$$

$$M_A=\frac{Hh}{3}.\qquad M_B=-\frac{3Pl}{32}\cdot\frac{2+3k}{1+k}.\qquad M_C=M_A-Hh.$$

$$M_P=M_C+\frac{Al}{4}\quad\text{bzw.}\quad=M_B+\frac{Bl}{4}.$$

4. Zwei gleiche Einzellasten P in den Drittelpunkten des Riegels.

$$A=\frac{P}{3}\cdot\frac{3+2k}{1+k}.\qquad B=\frac{P}{3}\cdot\frac{3+4k}{1+k}.\qquad H=\frac{Pl}{3h(1+k)}.$$

$$M_B=-\frac{Pl}{9}\cdot\frac{2+3k}{1+k}.\quad M_A=\frac{Hh}{3}.\qquad M_C=M_A-Hh.$$

$$M_P=M_C+\frac{Al}{3}\quad\text{bzw.}\quad=M_B+\frac{Bl}{3}.$$

5. Drei gleiche Einzellasten P in den Viertelpunkten des Riegels.

$$B=P+P\cdot\frac{16+31k}{32(1+k)}.\qquad A=3P-B.\qquad H=\frac{15}{32}\cdot\frac{Pl}{h(1+k)}.$$

$$M_A=\frac{Hh}{3}.\qquad M_B=-\frac{5Pl}{32}\cdot\frac{2+3k}{1+k}.\qquad M_C=M_A-Hh.$$

$$M_{\max}=\frac{Pl}{16}\cdot\frac{7+12k}{1+k}.$$

6. Gleichmäßige Last pl auf dem Riegel.

$$E J_1 \delta_{ma} = \frac{pl^4}{8}(1 + 4k). \qquad E J_1 \delta_{mb} = \frac{pl^3 h k}{4}.$$

$$E J_1 \delta_{mc} = \frac{pl^3}{6}(1 + 3k). \qquad A = \frac{pl}{8} \cdot \frac{4 + 3k}{1 + k}.$$

$$B = \frac{pl}{8} \cdot \frac{4 + 5k}{1 + k}. \qquad H = \frac{pl^2}{8h(1 + k)}.$$

$$M_A = \frac{Hh}{3}. \qquad M_B = -\frac{pl^2}{24} \cdot \frac{2 + 3k}{1 + k}. \qquad M_C = -\frac{2Hh}{3}.$$

x von B nach links.

Für den Riegel $\overline{BC}$ ist: $M_x = M_B + Bx - 0{,}5\,px^2$.

Für $M_{\max}$ ist: $x_m = \frac{B}{p}$. $\quad x_0 = x_m \mp \sqrt{x_m^2 + \frac{2M_B}{p}}$.

Wagerechte Lasten.

7. Einzellast P gegen den Stiel $\overline{AC}$ im Abstand d von A.

$$\frac{d}{h} = n. \qquad h - d = e.$$

$$E J_1 \delta_{ma} = \frac{Pdnkl^2}{2}. \qquad E J_1 \delta_{mb} = \frac{Pdnkl}{6}. \qquad E J_1 \delta_{mc} = \frac{Pdnkl}{2}.$$

$$A = -B = \frac{1{,}5\,Pekn^2}{l(1 + k)}. \qquad H_B = Pn^2\left[1 + \frac{e(1 + 4k)}{2h(1 + k)}\right].$$

$$M_B = -\frac{Bl}{3}. \qquad M_A = -\frac{Pen}{2}\left[1 + \frac{e(1 + 2k)}{h(1 + k)}\right]. \qquad M_C = \frac{2Bl}{3}.$$

$$H = P - H_B. \qquad M_P = M_A + Hd.$$

8. Gleichmäßige Last ph gegen den Stiel $\overline{AC}$.

$$E J_1 \delta_{ma} = \frac{ph^2 l^2 k}{6}. \qquad E J_1 \delta_{mb} = \frac{ph^3 lk}{8}. \qquad E J_1 \delta_{mc} = \frac{ph^2 lk}{6}.$$

$$A = -B = \frac{ph^2 k}{8l(1 + k)}. \qquad H_B = \frac{ph}{8} \cdot \frac{3 + 4k}{1 + k}. \qquad H = ph - H_B.$$

$$M_B = -\frac{Bl}{3}. \qquad M_C = \frac{2Bl}{3}. \qquad M_A = -\frac{ph^2}{24} \cdot \frac{3 + 2k}{1 + k}.$$

y von A nach oben.

Für den Stiel $\overline{AC}$ ist: $M_y = M_A + Hy - 0{,}5\,py^2$.

Für $M_{\max}$ ist: $y_m = \frac{H}{p}$. $\quad y_0 = y_m \mp \frac{1}{p}\sqrt{H^2 + 2pM_A}$.

9. Dreieckslast $0{,}5\,ph$ nach Abbildung 22b gegen den Stiel $\overline{AC}$.

$$E J_1 \delta_{ma} = \frac{p h^2 l^2 k}{24}. \quad E J_1 \delta_{mb} = \frac{p h^3 l k}{30}. \quad E J_1 \delta_{mc} = \frac{p h^2 l k}{24}.$$

$$A = -B = \frac{p h^2 k}{20\, l\,(1+k)}. \quad H_B = \frac{ph}{20} \cdot \frac{2+3k}{1+k}.$$

$$H = 0{,}5\,ph - H_B \quad \text{d. i.} \quad H = \frac{ph}{20} \cdot \frac{8+7k}{1+k}. \quad M_B = -\frac{Bl}{3}.$$

$$M_C = \frac{2\,Bl}{3}. \quad M_A = -\frac{ph^2}{60} \cdot \frac{4+3k}{1+k}. \quad y \text{ von } A \text{ nach oben.}$$

Für den Stiel $\overline{AC}$ ist: $M_y = M_A + H y - 0{,}5\,p y^2 + \frac{p}{6h} y^3$.

Für $M_{\max}$ ist: $y_m = h\left(1 - \sqrt{\frac{2 H_B}{ph}}\right)$.

Rahmen 4.

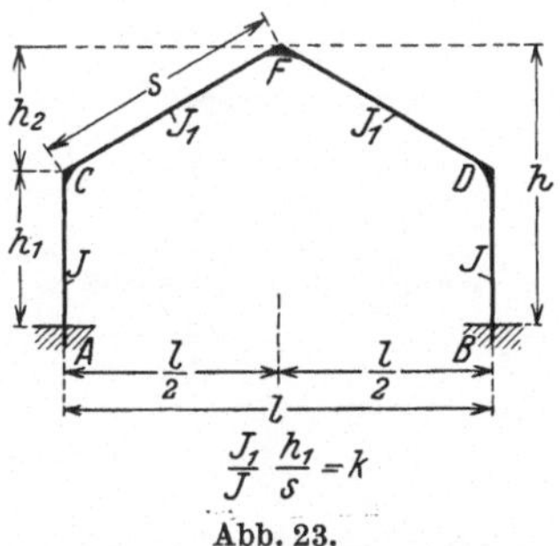

Abb. 23.

Die von der Rahmenform abhängigen Verschiebungswerte.

$$E J_1 \delta_{aa} = \frac{s l^2}{3}(2 + 3k). \qquad E J_1 \delta_{ab} = -\frac{s l}{2}(h + h_1 + h_1 k).$$

$$E J_1 \delta_{ac} = s l (1 + k). \qquad E J_1 \delta_{bb} = \tfrac{2}{3} s (k h_1^2 + 3 h h_1 + h_2^2).$$

$$E J_1 \delta_{bc} = -s (h + h_1 + h_1 k). \qquad E J_1 \delta_{cc} = 2 s (1 + k).$$

Mit diesen Werten lauten die drei Elastizitätsgleichungen:

1. $$E J_1 \delta_{ma} = V_B \frac{s l^2}{3}(2 + 3k) - H_B \frac{s l}{2}(h + h_1 + h_1 k) + M_B s l (1 + k).$$

2. $$E J_1 \delta_{mb} = -V_B \frac{s l}{2}(h + h_1 + h_1 k) + H_B \tfrac{2}{3} s (k h_1^2 + 3 h h_1 + h_2^2) - M_B s (h + h_1 + h_1 k).$$

3. $$E J_1 \delta_{mc} = V_B s l (1 + k) - H_B s (h + h_1 + h_1 k) + M_B 2 s (1 + k).$$

Multipliziert man die Gleichung 1 mit $\left(-\frac{2}{l}\right)$, so ergibt sich nach Addition der Gleichungen 1 und 3:

$$V_B = \frac{3\,E J_1 (2\,\delta_{ma} - l\,\delta_{mc})}{s\,l^2 (1 + 3\,k)}. \tag{a}$$

Setzt man für V_B den kurzen Ausdruck 3α in die Gleichungen 2 und 3 ein, multipliziert die Gleichung 2 mit $2(1+k)$ und die Gleichung 3 mit $(h + h_1 + h_1 k)$, dann ergibt die Addition dieser beiden Gleichungen:

$$H_B = \frac{3\,E J_1 [2\,(1+k)\,\delta_{mb} + (h + h_1 + h_1 k)\,\delta_{mc}]}{s\,[3\,k h^2 + (1+k)(k h_1^2 + h_2^2)]}. \tag{b}$$

Aus der Gleichung 3 ergibt sich weiter:

$$M_B = \frac{E J_1 \delta_{mc}}{2\,s\,(1+k)} - V_B \frac{l}{2} + H_B \frac{h + h_1 + h_1 k}{2\,(1+k)}. \tag{c}$$

Mit diesen Hauptformeln werden im folgenden wieder gebrauchsfertige Formeln entwickelt.

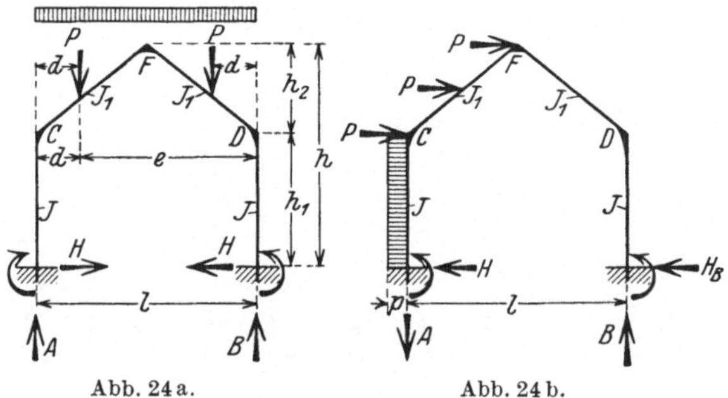

Abb. 24a. Abb. 24b.

Lotrechte Lasten.

1. Eine Einzellast P im Abstand d von A und e von B.

$$E J_1 \delta_{ma} = \frac{P s d}{3 l} [3 k l^2 + d (2 l + e)].$$

$$E J_1 \delta_{mb} = -\frac{P s d}{6 l^2} [3 k h_1 l^2 + 2 d (3 l h_1 + 2 d h_2)].$$

$$E J_1 \delta_{mc} = \frac{P s d}{l} (d + l k). \qquad n = \frac{d}{l}.$$

Setzt man diese Werte in die drei Hauptformeln (a), (b) und (c) ein, dann erhält man:

$$N = 3\,k h^2 + (1+k)(k h_1^2 + h_2^2). \qquad B = \frac{P d}{l^3} \cdot \frac{3 k l^2 + d (l + 2 e)}{1 + 3 k}.$$

$$A = P - B. \qquad H = \frac{P n}{N} [3 k l h - 4 n d h_2 (1+k) - 3 d (k h_1 - h_2)].$$

$$M_B = H \frac{h + h_1 + h_1 k}{2\,(1+k)} - \frac{P d e}{l^2} \cdot \frac{d + k (l + d)}{(1+k)(1+3k)}. \qquad M_C = M_A - H h_1.$$

$$M_A = M_B + B l - P d. \qquad M_P = M_A + A d - H (h_1 + 2 n h_2).$$

$$M_F = M_B + 0{,}5\,B l - H h. \qquad M_D = M_B - H h_1.$$

2. Eine Einzellast P im Firstpunkt F. $A = B = \frac{P}{2}$.

$$H = \frac{Pl}{4N}[h_2 + k(3h + h_2)]. \qquad M_A = M_B = \frac{Plh_1}{4N}[h_2 + k(h + h_2)].$$

$$M_C = M_D = -\frac{Plhh_1k}{2N}. \qquad M_F = M_A + \frac{Pl}{4} - Hh.$$

3. Zwei gleiche Einzellasten P im Abstand d von A bzw. von B nach Abbildung 24a. $n = \frac{d}{l}$. $A = B = P$.

$$H = \frac{2Pn}{N}[3klh - 4ndh_2(1 + k) - 3d(kh_1 - h_2)].$$

$$M_A = M_B = \frac{H}{2} \cdot \frac{h + h_1 + h_1 k}{1 + k} - \frac{Pde}{l(1 + k)}.$$

$$M_C = M_D = M_A - Hh_1 \quad \text{d. i.} \quad = \frac{H}{2}\left(\frac{h}{1 + k} - h_1\right) - \frac{Pde}{l(1 + k)}.$$

$$M_P = M_C + Pd - 2nHh_2. \qquad M_F = M_C + Pd - Hh_2.$$

Wenn $d = \frac{l}{6}$: $H = \frac{Pl}{6N}\left[5hk + \frac{7}{9}h_2(1 + k)\right]$.

$$M_A = M_B = \frac{H}{2}\left(h_1 + \frac{h}{1 + k}\right) - \frac{5}{36} \cdot \frac{Pl}{1 + k}.$$

4. Zwei gleiche Einzellasten P im Abstand $d = \frac{l}{4}$ von A bzw. von B.

$$A = B = P. \qquad H = \frac{Pl}{8N}[9hk + 2h_2(1 + k)].$$

$$M_A = M_B = \frac{H}{2}\left(h_1 + \frac{h}{1 + k}\right) - \frac{3}{16} \cdot \frac{Pl}{1 + k}. \qquad M_C = M_A - Hh_1.$$

$$M_D = M_C. \quad M_P = M_C + \frac{Pl}{4} - 0{,}5Hh_2. \quad M_F = M_P - 0{,}5Hh_2.$$

5. Zwei gleiche Einzellasten P im Abstand $d = \frac{l}{3}$ von A bzw. von B.

$$A = B = P. \qquad H = \frac{2Pl}{27N}[18hk + 5h_2(1 + k)].$$

$$M_A = M_B = \frac{H}{2}\left(h_1 + \frac{h}{1 + k}\right) - \frac{2}{9} \cdot \frac{Pl}{1 + k}.$$

6. Drei gleiche Einzellasten in den Viertelpunkten.

$$H = \frac{Pl}{2N}[3{,}75kh + h_2(1 + k)]. \qquad A = B = 1{,}5P.$$

$$M_A = M_B = \frac{H}{2}\left(h_1 + \frac{h}{1 + k}\right) - \frac{5}{16} \cdot \frac{Pl}{1 + k}. \qquad M_C = M_A - Hh_1.$$

$$M_D = M_C. \quad M_P = M_C + \frac{3Pl}{8} - 0{,}5Hh_2. \quad M_F = M_C + \frac{Pl}{2} - Hh_2.$$

7. Fünf gleiche Einzellasten in den Sechstelpunkten.

$$H = \frac{2Pl}{27N}[39kh + 10h_2(1+k)]. \qquad A = B = 2{,}5\,P.$$

$$M_A = M_B = \frac{H}{2}\left(h_1 + \frac{h}{1+k}\right) - \frac{35}{72}\cdot\frac{Pl}{1+k}. \qquad M_C = M_A - Hh_1.$$

$$M_P = M_C + \tfrac{1}{3}(1{,}25Pl - Hh_2) \quad \text{bzw.} \quad M_P = M_C + \tfrac{2}{3}(Pl - Hh_2).$$

$$M_F = M_A + \tfrac{3}{4}Pl - Hh. \qquad M_D = M_C.$$

8. Gleichmäßige Belastung pl über $\overline{CFD}$.

$$EJ_1\delta_{ma} = \frac{pl^2s}{4}(1+2k). \qquad EJ_1\delta_{mc} = \frac{pl^2s}{6}(2+3k).$$

$$EJ_1\delta_{mb} = -\frac{pl^2s}{48}(7h + 9h_1 + 12h_1k). \qquad A = B = \frac{pl}{2}.$$

$$H = \frac{pl^2}{8}\cdot\frac{4kh + h_2(1+k)}{N}.$$

$$M_A = M_B = \frac{pl^2}{48}\cdot\frac{8hh_1k + h_2(3h_1 - h_2) + h_1h_2(3+7k)}{N}.$$

$$M_C = M_D = M_A - Hh_1. \qquad M_F = M_A + \frac{pl^2}{8} - Hh.$$

$$m = A - 2H\frac{h_2}{l}. \qquad M_x = M_C + mx - 0{,}5px^2.$$

Für die Nullpunkte auf $\overline{CF}$ und $\overline{DF}$ ist:

$$x_0 = \frac{m}{p} - \frac{1}{p}\sqrt{m^2 + 2M_Cp}.$$

9. Gleichmäßige Belastung $0{,}5\,pl$ über $\overline{CF}$.

$$EJ_1\delta_{ma} = \frac{pl^3s}{192}(7+24k). \qquad EJ_1\delta_{mc} = \frac{pl^2s}{24}(1+3k).$$

$$EJ_1\delta_{mb} = -\frac{pl^2s}{96}(h + 3h_1 + 6h_1k). \qquad B = \frac{3pl}{32}\cdot\frac{1+4k}{1+3k}.$$

$$A = \frac{pl}{2} - B. \qquad H = \frac{pl^2}{16N}[4kh + h_2(1+k)].$$

$$M_A = M_B + Bl - \frac{pl^2}{8}.$$

$$M_B = \frac{pl^2}{48}\cdot\frac{1+3k}{1+k} - \frac{3pl^2}{64}\cdot\frac{1+4k}{1+3k} + \frac{pl^2}{32N}\cdot\frac{(h+h_1+h_1k)(h_2+h_2k+4hk)}{1+k}$$

d. i. $$M_B = \frac{pl^2}{32(1+k)}\left[\frac{(h+h_1+h_1k)(h_2+h_2k+4hk)}{N} - \frac{5+21k}{6(1+3k)}\right].$$

$$M_C = M_A - Hh_1. \qquad M_D = M_B - Hh_1.$$

$M_F = M_B + 0{,}5Bl - Hh.$ $\qquad$ M_x und x_0 wie vor bei 8.

Wagerechte Lasten.

10. Einzellast P im Abstand d von A gegen $\overline{AC}$. $\frac{d}{h_1} = n$.

$EJ_1\delta_{ma} = \frac{1}{2} P d n l s k.$ $EJ_1\delta_{mb} = -\frac{1}{6} P d^2 n s k.$

$EJ_1\delta_{mc} = \frac{1}{2} P d n s k.$ $-A = B = \frac{3 P d n k}{2l(1+3k)}.$

$$H_B = \frac{P d n k}{2N}[3h + h_1(3-2n)(1+k)].$$

$H = P - H_B.$ $M_A = Pd - Bl - M_B.$

$$M_B = \frac{P d n k}{4(1+k)} - \frac{Bl}{2} + \frac{H_B}{2}\left(h_1 + \frac{h}{1+k}\right).$$

$M_P = M_A + Hd.$ $M_C = Pd - H_B h_1 + M_A.$

$M_D = M_B - H_B h_1.$ $M_F = M_B + 0{,}5\,Bl - H_B h.$

11. Einzellast P im Punkt C.

$-A = B = \frac{1{,}5\,P h_1 k}{l(1+3k)}.$ $H_B = \frac{P h_1 k}{2N}[3h + h_1(1+k)].$

$H = P - H_B.$ $M_B = \frac{P h_1 k}{4(1+k)} - \frac{Bl}{2} + \frac{H_B}{2}\left(h_1 + \frac{h}{1+k}\right).$

$M_A = P h_1 - Bl - M_B.$ $M_D = M_B - H_B h_1.$

$M_P = M_A + H h_1.$ $M_F = M_B + 0{,}5\,Bl - H_B h.$

12. Einzellast P gegen die Schräge $\overline{CF}$ im Abstand d von C. $\frac{d}{h_2} = n.$

$$EJ_1\delta_{ma} = \frac{Pls}{2}\left[k(h_1 + 2d) + \frac{h_2 n^2}{6}(6-n)\right].$$

$$EJ_1\delta_{mb} = -\frac{Ps}{6}[h_1 k(h_1 + 3d) + nd(3h_1 + d)].$$

$$EJ_1\delta_{mc} = \frac{Ps}{2}[k(h_1 + 2d) + nd].$$

$$-A = B = \frac{P}{2l(1+3k)}[3k(h_1 + 2d) + n^2(3h_2 - d)].$$

$$H_B = \frac{P}{2N}[3d^2 + 3k(h_1 h_2 + 2hd - ndh_1) + h_1^2 k(4+k) - 2nd^2(1+k)].$$

$$M_B = \frac{P}{4(1+k)}[k(h_1 + 2d) + nd] - \frac{Bl}{2} + \frac{H_B}{2}\left(h_1 + \frac{h}{1+k}\right).$$

$M_D = M_B - H_B h_1.$ $M_A = P(h_1 + d) - Bl - M_B.$

$M_C = M_A + H h_1.$ $M_F = M_B + 0{,}5\,Bl - H_B h.$

$M_P = M_A + H(h_1 + d) + 0{,}5\,Aln.$ $H = P - H_B.$

13. Einzellast P im Punkt F (von links).

$$-A = B = \frac{P}{2l(1+3k)}[2h_2 + 3k(h+h_2)]. \qquad H = H_B = 0{,}5\,P.$$

$$M_B = \frac{Ph_1}{4}\cdot\frac{2+3k}{1+3k} \quad \text{d.i.} \quad = \tfrac{1}{2}(Ph - Bl). \qquad M_A = -M_B.$$

$$M_C = M_A + 0{,}5\,Ph_1 = \frac{3}{4}\cdot\frac{Ph_1 k}{1+3k}.$$

$$M_D = M_B - 0{,}5\,Ph_1 = -\frac{3}{4}\cdot\frac{Ph_1 k}{1+3k}. \qquad M_F = 0.$$

14. Gleichmäßige Last ph_1 gegen $\overline{AC}$ nach Abbildung 24b.

$$-A = B = \frac{ph_1^2 k}{2l(1+3k)}. \qquad H_B = \frac{ph_1^2 k}{4N}[2h + h_1(1+k)].$$

$$M_B = \frac{H_B}{2}\left(h_1 + \frac{h}{1+k}\right) - \frac{ph_1^2 k}{6(1+k)(1+3k)}. \qquad H = ph_1 - H_B.$$

$$M_A = 0{,}5\,ph_1^2 - Bl - M_B. \qquad M_C = 0{,}5\,ph_1^2 - H_B h_1 + M_A.$$

$$M_D = M_B - H_B h_1. \qquad M_F = M_D + 0{,}5\,Bl - H_B h_2.$$

Für den Stiel $\overline{AC}$ ist:

$$M_y = M_A + Hy - 0{,}5\,py^2 \qquad y \text{ von } A \text{ nach oben.}$$

Für $M_{\max}$ ist: $y_m = \frac{H}{p}$. $\quad M_{\max} = M_A + 0{,}5\,H y_m$.

$$y_0 = y_m - \sqrt{y_m^2 + \frac{2M_A}{p}}.$$

15. Gleichmäßige Last ph_2 gegen $\overline{CF}$.

$$EJ_1\delta_{ma} = \frac{ph_2 ls}{48}(7h_2 + 24hk).$$

$$EJ_1\delta_{mb} = -\frac{ph_2 s}{24}[2h_1 k(2h+h_2) + h_2(h+3h_1)].$$

$$EJ_1\delta_{mc} = \frac{ph_2 s}{6}(3hk + h_2). \qquad -A = B = \frac{3ph_2}{8l}(h_2 + 4hk).$$

$$H_B = \frac{ph_2}{4N}[h_2^2 + k(5h^2 + 3h_1^2) + 2h_1^2 k^2].$$

$$M_B = \frac{H_B}{2}\left(h_1 + \frac{h}{1+k}\right) - \frac{ph_2}{48(1+k)}[h_2(5+9k) + 12hk(2+3k)].$$

$$H = ph_2 - H_B. \qquad M_A = 0{,}5\,ph_2(h+h_1) - Bl - M_B.$$

$$M_C = M_A + Hh_1. \qquad M_D = M_B - H_B h_1.$$

$$M_F = M_B - H_B h + 0{,}5\,Bl. \qquad x \text{ von } A \text{ nach rechts.}$$

Für $\overline{CD}$ ist: $M_x = M_C + 2pm^2x(l-x) - 2H_B mx. \quad m = \frac{h_2}{l}.$

Rahmen 5.

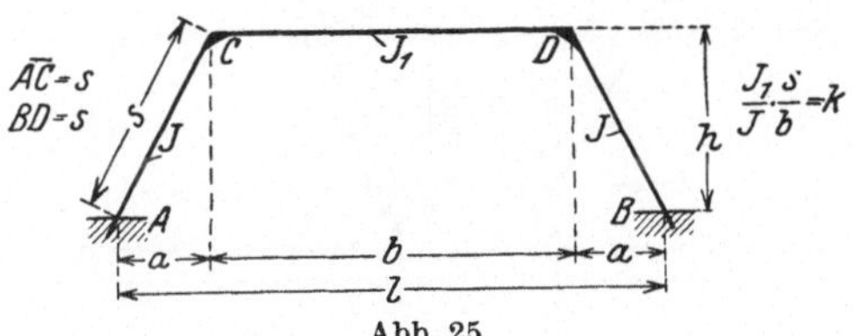

Abb. 25.

Die von der Rahmenform abhängigen Verschiebungswerte:

$$E J_1 \delta_{aa} = \tfrac{1}{3}[b k (3 l^2 + 2 a^2 - 3 a l) + (a + b)^3 - a^3].$$

$$E J_1 \delta_{ab} = -\frac{l b h}{2}(1 + k). \qquad E J_1 \delta_{ac} = \frac{l b}{2}(1 + 2 k).$$

$$E J_1 \delta_{bb} = \frac{b h^2}{3}(3 + 2 k). \qquad E J_1 \delta_{bc} = -b h (1 + k).$$

$$E J_1 \delta_{cc} = b (1 + 2 k).$$

Die drei Bestimmungsgleichungen lauten:

1. $E J_1 \delta_{ma} = \quad V_B E J_1 \delta_{aa} \quad - H_B \frac{l b h}{2}(1 + k) \quad + M_B \frac{l b}{2}(1 + 2 k).$

2. $E J_1 \delta_{mb} = - V_B \frac{l b h}{2}(1 + k) + H_B \frac{b h^2}{3}(3 + 2 k) - M_B b h (1 + k).$

3. $E J_1 \delta_{mc} = \quad V_B \frac{l b}{2}(1 + 2 k) - H_B b h (1 + k) \quad + M_B b (1 + 2 k).$

Multipliziert man die Gleichung 3 mit $\left(-\frac{l}{2}\right)$ und addiert sie zur Gleichung 1, so ergibt sich:

$$\boldsymbol{V_B = \frac{6 E J_1 (2 \delta_{ma} - l \delta_{mc})}{b [b^2 + 2 k (3 l b + 4 a^2)]}}. \tag{a}$$

Man setze hierfür den kurzen Wert 6α in die Gleichungen 2 und 3 ein und multipliziere die Gleichung 2 mit $(1 + 2 k)$ und die Gleichung 3 mit $h (1 + k)$. Dann ergibt die Addition

$$H_B \frac{b h^2 k}{3}(2 + k) = E J_1 [\delta_{mb}(1 + 2 k) + \delta_{mc} h (1 + k)].$$

Hieraus folgt:

$$\boldsymbol{H_B = \frac{3 E J_1 [\delta_{mb}(1 + 2 k) + \delta_{mc} h (1 + k)]}{b h^2 k (2 + k)}}. \tag{b}$$

Aus der Gleichung 3 ergibt sich:

$$\boldsymbol{M_B = \frac{E J_1 \delta_{mc}}{b (1 + 2 k)} - \frac{V_B l}{2} + H_B h \cdot \frac{1 + k}{1 + 2 k}}. \tag{c}$$

Mit Hilfe dieser drei Gleichungen sind für verschiedene Belastungsfälle die folgenden gebrauchsfertigen Formeln entwickelt worden.

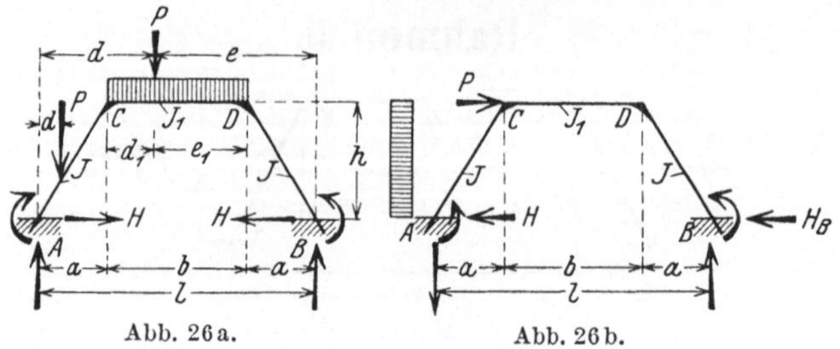

Abb. 26a. Abb. 26b.

Lotrechte Lasten.

1. Einzellast P auf $\overline{AC}$ im Abstand d von A. $n = \frac{d}{a}$.

$EJ_1\delta_{ma} = \frac{Pdnbk}{6}(3l - d)$. $EJ_1\delta_{mb} = -\frac{1}{6}\cdot Pdn^2bhk$.

$EJ_1\delta_{mc} = \frac{1}{2}Pdnbk$. $\mathbf{N = 2k(3lb + 4a^2) + b^2}$.

$B = \frac{Pdnk}{N}(3l - 2d)$. $A = P - B$. $H = \frac{Pn^2}{2h}\cdot\frac{3a(1+k) - d(1+2k)}{2+k}$

$M_B = \frac{Pdnk}{2(1+k)} - \frac{Bl}{2} + Hh\frac{1+k}{1+2k}$.

$M_A = -\frac{Pn}{2}\cdot\frac{2a + k(4a - d)}{1+2k} + \frac{Bl}{2} + Hh\frac{1+k}{1+2k}$.

$M_D = M_B + Ba - Hh$. $M_C = M_D + Bb$. $M_P = M_A - Hhn + Ad$.

2. Einzellast P im Punkte C.

$B = \frac{Pak}{N}(2l + b)$. $A = P - B$. $H = \frac{Pa}{2h}$. $M_B = \frac{1}{2}(Pa - Bl)$.

$M_A = -M_B$. $M_C = M_A - Hh + Aa$. $M_D = M_B + Ba - Hh$.

Längskräfte: $\overline{AC}$: $\mathfrak{N} = \frac{1}{s}(Ah + Ha)$. $\overline{BD}$: $\mathfrak{N} = \frac{1}{s}(Bh + Ha)$.

3. Einzellast P auf dem Riegel $\overline{CD}$ im Abstand d von A, e von B, d_1 von C und e_1 von D nach Abbildung 26a.

$EJ_1\delta_{ma} = \frac{P}{6}\{bk[6ld_1 + a(2a + 3e)] + d_1^2(2d_1 + 3e)\}$.

$EJ_1\delta_{mb} = -\frac{Ph}{6}[bk(a + 3d_1) + 3d_1^2]$.

$EJ_1\delta_{mc} = \frac{P}{2}[bk(a + 2d_1) + d_1^2]$.

$$B = \frac{P}{bN}\{bk[3ed + 3d_1(l + d_1) + a^2] + d_1^2(b + 2e_1)\}.$$

$A = P - B$. $H = \frac{P}{2bh}\left(ab + \frac{3d_1e_1}{2+k}\right)$. $M_A = M_B + Bl - Pd$.

$M_B = \frac{P}{2b}\cdot\frac{bk(a + 2d_1) + d_1^2}{1+2k} + Hh\frac{1+k}{1+2k} - \frac{Bl}{2}$. $M_C = M_A + Aa - Hh$.

$M_D = M_B + Ba - Hh$. $M_P = M_D + Be_1$. $N = 2k(3lb + 4a^2) + b^2$.

Die Einspannmomente M_A und M_B können positiv oder negativ sein. Entscheidend hierüber ist die Neigung der Streben $\overline{AC}$ und $\overline{BD}$ und die Stellung der Last P. Ergibt die Berechnung von M_B nach Formel (c) einen Minuswert, so ist das Einspannmoment am rechten Auflager negativ, d. i. ↻ nach rechts drehend. Für den Punkt A ist dann:

$$M_A + Pd - Bl + M_B = 0.$$

Hierbei muß man den beliebig zu wählenden Drehsinn genau beachten. Wird das Resultat für M_A positiv, so ist der angenommene Drehsinn richtig. Bei negativem Ergebnis ist der entgegengesetzte Drehsinn der richtige.

4. Einzellast P in der Mitte des Riegels $\overline{CD}$.

$$A = B = \frac{P}{2}. \qquad H = \frac{P}{8h}\left(4a + \frac{3b}{2+k}\right).$$

$$M_A = M_B = \frac{P}{8} \cdot \frac{4a + b(1+4k)}{1+2k} + Hh\frac{1+k}{1+2k} - \frac{Pl}{4}.$$

$$M_C = M_A + \frac{Pa}{2} - Hh. \qquad M_P = M_A + \frac{Pl}{4} - Hh. \qquad M_D = M_C.$$

5. Zwei gleiche Einzellasten P in den Punkten C und D.

$$A = B = P. \qquad H = \frac{Pa}{h}.$$

Alle Momente sind gleich Null.

Die Längskraft in den Streben ist: $\mathfrak{N} = \frac{P}{sh}(h^2 + a^2)$,

im Riegel: $\mathfrak{N} = H$.

6. Gleichmäßige Riegelbelastung pb.

$$A = B = 0{,}5\,pb. \qquad H = \frac{pb}{4h}\left(2a + \frac{b}{2+k}\right).$$

$$M_A = M_B = \frac{pb^2}{12(2+k)}. \qquad M_C = M_D = -\frac{pb^2}{6(2+k)} = -2M_A.$$

Für den Riegel $\overline{CD}$ ist: $M_x = M_C + 0{,}5\,px(b-x)$. x von C an.

$$M_{\max} = M_C + \frac{pb^2}{8} \quad \text{d. i.} \quad = \frac{pb^2}{24} \cdot \frac{2+3k}{2+k}.$$

Für die Nullpunkte auf $\overline{CD}$ ist: $x_0 = \frac{b}{2} \mp \frac{b}{2}\sqrt{\frac{2+3k}{3(2+k)}}$.

Die Nullpunkte auf $\overline{AC}$ und $\overline{BD}$ liegen in $\frac{h}{3}$.

Längskräfte: $\overline{AC}$ und $\overline{BD}$: $\mathfrak{N} = \frac{pbh}{2s} + H\frac{a}{s}$. $\quad \overline{CD}$: $\mathfrak{N} = H$.

7. Gleichmäßige Belastung pa über $\overline{AC}$.

$$E J_1 \delta_{ma} = \frac{pa^2 b k}{24}(4l - a). \quad E J_1 \delta_{mb} = -\frac{pa^2 bhk}{24}. \quad E J_1 \delta_{mc} = \frac{pa^2 b k}{6}.$$

$$B = \frac{pa^2 k}{2N}(2l - a). \qquad A = pa - B. \quad H = \frac{pa^2}{8h} \cdot \frac{3+2k}{2+k}.$$

$$M_B = \frac{pa^2}{24} \cdot \frac{9+5k}{2+k} - \frac{Bl}{2}. \quad M_A = \frac{Bl}{2} - \frac{pa^2}{24} \cdot \frac{15+7k}{2+k}.$$

$$M_D = M_B + Ba - Hh. \quad M_C = M_D + Bb.$$

Wagerechte Lasten.

8. Einzellast P gegen $\overline{AC}$ im Abstand d von A. $\quad n = \frac{d}{h}$.

$$E J_1 \delta_{ma} = \frac{P n^2 b k}{6}(3hl - ad). \qquad E J_1 \delta_{mb} = -\frac{P d^2 n b k}{6}.$$

$$E J_1 \delta'_{mc} = \frac{P d n b k}{2}. \qquad -A = B = \frac{P n^2 h k}{N}(3l - 2an).$$

$$H_B = \frac{P n^2}{2(2+k)}[3(1+k) - n(1+2k)].$$

$$M_B = \frac{P d n k}{2(1+2k)} - \frac{Bl}{2} + H_B h \frac{1+k}{1+2k}. \qquad M_A = M_B + Bl - Pd.$$

$$M_D = M_B + Ba - Hh. \qquad M_C = M_D + Bb.$$

$$M_P = M_A - Aan + (P - H_B)\,d.$$

9. Einzellast P im Punkt C:

$$-A = B = \frac{Phk}{N}(2l + b). \quad H = \frac{P}{2}. \quad -M_A = M_B = \tfrac{1}{2}(Ph - Bl).$$

10. Gleichmäßige Last ph gegen AC.

$$-A = B = \frac{ph^2 k}{2N}(2l - a). \qquad H_B = \frac{ph}{8} \cdot \frac{3+2k}{2+k}.$$

$$M_B = \frac{ph^2 k}{6(1+2k)} - \frac{Bl}{2} + H_B h \frac{1+k}{1+2k}.$$

$H = ph - H_B$ d. i. $= \frac{ph}{8} \cdot \frac{13+6k}{2+k}$. $\quad -M_A = M_B + Bl - 0{,}5\,ph^2$.

$$M_D = M_B + Ba - H_B h. \qquad M_C = M_D + Bb.$$

Für $\overline{AC}$ ist: $M_x = M_A + x(Hm - A) - 0{,}5\,pm^2 x^2$. $\quad m = \frac{h}{a}$.

Rahmen 6.

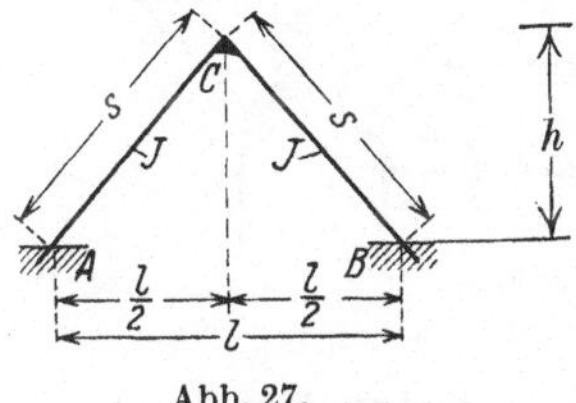

Abb. 27.

Die von der Rahmenform abhängigen Verschiebungswerte.

$$EJ\delta_{aa} = \tfrac{2}{3} s l^2. \qquad EJ\delta_{ab} = -\frac{s h l}{2}. \qquad EJ\delta_{ac} = s l.$$

$$EJ\delta_{bb} = \tfrac{2}{3} s h^2. \qquad EJ\delta_{bc} = -s h. \qquad EJ\delta_{cc} = 2s.$$

Die drei Elastizitätsgleichungen lauten:

$$1.\quad EJ\delta_{ma} = V_B \frac{2}{3} s l^2 - H_B \frac{s h l}{2} + M_B s l.$$

$$2.\quad EJ\delta_{mb} = -V_B \frac{s h l}{2} + H_B \frac{2}{3} s h^2 - M_B s h.$$

$$3.\quad EJ\delta_{mc} = V_B s l - H_B s h + M_B 2s.$$

Man multipliziere die Gleichung 3 mit $\left(-\frac{l}{2}\right)$ und addiere sie zur Gleichung 1. Dann erhält man die Formel

$$V_B = \frac{3EJ(2\delta_{ma} - l\delta_{mc})}{s l^2}. \qquad \text{(a)}$$

Nach Einsetzen dieses Wertes erhält man in der bekannten Weise

$$H_B = \frac{3EJ(2\delta_{mb} + h\delta_{mc})}{s h^2}. \qquad \text{(b)}$$

$$\left.\begin{aligned} M_B &= \frac{EJ\delta_{mc}}{2s} - \frac{V_B l}{2} + H_B \frac{h}{2}, \quad \text{d. i.} \\ M_B &= \frac{EJ(6l\delta_{mb} + 7hl\delta_{mc} - 6h\delta_{ma})}{2shl}. \end{aligned}\right\} \qquad \text{(c)}$$

Mit Hilfe dieser drei Grundformeln sind für die folgenden Belastungsfälle wieder fertige Formeln entwickelt worden.

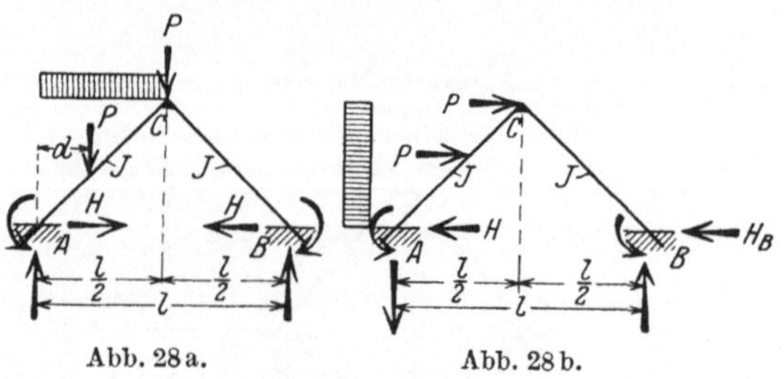

Abb. 28a. Abb. 28b.

Lotrechte Lasten.

1. Einzellast P auf $\overline{AC}$ im Abstand d von A. $e = l - d$. $n = \frac{d}{l}$.

$$EJ\,\delta_{ma} = \frac{P\,d\,n\,s}{3}(2l + e). \qquad EJ\,\delta_{mb} = -\tfrac{2}{3}P\,d\,h\,s\,n^2.$$

$$EJ\,\delta_{mc} = P\,d\,s\,n. \qquad B = \frac{P\,n^2}{l}(l + 2e). \qquad A = P - B.$$

$$H = \frac{P\,n^2}{h}(3e - d). \quad M_B = \frac{P\,n^2}{2}(e - d). \quad M_A = M_B + Bl - Pd.$$

$$M_C = M_B + \frac{Bl}{2} - Hh. \qquad M_P = M_A + Ad - 2Hhn.$$

Wenn $d = \frac{l}{4}$: $A = \frac{27}{32}P$. $B = \frac{5}{32}P$. $H = \frac{Pl}{8h}$. $M_B = \frac{Pl}{64}$.

$$M_A = -\tfrac{5}{64}Pl. \qquad M_C = -\frac{Pl}{32}. \qquad M_P = \tfrac{9}{128}Pl.$$

2. Einzellast P im Firstpunkt C. $A = B = \frac{P}{2}$. $H = \frac{Pl}{4h}$.

$$M_A = M_B = M_C = 0.$$

Längskräfte in $\overline{AC}$ und $\overline{BC}$: $\mathfrak{N} = \frac{1}{2s}(Ph + Hl)$.

3. Gleichmäßige Last $\frac{pl}{2}$ über $\overline{AC}$:

$$EJ\,\delta_{ma} = \tfrac{7}{192}pl^3s. \quad EJ\,\delta_{mb} = -\tfrac{1}{96}pl^2hs. \quad EJ\,\delta_{mc} = \tfrac{1}{24}pl^2s.$$

$$A = \tfrac{13}{32}pl. \qquad B = \tfrac{3}{32}pl. \qquad H = \frac{pl^2}{16h}.$$

$$M_A = -\tfrac{5}{192}pl^2. \qquad M_B = \frac{pl^2}{192}. \qquad M_C = -\frac{pl^2}{96}.$$

Für $\overline{AC}$ ist: $M_x = \frac{p}{192}(54lx - 96x^2 - 5l^2)$. $M_{\max} = 0{,}0135\,pl^2$.

$$x_0 = 0{,}117\,l \quad \text{bzw.} \quad = 0{,}445\,l. \qquad x_m = \tfrac{9}{32}\,l.$$

4. Gleichmäßige Last pl über $\overline{ABC}$: $EJ\,\delta_{ma} = \frac{pl^3 s}{4}$.

$EJ\,\delta_{mb} = -\frac{7}{48} pl^2 hs$. $EJ\,\delta_{mc} = \frac{pl^2 s}{3}$. $A = B = 0{,}5\,pl$.

$H = \frac{pl^2}{8h}$. $M_A = M_B = M_C = -\frac{pl^2}{48}$.

Für $\overline{AC}$ und $\overline{BC}$ ist:

$M_x = \frac{p}{48}(12lx - 24x^2 - l^2)$. x vom Auflager an.

$x_m = \frac{l}{4}$. $M_{\max} = \frac{pl^2}{96}$. $x_0 = 0{,}106\,l$ bzw. $0{,}394\,l$.

Wagerechte Lasten.

5. Einzellast P gegen $\overline{AC}$ im Abstand d von A und e von C.

$\frac{d}{h} = n$. $EJ\,\delta_{ma} = \frac{Plsn^2}{12}(5h + e)$. $EJ\,\delta_{mb} = -\frac{Pd^2 ns}{6}$.

$EJ\,\delta_{mc} = \frac{Pdns}{2}$. $-A = B = \frac{Pn^2}{2l}(2h + e)$.

$H_B = \frac{Pn^2}{2h}(h + 2e)$. $H = P - H_B$. $M_B = \frac{Pn^2 e}{4}$.

$M_A = M_B + Bl - Pd$ d. i. $M_A = -\frac{Pen}{4h}(h + 3e)$.

$M_C = M_B + \frac{Bl}{2} - H_B h$ d. i. $= -\frac{Pn^2 e}{2}$ d. i. $= -2M_B$.

$M_P = M_A - 0{,}5\,Aln + Hd$ d. i. $M_P = \frac{Pn^2 e}{4h}(2h + 5e)$.

6. Einzellast P im Punkt C.

$-A = B = \frac{Ph}{l}$. $H = H_B = \frac{P}{2}$. $M_A = M_B = M_C = 0$.

Längskräfte: $\overline{AC}$: $\mathfrak{N} = \frac{P}{4sl}(4h^2 + l^2)$ Zug.

$\overline{BC}$: $\mathfrak{N} = -\frac{P}{4sl}(4h^2 + l^2)$ Druck.

7. Gleichmäßige Last ph gegen $\overline{AC}$:

$EJ\,\delta_{ma} = \frac{7}{48} ph^2 ls$. $EJ\,\delta_{mb} = -\frac{ph^3 s}{24}$.

$EJ\,\delta_{mc} = \frac{ph^2 s}{6}$. $-A = B = \frac{3}{8}\cdot\frac{ph^2}{l}$. $H_B = \frac{ph}{4}$.

$H = \frac{3}{4} ph$. $M_B = \frac{ph^2}{48}$. $M_A = -\frac{5}{48} ph^2$.

$M_C = -\frac{ph^2}{24} = -2M_B$.

Für $\overline{AC}$ ist: $M_x = \frac{ph^2}{48 l^2}(54lx - 96x^2 - 5l^2)$. $x_m = \frac{9}{32} l$.

$M_{\max} = 0{,}0540\,ph^2$. $x_0 = 0{,}117\,l$ bzw. $= 0{,}445\,l$.

Rahmen 7.

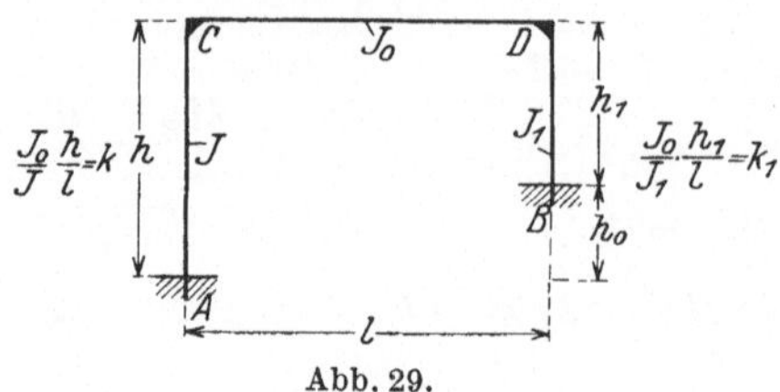

Abb. 29.

Die von der Rahmenform abhängigen Verschiebungswerte.

$$E J_0 \delta_{aa} = \frac{l^3}{3}(1 + 3k).\qquad E J_0 \delta_{bb} = lk\left(\frac{h^2}{3} - h_0 h_1\right) + l h_1^2 + \frac{l h_1^2 k_1}{3}.$$

$$E J_0 \delta_{ab} = -\frac{l^2}{2}[h_1 + (h - 2h_0)k].\qquad E J_0 \delta_{bc} = -\frac{l}{2}[k(h_1 - h_0) + h_1(2 + k_1)].$$

$$E J_0 \delta_{ac} = \frac{l^2}{2}(1 + 2k).\qquad E J_0 \delta_{cc} = l(1 + k + k_1).$$

Die von der Belastung abhängigen Verschiebungswerte.

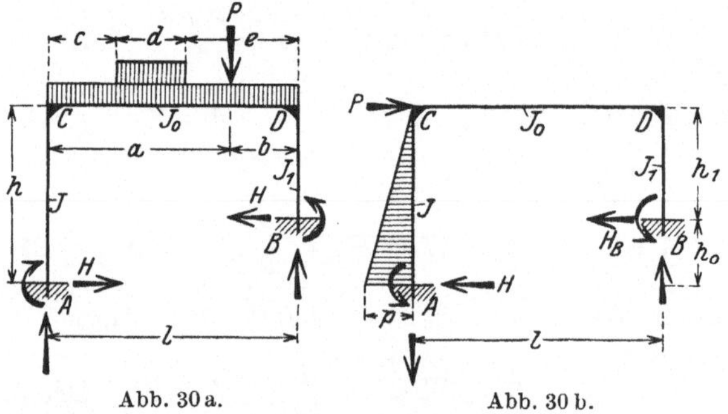

Abb. 30 a. Abb. 30 b.

Lotrechte Lasten.

1. Einzellast P auf dem Riegel $\overline{CD}$ im Abstand a von A und b von B. $\qquad E J_0 \delta_{ma} = P a\left[k l^2 + \frac{a}{6}(2l + b)\right].$

$$E J_0 \delta_{mb} = -\frac{P a}{2}[k l (h - 2h_0) + a h_1].\qquad E J_0 \delta_{mc} = \frac{P a}{2}(2kl + a).$$

2. Einzellast P in Riegelmitte. $\qquad E J_0 \delta_{ma} = \frac{P l^3}{48}(5 + 24k).$

$$E J_0 \delta_{mb} = -\frac{P l^2}{8}[h_1 + 2k(h - 2h_0)].\qquad E J_0 \delta_{mc} = \frac{P l^2}{8}(1 + 4k).$$

3. Zwei gleiche Einzellasten P im Abstand a von A bzw. von B.

$$E J_0 \delta_{m a} = \frac{P l}{3} [l^2 (1 + 3 k) - 1{,}5 a (l - a)].$$

$$E J_0 \delta_{m b} = - \frac{P}{2} [l^2 k (h - 2 h_0) + l^2 h_1 - 2 a h_1 (l - a)].$$

$$E J_0 \delta_{m c} = \frac{P}{2} [l^2 (1 + 2 k) - 2 a (l - a)].$$

Wenn $a = \frac{l}{4}$: $E J_0 \delta_{m a} = \frac{P l^3}{96} (23 + 96 k)$.

$$E J_0 \delta_{m b} = - \frac{P l^2}{16} [5 h_1 + 8 k (h - 2 h_0)]. \quad E J_0 \delta_{m c} = \frac{P l^2}{16} (5 + 16 k).$$

4. Zwei gleiche Einzellasten P in den Drittelpunkten des Riegels $\overline{CD}$. $E J_0 \delta_{m a} = \frac{P l^3}{9} (2 + 9 k)$.

$$E J_0 \delta_{m b} = - \frac{P l^2}{18} [5 h_1 + 9 k (h - 2 h_0)]. \quad E J_0 \delta_{m c} = \frac{P l^2}{18} (5 + 18 k).$$

5. Drei gleiche Einzellasten P in den Viertelpunkten des Riegels $\overline{CD}$. $E J_0 \delta_{m a} = \frac{P l^3}{32} (11 + 48 k)$.

$$E J_0 \delta_{m b} = - \frac{P l^2}{16} [7 h_1 + 12 k (h - 2 h_0)]. \quad E J_0 \delta_{m c} = \frac{P l^2}{16} (7 + 24 k).$$

6. Gleichmäßige Riegelbelastung $p l$. $E J_0 \delta_{m a} = \frac{p l^4}{8} (1 + 4 k)$.

$$E J_0 \delta_{m b} = - \frac{p l^3}{12} [2 h_1 + 3 k (h - 2 h_0)]. \quad E J_0 \delta_{m c} = \frac{p l^3}{6} (1 + 3 k).$$

7. Streckenlast $p d$ auf dem Riegel $\overline{CD}$. Siehe Abbildung 30a.

$$v = (c + d)^3 - c^3. \qquad w = (c + d)^4 - c^4.$$

$$E J_0 \delta_{m a} = \frac{p}{6} [3 l^2 d k (2 c + d) + l v - 0{,}25 w].$$

$$E J_0 \delta_{m b} = - \frac{p}{6} [1{,}5 d l k (h_1 - h_0) (2 c + d) + v h_1].$$

$$E J_0 \delta_{m c} = \frac{p}{6} [3 d l k (2 c + d) + v].$$

Wenn $c = 0$ und $l = d + e$ d. i. linksseitige Riegelbelastung.

$$E J_0 \delta_{m a} = \frac{p d^2}{24} (12 k l^2 + 4 l d - d^2).$$

$$E J_0 \delta_{m b} = - \frac{p d^2}{12} [3 k l (h_1 - h_0) + 2 h_1 d]. \quad E J_0 \delta_{m c} = \frac{p d^2}{6} (d + 3 k l).$$

Wenn $e = 0$ und $l = c + d$ d. i. rechtsseitige Riegelbelastung.

$$E J_0 \delta_{ma} = \frac{p}{6}\left[3 l^2 d k (l + c) + 0{,}75 l^4 + 0{,}25 c^4 - l c^3\right].$$

$$E J_0 \delta_{mb} = -\frac{p}{12}\left[3 d l k (h_1 - h_0)(l + c) + 2 h_1 (l^3 - c^3)\right].$$

$$E J_0 \delta_{mc} = \frac{p}{6}\left[3 d l k (l + c) + l^3 - c^3\right].$$

Wagerechte Lasten.

8. Einzellast P gegen $\overline{AC}$ im Abstand d von A. $n = \frac{d}{h}$.

$$E J_0 \delta_{ma} = 0{,}5 P n k d l^2. \qquad E J_0 \delta_{mb} = +\frac{P}{6} n k d l (3 h_0 - d).$$

$$E J_0 \delta_{mc} = 0{,}5 P n k d l.$$

9. Einzellast P im Punkte C. $E J_0 \delta_{ma} = 0{,}5 P h k l^2$.

$$E J_0 \delta_{mb} = -\frac{P}{6} h k l (h - 3 h_0). \qquad E J_0 \delta_{mc} = 0{,}5 P h k l.$$

10. Gleichmäßige Last $p h$ gegen den Stiel $\overline{AC}$.

$$E J_0 \delta_{ma} = \tfrac{1}{6} \cdot p h^2 k l^2. \qquad E J_0 \delta_{mb} = \tfrac{1}{24} \cdot p h^2 k l (4 h_0 - h).$$

$$E J_0 \delta_{mc} = \tfrac{1}{6} \cdot p h^2 l k.$$

11. Dreieckslast $0{,}5\, p h$ gegen den Stiel $\overline{AC}$.

$$E J_0 \delta_{ma} = \tfrac{1}{24} \cdot p h^2 k l^2. \qquad E J_0 \delta_{mb} = \tfrac{1}{120} \cdot p h^2 k l (5 h_0 - h).$$

$$E J_0 \delta_{mc} = \tfrac{1}{24} \cdot p h^2 l k.$$

Rahmen 8.

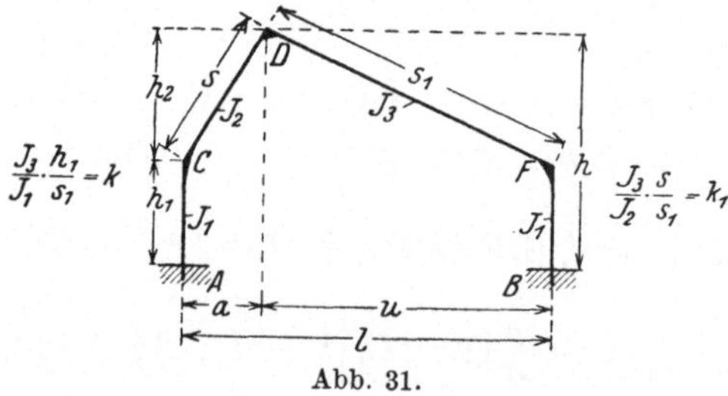

Abb. 31.

Die von der Rahmenform abhängigen Verschiebungswerte:

$$E J_3 \delta_{aa} = \frac{s_1}{3}\left[u^2 + 3 k l^2 + k_1 (a^2 + 3 l u)\right].$$

$$E J_3 \delta_{ab} = -\frac{s_1}{6}\left\{u (2 h + h_1) + 3 k l h_1 + k_1 \left[3 h_1 (l + u) + h_2 (l + 2 u)\right]\right\}.$$

$$E J_3 \delta_{ac} = \frac{s_1}{2}\left[u + 2 k l + k_1 (l + u)\right].$$

$$E J_3 \delta_{bb} = \frac{s_1}{3}[2kh_1^2 + (1 + k_1)(3hh_1 + h_2^2)].$$

$$E J_3 \delta_{bc} = -\frac{s_1}{2}[2kh_1 + (1 + k_1)(h + h_1)].$$

$$E J_3 \delta_{cc} = s_1(1 + 2k + k_1).$$

Die von der Belastung abhängigen Verschiebungswerte.

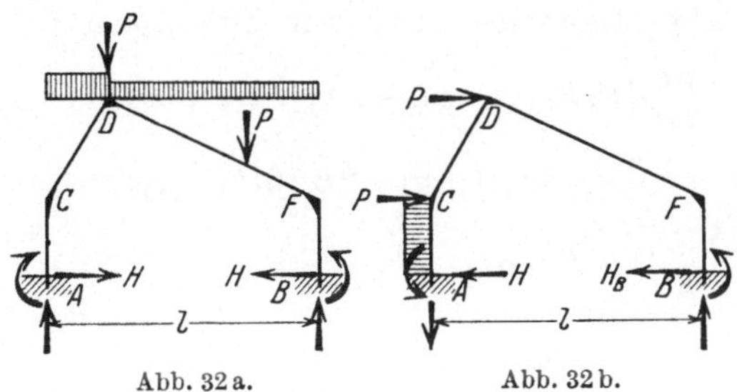

Abb. 32 a. Abb. 32 b.

Lotrechte Lasten.

1. Einzellast P auf der Schrägen $\overline{CD}$ im Abstand d von A.

$$\frac{d}{a} = n.$$

$$E J_3 \delta_{ma} = \frac{P d s_1}{6}[6kl + nk_1(3l - d)].$$

$$E J_3 \delta_{mb} = -\frac{P d s_1}{6}[3kh_1 + nk_1(3h_1 + nh_2)].$$

$$E J_3 \delta_{mc} = \frac{P d s_1}{2}(2k + nk_1).$$

2. Einzellast P im Firstpunkt D.

$$E J_3 \delta_{ma} = \frac{P a s_1}{6}[6kl + k_1(2l + u)].$$

$$E J_3 \delta_{mb} = -\frac{P a s_1}{6}[3kh_1 + k_1(h + 2h_1)].$$

$$E J_3 \delta_{mc} = \frac{P a s_1}{2}(2k + k_1).$$

3. Einzellast P auf der Schrägen $\overline{DF}$ im Abstand d von A, e von B und d_1 von D. $\frac{d_1}{u} = n$.

$$E J_3 \delta_{ma} = \frac{P s_1}{6}\{6kld + k_1[6ld_1 + a(2a + 3e)] + nd_1(2u + e)\}.$$

$$E J_3 \delta_{mb} = -\frac{P s_1}{6}\{3kh_1 d + k_1[d_1 h_2 + (d + d_1)(h + 2h_1)] + nd_1(3h - nh_2)\}.$$

$$E J_3 \delta_{mc} = \frac{P s_1}{2}[2kd + k_1(d + d_1) + nd_1].$$

4. Gleichmäßige Last pa über der Schrägen $\overline{CD}$.

$$EJ_3\delta_{ma} = \frac{ps_1a^2}{24}[12\,kl + k_1(3\,l + u)].$$

$$EJ_3\delta_{mb} = -\frac{ps_1a^2}{24}[6\,kh_1 + k_1(h + 3\,h_1)].$$

$$EJ_3\delta_{mc} = \frac{ps_1a^2}{6}(3\,k + k_1).$$

5. Gleichmäßige Last pu über der Schrägen $\overline{DF}$.

$$EJ_3\delta_{ma} = \frac{pus_1}{24}\{12\,kl(l + a) + 2\,k_1[6\,lu + a(3\,l + a)] + 3\,u^2\}.$$

$$EJ_3\delta_{mb} = -\frac{pus_1}{24}\{6kh_1(l+a)+2k_1[6lh_1+h_2(2l+u)]+u(3h+h_1)\}$$

$$EJ_3\delta_{mc} = \frac{pus_1}{2}\left[k(l + a) + l\,k_1 + \frac{u}{3}\right].$$

Wagerechte Lasten.

6. Einzellast P gegen den Stiel $\overline{AC}$ im Abstand d von A. $\frac{d}{h_1} = n$.

$$EJ_3\delta_{ma} = \tfrac{1}{2}Pnklds_1. \qquad EJ_3\delta_{mb} = -\tfrac{1}{6}Pnkd^2s_1.$$

$$EJ_3\delta_{mc} = \tfrac{1}{2}Pnkds_1.$$

7. Einzellast P im Punkte C.

$$EJ_3\delta_{ma} = \tfrac{1}{2}Pklh_1s_1. \quad EJ_3\delta_{mb} = -\tfrac{1}{6}Pkh_1^2s_1. \quad EJ_3\delta_{mc} = \tfrac{1}{2}Pkh_1s_1.$$

8. Einzellast P gegen $\overline{CD}$ im Abstand d von C. $\frac{d}{h_2} = n$.

$$EJ_3\delta_{ma} = \tfrac{1}{6}Ps_1[3\,lk(h_1 + 2\,d) + k_1n^2h_2(3\,l - an)].$$

$$EJ_3\delta_{mb} = -\tfrac{1}{6}Ps_1[kh_1(h_1 + 3\,d) + nk_1d(3\,h_1 + d)].$$

$$EJ_3\delta_{mc} = \tfrac{1}{2}Ps_1[k(h_1 + 2\,d) + k_1dn].$$

9. Einzellast P im Firstpunkt D.

$$EJ_3\delta_{ma} = \tfrac{1}{6}Ps_1[3\,lk(h + h_2) + k_1h_2(2\,l + u)].$$

$$EJ_3\delta_{mb} = -\tfrac{1}{6}Ps_1[kh_1(h + 2\,h_2) + k_1h_2(h + 2\,h_1)].$$

$$EJ_3\delta_{mc} = \tfrac{1}{2}Ps_1[k(h + h_2) + k_1h_2].$$

10. Gleichmäßige Last ph_1 gegen den Stiel $\overline{AC}$.

$$EJ_3\delta_{ma} = \tfrac{1}{6}ph_1^2lks_1. \quad EJ_3\delta_{mb} = -\tfrac{1}{24}ph_1^3ks_1. \quad EJ_3\delta_{mc} = \tfrac{1}{6}ph_1^2ks_1.$$

11. Gleichmäßige Last ph_2 gegen die Schräge $\overline{CD}$.

$$EJ_3\delta_{ma} = \frac{1}{2}ph_2s_1\left[klh + \frac{k_1h_2}{12}(3\,l + u)\right].$$

$$EJ_3\delta_{mb} = -\tfrac{1}{24}ph_2s_1[2\,kh_1(2\,h + h_2) + k_1h_2(h + 3\,h_1)].$$

$$EJ_3\delta_{mc} = \tfrac{1}{6}ph_2s_1(3\,kh + k_1h_2).$$

12. Dreieckslast $0{,}5\, p h_1$ gegen den Stiel $\overline{AC}$.

$E J_3 \delta_{ma} = \frac{1}{24} p h_1^2 l k s_1 .\qquad E J_3 \delta_{mb} = -\frac{1}{120} p h_1^3 k s_1 .$

$E J_3 \delta_{mc} = \frac{1}{24} p h_1^2 k s_1 .$

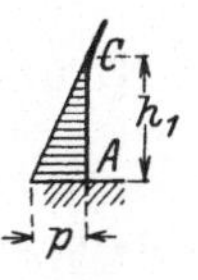

Abb. 32 c.

Rahmen 9.

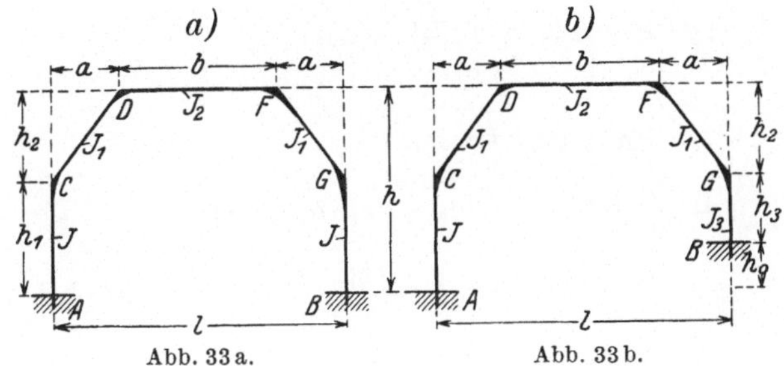

Abb. 33a. Abb. 33b.

Rahmen a.

$\frac{J_2}{J} \cdot \frac{h_1}{b} = k . \qquad s = \overline{CD} = \overline{FG} . \qquad \frac{J_2}{J_1} \cdot \frac{s}{b} = k_1 .$

Die von der Rahmenform abhängigen Verschiebungswerte.

$$E J_2 \delta_{aa} = b l^2 k + \tfrac{1}{3} b k_1 [2 l^2 + b(a+b)] + \tfrac{1}{3} [(a+b)^3 - a^3] .$$

$$E J_2 \delta_{ab} = -\frac{l b}{2} [h + h_1 k + k_1 (h + h_1)] .$$

$$E J_2 \delta_{ac} = \frac{l b}{2} (1 + 2k + 2k_1) .$$

$$E J_2 \delta_{bb} = \frac{b}{3} [3 h^2 + 2 k h_1^2 + 2 k_1 (h^2 + h h_1 + h_1^2)] .$$

$$E J_2 \delta_{bc} = -b [h + h_1 k + k_1 (h + h_1)] .$$

$$E J_2 \delta_{cc} = b (1 + 2k + 2k_1) .$$

Die von der Belastung abhängigen Verschiebungswerte.

Lotrechte Lasten.

1. Einzellast P auf $\overline{CD}$ im Abstand d von A. $\quad \frac{d}{a} = n .$

$$E J_2 \delta_{ma} = P d b [l k + \tfrac{1}{6} n k_1 (3l - d)] .$$

$$E J_2 \delta_{mb} = -\frac{P d b}{2} \left[k h_1 + \frac{n}{3} k_1 (3 h_1 + n h_2) \right] .$$

$$E J_2 \delta_{mc} = \frac{P d b}{2} (2k + n k_1) .$$

2. Einzellast P im Punkte D. $\quad E J_2 \delta_{ma} = P a b [l k + \tfrac{1}{6} k_1 (3l - a)] .$

$E J_2 \delta_{mb} = -\frac{P a b}{2} [k h_1 + \tfrac{1}{3} k_1 (h + 2 h_1)] . \qquad E J_2 \delta_{mc} = \frac{P a b}{2} (2k + k_1) .$

3. Einzellast P auf dem Riegel $\overline{DF}$ im Abstand d von A und d_1 von D.

$$EJ_2\delta_{ma} = \frac{P}{6}\{6lbdk + k_1 b[a(3l-a) + 3d_1(2l-a)] + d_1^2[3(l-a)-d_1]\}.$$

$$EJ_2\delta_{mb} = -\frac{P}{2}\{dh_1bk + \tfrac{1}{3}bk_1[h(d+2d_1) + h_1(2d+d_1)] + hd_1^2\}.$$

$$EJ_2\delta_{mc} = \frac{P}{2}[2dbk + bk_1(d+d_1) + d_1^2].$$

4. Einzellast P im Punkte F.

$$EJ_2\delta_{ma} = \frac{Pb}{6}[6lk(a+b) + k_1(5a^2 + 6lb) + b(2l-a)].$$

$$EJ_2\delta_{mb} = -\frac{Pb}{2}\left\{kh_1(a+b) + \frac{k_1}{3}[a(h+2h_1) + 3b(h+h_1)] + bh\right\}.$$

$$EJ_2\delta_{mc} = \frac{Pb}{2}[2k(a+b) + k_1(a+2b) + b].$$

5. Einzellast P auf $\overline{FG}$ im Abstand d von A, e von B und d_1 von F. $\frac{d_1}{a} = n$.

$$EJ_2\delta_{ma} = \frac{Pb}{6}\{6ldk + k_1[6l(b+d_1) + a(2a+3e) + nd_1(2a+e)] + b(2b+3e) + 6d_1(a+b)\}.$$

$$EJ_2\delta_{mb} = -\frac{Pb}{2}\{kdh_1 + \tfrac{1}{3}k_1[(h+h_1)(3d-2a) + a(h_1+3hn^2) - d_1h_2n^2] + h(b+2d_1)\}.$$

$$EJ_2\delta_{mc} = \frac{Pb}{2}[2dk + k_1(2d+nd_1-a) + b + 2d_1].$$

6. Gleichmäßige Last pa über $\overline{CD}$.

$$EJ_2\delta_{ma} = \frac{pa^2b}{2}[lk + \tfrac{1}{12}k_1(4l-a)].$$

$$EJ_2\delta_{mb} = -\frac{pa^2b}{4}[kh_1 + \tfrac{1}{6}k_1(h+3h_1)]. \quad EJ_2\delta_{mc} = \frac{pa^2b}{6}(3k+k_1).$$

7. Gleichmäßige Last pb auf dem Riegel $\overline{DF}$.

$$EJ_2\delta_{ma} = \frac{pb^2}{12}\{6kl^2 + k_1[2al + (l+2b)(2l-a)] + 0{,}5b(2l+b)\}.$$

$$EJ_2\delta_{mb} = -\frac{pb^2}{12}\{2bh + 3klh_1 + k_1[h(l+2b) + h_1(2l+b)]\}.$$

$$EJ_2\delta_{mc} = \frac{pb^2}{2}\left[lk + k_1(a+b) + \frac{b}{3}\right].$$

8. Gleichmäßige Last pa über $\overline{FG}$.

$$EJ_2\delta_{ma} = \frac{pab}{2}\{lk(2l-a)+k_1[l(a+2b)+\tfrac{17}{12}a^2]+a^2+1{,}5ab+\tfrac{2}{3}b^2\}.$$

$$EJ_2\delta_{mb} = -\frac{pab}{4}\{kh_1(2l-a)+\tfrac{1}{6}k_1[12h(a+b)+4h_1(2l+b)+ah_2] + 2h(a+b)\}.$$

$$EJ_3\delta_{mc} = \frac{pab}{2}\{k(2l-a)+\tfrac{1}{3}k_1[a+3(l+b)]+a+b\}.$$

Wagerechte Lasten.

9. Einzellast P gegen $\overline{AC}$ im Abstand d von A. $\frac{d}{h_1} = n$.

$$EJ_2\delta_{ma} = \tfrac{1}{2}Pdlbkn. \qquad EJ_2\delta_{mb} = -\tfrac{1}{6}Pd^2nbk.$$

$$EJ_2\delta_{mc} = \tfrac{1}{2}Pdbkn.$$

10. Einzellast P im Punkte C. $EJ_2\delta_{ma} = \tfrac{1}{2}Ph_1lbk$.

$$EJ_2\delta_{mb} = -\tfrac{1}{6}Ph_1^2bk. \qquad EJ_2\delta_{mc} = \tfrac{1}{2}Ph_1bk.$$

11. Einzellast P gegen $\overline{CD}$ im Abstand d von C. $\frac{d}{h_2} = n$.

$$EJ_2\delta_{ma} = \frac{Pb}{6}[3lk(h_1+2d)+k_1n^2(3lh_2-ad)].$$

$$EJ_2\delta_{mb} = -\frac{Pb}{6}[kh_1(h_1+3d)+k_1dn(3h_1+d)].$$

$$EJ_2\delta_{mc} = \frac{Pb}{2}[k(h_1+2d)+k_1dn].$$

12. Einzellast P im Punkte D.

$$EJ_2\delta_{ma} = \frac{Pb}{6}[3lk(h+h_2)+k_1h_2(3l-a)].$$

$$EJ_2\delta_{mb} = -\frac{Pb}{6}[kh_1(h+2h_2)+k_1h_2(h+2h_1)].$$

$$EJ_2\delta_{mc} = \frac{Pb}{2}[k(h+h_2)+k_1h_2].$$

13. Gleichmäßige Last ph_1 gegen $\overline{AC}$.

$$EJ_2\delta_{ma} = \tfrac{1}{6}ph_1^2lbk. \quad EJ_2\delta_{mb} = -\tfrac{1}{24}ph_1^3bk. \quad EJ_2\delta_{mc} = \tfrac{1}{6}ph_1^2bk.$$

14. Gleichmäßige Last ph_2 gegen $\overline{CD}$.

$$EJ_2\delta_{ma} = \frac{ph_2b}{2}[hlk+\tfrac{1}{12}k_1h_2(4l-a)].$$

$$EJ_2\delta_{mb} = -\frac{ph_2b}{24}[2h_1k(2h+h_2)+k_1h_2(h+3h_1)].$$

$$EJ_2\delta_{mc} = \frac{ph_2b}{6}(3hk+k_1h_2).$$

Rahmen b.

$$\frac{J_2}{J}\cdot\frac{h_1}{b}=k. \qquad s=\overline{CD}=\overline{FG}. \qquad \frac{J_2}{J_1}\cdot\frac{s}{b}=k_1. \qquad \frac{J_2}{J_3}\cdot\frac{h_3}{b}=k_2.$$

Die von der Rahmenform abhängigen Verschiebungswerte.

$$EJ_2\delta_{aa}=b\left\{a^2+ab+\frac{b^2}{3}+kl^2+\frac{k_1}{3}[2a^2+3l(a+b)]\right\}.$$

$$EJ_2\delta_{ab}=-\frac{lb}{2}[h-h_0+k(h_3-h_0)+k_1(h_2+2h_3)].$$

$$EJ_2\delta_{ac}=\frac{bl}{2}(1+2k+2k_1).$$

$$EJ_2\delta_{bb}=b\left\{(h_2+h_3)^2+k\left(\frac{h_1^2}{3}-h_3h_0\right)+2k_1\left[\frac{h_2^2}{3}+h_3(h_2+h_3)\right]+\frac{1}{3}k_2h_3^2\right\}.$$

$$EJ_2\delta_{bc}=-\frac{b}{2}[2(h_2+h_3)+k(h_3-h_0)+2k_1(h_2+2h_3)+k_2h_3].$$

$$EJ_2\delta_{cc}=b(1+k+2k_1+k_2).$$

Die von der Belastung abhängigen Verschiebungswerte.

Lotrechte Lasten.

1. Einzellast P auf $\overline{CD}$ im Abstand d von A. $\frac{d}{a}=n.$

$$EJ_2\delta_{ma}=Pb[ldk+\tfrac{1}{6}k_1dn(3l-d)].$$

$$EJ_2\delta_{mb}=-\frac{Pb}{6}[3kd(h_1-2h_0)+k_1n^2(3ah_3+dh_2)].$$

$$EJ_2\delta_{mc}=\frac{Pb}{2}(2kd+ndk_1).$$

2. Einzellast P im Punkte D.

$$EJ_2\delta_{ma}=Pab[lk+\tfrac{1}{6}k_1(3l-a)].$$

$$EJ_2\delta_{mb}=-\frac{Pab}{6}[3k(h_1-2h_0)+k_1(h_2+3h_3)].$$

$$EJ_2\delta_{mc}=\frac{Pab}{2}(2k+k_1).$$

3. Einzellast P auf dem Riegel $\overline{DF}$ im Abstand d von A und d_1 von D.

$$EJ_2\delta_{ma}=\frac{P}{6}\{6dlbk+bk_1[a(3l-a)+3d_1(2l-a)]+d_1^2[3(l-a)-d_1]\}.$$

$$EJ_2\delta_{mb}=-\frac{P}{2}\{bdk(h_1-2h_0)+bk_1[h_3(a+2d_1)+\tfrac{1}{3}h_2(d+2d_1)]+d_1^2(h_2+h_3)\}.$$

$$EJ_2\delta_{mc}=\frac{P}{2}[2bdk+k_1b(d+d_1)+d_1^2].$$

4. Einzellast P im Punkte F.

$$EJ_2\delta_{ma}=\frac{Pb}{6}\{6lk(a+b)+k_1[a(3l-a)+3b(2l-a)]+b(2l-a)\}.$$

$$EJ_2\delta_{mb}=-\frac{Pb}{2}\{k(a+b)(h_1-2h_0)+k_1[h_3(a+2b)+\tfrac{1}{3}h_2(a+3b)]+b(h_2+h_3)\}.$$

$$EJ_2\delta_{mc}=\frac{Pb}{2}[b+2k(a+b)+k_1(a+2b)].$$

5. Einzellast P auf $\overline{FG}$ im Abstand d von A, e von B und d_1 von F. $\frac{d_1}{a}=n$.

$$EJ_2\delta_{ma}=\frac{Pb}{6}\{6dlk+k_1[6l(b+d_1)+(a+nd_1)(2a+e)+2ae]$$
$$+b(2b+3e)+6d_1(a+b)\}.$$

$$EJ_2\delta_{mb}=-\frac{Pb}{2}\{dk(h_1-2h_0)+\frac{k_1}{3}[3h_3(a+2b+2d_1+nd_1)$$
$$+h_2(a+3b+3d_1+3nd_1-d_1n^2)]+(h_2+h_3)(b+2d_1)\}.$$

$$EJ_2\delta_{mc}=\frac{Pb}{2}[2kd+k_1(2d+nd_1-a)+b+2d_1].$$

6. Gleichmäßige Last pa über $\overline{CD}$.

$$EJ_2\delta_{ma}=\frac{pa^2b}{2}\left[kl+\frac{k_1}{12}(4l-a)\right].$$

$$EJ_2\delta_{mb}=-\frac{pa^2b}{4}\left[k(h_1-2h_0)+\frac{k_1}{6}(h_2+4h_3)\right].$$

$$EJ_2\delta_{mc}=\frac{pa^2b}{6}(3k+k_1).$$

7. Gleichmäßige Last pb auf dem Riegel $\overline{DF}$.

$$EJ_2\delta_{ma}=\frac{pb^2}{12}\left\{6kl^2+k_1[b^2+2l^2+l(a+3b)]+\frac{b}{2}(2l+b)\right\}.$$

$$EJ_2\delta_{mb}=-\frac{pb^2}{12}\{3lk(h_1-2h_0)+k_1[6h_3(a+b)+h_2(l+2b)]+2b(h_2+h_3)\}.$$

$$EJ_3\delta_{mc}=\frac{pb^2}{2}\left[lk+k_1(a+b)+\frac{b}{3}\right].$$

8. Gleichmäßige Last pa über $\overline{FG}$.

$$EJ_2\delta_{ma}=\frac{pab}{2}\{lk(2l-a)+k_1[l(a+2b)+\tfrac{17}{12}a^2]+a^2+1{,}5ab+\tfrac{2}{3}b^2\}.$$

$$EJ_2\delta_{mb}=-\frac{pab}{4}\Big\{k(2l-a)(h_1-2h_0)$$
$$+\frac{k_1}{3}[h_3(7l+5b)+h_2(3l+3b+0{,}5a)]+2(a+b)(h_2+h_3)\Big\}.$$

$$EJ_2\delta_{mc}=\frac{pab}{2}\left[k(2l-a)+k_1\left(l+b+\frac{a}{3}\right)+a+b\right].$$

Wagerechte Lasten.

9. Einzellast P gegen $\overline{AC}$ im Abstand d von A. $\frac{d}{h_1} = n$.

$$EJ_2\delta_{ma} = \tfrac{1}{2} P d l b k n. \qquad EJ_2\delta_{mb} = \tfrac{1}{6} P d b k n (3h_0 - d).$$

$$EJ_2\delta_{mc} = \tfrac{1}{2} P d b k n.$$

10. Einzellast P im Punkte C.

$$EJ_2\delta_{ma} = \tfrac{1}{2} P h_1 l b k. \qquad EJ_2\delta_{mb} = \tfrac{1}{6} P h_1 b k (3h_0 - h_1).$$

$$EJ_2\delta_{mc} = \tfrac{1}{2} P h_1 b k.$$

11. Einzellast P gegen $\overline{CD}$ im Abstand d von C. $\frac{d}{h_2} = n$.

$$EJ_2\delta_{ma} = \frac{Pb}{6}[3lk(h_1 + 2d) + k_1 n^2 (3lh_2 - ad)].$$

$$EJ_2\delta_{mb} = -\frac{Pb}{6}\{k[h_1^2 - 3h_1h_0 - 3d(2h_0 - h_1)] + dk_1 n(d + 3h_3)\}.$$

$$EJ_2\delta_{mc} = \frac{Pb}{2}[k(h_1 + 2d) + dk_1 n].$$

12. Einzellast P im Punkt D.

$$EJ_2\delta_{ma} = \frac{Pb}{6}[3lk(h + h_2) + k_1 h_2 (3l - a)].$$

$$EJ_2\delta_{mb} = \frac{Pb}{6}\{k[h + h_2)(2h_0 - h_3) - h_1 h_2] - k_1 h_2 (3h_3 + h_2)\}.$$

$$EJ_2\delta_{mc} = \frac{Pb}{2}[k(h + h_2) + k_1 h_2].$$

13. Gleichmäßige Last ph_1 gegen $\overline{AC}$. $EJ_2\delta_{ma} = \frac{1}{6} p h_1^2 l b k$.

$$EJ_2\delta_{mb} = \tfrac{1}{24} p h_1^2 b k (4h_0 - h_1). \qquad EJ_2\delta_{mc} = \tfrac{1}{6} p h_1^2 b k.$$

14. Gleichmäßige Last ph_2 gegen $\overline{CD}$.

$$EJ_2\delta_{ma} = \frac{ph_2 b}{2}[hlk + \tfrac{1}{12} k_1 h_2 (4l - a)].$$

$$EJ_2\delta_{mb} = -\frac{ph_2 b}{24}\{2k[h_1(2h + h_2) - 6hh_0] + k_1 h_2 (4h_3 + h_2)\}.$$

$$EJ_2\delta_{mc} = \frac{ph_2 b}{6}(3hk + k_1 h_2).$$

Rahmen 10.

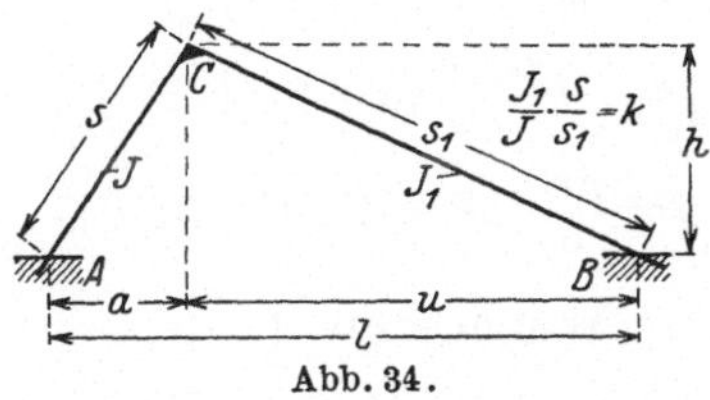

Abb. 34.

Die von der Rahmenform abhängigen Verschiebungswerte.

$EJ_1\delta_{aa} = \frac{s_1}{3}[u^2 + k(a^2 + 3lu)]$. $EJ_1\delta_{ab} = -\frac{s_1 h}{6}[2u + k(l + 2u)]$.

$EJ_1\delta_{ac} = \frac{s_1}{2}[u + k(l + u)]$. $EJ_1\delta_{bb} = \frac{s_1 h^2}{3}(1 + k)$.

$EJ_1\delta_{bc} = -\frac{s_1 h}{2}(1 + k)$. $EJ_1\delta_{cc} = s_1(1 + k)$.

Die von der Belastung abhängigen Verschiebungswerte.

Lotrechte Lasten.

1. Einzellast P auf $\overline{AC}$ im Abstand d von A. $\frac{d}{a} = n$.

$EJ_1\delta_{ma} = \frac{1}{6}Pdkns_1(3l - d)$. $EJ_1\delta_{mb} = -\frac{1}{6}Pdhkn^2 s_1$.

$EJ_1\delta_{mc} = \frac{1}{2}Pdkns_1$.

2. Einzellast P im Punkte C. $EJ_1\delta_{ma} = \frac{1}{6}Paks_1(2l + u)$.

$EJ_1\delta_{mb} = -\frac{1}{6}Pahks_1$. $EJ_1\delta_{mc} = \frac{1}{2}Paks_1$.

3. Einzellast P auf $\overline{BC}$ im Abstand d von C und e von B. $\frac{d}{u} = n$.

$$EJ_1\delta_{ma} = \frac{Ps_1}{6}\{k[6ld + a(2a + 3e)] + nd(e + 2u)\}.$$

$$EJ_1\delta_{mb} = -\frac{Phs_1}{6}[k(a + 3d) + n^2(e + 2u)].$$

$$EJ_1\delta_{mc} = \frac{Ps_1}{2}[k(a + 2d) + nd].$$

4. Gleichmäßige Last pa über $\overline{AC}$. $EJ_1\delta_{ma} = \frac{1}{24}pa^2ks_1(3l + u)$.

$EJ_1\delta_{mb} = -\frac{1}{24}pa^2hks_1$. $EJ_1\delta_{mc} = \frac{1}{6}pa^2ks_1$.

5. Gleichmäßige Last pu über $\overline{BC}$.

$$EJ_1\delta_{ma} = \frac{pus_1}{24}[2k(a^2 + 3l^2 + 3lu) + 3u^2].$$

$EJ_1\delta_{mb} = -\frac{puhs_1}{24}[3u + 2k(2l + u)]$. $EJ_1\delta_{mc} = \frac{pus_1}{6}(u + 3lk)$.

6. Gleichmäßige Last pl über $\overline{ACB}$.

$$EJ_1\delta_{ma} = \frac{ps_1}{8}[u^3 + k(l+u)(2lu + a^2)].$$

$$EJ_1\delta_{mb} = -\frac{ps_1h}{24}[3u^2(1+k) + lk(l+2u)].$$

$$EJ_1\delta_{mc} = \frac{ps_1}{6}[u^2 + k(a^2 + 3lu)].$$

Wagerechte Lasten.

7. Einzellast P gegen $\overline{AC}$ im Abstand d von A. $\frac{d}{h} = n$.

$$EJ_1\delta_{ma} = \tfrac{1}{6}Pkn^2s_1(3lh - ad).$$

$$EJ_1\delta_{mb} = -\tfrac{1}{6}Pd^2nks_1. \qquad EJ_1\delta_{mc} = \tfrac{1}{2}Pdkns_1.$$

8. Einzellast P im Punkte C. $EJ_1\delta_{ma} = \tfrac{1}{6}Phks_1(2l+u)$.

$$EJ_1\delta_{mb} = -\tfrac{1}{6}Ph^2ks_1. \qquad EJ_1\delta_{mc} = \tfrac{1}{2}Phks_1.$$

9. Gleichmäßige Last ph gegen $\overline{AC}$.

$$EJ_1\delta_{ma} = \tfrac{1}{24}ph^2ks_1(3l+u).$$

$$EJ_1\delta_{mb} = -\tfrac{1}{24}ph^3ks_1. \qquad EJ_1\delta_{mc} = \tfrac{1}{6}ph^2ks_1.$$

Rahmen 11.

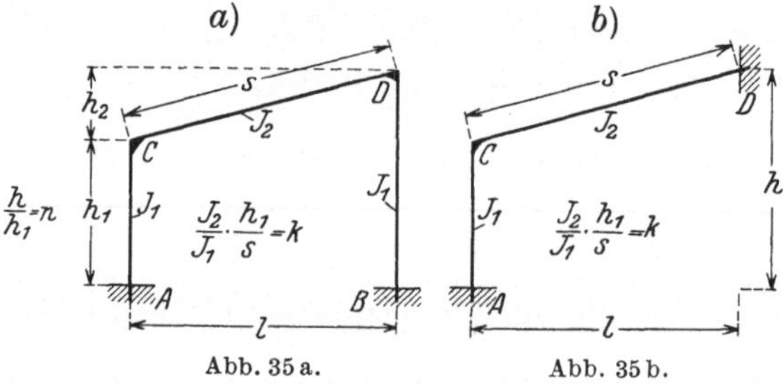

Abb. 35 a. Abb. 35 b.

Die von der Rahmenform abhängigen Verschiebungswerte.

Rahmen a.

$$EJ_2\delta_{aa} = \frac{sl^2}{3}(1+3k).$$

$$EJ_2\delta_{ab} = -\frac{sl}{6}(h + 2h_1 + 3h_1k).$$

$$EJ_2\delta_{ac} = \frac{sl}{2}(1+2k).$$

$$EJ_2\delta_{bb} = \frac{s}{3}[3hh_1 + h_2^2 + k(nh^2 + h_1^2)].$$

$$EJ_2\delta_{bc} = -\frac{s}{2}(h + h_1 + h_1k).$$

$$EJ_2\delta_{cc} = s(1 + k + nk).$$

Rahmen b.

$$EJ_2\delta_{aa} = \frac{sl^2}{3}(1+3k).$$

$$EJ_2\delta_{ab} = \frac{sl}{6}[2h_2 + 3k(h+h_2)].$$

$$EJ_2\delta_{ac} = \frac{sl}{2}(1+2k).$$

$$EJ_2\delta_{bb} = \frac{s}{3}[h_2^2 + k(3hh_2 + h_1^2)].$$

$$EJ_2\delta_{bc} = \frac{s}{2}[h_2 + k(h+h_2)].$$

$$EJ_2\delta_{cc} = s(1+k).$$

Die von der Belastung abhängigen Werte.

Lotrechte Lasten.

1. Einzellast P auf dem Riegel $\overline{CD}$ im Abstand d von A.

a) $$E J_2 \delta_{ma} = P d s \left[l k + \frac{d}{6l}(3l - d)\right].$$

$$E J_2 \delta_{mb} = -\frac{P d s}{2}\left[h_1 k + \frac{d}{l^2}(h_1 l + \frac{d}{3} h_2)\right].$$

$$E J_2 \delta_{mc} = P d s \left(k + \frac{d}{2l}\right).$$

b) $$E J_2 \delta_{ma} = \frac{P d s}{6l}(6l^2 k + 3ld - d^2).$$

$$E J_2 \delta_{mb} = \frac{P d s}{6l^2}[3l^2 k (h + h_2) + h_2 d (3l - d)].$$

$$E J_2 \delta_{mc} = \frac{P d s}{2l}(d + 2lk).$$

2. Einzellast P in der Riegelmitte.

a) $$E J_2 \delta_{ma} = P d s (l k + \tfrac{5}{12} d). \qquad E J_2 \delta_{mb} = -\frac{P d s}{2}\left[h_1 k + \frac{d}{6l}(h + 5h_1)\right].$$

$$E J_2 \delta_{mc} = \frac{P d s}{4}(1 + 4k).$$

b) $$E J_2 \delta_{ma} = \frac{P l^2 s}{48}(5 + 24k). \qquad E J_2 \delta_{mb} = \frac{P l s}{48}[5h_2 + 12k(h + h_2)].$$

$$E J_2 \delta_{mc} = \frac{P l s}{8}(1 + 4k).$$

3. Gleichmäßige Riegelbelastung pl.

a) $$E J_2 \delta_{ma} = \frac{p l^3 s}{8}(1 + 4k). \qquad E J_2 \delta_{mb} = -\frac{p l^2 s}{24}(h + 3h_1 + 6h_1 k).$$

$$E J_2 \delta_{mc} = \frac{p l^2 s}{6}(1 + 3k).$$

b) $$E J_2 \delta_{ma} = \frac{p l^3 s}{8}(1 + 4k). \qquad E J_2 \delta_{mb} = \frac{p l^2 s}{8}[h_2 + 2k(h_1 + 2h_2)].$$

$$E J_2 \delta_{mc} = \frac{p l^2 s}{6}(1 + 3k).$$

Wagerechte Lasten.

4. Einzellast P gegen den Stiel $\overline{AC}$ im Abstand d von A. $\frac{d}{h_1} = n$.

a) $$E J_2 \delta_{ma} = \tfrac{1}{2} P l d k n s. \qquad E J_2 \delta_{mb} = -\tfrac{1}{6} P d^2 k n s.$$

$$E J_2 \delta_{mc} = \tfrac{1}{2} P d k n s.$$

b) $$E J_2 \delta_{ma} = \tfrac{1}{2} P l d k n s. \qquad E J_2 \delta_{mb} = \tfrac{1}{6} P d k n s (3h - d).$$

$$E J_2 \delta_{mc} = \tfrac{1}{2} P d k n s.$$

5. Einzellast P im Punkte C.

a) $EJ_2\delta_{ma} = \frac{1}{2}Plh_1ks$. $\quad EJ_2\delta_{mb} = -\frac{1}{6}Ph_1^2ks$.

$$EJ_2\delta_{mc} = \frac{1}{2}Ph_1ks.$$

b) $EJ_2\delta_{ma} = \frac{1}{2}Ph_1lsk$. $\quad EJ_2\delta_{mb} = \frac{1}{6}Ph_1sk(2h+h_2)$.

$$EJ_2\delta_{mc} = \frac{1}{2}Ph_1sk.$$

6. Einzellast P gegen den Riegel $\overline{CD}$ im Abstand d von C. $\frac{d}{h_2} = n$.

a) $EJ_2\delta_{ma} = \frac{Pls}{6}[3k(h_1+2d) + n^2(3h_2-d)]$.

$$EJ_2\delta_{mb} = -\frac{Ps}{6}[kh_1(h_1+3d) + nd(3h_1+d)].$$

$$EJ_2\delta_{mc} = \frac{Ps}{2}[k(h_1+2d) + nd].$$

b) $EJ_2\delta_{ma} = \frac{Pls}{6}[3k(h_1+2d) + n^2(3h_2-d)]$.

$$EJ_2\delta_{mb} = \frac{Ps}{6}\{k[2h_1^2 + 3h_1h_2 + 3d(h+h_2)] + nd(3h_2-d)\}.$$

$$EJ_2\delta_{mc} = \frac{Ps}{2}[k(h_1+2d) + nd].$$

7. Gleichmäßige Last ph_1 gegen den Stiel $\overline{AC}$.

a) $EJ_2\delta_{ma} = \frac{1}{6}ph_1^2lks$. $\quad EJ_2\delta_{mb} = -\frac{1}{24}ph_1^3ks$.

$$EJ_2\delta_{mc} = \frac{1}{6}ph_1^2ks.$$

b) $EJ_2\delta_{ma} = \frac{1}{6}ph_1^2lks$. $\quad EJ_2\delta_{mb} = \frac{1}{24}ph_1^2ks(3h+h_2)$.

$$EJ_2\delta_{mc} = \frac{1}{6}ph_1^2ks.$$

8. Gleichmäßige Last ph_2 gegen den Riegel $\overline{CD}$.

a) $EJ_2\delta_{ma} = \frac{1}{8}ph_2ls(h_2+4hk)$.

$$EJ_2\delta_{mb} = -\frac{1}{24}ph_2s[h_2(h+3h_1) + 2kh_1(2h+h_2)].$$

$$EJ_2\delta_{mc} = \frac{1}{6}ph_2s(h_2+3hk).$$

b) $EJ_2\delta_{ma} = \frac{1}{8}ph_2ls(h_2+4hk)$.

$$EJ_2\delta_{mb} = \frac{1}{24}ph_2s[12h^2k - 2h_1k(2h+h_2) + 3h_2^2].$$

$$EJ_2\delta_{mc} = \frac{1}{6}ph_2s(h_2+3hk).$$

Rahmen 12.

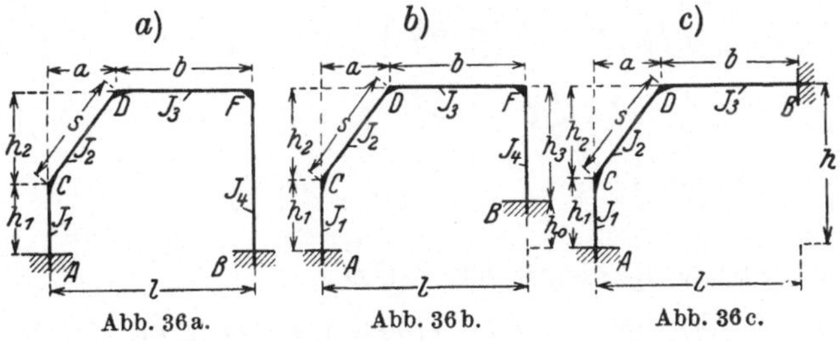

Abb. 36a. Abb. 36b. Abb. 36c.

Rahmen a.

$$\frac{J_3}{J_1}\cdot\frac{h_1}{b}=k. \qquad \frac{J_3}{J_2}\cdot\frac{s}{b}=k_1. \qquad \frac{J_3}{J_4}\cdot\frac{h}{b}=k_2.$$

Die von der Rahmenform abhängigen Verschiebungswerte.

$$E J_3 \delta_{aa}=\frac{b}{3}[b^2+3l^2k+k_1(a^2+3lb)].$$

$$E J_3 \delta_{ab}=-\frac{b}{6}\{3lb+3lh_1k+k_1[h(l+2b)+h_1(2l+b)]\}.$$

$$E J_3 \delta_{ac}=\frac{b}{2}[b+2lk+k_1(l+b)].$$

$$E J_3 \delta_{bb}=\frac{b}{3}[h_1^2k+k_1(3hh_1+h_2^2)+h^2(3+k_2)].$$

$$E J_3 \delta_{bc}=-\frac{b}{2}[3h+h_1k+k_1(h+h_1)+hk_2].$$

$$E J_3 \delta_{cc}=b(1+k+k_1+k_2).$$

Die von der Belastung abhängigen Verschiebungswerte.

Lotrechte Lasten.

1. Einzellast P auf $\overline{CD}$ im Abstand d von A. $\frac{d}{a}=n$.

$$E J_3 \delta_{ma}=\frac{Pdb}{6}[6lk+nk_1(3l-d)].$$

$$E J_3 \delta_{mb}=-\frac{Pdb}{6}[3h_1k+nk_1(3h_1+nh_2)].$$

$$E J_3 \delta_{mc}=\frac{Pdb}{2}(2k+nk_1).$$

2. Einzellast P im Punkte D. $E J_3 \delta_{ma}=\frac{Pab}{6}[6lk+k_1(2l+b)]$.

$E J_3 \delta_{mb}=-\frac{Pab}{6}[3h_1k+k_1(h+2h_1)]$. $E J_3 \delta_{mc}=\frac{Pab}{2}(2k+k_1)$.

3. Einzellast P auf dem Riegel $\overline{DF}$ im Abstand d von A und d_1 von D.

$$EJ_3\delta_{ma} = \frac{P}{6}\{6lbdk + bk_1[l(2d+d_1) + b(d+2d_1)] + d_1^2(3b-d_1)\}.$$

$$EJ_3\delta_{mb} = -\frac{P}{6}\{3bdh_1k + bk_1[ah_1 + (d+2d_1)(h+h_1)] + 3hd_1^2\}.$$

$$EJ_3\delta_{mc} = \frac{P}{2}[2bdk + bk_1(d+d_1) + d_1^2].$$

4. Gleichmäßige Last pa über $\overline{CD}$.

$$EJ_3\delta_{ma} = \frac{pa^2b}{24}[12lk + k_1(3l+b)].$$

$$EJ_3\delta_{mb} = -\frac{pa^2b}{24}[6h_1k + k_1(h+3h_1)]. \quad EJ_3\delta_{mc} = \frac{pa^2b}{6}(3k+k_1).$$

5. Gleichmäßige Riegelbelastung pb.

$$EJ_3\delta_{ma} = \frac{pb^2}{24}[12lk(l+a) + 2k_1(4l^2 + lb + b^2) + 3b^2].$$

$$EJ_3\delta_{mb} = -\frac{pb^2}{12}[3h_1k(l+a) + k_1(6lh_1 + 2lh_2 + bh_2) + 2bh].$$

$$EJ_3\delta_{mc} = \frac{pb^2}{6}[b + 3lk_1 + 3k(l+a)].$$

Wagerechte Lasten.

6. Einzellast P gegen $\overline{AC}$ im Abstand d von A. $\frac{d}{h_1} = n$.

$$EJ_3\delta_{ma} = \frac{P}{2}lbdkn. \quad EJ_3\delta_{mb} = -\frac{P}{6}bd^2kn. \quad EJ_3\delta_{mc} = \frac{P}{2}bdkn.$$

7. Einzellast P im Punkte C.

$$EJ_3\delta_{ma} = \frac{P}{2}lbh_1k. \quad EJ_3\delta_{mb} = -\frac{P}{6}bh_1^2k. \quad EJ_3\delta_{mc} = \frac{P}{2}bh_1k.$$

8. Einzellast P gegen $\overline{CD}$ im Abstand d von C. $\frac{d}{h_2} = n$.

$$EJ_3\delta_{ma} = \frac{Pb}{6}[3lk(h_1 + 2d) + k_1n^2(3lh_2 - ad)].$$

$$EJ_3\delta_{mb} = -\frac{Pb}{6}[h_1k(h_1 + 3d) + dk_1n(3h_1 + d)].$$

$$EJ_3\delta_{mc} = \frac{Pb}{2}[k(h_1 + 2d) + dnk_1].$$

9. Einzellast P im Punkt D.

$$EJ_3\delta_{ma} = \frac{Pb}{6}[3lk(h+h_2) + k_1h_2(2l+b)].$$

$$EJ_3\delta_{mb} = -\frac{Pb}{6}[h_1k(h+2h_2) + k_1h_2(h+2h_1)].$$

$$EJ_3\delta_{mc} = \frac{Pb}{2}[k(h+h_2) + k_1h_2].$$

10. Gleichmäßige Last ph_1 gegen den Stiel $\overline{AC}$.

$EJ_3\,\delta_{ma} = \frac{1}{6}ph_1^2 lbk. \quad EJ_3\,\delta_{mb} = -\frac{1}{24}ph_1^3 bk. \quad EJ_3\,\delta_{mc} = \frac{1}{6}ph_1^2 bk.$

11. Gleichmäßige Last ph_2 gegen $\overline{CD}$.

$$EJ_3\,\delta_{ma} = \frac{ph_2 b}{24}\,[12\,lhk + h_2 k_1 (3l + b)].$$

$$EJ_3\,\delta_{mb} = -\frac{ph_2 b}{24}\,[2\,h_1 k\,(2h + h_2) + k_1 h_2 (h + 3h_1)].$$

$$EJ_3\,\delta_{mc} = \frac{ph_2 b}{6}\,(3\,hk + k_1 h_2).$$

Rahmen b.

$$\frac{J_3}{J_1}\cdot\frac{h_1}{b} = k. \quad \frac{J_3}{J_2}\cdot\frac{s}{b} = k_1. \quad \frac{J_3}{J_4}\cdot\frac{h_3}{b} = k_2. \quad h_1' = h_1 - h_0.$$

Die von der Rahmenform abhängigen Verschiebungswerte.

$$EJ_3\,\delta_{aa} = \frac{b}{3}\,[3l\,(lk + bk_1) + a^2 k_1 + b^2].$$

$$EJ_3\,\delta_{ab} = -\frac{b}{2}\left\{lk\,(h_1 - 2h_0) + k_1\left[h_1'(l + b) + \frac{h_2}{3}(l + 2b)\right] + bh_3\right\}.$$

$$EJ_3\,\delta_{ac} = b\,[lk + 0{,}5\,k_1\,(l + b)].$$

$$EJ_3\,\delta_{bb} = b\left[k\left(\frac{h_1^2}{3} - h_1' h_0\right) + k_1\left(\frac{h_2^2}{3} + h_1' h_3\right) + h_3^2 + \frac{k_2}{3}h_3^2\right].$$

$$EJ_3\,\delta_{bc} = -\frac{b}{2}\,[k\,(h_1 - 2h_0) + k_1\,(2h_1' + h_2) + 2h_3 + k_2 h_3].$$

$$EJ_3\,\delta_{cc} = b\,(1 + k + k_1 + k_2).$$

Die von der Belastung abhängigen Verschiebungswerte.

Lotrechte Lasten.

1. Einzellast P auf $\overline{CD}$ im Abstand d von A. $\quad \frac{d}{a} = n.$

$$EJ_3\,\delta_{ma} = \frac{Pdb}{6}\,[6lk + nk_1\,(3l - d)]. \quad EJ_3\,\delta_{mc} = \frac{Pdb}{2}\,(2k + nk_1).$$

$$EJ_3\,\delta_{mb} = -\frac{Pdb}{6}\,[3k\,(h_1 - 2h_0) + nk_1\,(3h_1' + nh_2)].$$

2. Einzellast P im Punkte D.

$$EJ_3\,\delta_{ma} = \frac{Pab}{6}\,[6lk + k_1\,(2l + b)].$$

$$EJ_3\,\delta_{mb} = -\frac{Pab}{6}\,[3k\,(h_1 - 2h_0) + k_1\,(3h_1' + h_2)].$$

$$EJ_3\,\delta_{mc} = \frac{Pab}{2}\,(2k + k_1).$$

3. Einzellast P auf dem Riegel $\overline{DF}$ im Abstand d von A und d_1 von D.

$$EJ_3\,\delta_{ma} = \frac{P}{6}\{6\,l\,d\,b\,k + b\,k_1[a\,l + (l+b)(d+2\,d_1)] + d_1^2(3\,b - d_1)\}.$$

$$EJ_3\,\delta_{mb} = -\frac{P}{6}\{3\,d\,b\,k(h_1 - 2\,h_0) + b\,k_1[3\,h_1'(d+d_1) + h_2(d+2\,d_1)] + 3\,d_1^2 h_3\}.$$

$$EJ_3\,\delta_{mc} = \frac{P}{2}[2\,d\,b\,k + b\,k_1(d+d_1) + d_1^2].$$

4. Gleichmäßige Last $p\,a$ über $\overline{CD}$.

$$EJ_3\,\delta_{ma} = \frac{p\,a^2 b}{24}[12\,l\,k + k_1(3\,l + b)]. \qquad EJ_3\,\delta_{mc} = \frac{p\,a^2 b}{6}(3\,k + k_1).$$

$$EJ_3\,\delta_{mb} = -\frac{p\,a^2 b}{24}[6\,k(h_1 - 2\,h_0) + k_1(4\,h_1' + h_2)].$$

5. Gleichmäßige Riegelbelastung $p\,b$.

$$EJ_3\,\delta_{ma} = \frac{p\,b^2}{24}\{12\,l\,k(l+a) + 2\,k_1[4\,l^2 + b(l+b)] + 3\,b^2\}.$$

$$EJ_3\,\delta_{mb} = -\frac{p\,b^2}{12}\{3\,k(l+a)(h_1 - 2\,h_0) + k_1[6\,l\,h_1' + h_2(2\,l+b)] + 2\,b\,h_3\}.$$

$$EJ_3\,\delta_{mc} = \frac{p\,b^2}{6}[3\,k(l+a) + 3\,l\,k_1 + b].$$

Wagerechte Lasten.

6. Einzellast P gegen $\overline{AC}$ im Abstand d von A. $\frac{d}{h_1} = n$.

$$EJ_3\,\delta_{ma} = \tfrac{1}{2}P\,n\,d\,l\,b\,k. \qquad EJ_3\,\delta_{mb} = \tfrac{1}{6}P\,n\,d\,b\,k(3\,h_0 - d).$$

$$EJ_3\,\delta_{mc} = \tfrac{1}{2}P\,n\,d\,b\,k.$$

7. Einzellast P im Punkte C. $EJ_3\,\delta_{ma} = \tfrac{1}{2}P\,h_1\,l\,b\,k$.

$$EJ_3\,\delta_{mb} = \tfrac{1}{6}P\,h_1\,b\,k(3\,h_0 - h_1). \qquad EJ_3\,\delta_{mc} = \tfrac{1}{2}P\,h_1\,b\,k.$$

8. Einzellast P gegen $\overline{CD}$ im Abstand d von C. $\frac{d}{h_2} = n$.

$$EJ_3\,\delta_{ma} = \frac{P\,b}{6}[3\,l\,k(h_1 + 2\,d) + k_1 n^2(3\,l\,h_2 - a\,d)].$$

$$EJ_3\,\delta_{mb} = -\frac{P\,b}{6}\{k[h_1^2 - 3\,h_1 h_0 - 3\,d(2\,h_0 - h_1)] + d\,n\,k_1(d + 3\,h_1')\}.$$

$$EJ_3\,\delta_{mc} = \frac{P\,b}{2}[k(h_1 + 2\,d) + d\,n\,k_1].$$

9. Einzellast P im Punkte D.

$$EJ_3\,\delta_{ma} = \frac{P\,b}{6}[3\,l\,k(h + h_2) + k_1 h_2(2\,l + b)].$$

$$EJ_3\,\delta_{mb} = \frac{P\,b}{6}\{k[(h + h_2)(2\,h_0 - h_1') - h_1 h_2] - k_1 h_2(3\,h_1' + h_2)\}.$$

$$EJ_3\,\delta_{mc} = \frac{P\,b}{2}[k(h + h_2) + k_1 h_2].$$

10. Gleichmäßige Last $p h_1$ gegen $\overline{AC}$. $EJ_3\,\delta_{ma} = \frac{1}{6} p h_1^2 l b k$.

$EJ_3\,\delta_{mb} = \frac{1}{24} p h_1^2 b k (4h_0 - h_1)$. $EJ_3\,\delta_{mc} = \frac{1}{6} p h_1^2 b k$.

11. Gleichmäßige Last $p h_2$ gegen $\overline{CD}$.

$$EJ_3\,\delta_{ma} = \frac{p h_2 b}{24}[12 l h k + k_1 h_2 (3l + b)].$$

$$EJ_3\,\delta_{mb} = -\frac{p h_2 b}{24}\{2k[h_1(2h + h_2) - 6 h h_0] + k_1 h_2 (4h_1' + h_2)\}.$$

$$EJ_3\,\delta_{mc} = \frac{p h_2 b}{6}(3 h k + k_1 h_2).$$

Rahmen c.

$$\frac{J_3}{J_1}\cdot\frac{h_1}{b} = k. \qquad h_1' = -h_2. \qquad \frac{J_3}{J_2}\cdot\frac{s}{b} = k_1.$$

Die von der Rahmenform abhängigen Verschiebungswerte.

$$EJ_3\,\delta_{aa} = \frac{b}{3}[b^2 + 3kl^2 + k_1(a^2 + 3lb)].$$

$$EJ_3\,\delta_{ab} = \frac{b}{6}[3lk(h + h_2) + k_1 h_2 (2l + b)].$$

$$EJ_3\,\delta_{ac} = \frac{b}{2}[b + 2lk + k_1(l + b)]. \qquad EJ_3\,\delta_{bc} = \frac{b}{2}[k(h + h_2) + k_1 h_2].$$

$$EJ_3\,\delta_{bb} = \frac{b}{3}[kh^2 + k h_2 (h + h_2) + k_1 h_2^2]. \qquad EJ_3\,\delta_{cc} = b(1 + k + k_1).$$

Die von der Belastung abhängigen Verschiebungswerte.

Lotrechte Lasten.

1. Einzellast P auf $\overline{CD}$ im Abstand d von A. $\frac{d}{a} = n$.

$$EJ_3\,\delta_{ma} = \frac{P d b}{6}[6lk + n k_1 (3l - d)]. \qquad EJ_3\,\delta_{mc} = \frac{P d b}{2}(2k + n k_1).$$

$$EJ_3\,\delta_{mb} = \frac{P d b}{6}[3k(h + h_2) + n k_1 h_2 (3 - n)].$$

2. Einzellast P im Punkte D. $EJ_3\,\delta_{ma} = \frac{P a b}{6}[6lk + k_1(2l + b)]$.

$$EJ_3\,\delta_{mb} = \frac{P a b}{6}[3k(h + h_2) + 2 k_1 h_2]. \qquad EJ_3\,\delta_{mc} = P a b (k + 0{,}5 k_1).$$

3. Einzellast P auf dem Riegel $\overline{DB}$ im Abstand d von A und d_1 von D. $\frac{d_1}{b} = n$.

$$EJ_3\,\delta_{ma} = \frac{P b}{6}\{n b d_1 (3 - n) + 6 l d k + k_1[a(2l + b) + 3 d_1 (l + b)]\}.$$

$$EJ_3\,\delta_{mb} = \frac{P b}{6}[3 d k (h + h_2) + k_1 h_2 (2d + d_1)].$$

$$EJ_3\,\delta_{mc} = \frac{P b}{2}[n d_1 + 2 d k + k_1 (d + d_1)].$$

4. Gleichmäßige Last pa über $\overline{CD}$.

$$EJ_3\,\delta_{ma} = \frac{pa^2 b}{2}\,[l k + \tfrac{1}{12} k_1 (3l + b)]\,.$$

$$EJ_3\,\delta_{mb} = \frac{pa^2 b}{8}\,[2k(h + h_2) + k_1 h_2]\,. \qquad EJ_3\,\delta_{mc} = \frac{pa^2 b}{6}\,(3k + k_1)\,.$$

5. Gleichmäßige Riegelbelastung pb.

$$EJ_3\,\delta_{ma} = \frac{pb^2}{2}\left\{l k (l + a) + \tfrac{1}{6} k_1 [4l^2 + b(l + b)] + \frac{b^2}{4}\right\}.$$

$$EJ_3\,\delta_{mb} = \frac{pb^2}{12}\,[3k(l + a)(h + h_2) + k_1 h_2 (3l + a)]\,.$$

$$EJ_3\,\delta_{mc} = \frac{pb^2}{6}\,[3k(l + a) + 3l k_1 + b]\,.$$

Wagerechte Lasten.

6. Einzellast P gegen $\overline{AC}$ im Abstand d von A. $\qquad \frac{d}{h_1} = n$.

$$EJ_3\,\delta_{ma} = \tfrac{1}{2} P n d l b k\,. \qquad EJ_3\,\delta_{mb} = \tfrac{1}{6} P n d b k (3h - d)\,.$$

$$EJ_3\,\delta_{mc} = \tfrac{1}{2} P n d b k\,.$$

7. Einzellast P im Punkte C. $\qquad EJ_3\,\delta_{ma} = \tfrac{1}{2} P h_1 l b k$.

$$EJ_3\,\delta_{mb} = \tfrac{1}{6} P h_1 b k (2h + h_2)\,. \qquad EJ_3\,\delta_{mc} = \tfrac{1}{2} P h_1 b k\,.$$

8. Einzellast P gegen $\overline{CD}$ im Abstand d von C und e von D.

$$\frac{d}{h_2} = n\,.$$

$$EJ_3\,\delta_{ma} = \frac{Pb}{6}\,[3l k (h_1 + 2d) + n^2 k_1 h_2 (3l - a n)]\,.$$

$$EJ_3\,\delta_{mb} = \frac{Pb}{6}\,[k(6hd + 2h_1^2 + 3h_1 e) + n d k_1 (2h_2 + e)]\,.$$

$$EJ_3\,\delta_{mc} = \frac{Pb}{2}\,[k(h_1 + 2d) + n d k_1]\,.$$

9. Gleichmäßige Last ph_1 gegen $\overline{AC}$. $\qquad EJ_3\,\delta_{ma} = \tfrac{1}{6} p h_1^2 l b k$.

$$EJ_3\,\delta_{mb} = \tfrac{1}{24} p h_1^2 b k (3h + h_2)\,. \qquad EJ_3\,\delta_{mc} = \tfrac{1}{6} p h_1^2 b k\,.$$

10. Gleichmäßige Last ph_2 gegen $\overline{CD}$.

$$EJ_3\,\delta_{ma} = \frac{p h_2 b}{2}\,[l h k + \tfrac{1}{12} k_1 h_2 (3l + b)]\,.$$

$$EJ_3\,\delta_{mb} = \frac{p h_2 b}{24}\,[2k(4h^2 + h h_2 + h_2^2) + 3 k_1 h_2^2]\,.$$

$$EJ_3\,\delta_{mc} = \frac{p h_2 b}{6}\,(3kh + k_1 h_2)\,.$$

Rahmen 13.

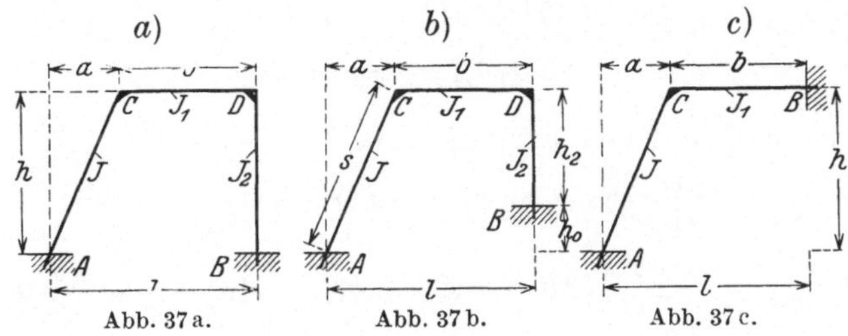

Abb. 37 a. Abb. 37 b. Abb. 37 c.

Rahmen a.

$$\frac{J_1}{J}\cdot\frac{s}{b} = k. \qquad \overline{AC} = s. \qquad \frac{J_1}{J_2}\cdot\frac{h}{b} = k_1.$$

Die von der Rahmenform abhängigen Verschiebungswerte.

$$E J_1 \delta_{aa} = \frac{b}{3}(b^2 + a^2 k + 3 l b k). \qquad E J_1 \delta_{ab} = -\frac{bh}{6}(3b - 2ak + 3lk).$$

$$E J_1 \delta_{ac} = \frac{b}{2}(b + bk + lk). \qquad E J_1 \delta_{bb} = \frac{bh^2}{3}(3 + k + k_1).$$

$$E J_1 \delta_{bc} = -\frac{bh}{2}(2 + k + k_1). \qquad E J_1 \delta_{cc} = b(1 + k + k_1).$$

Die von der Belastung abhängigen Verschiebungswerte.

Lotrechte Lasten.

1. Einzellast P auf $\overline{AC}$ im Abstand d von A. $\quad \frac{d}{a} = n.$

$$E J_1 \delta_{ma} = \tfrac{1}{6} P d n b k (3l - d). \qquad E J_1 \delta_{mb} = -\tfrac{1}{6} P d n^2 b h k.$$

$$E J_1 \delta_{mc} = \tfrac{1}{2} P d n b k.$$

2. Einzellast P im Punkte C. $\quad E J_1 \delta_{ma} = \tfrac{1}{6} P a b k (2l + b).$

$$E J_1 \delta_{mb} = -\tfrac{1}{6} P a b h k. \qquad E J_1 \delta_{mc} = \tfrac{1}{2} P a b k.$$

3. Einzellast P auf dem Riegel $\overline{CD}$ im Abstand d von C.

$$E J_1 \delta_{ma} = \frac{P}{6}\{bk[(a + 3d)(l + b) + al] + d^2(3b - d)\}.$$

$$E J_1 \delta_{mb} = -\frac{Ph}{6}[3d^2 + bk(a + 3d)].$$

$$E J_1 \delta_{mc} = \frac{P}{2}[d^2 + bk(a + 2d)].$$

4. Einzellast P in Riegelmitte.

$$E J_1 \delta_{ma} = \frac{Pb}{48}[4lk(4l + b) + b^2(5 + 4k)].$$

$$E J_1 \delta_{mb} = -\frac{Pbh}{24}[3b + 2k(2l + b)]. \qquad E J_1 \delta_{mc} = \frac{Pb}{8}(b + 4lk).$$

5. Gleichmäßige Last pa über $\overline{AC}$.

$$EJ_1\delta_{ma} = \tfrac{1}{24} p a^2 b k (3l + b). \qquad EJ_1\delta_{mb} = -\tfrac{1}{24} p a^2 b h k.$$
$$EJ_1\delta_{mc} = \tfrac{1}{6} p a^2 b k.$$

6. Gleichmäßige Last pb auf dem Riegel $\overline{CD}$.

$$EJ_1\delta_{ma} = \frac{pb^2}{24}\{3b^2 + 2k[4l^2 + b(l+b)]\}.$$
$$EJ_1\delta_{mb} = -\frac{pb^2h}{12}[2b + k(2l+b)]. \qquad EJ_1\delta_{mc} = \frac{pb^2}{6}(b + 3lk).$$

Wagerechte Lasten.

7. Einzellast P gegen $\overline{AC}$ im Abstand d von A. $\frac{d}{h} = n$.

$$EJ_1\delta_{ma} = \tfrac{1}{6} P n^2 b k (3hl - ad). \qquad EJ_1\delta_{mb} = -\tfrac{1}{6} P d^2 n b k.$$
$$EJ_1\delta_{mc} = \tfrac{1}{2} P d n b k.$$

8. Einzellast P im Punkte C. $EJ_1\delta_{ma} = \tfrac{1}{6} P h b k (2l + b)$.

$$EJ_1\delta_{mb} = -\tfrac{1}{6} P h^2 b k. \qquad EJ_1\delta_{mc} = \tfrac{1}{2} P h b k.$$

9. Gleichmäßige Last ph gegen $\overline{AC}$.

$$EJ_1\delta_{ma} = \tfrac{1}{24} p h^2 b k (3l + b). \qquad EJ_1\delta_{mb} = -\tfrac{1}{24} p h^3 b k.$$
$$EJ_1\delta_{mc} = \tfrac{1}{6} p h^2 b k.$$

Rahmen b.

$$\frac{J_1}{J}\cdot\frac{s}{b} = k. \qquad \overline{AC} = s. \qquad \frac{J_1}{J_2}\cdot\frac{h_2}{b} = k_1.$$

Die von der Rahmenform abhängigen Verschiebungswerte.

$$EJ_1\delta_{aa} = \frac{b}{3}[b^2 + k(a^2 + 3lb)]. \qquad EJ_1\delta_{ac} = \frac{b}{2}[b + k(l+b)].$$
$$EJ_1\delta_{ab} = -\frac{b}{6}\{3bh_2 + k[h(l+2b) - 3h_0(l+b)]\}.$$
$$EJ_1\delta_{bb} = \frac{b}{3}[3h_2^2 + k(h^2 - 3h_0h_2) + k_1h_2^2]. \qquad EJ_1\delta_{cc} = b(1 + k + k_1).$$
$$EJ_1\delta_{bc} = -\frac{b}{2}[2h_2 + k(h_2 - h_0) + k_1h_2].$$

Die von der Belastung abhängigen Verschiebungswerte.

Lotrechte Lasten.

1. Einzellast P auf $\overline{AC}$ im Abstand d von A. $\frac{d}{a} = n$.

$$EJ_1\delta_{ma} = \tfrac{1}{6} P d n b k (3l - d). \qquad EJ_1\delta_{mb} = -\tfrac{1}{6} P d n b k (nh - 3h_0).$$
$$EJ_1\delta_{mc} = \tfrac{1}{2} P d n b k.$$

2. Einzellast P im Punkte C. $EJ_1\delta_{ma} = \frac{1}{6}Pabk(2l+b)$.

$EJ_1\delta_{mb} = -\frac{1}{6}Pabk(h-3h_0)$. $EJ_1\delta_{mc} = \frac{1}{2}Pabk$.

3. Einzellast P auf dem Riegel $\overline{CD}$ im Abstand d von C.

$$EJ_1\delta_{ma} = \frac{P}{6}\{d^2(3b-d) + bk[al + (l+b)(a+3d)]\}.$$

$$EJ_1\delta_{mb} = -\frac{P}{6}\{3d^2h_2 - kb[3h_0(a+2d) - h(a+3d)]\}.$$

$$EJ_1\delta_{mc} = \frac{P}{2}[d^2 + bk(a+2d)].$$

4. Gleichmäßige Last pa über $\overline{AC}$. $EJ_1\delta_{ma} = \frac{1}{24}pa^2bk(3l+b)$.

$EJ_1\delta_{mb} = -\frac{1}{24}pa^2bk(h-4h_0)$. $EJ_1\delta_{mc} = \frac{1}{6}pa^2bk$.

5. Gleichmäßige Last pb auf dem Riegel $\overline{CD}$.

$$EJ_1\delta_{ma} = \frac{pb^2}{24}\{3b^2 + 2k[4l^2 + b(l+b)]\}.$$

$$EJ_1\delta_{mb} = -\frac{pb^2}{12}\{2bh_2 + k[h(2l+b) - 6lh_0]\}.$$

$$EJ_1\delta_{mc} = \frac{pb^2}{6}(b+3lk).$$

Wagerechte Lasten.

6. Einzellast P gegen $\overline{AC}$ im Abstand d von A. $\frac{d}{h} = n$.

$EJ_1\delta_{ma} = \frac{1}{6}Pbkn^2(3hl-ad)$. $EJ_1\delta_{mb} = -\frac{1}{6}Pdbkn(d-3h_0)$.

$EJ_1\delta_{mc} = \frac{1}{2}Pdbkn$.

7. Einzellast P im Punkte C. $EJ_1\delta_{ma} = \frac{1}{6}Phbk(2l+b)$.

$EJ_1\delta_{mb} = -\frac{1}{6}Phbk(h-3h_0)$. $EJ_1\delta_{mc} = \frac{1}{2}Phbk$.

8. Gleichmäßige Last ph gegen $\overline{AC}$.

$EJ_1\delta_{ma} = \frac{1}{24}ph^2bk(3l+b)$. $EJ_1\delta_{mb} = -\frac{1}{24}ph^2bk(h-4h_0)$.

$EJ_1\delta_{mc} = \frac{1}{6}ph^2bk$.

Rahmen c.

$$\overline{AC} = s. \qquad \frac{J_1}{J}\cdot\frac{s}{b} = k.$$

Die von der Rahmenform abhängigen Verschiebungswerte.

$$EJ_1\delta_{aa} = \frac{b}{3}[b^2 + k(a^2 + 3lb)]. \qquad EJ_1\delta_{ab} = \frac{bhk}{6}(2l+b).$$

$$EJ_1\delta_{ac} = \frac{b}{2}[b + k(l+b)]. \qquad EJ_1\delta_{bb} = \frac{bh^2k}{3}.$$

$$EJ_1\delta_{bc} = \frac{bhk}{2}. \qquad EJ_1\delta_{cc} = b(1+k).$$

Die von der Belastung abhängigen Verschiebungswerte.

Lotrechte Lasten.

1. Einzellast P auf $\overline{AC}$ im Abstand d von A. $\frac{d}{a} = n$.

$E J_1 \delta_{ma} = \frac{1}{6} P d b k n (3l - d)$. $E J_1 \delta_{mb} = \frac{1}{6} P d b k n h (3 - n)$.

$E J_1 \delta_{mc} = \frac{1}{2} P d b k n$.

2. Einzellast P im Punkte C. $E J_1 \delta_{ma} = \frac{1}{6} P a b k (2l + b)$.

$E J_1 \delta_{mb} = \frac{1}{3} P a b h k$. $E J_1 \delta_{mc} = \frac{1}{2} P a b k$.

3. Einzellast P auf dem Riegel $\overline{CB}$ im Abstand d von C.

$E J_1 \delta_{ma} = \frac{P}{6} \{d^2 (3b - d) + b k [a (2l + b) + 3d (l + b)]\}$.

$E J_1 \delta_{mb} = \frac{1}{6} P b h k (2a + 3d)$. $E J_1 \delta_{mc} = \frac{P}{2} [d^2 + b k (a + 2d)]$.

4. Einzellast P in Riegelmitte.

$E J_1 \delta_{ma} = \frac{Pb}{48} [b^2 (5 + 4k) + 4lk (4l + b)]$.

$E J_1 \delta_{mb} = \frac{1}{12} P b h k (3l + a)$. $E J_1 \delta_{mc} = \frac{Pb}{8} (b + 4lk)$.

5. Gleichmäßige Last pa über $\overline{AC}$.

$E J_1 \delta_{ma} = \frac{1}{24} p a^2 b k (3l + b)$. $E J_1 \delta_{mb} = \frac{1}{8} p a^2 b h k$.

$E J_1 \delta_{mc} = \frac{1}{6} p a^2 b k$.

6. Gleichmäßige Last pb auf dem Riegel $\overline{CB}$.

$E J_1 \delta_{ma} = \frac{1}{24} p b^2 [3b^2 + 2k (4l^2 + lb + b^2)]$.

$E J_1 \delta_{mb} = \frac{1}{12} p b^2 h k (3l + a)$. $E J_1 \delta_{mc} = \frac{1}{6} p b^2 (b + 3lk)$.

Wagerechte Lasten.

7. Einzellast P gegen $\overline{AC}$ im Abstand d von A. $\frac{d}{h} = n$.

$E J_1 \delta_{ma} = \frac{1}{6} P d b k n (3l - an)$.

$E J_1 \delta_{mb} = \frac{1}{6} P d b k n (3h - d)$. $E J_1 \delta_{mc} = \frac{1}{2} P d b k n$.

8. Gleichmäßige Last ph gegen $\overline{AC}$.

$E J_1 \delta_{ma} = \frac{1}{24} p h^2 b k (3l + b)$. $E J_1 \delta_{mb} = \frac{1}{8} p h^3 b k$.

$E J_1 \delta_{mc} = \frac{1}{6} p h^2 b k$.

Rahmen 14.

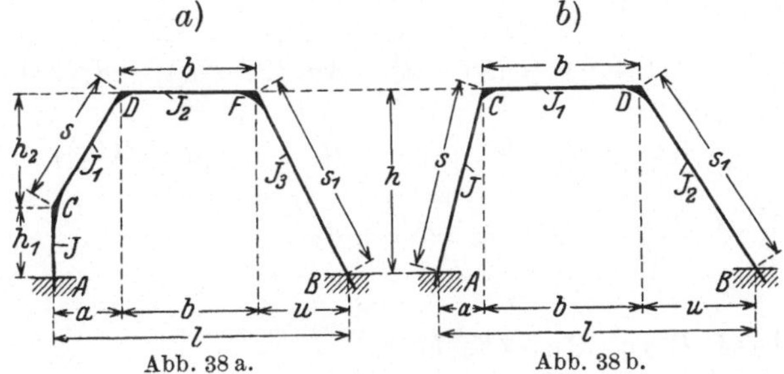

Abb. 38 a. Abb. 38 b.

Rahmen a.

$$\frac{J_2}{J} \cdot \frac{h_1}{b} = k. \qquad \frac{J_2}{J_1} \cdot \frac{s}{b} = k_1. \qquad \frac{J_2}{J_3} \cdot \frac{s_1}{b} = k_2.$$

Die von der Rahmenform abhängigen Verschiebungswerte.

$$E J_2 \delta_{aa} = b\left[k l^2 + k_1\left(l^2 - l a + \frac{a^2}{3}\right) + k_2 \frac{u^2}{3} + u^2 + u b + \frac{b^2}{3}\right].$$

$$E J_2 \delta_{ab} = -\frac{b}{6}\Big\{3 l h_1 k + k_1[3 h_1 (2l - a) + h_2 (3l - 2a)] + 2 k_2 h u + 6 h\left(l - a - \frac{b}{2}\right)\Big\}.$$

$$E J_2 \delta_{ac} = \frac{b}{2}[2 l k + k_1 (2l - a) + k_2 u + b + 2u].$$

$$E J_2 \delta_{bb} = \frac{b}{3}[h_1^2 k + k_1 (3 h h_1 + h_2^2) + k_2 h^2 + 3 h^2].$$

$$E J_2 \delta_{bc} = -\frac{b}{2}[h_1 k + k_1 (h + h_1) + k_2 h + 2h].$$

$$E J_2 \delta_{cc} = b(1 + k + k_1 + k_2).$$

Die von der Belastung abhängigen Verschiebungswerte.

Lotrechte Lasten.

1. Einzellast P auf $\overline{CD}$ im Abstand d von A. $\qquad \frac{d}{a} = n.$

$$E J_2 \delta_{ma} = \frac{P d b}{6}[6 l k + n k_1 (3l - d)].$$

$$E J_2 \delta_{mb} = -\frac{P d b}{6}[3 k h_1 + n k_1 (3 h_1 + n h_2)]. \qquad E J_2 \delta_{mc} = \frac{P d b}{2}(2k + n k_1).$$

2. Einzellast P im Punkte D.

$$E J_2 \delta_{ma} = \frac{P a b}{6}[6 l k + k_1 (3l - a)].$$

$$E J_2 \delta_{mb} = -\frac{P a b}{6}[3 k h_1 + k_1 (h + 2 h_1)]. \qquad E J_2 \delta_{mc} = \frac{P a b}{2}(2k + k_1).$$

3. Einzellast P auf dem Riegel $\overline{DF}$ im Abstand d von A und d_1 von D.

$$EJ_2\delta_{ma} = \frac{P}{6}\{6lbdk + bk_1[a(3l - a) + 3d_1(2l - a)] + d_1^2[3(l - a) - d_1]\}.$$

$$EJ_2\delta_{mb} = -\frac{P}{6}\{3bdh_1k + bk_1[h_1a + (h + h_1)(a + 3d_1)] + 3hd_1^2\}.$$

$$EJ_2\delta_{mc} = \frac{P}{2}[2bdk + bk_1(a + 2d_1) + d_1^2].$$

4. Einzellast P im Punkte F.

$$EJ_2\delta_{ma} = \frac{Pb}{6}\{6lk(a + b) + k_1[6lb + a(2a + 3u)] + b(2b + 3u)\}.$$

$$EJ_2\delta_{mb} = -\frac{Pb}{6}\{3h_1k(a + b) + k_1[ah_1 + (h + h_1)(a + 3b)] + 3bh\}.$$

$$EJ_2\delta_{mc} = \frac{Pb}{2}[2k(a + b) + k_1(a + 2b) + b].$$

5. Einzellast P auf $\overline{BF}$ im Abstand d von A, d_1 von F und e von B. $\frac{d_1}{u} = n$.

$$EJ_2\delta_{ma} = \frac{Pb}{6}\{6ldk + k_1[6l(b + d_1) + a(2a + 3e)] + b(2b + 3e) + 6d_1(b + u) + k_2d_1n(2u + e)\}.$$

$$EJ_2\delta_{mb} = -\frac{Pb}{6}\{3h_1dk + k_1[(h + 2h_1)(a + 2b + 2d_1) + h_2(b + d_1)] + 3h(b + 2d_1) + k_2n^2h(2u + e)\}.$$

$$EJ_2\delta_{mc} = \frac{Pb}{2}[2dk + k_1(2d - a) + k_2nd_1 + b + 2d_1].$$

6. Gleichmäßige Last pa über $\overline{CD}$.

$$EJ_2\delta_{ma} = \frac{pa^2b}{24}[12lk + k_1(4l - a)].$$

$$EJ_2\delta_{mb} = -\frac{pa^2b}{24}[6h_1k + k_1(h + 3h_1)]. \qquad EJ_2\delta_{mc} = \frac{pa^2b}{6}(3k + k_1).$$

7. Gleichmäßige Last pb auf dem Riegel $\overline{DF}$.

$$EJ_2\delta_{ma} = \frac{pb^2}{24}\{12lk(2a + b) + 2k_1[2la + (2a + 3b)(2l - a)] + b(3b + 4u)\}.$$

$$EJ_2\delta_{mb} = -\frac{pb^2}{12}\{3kh_1(2a + b) + k_1[2ah_1 + (h + h_1)(2a + 3b)] + 2bh\}.$$

$$EJ_2\delta_{mc} = \frac{pb^2}{2}\left[k(2a + b) + k_1(a + b) + \frac{b}{3}\right].$$

8. Gleichmäßige Last pu über $\overline{BF}$.

$$EJ_2\delta_{ma} = \frac{pub}{24}\{12lk(2l-u) + 2k_1[6l(2b+u) + a(4a+3u)] + 3k_2u^2 + 2(4b^2+9bu+6u^2)\}.$$

$$EJ_2\delta_{mb} = -\frac{pub}{24}\{6kh_1(2l-u) + 2k_1[2h(l+2b) + 2h_1(b+2l) + uh_2] + 3huk_2 + 12h(b+u)\}.$$

$$EJ_2\delta_{mc} = \frac{pub}{2}[k(2l-u) + k_1(l+b) + \tfrac{1}{3}uk_2 + b + u].$$

Wagerechte Lasten.

9. Einzellast P gegen $\overline{AC}$ im Abstand d von A. $\frac{d}{h_1} = n$.

$$EJ_2\delta_{ma} = \frac{P}{2}lbdkn. \qquad EJ_2\delta_{mb} = -\frac{P}{6}d^2bkn. \qquad EJ_2\delta_{mc} = \frac{P}{2}dbkn.$$

10. Einzellast P im Punkte C.

$$EJ_2\delta_{ma} = \frac{P}{2}lbh_1k. \qquad EJ_2\delta_{mb} = -\frac{P}{6}h_1^2bk. \qquad EJ_2\delta_{mc} = \frac{P}{2}h_1bk.$$

11. Einzellast P gegen $\overline{CD}$ im Abstand d von C. $\frac{d}{h_2} = n$.

$$EJ_2\delta_{ma} = \frac{Pb}{6}[3lk(h_1+2d) + dnk_1(3l-an)].$$

$$EJ_2\delta_{mb} = -\frac{Pb}{6}[h_1k(h_1+3d) + ndk_1(3h_1+d)].$$

$$EJ_2\delta_{mc} = \frac{Pb}{2}[k(h_1+2d) + ndk_1].$$

12. Einzellast P im Punkte D.

$$EJ_2\delta_{ma} = \frac{Pb}{6}[3lk(h+h_2) + k_1h_2(3l-a)].$$

$$EJ_2\delta_{mb} = -\frac{Pb}{6}[h_1k(h+2h_2) + k_1h_2(h+2h_1)].$$

$$EJ_2\delta_{mc} = \frac{Pb}{2}[k(h+h_2) + k_1h_2].$$

13. Gleichmäßige Last ph_1 gegen $\overline{AC}$.

$$EJ_2\delta_{ma} = \tfrac{1}{6}ph_1^2lbk. \qquad EJ_2\delta_{mb} = -\tfrac{1}{24}ph_1^3bk. \qquad EJ_2\delta_{mc} = \tfrac{1}{6}ph_1^2bk.$$

14. Gleichmäßige Last ph_2 gegen $\overline{CD}$.

$$EJ_2\delta_{ma} = \frac{ph_2b}{2}[hlk + \tfrac{1}{12}k_1h_2(4l-a)].$$

$$EJ_2\delta_{mb} = -\frac{ph_2b}{24}[2kh_1(2h+h_2) + k_1h_2(h+3h_1)].$$

$$EJ_2\delta_{mc} = \frac{ph_2b}{6}(3kh + k_1h_2).$$

Rahmen b.

$$\frac{J_1}{J}\cdot\frac{s}{b}=k. \qquad \frac{J_1}{J_2}\cdot\frac{s_1}{b}=k_1.$$

Die von der Rahmenform abhängigen Verschiebungswerte.

$$EJ_1\delta_{aa}=\tfrac{1}{3}[bk(3l^2-3la+a^2)+(u+b)^3-u^3+bk_1u^2].$$

$$EJ_1\delta_{ab}=-\frac{bh}{6}[k(3l-2a)+3b+6u+2uk_1].$$

$$EJ_1\delta_{ac}=\frac{b}{2}[k(2l-a)+b+2u+uk_1].$$

$$EJ_1\delta_{bb}=\frac{bh^2}{3}(3+k+k_1). \qquad EJ_1\delta_{bc}=-\frac{bh}{2}(2+k+k_1).$$

$$EJ_1\delta_{cc}=b(1+k+k_1).$$

Die von der Belastung abhängigen Verschiebungswerte.

Lotrechte Lasten.

1. Einzellast P auf $\overline{AC}$ im Abstand d von A. $\quad \frac{d}{a}=n.$

$$EJ_1\delta_{ma}=\tfrac{1}{6}Pdbkn(3l-d). \qquad EJ_1\delta_{mb}=-\tfrac{1}{6}Pdbhkn^2.$$

$$EJ_1\delta_{mc}=\tfrac{1}{2}Pdbkn.$$

2. Einzellast P im Punkte C. $\quad EJ_1\delta_{ma}=\tfrac{1}{6}Pabk(3l-a).$

$$EJ_1\delta_{mb}=-\tfrac{1}{6}Pabhk. \qquad EJ_1\delta_{mc}=\tfrac{1}{2}Pabk.$$

3. Einzellast P auf dem Riegel $\overline{CD}$ im Abstand d von C und e von B.

$$EJ_1\delta_{ma}=\frac{P}{6}\{bk[6ld+a(2a+3e)]+d^2(2d+3e)\}.$$

$$EJ_1\delta_{mb}=-\frac{Ph}{6}[bk(a+3d)+3d^2]. \qquad EJ_1\delta_{mc}=\frac{P}{2}[bk(a+2d)+d^2].$$

4. Einzellast P im Punkte D.

$$EJ_1\delta_{ma}=\frac{Pb}{6}\{k[6lb+a(2a+3u)]+b(2b+3u)\}.$$

$$EJ_1\delta_{mb}=-\frac{Pbh}{6}[3b+k(a+3b)]. \qquad EJ_1\delta_{mc}=\frac{Pb}{2}[b+k(a+2b)].$$

5. Einzellast P auf $\overline{BD}$ im Abstand d von A, e von B und d_1 von D. $\quad \frac{d_1}{u}=n.$

$$EJ_1\delta_{ma}=\frac{Pb}{6}\{k[6l(b+d_1)+a(2a+3e)]+b(2b+3e)+6d_1(b+u$$
$$+nd_1k_1(2u+e)\}.$$

$$EJ_1J_{mb}=-\frac{Pbh}{6}[k(3d-2a)+3(b+2d_1)+n^2k_1(2u+e)].$$

$$EJ_1\delta_{mc}=\frac{Pb}{2}[k(2d-a)+b+2d_1+nd_1k_1].$$

6. Gleichmäßige Last pa über $\overline{AC}$. $EJ_1\delta_{ma} = \frac{1}{24} pa^2 bk(4l - a)$.

$EJ_1\delta_{mb} = -\frac{1}{24} pa^2 bhk$. $EJ_1\delta_{mc} = \frac{1}{6} pa^2 bk$.

7. Gleichmäßige Last pb auf dem Riegel $\overline{CD}$.

$$EJ_1\delta_{ma} = \frac{pb^2}{24}\{2k[2la + (2a+3b)(2l - a)] + b(3b + 4u)\}.$$

$$EJ_1\delta_{mb} = -\frac{pb^2 h}{12}[k(2a + 3b) + 2b]. \quad EJ_1\delta_{mc} = \frac{pb^2}{6}[3k(a + b) + b].$$

8. Gleichmäßige Last pu über $\overline{BD}$.

$$EJ_1\delta_{ma} = \frac{pub}{24}\{2k[6l(2b + u) + a(4a + 3u)] + 2(4b^2 + 9ub + 6u^2) + 3k_1 u^2\}.$$

$$EJ_1\delta_{mb} = -\frac{pubh}{24}[2k(2l + 4b + u) + 12(b + u) + 3k_1 u].$$

$$EJ_1\delta_{mc} = \frac{pub}{6}[3k(l + b) + 3(b + u) + k_1 u].$$

Wagerechte Lasten.

9. Einzellast P gegen $\overline{AC}$ im Abstand d von A. $\frac{d}{h} = n$.

$EJ_1\delta_{ma} = \frac{1}{6} Pdbkn(3l - an)$. $EJ_1\delta_{mb} = -\frac{1}{6} Pd^2 bkn$.

$EJ_1\delta_{mc} = \frac{1}{2} Pdbkn$.

10. Einzellast P im Punkte C. $EJ_1\delta_{ma} = \frac{1}{6} Phbk(3l - a)$.

$EJ_1\delta_{mb} = -\frac{1}{6} Pbh^2 k$. $EJ_1\delta_{mc} = \frac{1}{2} Pbhk$.

11. Gleichmäßige Last ph gegen $\overline{AC}$. $EJ_1\delta_{ma} = \frac{1}{24} ph^2 bk(4l - a)$.

$EJ_1\delta_{mb} = -\frac{1}{24} ph^3 bk$. $EJ_1\delta_{mc} = \frac{1}{6} ph^2 bk$.

II. Einseitig eingespannte Rahmen.

In diesem Abschnitt soll der linksseitig eingespannte Rahmen mit festem Gelenk am rechten Auflager B behandelt werden. Wenn man auf den Abschnitt I zurückblickt, bedarf es keiner besonderen Entwicklung und Ableitung der Verschiebungswerte δ. Man denke sich in der Beispielfigur des I. Abschnittes das Moment $X_C = -1$ fort. Die Wegnahme dieses Moments hat zur Folge, daß die von ihm verursachten Verschiebungswerte fortfallen. Die beiden statisch unbestimmten Größen am rechten Auflager, der senkrechte Auflagerdruck V_B und der Horizontalschub H_B lassen sich mit den verbleibenden Verschiebungswerten δ_{aa}, δ_{ab}, δ_{bb}, δ_{ma} und δ_{mb} ermitteln. Mit diesen Verschiebungswerten, die für jede Rahmenform und für jede Belastung ohne weiteres dem Abschnitt I entnommen werden können, erhält man die beiden Elastizitätsgleichungen in folgender allgemeinen Form:

$$1.\quad EJ\delta_{ma} = EJ\delta_{aa} V_B + EJ\delta_{ab} H_B .$$

$$2.\quad EJ\delta_{mb} = EJ\delta_{ab} V_B + EJ\delta_{bb} H_B .$$

Multipliziert man die Gleichung 1 mit $EJ\delta_{bb}$ und die Gleichung 2 mit $-EJ\delta_{ab}$, so erhält man nach Addition beider Gleichungen:

$$V_B = \frac{EJ\delta_{ma}\cdot EJ\delta_{bb} - EJ\delta_{mb}\cdot EJ\delta_{ab}}{EJ\delta_{aa}\cdot EJ\delta_{bb} - (EJ\delta_{ab})^2}$$

und
$$H_B = \frac{EJ\delta_{mb} - V_B EJ\delta_{ab}}{EJ\delta_{bb}} .$$

Wenn man die im Abschnitt I ermittelten Verschiebungswerte zahlenmäßig in diese Formeln einsetzt, ist zu beachten, daß alle δ-Werte bereits mit EJ vervielfacht sind, so daß eine besondere Multiplikation mit EJ nicht vorgenommen werden darf. Die Ermittlung von V_B und H_B mit Benutzung vorstehender Formeln ist also sehr einfach.

Für die Rahmenformen 1, 1a, 1b, 7, 8, 9a, 9b, 10, 11a, 12a, 12b, 13b, 14a und 14b ist im Bedarfsfalle in dieser Weise zu verfahren. Gebrauchsfertige Werte sind für die Rahmenformen 3a, 3b, 6, 11b und 13c und vereinfachte Hauptformeln für die Rahmen 2, 4, 5, 12c und 13a im folgenden entwickelt worden.

Rahmen 3a.

$$\frac{J_1}{J}\cdot\frac{h}{l} = k .$$

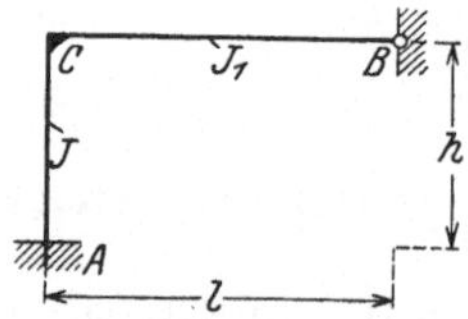

C, J_1, B, J, h, A, l

Abb. 39a.

$$EJ_1\delta_{aa} = \tfrac{1}{3} l^3 (1 + 3k) .$$
$$EJ_1\delta_{ab} = \tfrac{1}{2} l^2 h k .$$
$$EJ_1\delta_{bb} = \tfrac{1}{3} l h^2 k .$$

Die beiden Elastizitätsgleichungen lauten:

$$1.\quad EJ_1\delta_{ma} = V_B \frac{l^3}{3}(1 + 3k) + H_B \tfrac{1}{2} l^2 h k \qquad \text{mal } \frac{h}{3} .$$

$$2.\quad EJ_1\delta_{mb} = V_B \tfrac{1}{2} l^2 h k + H_B \tfrac{1}{3} l h^2 k \qquad \text{mal } -\frac{l}{2} .$$

Nach dem Multiplizieren erhält man durch Addition

$$V_B \frac{l^3 h}{36}(4 + 3k) = \frac{EJ_1}{6}(2h\delta_{ma} - 3l\delta_{mb}) .$$

Hieraus ist:
$$V_B = \frac{6EJ_1(2h\delta_{ma} - 3l\delta_{mb})}{h l^3 (4 + 3k)} .$$

Multipliziert man die Gleichung 1 mit $\frac{1}{2} h k$, die Gleichung 2 mit $-\frac{1}{3} l (1 + 3k)$, dann ergibt die Addition:

$$H_B = \frac{6 E J_1 [2 l (1 + 3 k) \delta_{mb} - 3 h k \delta_{ma}]}{k l^2 h^2 (4 + 3 k)}.$$

Mit Hilfe dieser Grundformeln wurden für die folgenden Belastungsfälle die statisch unbestimmten Größen ermittelt.

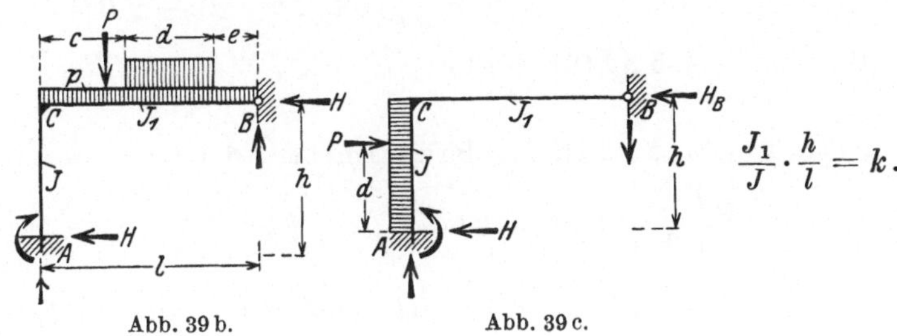

Abb. 39 b. Abb. 39 c.

Lotrechte Lasten.

1. Einzellast P auf dem Riegel $\overline{CB}$ im Abstand a von C und b von B.

$$B = \frac{P a}{l^3} \cdot \frac{3 k l^2 + 2 a (2 l + b)}{4 + 3 k}.$$

$$H = \frac{3}{2 h}(P a - B l) \quad \text{d. i.} \quad H = \frac{3 P a b}{h l^2} \cdot \frac{l + b}{4 + 3 k}. \qquad A = P - B.$$

$$M_P = B b. \qquad M_C = B l - P a. \qquad M_A = M_C + H h = -\frac{M_C}{2}.$$

2. Einzellast P in Riegelmitte. $\quad B = \frac{P}{4} \cdot \frac{5 + 6 k}{4 + 3 k}.$

$$A = P - B \quad \text{d. i.} \quad A = \frac{P}{4} \cdot \frac{11 + 6 k}{4 + 3 k}. \qquad H = \frac{9}{8} \cdot \frac{P l}{h (4 + 3 k)}.$$

$$M_P = 0{,}5 B l. \qquad M_C = -\frac{3}{4} \cdot \frac{P l}{4 + 3 k}. \qquad M_A = -\tfrac{1}{2} M_C.$$

3. Gleichmäßige Last pl auf dem Riegel $\overline{CB}$.

$$E J_1 \delta_{ma} = \frac{p l^4}{8}(1 + 4 k). \qquad E J_1 \delta_{mb} = \tfrac{1}{4} p l^3 h k.$$

$$B = 1{,}5 p l \frac{1 + k}{4 + 3k}. \quad A = p l - B. \quad H = \frac{3}{4h}(p l^2 - 2 B l) \ \text{d. i.} = \frac{3 p l^2}{4 h (4 + 3 k)}.$$

$$A = \frac{p l}{2} \cdot \frac{5 + 3 k}{4 + 3 k}. \quad M_C = B l - 0{,}5 p l^2 \ \text{d. i.} = -\frac{p l^2}{2 (4 + 3 k)} = -2 M_A.$$

$$M_A = M_C + H h \quad \text{d. i.} = \frac{p l^2}{4 (4 + 3 k)} = -\tfrac{1}{2} M_C.$$

Für den Riegel $\overline{BC}$ ist:

$$M_x = B x - 0{,}5 p x^2. \qquad M_{\max} = \frac{B^2}{2 p}. \qquad x_0 = \frac{2 B}{p}.$$

4. Streckenlast pd auf dem Riegel $\overline{CB}$. Siehe Abbildung 39b.

$$EJ_1\delta_{ma} = \frac{pd}{2}\{kl^2(2c+d) + \tfrac{1}{12}[(3l+e)(3c^2+3cd+d^2)-c^3]\}.$$

$$EJ_1\delta_{mb} = \tfrac{1}{4}pdlhk(2c+d).$$

$$B = \frac{pd}{2l^3(4+3k)}[3kl^2(2c+d) + (3l+e)(3c^2+3cd+d^2)-c^3].$$

$$A = pd - B. \qquad H = \frac{3}{4h}[pd(2c+d) - 2Bl].$$

$$M_C = Bl - 0{,}5\,pd(2c+d). \qquad M_A = M_C + Hh.$$

5. Streckenlast pd in der Riegelmitte, d. i. $e=c$ und $l=2c+d$.

$$B = \frac{pd}{2l^3(4+3k)}[3kl^3 + (3l+c)(lc+ld+c^2) - c^3]. \qquad A = pd - B.$$

$$H = \frac{3l}{4h}(pd - 2B). \qquad M_C = Bl - 0{,}5\,pld. \qquad M_A = M_C + Hh.$$

Für $M_{\max}$ ist: $\quad x = c + \frac{B}{p}. \qquad M_{\max} = Bx - 0{,}5\,p(x-c)^2.$

6. Linksseitige Streckenlast pd auf dem Riegel, d. i. $c=0$ und $l = d + e$.

$$B = \frac{pd^2}{2l^3}\cdot\frac{de+3l(lk+d)}{4+3k}. \qquad A = pd - B.$$

$$H = \frac{3}{4h}(pd^2 - 2Bl). \qquad M_C = Bl - 0{,}5\,pd^2. \qquad M_A = M_C + Hh.$$

Auf dem Riegel ist für $M_{\max}$: $\quad x_m = e + \frac{B}{p}. \qquad M_{\max} = 0{,}5\,B(e+x_m).$

7. Rechtsseitige Streckenlast pd auf dem Riegel, d. i. $e=0$ und $l = c + d$.

$$B = \frac{3pd}{2l^3}\cdot\frac{kl^2(l+c) + l(3lc+d^2) - \frac{c^3}{3}}{4+3k}.$$

$$A = pd - B. \qquad H = \frac{3}{4h}[pd(l+c) - 2Bl].$$

$$M_C = Bl - 0{,}5\,pd(l+c). \qquad M_A = M_C + Hh. \qquad M_{\max} = \frac{B^2}{2p}.$$

Wagerechte Lasten.

8. Einzelast P gegen $\overline{AC}$ im Abstand d von A und e von C.

$$\frac{d}{h} = n.$$

$$EJ_1\delta_{ma} = \tfrac{1}{2}Pdnkl^2. \qquad EJ_1\delta_{mb} = \tfrac{1}{6}Pd^2lk(3-n).$$

$$B = -A = -\frac{3Pn^2ek}{l(4+3k)}. \qquad H_B = \frac{1}{2h}[Pn^2(3h-d) - 3Bl].$$

$$H = P - H_B \qquad M_C = Bl. \qquad M_A = M_C + Hh - Pd.$$

9. Gleichmäßige Last ph gegen $\overline{AC}$. $EJ_1\delta_{ma} = \frac{1}{6}ph^2l^2k$.

$$EJ_1\delta_{mb} = \frac{1}{8}ph^3lk. \qquad B = -\frac{ph^2k}{4l(4+3k)}. \qquad A = -B.$$

$$H_B = 1{,}5\,ph\frac{1+k}{4+3k}. \qquad H = 0{,}5\,ph\frac{5+3k}{4+3k}.$$

$$M_C = Bl = -\frac{ph^2k}{4(4+3k)}. \qquad M_A = -\frac{ph^2}{4}\cdot\frac{2+k}{4+3k}.$$

Für den Stiel ist: $M_y = M_A + Hy - \frac{1}{2}py^2$.

Für $M_{\max}$ ist: $y_m = \frac{H}{p}$. $M_{\max} = M_A + \frac{H^2}{2p}$.

y von A nach oben.

Rahmen 3b.

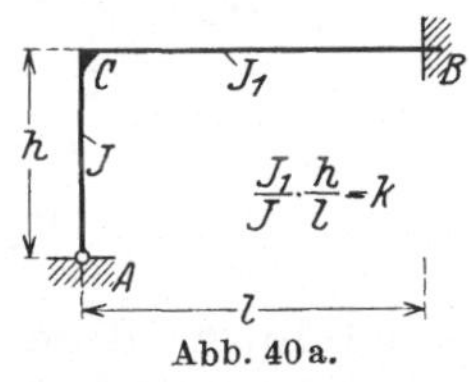

Abb. 40a.

Die Formeln für diesen Rahmen können unmittelbar aus den Formeln für den vorhergehenden Rahmen abgeleitet werden. Da die Trägheitsmomente J und J_1 und die Bezeichnungen l und h vertauscht werden, wird k gleich dem reziproken Werte von k im vorhergehenden Falle. Man beachte ferner, daß H, H_B, A und B im Falle a, mit B, A, H_B und H im Falle b bezeichnet werden müssen.

Lotrechte Lasten.

1. Einzellast P auf $\overline{CB}$ im Abstand a von C und b von B.

$$H = \frac{3Pab^2}{hl^2(3+4k)}. \qquad B = P - A.$$

$$A = \frac{1}{2l^3}[Pb^2(2l+a) + 3Hhl^2] \quad \text{d. i.} \quad A = \frac{Pb^2}{l^3}\cdot\frac{3(l+2a)+2k(2l+a)}{3+4k}.$$

$$M_C = -Hh. \qquad M_P = M_C + Aa. \qquad M_B = M_C + Al - Pb.$$

2. Einzellast P in Riegelmitte. $H = \frac{0{,}375\,Pl}{h(3+4k)}$. $A = \frac{P}{4}\cdot\frac{6+5k}{3+4k}$.

$$B = P - A. \qquad M_C = -Hh. \qquad M_P = \frac{Pl}{8}\cdot\frac{3+5k}{3+4k}.$$

$$M_B = M_C + Al - \frac{1}{2}Pl.$$

3. Gleichmäßige Last pl auf dem Riegel $\overline{BC}$. $H = \frac{pl^2}{4h(3+4k)}$.

$$A = \frac{3}{8}pl + \frac{3}{2}\cdot\frac{Hh}{l}. \qquad A = \frac{3pl}{2}\cdot\frac{1+k}{3+4k}. \qquad B = pl - A.$$

$$M_C = -Hh. \qquad M_B = M_C + Al - \frac{1}{2}pl^2.$$

Für den Riegel $\overline{CB}$ ist: $M_x = M_C + Ax - \frac{1}{2}px^2$.

Für $M_{\max}$ ist: $x_m = \frac{A}{p}$. $M_{\max} = \frac{A^2}{2p} - Hh$.

4. Dreieckslast $0{,}5\,pl$ auf dem Riegel $\overline{BC}$.

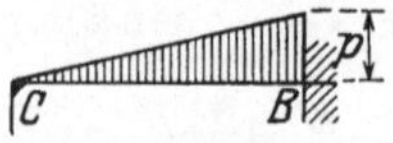

Abb. 40 b.

$$H=\frac{pl^2}{10\,h\,(3+4\,k)}.\qquad A=\frac{pl}{5}\cdot\frac{3+2\,k}{3+4\,k}.$$

$$B=\tfrac{1}{2}pl-A\quad\text{d. i.}\quad B=\frac{pl}{10}\cdot\frac{9+16\,k}{3+4\,k}.\qquad M_C=-Hh.$$

$$M_B=M_C+Al-\tfrac{1}{6}pl^2\quad\text{d. i.}\quad M_B=-\frac{4}{15}\cdot\frac{pl^2k}{3+4\,k}.$$

Wagerechte Lasten.

5. Einzellast P gegen $\overline{AC}$ im Abstand d von A und e von C.

$$\frac{e}{h}=n.$$

$$H_B=P-H.\qquad H=\frac{Pn}{h}\cdot\frac{3\,h+2\,n\,k\,(2\,h+d)}{3+4\,k}.$$

$$A=\frac{3}{2\,l}(Pe-Hh).\qquad B=-A.\qquad M_P=Hd.$$

$$M_C=Hh-Pe.\qquad M_B=-\tfrac{1}{2}M_C.$$

6. Gleichmäßige Last ph gegen $\overline{AC}$. $\qquad H=1{,}5\,ph\dfrac{1+k}{3+4\,k}.$

$$H_B=ph-H.\qquad A=\frac{3\,h}{4\,l}(ph-2\,H).\qquad B=-A.$$

$$M_C=Hh-\tfrac{1}{2}ph^2=-2\,M_B.\qquad M_B=M_C+Al=-\tfrac{1}{2}M_C.$$

Für den Stiel $\overline{AC}$ ist: $\quad M_y=Hy-\tfrac{1}{2}py^2.\qquad y_m=\dfrac{H}{p}.$

$y_0=2\,y_m.\qquad M_{\max}=\dfrac{H^2}{2\,p}.\qquad y$ von A nach oben.

Rahmen 11b.

$$K=2\,h_2+3\,k\,(h+h_2).$$

$$K_1=h_2^2+k\,(h_1^2+3\,h\,h_2).$$

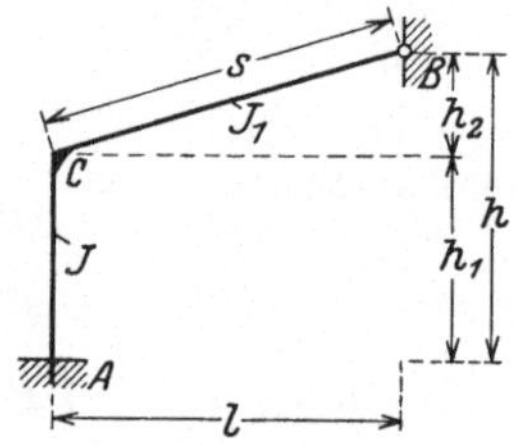

$$\frac{J_1}{J}\cdot\frac{h_1}{s}=k.$$

Abb. 41 a.

$$EJ_1\delta_{aa}=\frac{s\,l^2}{3}(1+3k).\qquad EJ_1\delta_{ab}=\frac{sl}{6}K.\qquad EJ_1\delta_{bb}=\frac{s}{3}K_1.$$

Hiermit lauten die beiden Elastizitätsgleichungen wie folgt:

1. $\quad EJ_1\delta_{ma}=V_B\dfrac{s\,l^2}{3}(1+3\,k)+H_B\dfrac{sl}{6}K\qquad\Big|\quad$ mal K_1.

2. $\quad EJ_1\delta_{mb}=V_B\dfrac{sl}{6}K\qquad+H_B\dfrac{s}{3}K_1\qquad\Big|\quad$ „ $\;-\dfrac{l}{2}K$.

Durch Multiplikation und Addition erhält man

$$V_B = \frac{6\,E J_1 (2\,\delta_{m\,a}\,K_1 - l\,\delta_{m\,b}\,K)}{s\,l^2\,k\,h_1^2\,(4 + 3\,k)}.$$

Eingesetzt in die Gleichung 1 ergibt:

$$H_B = \frac{6\,E\,J_1\,\delta_{m\,a}}{s\,l\,K} - \frac{6\,E\,J_1\,\delta_{m\,a}(4 + 12\,k)\,K_1}{s\,l\,K\,N} + \frac{6\,E\,J_1\,\delta_{m\,b}(2 + 6\,k)}{s\,N}.$$

Hierin ist $N = k\,h_1^2\,(4 + 3\,k)$.

Durch Ausmultiplizieren erhält man:

$$H_B = \frac{6\,E\,J}{s\,l\,N}\,[2\,l\,\delta_{m\,b}(1 + 3\,k) - \delta_{m\,a}(2\,h_2 + 3\,h\,k + 3\,h_2\,k)].$$

Mit Benutzung dieser allgemein gültigen Werte sind im folgenden für verschiedene Belastungsfälle

gebrauchsfertige Formeln

entwickelt.

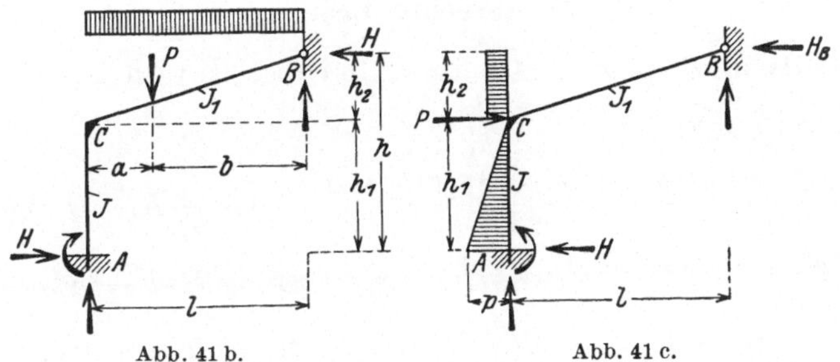

Abb. 41 b. Abb. 41 c.

Lotrechte Lasten.

1. Einzellast P auf dem Riegel $\overline{CB}$ im Abstand a von C und b von B. $E\,J_1\,\delta_{m\,a} = \frac{P\,a\,s}{6\,l}\,(6\,k\,l^2 + 3\,l\,a - a^2)$.

$$E\,J_1\,\delta_{m\,b} = \frac{P\,a\,s}{6\,l^2}\,[3\,k\,l^2\,(h + h_2) + a\,h_2\,(3\,l - a)].$$

$$B = \frac{P\,a}{h_1\,l^3\,(4 + 3\,k)}\,[3\,k\,h_1\,l^2 + 2\,a\,h_1\,(2\,l + b) - 3\,b\,h_2\,(l + b)].$$

$$A = P - B. \qquad H = \frac{3\,P\,a\,b}{h_1\,l^2}\cdot\frac{l + b}{4 + 3\,k}.$$

$$M_A = B\,l + H\,h - P\,a. \qquad M_C = -\,2\,M_A.$$

Für den Stiel $\overline{A\,C}$ liegt der Nullpunkt in $\frac{h_1}{3}$. $M_P = B\,b + H\,b\,\frac{h_2}{l}$.

2. Einzellast P in Riegelmitte. $B = \frac{P}{8h_1} \cdot \frac{2h_1(5+6k) - 9h_2}{4+3k}$.

$$A = P - B. \qquad H = \frac{9Pl}{8h_1(4+3k)}. \qquad M_A = \tfrac{1}{3} H h_1.$$

$$M_C = -2M_A. \qquad M_P = \tfrac{1}{2}(Bl + Hh_2).$$

3. Gleichmäßige Last pl auf dem Riegel $\overline{CB}$. $\frac{J_1}{J} \cdot \frac{h_1}{s} = k$.

$$\overline{CB} = s. \qquad E J_1 \delta_{ma} = \frac{pl^3 s}{8}(1+4k).$$

$$E J_1 \delta_{mb} = \frac{pl^2 s}{8}[h_2 + 2k(h + 2h_2)]. \qquad B = \frac{3pl}{4h_1} \cdot \frac{2h_1(1+k) - h_2}{4+3k}.$$

$$A = pl - B. \qquad H = \frac{3pl^2}{4h_1(4+3k)}. \qquad M_A = \tfrac{1}{3} H h_1.$$

$$M_C = -\tfrac{2}{3} H h_1. \qquad y = x\frac{h_2}{l}. \quad x \text{ von } B \text{ nach links.}$$

Für den Riegel $\overline{BC}$ ist: $M_x = Bx + Hx\frac{h_2}{l} - \frac{1}{2}px^2$.

$$x_m = \frac{3l}{2} \cdot \frac{1+k}{4+3k}. \qquad M_{\max} = \frac{9pl^2}{8} \cdot \left(\frac{1+k}{4+3k}\right)^2. \qquad x_0 = 2x_m.$$

Wagerechte Lasten.

4. Einzellast P gegen $\overline{AC}$ im Abstand d von A, e von B und i von C. $\frac{d}{h_1} = n$.

$$B = -\frac{Pn^2}{lh_1} \cdot \frac{3k(eh_1 + 2ih_2) + 2h_2(2h_1 + i)}{4+3k}. \qquad A = -B. \qquad H = P - H_B.$$

$$H_B = \frac{Pn^2}{h_1} \cdot \frac{2d + (h_1 + 2i)(2+3k)}{4+3k}. \qquad M_A = H_B h + Bl - Pd.$$

$$M_C = H_B h_2 + Bl. \qquad M_P = H_B e + Bl.$$

5. Einzellast P im Punkte C. Alle Momente sind gleich Null.

$$A = \frac{Ph_2}{l}. \qquad B = -\frac{Ph_2}{l}. \qquad H_B = P.$$

6. Gleichmäßige Last ph_1 gegen $\overline{AC}$.

$$B = -\frac{ph_1}{4l} \cdot \frac{kh_1 + 6h_2(1+k)}{4+3k}. \qquad A = -B.$$

$$H_B = 1{,}5\,ph_1\frac{1+k}{4+3k}. \qquad H = ph_1 - H_B.$$

$$M_A = H_B h + Bl - 0{,}5\,ph_1^2. \qquad M_C = H_B h_2 + Bl.$$

Für den Stiel $\overline{AC}$ ist: y von A nach oben.

$$M_y = M_A + Hy - 0{,}5\,py^2. \qquad y_0 = y_m \mp \frac{1}{p}\sqrt{H^2 + 2pM_A}.$$

Für $M_{\max}$ ist: $y_m = \frac{H}{p}$. $\quad M_{\max} = M_A + \frac{H^2}{2p}$.

7. Gleichmäßige Last ph_2 gegen $\overline{CB}$.

$$B = -\frac{ph_2^2}{4lh_1}\cdot\frac{3h_2+2h_1(5+3k)}{4+3k}. \qquad A = -B. \quad H = ph_2 - H_B.$$

$$H_B = \frac{ph_2}{4h_1}\left(4h_1 + \frac{3h_2}{4+3k}\right). \qquad M_A = -\tfrac{1}{3}Hh_1.$$

$$M_C = -\frac{ph_2^2}{4h_1}\cdot\frac{h+h_1}{4+3k}. \qquad \frac{h_2}{l} = n.$$

Für den Riegel $\overline{BC}$ ist: $M_x = H_B n x + Bx - 0{,}5pn^2x^2$.

Für $M_{\max}$ ist: $x_m = \frac{3l}{2}\cdot\frac{1+k}{4+3k}$. $x_0 = 2x_m$. x von B nach links.

8. Dreieckslast $0{,}5\,ph_1$ gegen $\overline{AC}$.

$$B = -\frac{ph_1}{20l}\cdot\frac{8h_2+k(2h+7h_2)}{4+3k}. \qquad A = -B. \quad H = 0{,}5ph_1 - H_B.$$

$$H_B = \frac{ph_1}{20}\cdot\frac{8+9k}{4+3k}. \qquad H = \frac{ph_1}{20}\cdot\frac{32+21k}{4+3k}.$$

$$M_A = H_B h + Bl - \tfrac{1}{6}ph_1^2. \qquad M_C = H_B h_2 + Bl.$$

Bei B ist das Minuszeichen zu beachten.

Rahmen 13c.

$$\frac{J_1}{J}\cdot\frac{s}{b} = k. \qquad \overline{AC} = s. \qquad K = b^2 + k(a^2 + 3lb).$$

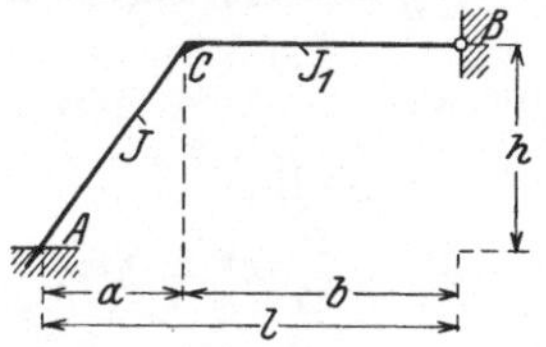

Abb. 42 a.

$$EJ_1\delta_{aa} = \frac{b}{3}K. \qquad EJ_1\delta_{ab} = \tfrac{1}{6}bhk(2l+b). \qquad EJ_1\delta_{bb} = \tfrac{1}{3}bkh^2.$$

Die Elastizitätsgleichungen lauten:

1. $EJ_1\delta_{ma} = V_B\frac{b}{3}K + H_B\tfrac{1}{6}bhk(2l+b)$ | mal $2h$.
2. $EJ_1\delta_{mb} = V_B\tfrac{1}{6}bhk(2l+b) + H_B\tfrac{1}{3}bkh^2$ | „ $-(2l+b)$.

Nach dem Multiplizieren erhält man durch Addieren:

$$\boldsymbol{V_B = \frac{6\,EJ_1[2h\,\delta_{ma} - (2l+b)\,\delta_{mb}]}{h\,b^3(4+3k)}}.$$

Multipliziert man die Gleichung 1 mit $h\,k(2\,l+b)$ und die Gleichung 2 mit $-2\,K$, so ergibt die Addition:

$$H_B = \frac{6\,E\,J_1\{2\,\delta_{mb}[b^2+k(a^2+3\,l\,b)] - \delta_{ma}\,h\,k(2\,l+b)\}}{b^3\,h^2\,k(4+3\,k)}.$$

Im folgenden sind wieder für die am häufigsten vorkommenden Belastungsfälle fertige Formeln abgeleitet worden.

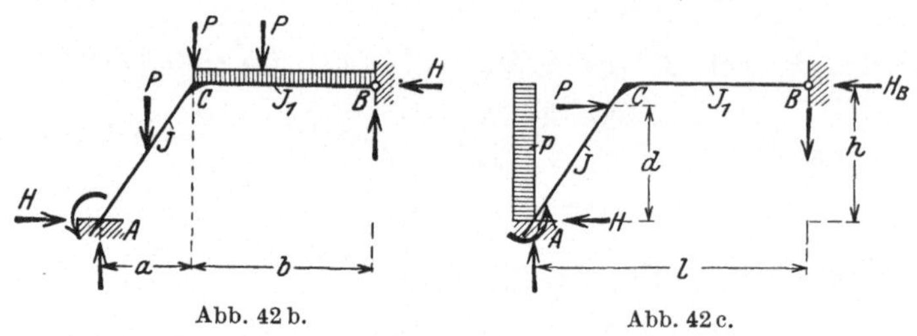

Abb. 42 b. Abb. 42 c.

Lotrechte Lasten.

1. Einzellast P auf $\overline{AC}$ im Abstand d von A und e von C.

$$\frac{d}{a} = n. \qquad B = -\frac{3\,P\,n^2\,e\,k}{b(4+3\,k)}. \qquad A = P - B.$$

$$H = \frac{1}{2\,h}[P\,n^2(3\,a-d) + B(2\,l+b)]. \qquad (B \text{ ist ein Minuswert.})$$

$$M_C = B\,b = -\frac{3\,P\,n^2\,e\,k}{4+3\,k}. \qquad M_A = H\,h + B\,l - P\,d.$$

$$M_P = \frac{1}{a}\,H\,h\,e + B(l-d).$$

2. Einzellast P im Punkte C. $\quad A = P. \quad B = 0. \quad H = \dfrac{P\,a}{h}.$

Alle Momente sind gleich Null.

Längskraft in AC: $\quad \mathfrak{N} = \dfrac{P}{s\,h}(a^2+h^2).$

3. Einzellast P auf dem Riegel $\overline{CB}$ im Abstand d von C und e von B. $\quad B = \dfrac{P\,d}{b^3}\cdot\dfrac{2\,d(2\,b+e)+3\,k\,b^2}{4+3\,k}. \quad A = P - B.$

$$H = \frac{1}{2\,h}[P(2\,a+3\,d) - B(2\,l+b)].$$

$$M_A = B\,l + H\,h - P(a+d). \qquad M_C = -2\,M_A. \qquad M_P = B\,e.$$

4. Einzellast P in Riegelmitte. $\quad B = \dfrac{P}{4}\cdot\dfrac{5+6\,k}{4+3\,k}.$

$$A = \frac{P}{4}\cdot\frac{11+6\,k}{4+3\,k}. \qquad H = \frac{P}{8\,h}\left[4\,a + \frac{3(2\,l+b)}{4+3\,k}\right].$$

$$M_A = \frac{3\,P\,b}{8(4+3\,k)}. \qquad M_C = -2\,M_A. \qquad M_P = 0{,}5\,B\,b.$$

5. Gleichmäßige Last pa über $\overline{AC}$.

$$B = -\frac{pa^2 k}{4b(4+3k)}. \quad A = pa - B. \quad H = \frac{pa^2}{4bh} \cdot \frac{ak + 6b(1+k)}{4+3k}.$$

$$M_A = -\frac{pa^2}{4} \cdot \frac{2+k}{4+3k}. \quad M_C = Bb.$$

Für $\overline{AC}$ ist: $M_x = Ax + M_A - \frac{h}{a} Hx - 0{,}5\,px^2$.

$$x_m = \frac{a}{2} \cdot \frac{5+3k}{4+3k}. \quad M_{\max} = \frac{pa^2}{8} \cdot \frac{9+10k+3k^2}{(4+3k)^2}.$$

6. Gleichmäßige Last pb auf dem Riegel $\overline{BC}$.

$$B = \frac{3pb}{2} \cdot \frac{1+k}{4+3k}. \quad A = pb - B. \quad H = \frac{pb}{4h} \cdot \frac{3b + 2a(5+3k)}{4+3k}.$$

$$M_A = \frac{pb^2}{4(4+3k)}. \quad M_C = -2M_A.$$

Für $\overline{BC}$ ist: $x_m = \frac{B}{p}$. $M_{\max} = \frac{B^2}{2p}$. $x_0 = 2x_m$.

Wagerechte Lasten.

7. Einzellast P gegen $\overline{AC}$ im Abstand d von A und e von C.

$$\frac{d}{h} = n. \quad B = -\frac{3Pen^2 k}{b(4+3k)}. \quad A = -B.$$

$$H_B = \frac{Pn^2}{bh} \cdot \frac{2b(2h+e) + 3k(el + eb + hb)}{4+3k}. \quad H = P - H_B.$$

$M_C = Bb$. $M_A = H_B h + Bl - Pd$. | B ist ein Minuswert.

$$M_P = H_B e + B\left(b + \frac{ae}{h}\right).$$

8. Gleichmäßige Last ph gegen $\overline{AC}$.

$$B = -\frac{ph^2 k}{4b(4+3k)}. \quad A = -B.$$

$$H_B = \frac{ph}{4b} \cdot \frac{6b + k(l+5b)}{4+3k}. \quad H = ph - H_B. \quad M_C = Bb.$$

$$M_A = H_B h + Bl - 0{,}5\,ph^2 \quad \text{d. i.} \quad M_A = -\frac{ph^2}{4} \cdot \frac{2+k}{4+3k}.$$

Für den Stiel $\overline{AC}$ ist: $y = \frac{h}{a}x$. $x = \frac{a}{h}y$. y von A nach oben.

$$M_y = Ax + Hy - 0{,}5\,py^2 + M_A.$$

Für $M_{\max}$ ist: $y = \frac{h}{2} \cdot \frac{5+3k}{4+3k}$. $M_{\max} = \frac{ph^2}{8} \cdot \frac{9+10k+3k^2}{(4+3k)^2}$.

Rahmen 6.

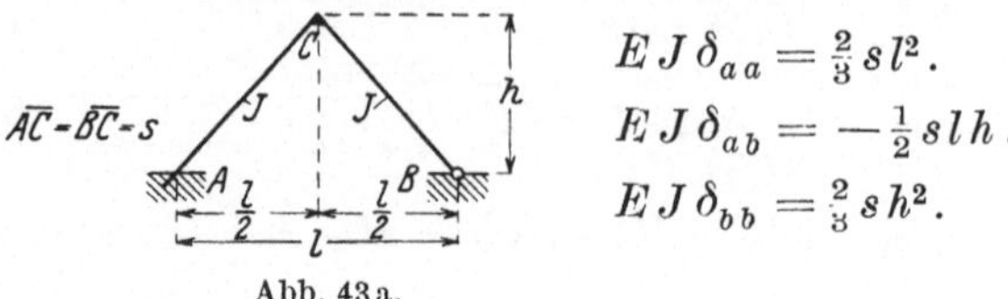

Abb. 43a.

$$EJ\delta_{aa}=\tfrac{2}{3}sl^2.$$
$$EJ\delta_{ab}=-\tfrac{1}{2}slh.$$
$$EJ\delta_{bb}=\tfrac{2}{3}sh^2.$$

Die Elastizitätsgleichungen lauten:

1. $EJ\delta_{ma}=V_B\tfrac{2}{3}sl^2 \quad -H_B\tfrac{1}{2}slh$ | mal $\tfrac{2}{3}h$.
2. $EJ\delta_{mb}=-V_B\tfrac{1}{2}slh+H_B\tfrac{2}{3}sh^2$ | „ $\frac{l}{2}$.

Nach dem Multiplizieren ergibt die Addition:

$$\boldsymbol{V_B=\frac{6}{7shl^2}EJ(4h\,\delta_{ma}+3\,l\,\delta_{mb})}.$$

$$\boldsymbol{H_B=\frac{3}{4h}\left(V_B\,l+\frac{2\,EJ\delta_{mb}}{sh}\right)}.$$

Mit Hilfe dieser Formeln sind für die wichtigsten Belastungsfälle gebrauchsfertige Werte zusammengestellt.

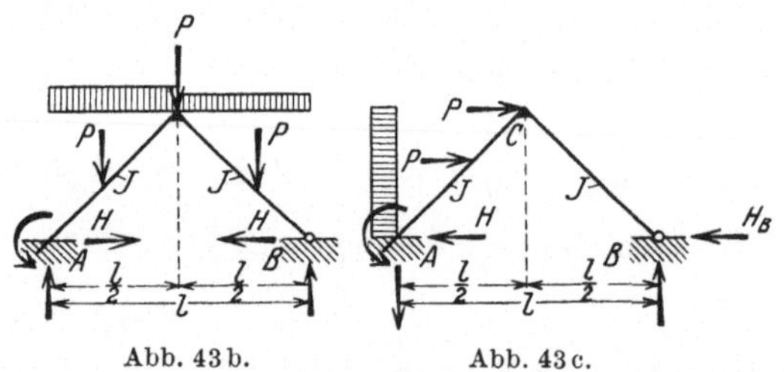

Abb. 43b. Abb. 43c.

Lotrechte Lasten.

1. Einzellast P auf $\overline{AC}$ im Abstand d von A und e von B.

$$B=\frac{2Pd^2}{7l^3}(2l+10e).\qquad A=P-B.\qquad H=\frac{2Pd^2}{7hl^2}(9e-2d).$$

$$M_A=Bl-Pd.\qquad M_C=-\frac{6Pd^2}{7l^2}(e-d).\qquad M_P=M_A+Ad-\frac{2Hhd}{l}.$$

2. Einzellast P im Firstpunkt C. Alle Momente sind gleich Null.

$$A=B=\frac{P}{2}.\qquad H=\frac{Pl}{4h}.\qquad \text{Längskräfte: } \mathfrak{N}=\frac{1}{2s}(Ph+Hl).$$

3. Einzellast P auf $\overline{BC}$ im Abstand d von A und e von B.

$$B = \frac{P}{7l^3}[3(l^3 - 2e^3) + 2d^2(2l + e)]. \qquad A = P - B.$$

$$H = \frac{2Pe}{7hl^2}(3l^2 - 5e^2). \qquad M_A = Bl - Pd. \qquad M_C = -2M_A.$$

$$M_P = Be - \frac{2Hhe}{l}.$$

4. Gleichmäßige Last $0{,}5ql$ über $\overline{AC}$. $\qquad A = \frac{45}{112}ql$.

$$B = \frac{11}{112}ql. \qquad H = \frac{13}{224}\cdot\frac{ql^2}{h}. \qquad M_A = -\frac{3}{112}\cdot ql^2. \qquad M_C = -\frac{ql^2}{112}.$$

$$M_x = -\frac{3}{112}ql^2 + \frac{2}{7}qlx - 0{,}5qx^2. \qquad x_m = \frac{2}{7}l. \qquad M_{\max} = \frac{11}{784}ql^2.$$

$$x_0 = 0{,}1182\,l \quad \text{und} \quad x_0 = 0{,}4532\,l.$$

5. Gleichmäßige Last $0{,}5gl$ über $\overline{BC}$.

$$A = \frac{13}{112}gl. \qquad B = \frac{43}{112}gl. \qquad H = \frac{19}{224}\cdot\frac{gl^2}{h}. \qquad M_A = \frac{gl^2}{112}.$$

$$M_C = -2M_A = -\frac{gl^2}{56}. \qquad M_x = \frac{g}{14}(3lx - 7x^2). \qquad x \text{ von } B \text{ nach links.}$$

Für $\overline{BC}$ ist: $x_m = \frac{3}{14}l$. $\qquad M_{\max} = \frac{9}{392}gl^2$. $\qquad x_0 = \frac{3}{7}l$.

6. Gleichmäßige Last pl über $\overline{ACB}$. $\qquad A = \frac{29}{56}pl$.

$$B = \frac{27}{56}pl. \qquad H = \frac{pl^2}{7h}. \qquad M_A = -\frac{pl^2}{56}. \qquad M_C = -\frac{3}{112}pl^2.$$

Für $\overline{AC}$ ist: $M_x = \frac{p}{56}(13lx - 28x^2 - l^2)$. $\qquad x_m = \frac{13}{56}l$. $\qquad x$ von A an.

$$M_{\max} = \frac{pl^2}{110}. \qquad x_0 = 0{,}097\,l \quad \text{und} \quad x_0 = 0{,}367\,l.$$

Für $\overline{BC}$ ist: $M_x = \frac{p}{56}(11lx - 28x^2)$. $\qquad x_m = \frac{11}{56}l$. $\qquad x$ von B an.

$$M_{\max} = \frac{pl^2}{51{,}8}. \qquad x_0 = \frac{11}{28}l.$$

Wagerechte Lasten.

7. Einzellast P gegen $\overline{AC}$ im Abstand d von A und e von C.

$$\frac{d}{h} = n. \qquad B = \frac{Pn^2}{7l}(7h + 5e). \qquad A = -B.$$

$$H_B = \frac{Pn^2}{14h}(7h + 11e). \qquad H = P - H_B. \qquad M_C = -\frac{3Pn^2e}{7}.$$

$$M_A = -\frac{2}{7}Pne. \qquad M_P = M_A + 0{,}5Aln + Hd.$$

8. Einzellast P im Firstpunkt C. Alle Momente sind gleich Null.

$$A = -\frac{Ph}{l}. \quad B = \frac{Ph}{l}. \quad H_B = H = \frac{P}{2}.$$

$$\text{Längskräfte:} \quad \mathfrak{N} = \mp \frac{P}{4ls}(l^2 + 4h^2).$$

9. Gleichmäßige Last ph gegen $\overline{AC}$.

$$-A = B = \frac{11}{28} \cdot \frac{ph^2}{l}. \quad H_B = \tfrac{13}{56} ph. \quad H = \tfrac{43}{56} ph.$$

$$M_C = -\frac{ph^2}{28}. \quad M_A = 3M_C. \quad y \text{ von } A \text{ nach oben.}$$

$$M_y = \frac{p}{28}(16hy - 14y^2 - 3h^2). \quad y_m = \tfrac{4}{7}h. \quad M_{\max} = \tfrac{11}{196}h^2.$$

Für die Nullpunkte auf $\overline{AC}$ ist: $y_0 = 0{,}236\,h$ und $y_0 = 0{,}906\,h$.

Rahmen 2.

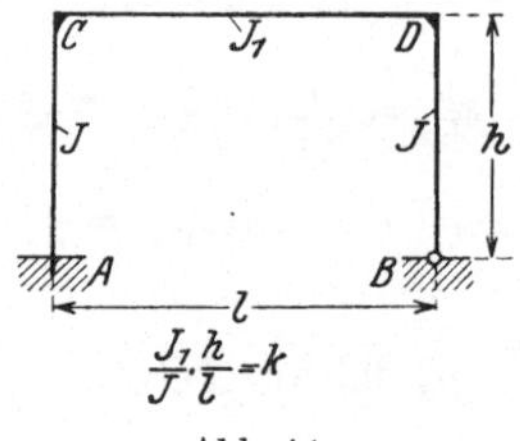

Abb. 44.

$$EJ_1\delta_{aa} = \tfrac{1}{3}l^3(1 + 3k). \qquad EJ_1\delta_{ab} = -\tfrac{1}{2}hl^2(1 + k).$$

$$EJ_1\delta_{bb} = \tfrac{1}{3}lh^2(3 + 2k).$$

Es lauten die Bestimmungsgleichungen:

$$1. \quad EJ_1\delta_{ma} = V_B\frac{l^3}{3}(1 + 3k) - H_B\frac{hl^2}{2}(1 + k) \qquad \Big| \quad \text{mal } \frac{h}{3}(3 + 2k).$$

$$2. \quad EJ_1\delta_{mb} = -V_B\frac{hl^2}{2}(1 + k) + H_B\frac{lh^2}{3}(3 + 2k) \qquad \Big| \quad \text{,,} \quad \frac{l}{2}(1 + k).$$

Durch Multiplikation und Addition erhält man:

$$\boldsymbol{V_B = \frac{6}{hl^3} \cdot \frac{2h(3 + 2k)EJ_1\delta_{ma} + 3l(1 + k)EJ_1\delta_{mb}}{3 + 26k + 15k^2}}.$$

Nach Gleichung 2 ist:

$$\boldsymbol{H_B = \frac{3}{h(3 + 2k)}\left[\frac{EJ_1\delta_{mb}}{hl} + \frac{1}{2}V_B l(1 + k)\right]}.$$

Auf den Seiten 22 bis 24 findet man für die verschiedenen Belastungsfälle die erforderlichen Werte für $EJ_1\delta_{ma}$ und $EJ_1\delta_{mb}$.

Rahmen 4.

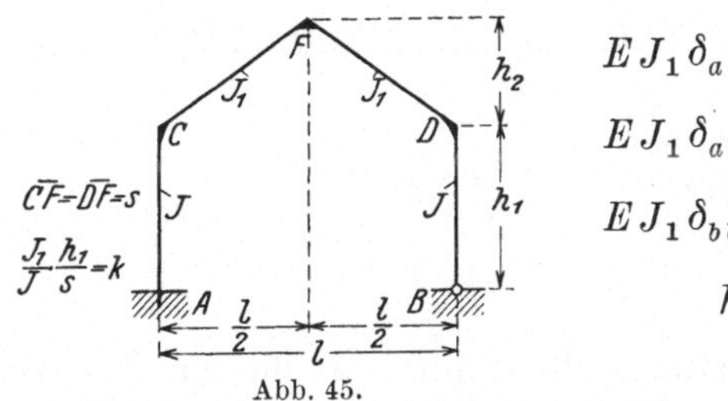

Abb. 45.

$$E J_1 \delta_{aa} = \tfrac{1}{3} s l^2 (2 + 3k).$$
$$E J_1 \delta_{ab} = -\tfrac{1}{2} s l (h + h_1 + h_1 k).$$
$$E J_1 \delta_{bb} = \tfrac{2}{3} s (k h_1^2 + 3 h h_1 + h_2^2).$$
$$h = h_1 + h_2.$$

Die Elastizitätsgleichungen lauten:

1. $E J_1 \delta_{ma} = V_B \tfrac{1}{3} s l^2 (2 + 3k) \qquad - H_B \tfrac{1}{2} s l (h + h_1 + h_1 k).$
2. $E J_1 \delta_{mb} = - V_B \tfrac{1}{2} s l (h + h_1 + h_1 k) + H_B \tfrac{2}{3} s (k h_1^2 + 3 h h_1 + h_2^2).$

Die Auflösung dieser Gleichungen ergibt:

$$\boldsymbol{H_B = \frac{18 (h + h_1 + h_1 k) E J_1 \delta_{ma} + 12 l (2 + 3k) E J_1 \delta_{mb}}{s l N}}.$$

$$\boldsymbol{V_B = \frac{3 H_B s l (h + h_1 + h_1 k) + 6 E J_1 \delta_{ma}}{2 s l^2 (2 + 3k)}}.$$

$$N = 8 (2 + 3k)(h_1^2 k + 3 h h_1 + h_2^2) - 9 (h + h_1 + h_1 k)^2.$$

Die zur Benutzung dieser Formeln erforderlichen Werte für $E J_1 \delta_{ma}$ und $E J_1 \delta_{mb}$ sind für verschiedene Belastungsfälle den Seiten 30 bis 34 zu entnehmen.

Rahmen 5.

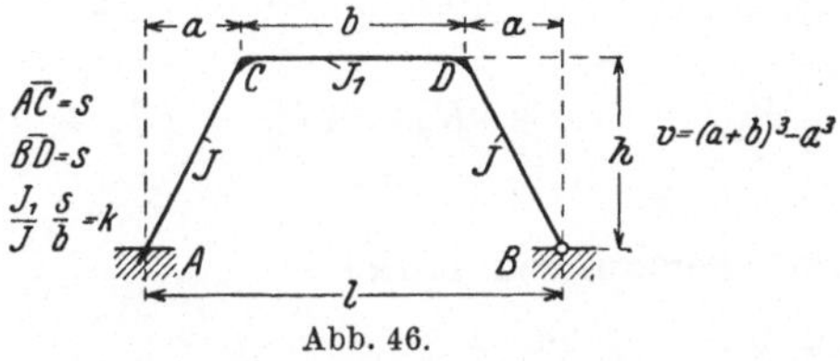

Abb. 46.

$$E J_1 \delta_{aa} = \tfrac{1}{3} [b k (3 l^2 - 3 l a + 2 a^2) + v].$$
$$E J_1 \delta_{ab} = -\tfrac{1}{2} l b h (1 + k). \qquad E J_1 \delta_{bb} = \tfrac{1}{3} b h^2 (3 + 2k).$$

Die Elastizitätsgleichungen lauten:

1. $E J_1 \delta_{ma} = \tfrac{1}{3} V_B [b k (3 l^2 - 3 l a + 2 a^2) + v]$
   $- H_B \tfrac{1}{2} l b h (1 + k).$ | mal $\dfrac{2h}{3l}(3 + 2k).$
2. $E J_1 \delta_{mb} = - V_B \tfrac{1}{2} l b h (1 + k)$
   $+ H_B \tfrac{1}{3} b h^2 (3 + 2k)$ | „ $(1 + k).$

Durch Multiplikation und Addition erhält man:

$$V_B = \frac{6}{b\,h} \cdot \frac{2\,h\,(3 + 2\,k)\,E\,J_1\,\delta_{m\,a} + 3\,l\,(1 + k)\,E\,J_1\,\delta_{m\,b}}{N}.$$

$$H_B = \frac{3}{h\,(3 + 2\,k)} \left[\frac{E\,J_1\,\delta_{m\,b}}{b\,h} + \frac{1}{2}\,V_B\,l\,(1 + k)\right].$$

$$N = 3\,b^2 + k\,l^2\,(12 + 7\,k) + 2\,b\,k\,[3\,l + 4\,b + 4\,k\,(a + b)].$$

Für die verschiedenen Belastungsfälle kann man die zur Benutzung dieser Formeln erforderlichen Werte für $E\,J_1\,\delta_{m\,a}$ und $E\,J_1\,\delta_{m\,b}$ den Seiten 36 bis 38 entnehmen.

Rahmen 12c.

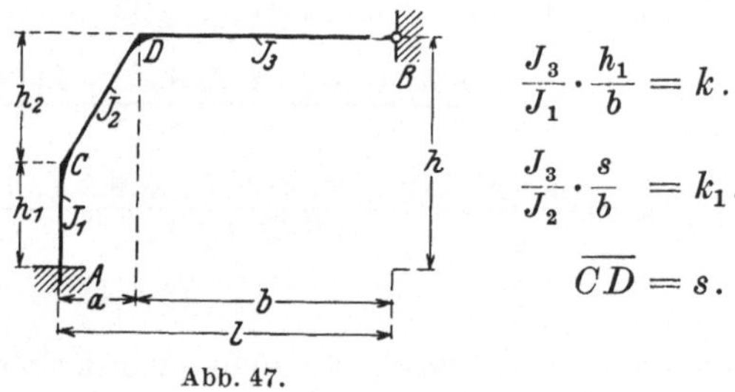

$$\frac{J_3}{J_1} \cdot \frac{h_1}{b} = k.$$

$$\frac{J_3}{J_2} \cdot \frac{s}{b} = k_1.$$

$$\overline{CD} = s.$$

Abb. 47.

$$E\,J_3\,\delta_{a\,a} = \frac{b}{3}\,K\,, \quad \text{worin} \quad K = b^2 + 3\,k\,l^2 + k_1\,(a^2 + 3\,l\,b).$$

$$E\,J_3\,\delta_{a\,b} = \frac{b}{6}\,K_1, \quad \text{,,} \quad K_1 = 3\,l\,k\,(h + h_2) + k_1 h_2\,(2\,l + b).$$

$$E\,J_3\,\delta_{b\,b} = \frac{b}{3}\,K_2, \quad \text{,,} \quad K_2 = k\,(h^2 + h\,h_2 + h_2^2) + k_1 h_2^2.$$

Die Elastizitätsgleichungen lauten:

$$1.\quad E\,J_3\,\delta_{m\,a} = V_B\,\frac{b}{3}\,K + H_B\,\frac{b}{6}\,K_1 \qquad \Big| \quad \text{mal } K_2.$$

$$2.\quad E\,J_3\,\delta_{m\,b} = V_B\,\frac{b}{6}\,K_1 + H_B\,\frac{b}{3}\,K_2 \qquad \Big| \quad \text{,,} \ -\tfrac{1}{2}\,K_1.$$

Durch Multiplikation und Addition erhält man, wenn

$$N = 4\,K\,K_2 - K_1^2,$$

$$V_B = \frac{12\,K_2\,E\,J_3\,\delta_{m\,a} - 6\,K_1\,E\,J_3\,\delta_{m\,b}}{b\,N}.$$

Multipliziert man aber die Gleichung 1 mit $\frac{1}{2}K_1$ und die Gleichung 2 mit $(-K)$, so ergibt die Addition:

$$\boldsymbol{H_B = \frac{12\,K\,E J_3\,\delta_{mb} - 6\,K_1\,E J_3\,\delta_{ma}}{b\,N}}.$$

Die zur Benutzung dieser Gleichungen erforderlichen Werte für $E J_3 \delta_{ma}$ und $E J_3 \delta_{mb}$ sind auf den Seiten 61 bis 62 zu finden.

Rahmen 13a.

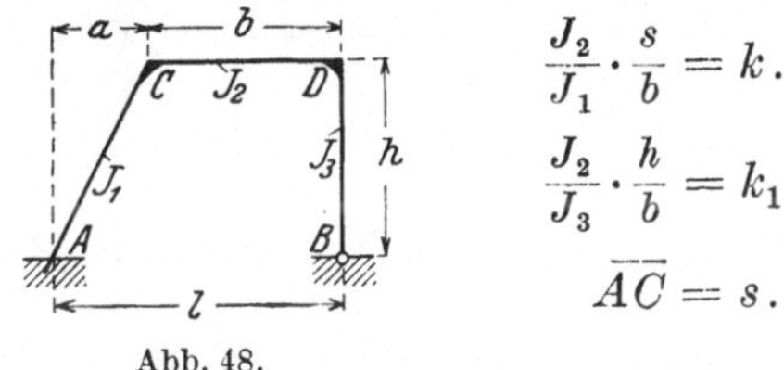

$$\frac{J_2}{J_1} \cdot \frac{s}{b} = k. \qquad \frac{J_2}{J_3} \cdot \frac{h}{b} = k_1. \qquad \overline{AC} = s.$$

Abb. 48.

$$E J_2 \delta_{aa} = \frac{b}{3} K, \qquad \text{worin } K = b^2 + k(a^2 + 3\,l\,b).$$

$$E J_2 \delta_{ab} = -\frac{b\,h}{6} K_1, \qquad ,, \quad K_1 = 3\,b + k(l + 2\,b).$$

$$E J_2 \delta_{bb} = \frac{b\,h^2}{2} K_2, \qquad ,, \quad K_2 = 3 + k + k_1.$$

Die Elastizitätsgleichungen lauten:

$$1. \quad E J_2 \delta_{ma} = V_B \frac{b}{3} K \qquad - H_B \tfrac{1}{6} b\,h\,K_1 \qquad \Big| \quad \text{mal } 2\,h\,K_2.$$

$$2. \quad E J_2 \delta_{mb} = -V_B \tfrac{1}{6} b\,h\,K_1 + H_B \tfrac{1}{3} b\,h^2 K_2 \qquad \Big| \quad ,, \ K_1.$$

Durch Multiplikation und Addition erhält man, wenn

$$N = 4\,K\,K_2 - K_1^2,$$

$$\boldsymbol{V_B = \frac{12\,h\,K_2\,E J_2\,\delta_{ma} + 6\,K_1\,E J_2\,\delta_{mb}}{b\,h\,N}}.$$

Nach Gleichung 2 ist:

$$\boldsymbol{H_B = \frac{6\,E J_2\,\delta_{mb} + V_B\,b\,h\,[3\,b + k(l + 2\,b)]}{2\,b\,h^2(3 + k + k_1)}}.$$

Für die verschiedenen Belastungsfälle findet man die erforderlichen Werte für $E J_2 \delta_{ma}$ und $E J_2 \delta_{mb}$ auf den Seiten 63 bis 64.

III. Der Zweigelenkrahmen.

Rahmen 1.

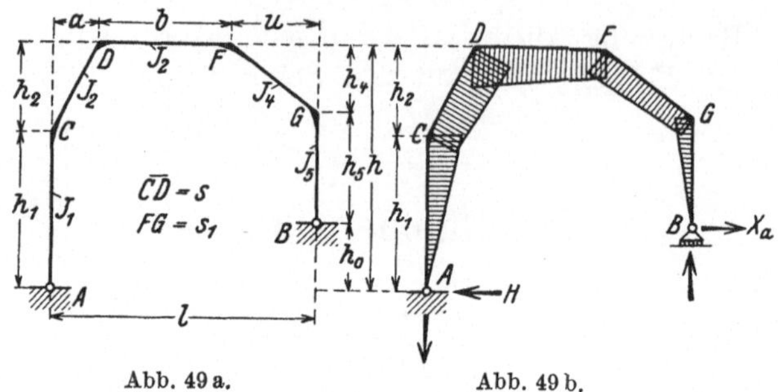

Abb. 49 a. Abb. 49 b.

Bestimmung von δ_{aa} aus dem Zustand $X_a = -1$.

$$\delta_{aa} = \int_0^l \frac{M_a^2}{EJ} ds.$$

Am Auflager B denke man sich das feste Gelenk durch ein Gleitlager ersetzt, wodurch der Rahmen virtuell statisch bestimmt gemacht ist. Man denke sich an diesem Gleitlager B eine nach außen gerichtete Horizontalkraft $X = 1$ angebracht. Diese Kraft würde folgende Auflager-Reaktionen hervorrufen:

Am linken Auflager A: horizontal $H = 1$, nach außen gerichtet,
vertikal $A = \frac{h_0}{l}$, „ unten „ .

Am rechten Auflager B: vertikal $B = \frac{h_0}{l}$, „ oben „ .

Im statisch bestimmten Rahmen verursachen diese Auflagerkräfte Momente, die im folgenden mit M_a-Momente bezeichnet sind und die neben den einzelnen Strecken bezeichneten Größen haben, vgl. auch obige Abbildung.

M_a-Momente:

$\overline{AC}$: $M_a = +y$. y von A nach oben.

$\overline{CD}$: $M_a = h_1 + y - \frac{h_0}{l} x$. $y = \frac{h_2}{a} x$, x von C nach rechts.

d. i. $= h_1 + x\left(\frac{h_2}{a} - \frac{h_0}{l}\right)$.

$\overline{DF}$: $M_a = h - \frac{h_0}{l}(a + x)$. x von D nach rechts.

$\overline{GF}$: $M_a = h_5 + y + \frac{h_0}{l} x \qquad y = \frac{h_4}{u} x$, x von G nach links.

d. i. $\quad = h_5 + x\left(\frac{h_4}{u} + \frac{h_0}{l}\right)$.

$\overline{BG}$: $M_a = +y$. $\qquad y$ von B nach oben.

M_a^2-Werte:

$\overline{AC}$: $M_a^2 = y^2$.

$\overline{CD}$: $M_a^2 = h_1^2 + 2h_1 x\left(\frac{h_2}{a} - \frac{h_0}{l}\right) + x^2\left(\frac{h_2}{a} - \frac{h_0}{l}\right)^2. \qquad ds = \frac{s}{a} dx.$

$\overline{DF}$: $M_a^2 = h^2 - \frac{2hh_0}{l}(a+x) + \frac{h_0^2}{l^2}(a+x)^2.$

$\overline{GF}$: $M_a^2 = h_5^2 + 2h_5 x\left(\frac{h_4}{u} + \frac{h_0}{l}\right) + x^2\left(\frac{h_4}{u} + \frac{h_0}{l}\right)^2. \qquad ds_1 = \frac{s_1}{u} dx.$

$\overline{BG}$: $M_a^2 = y^2$.

Mit diesen Werten ergibt sich für δ_{aa} folgender Ansatz:

$$\delta_{aa} = \frac{1}{EJ_1}\int_0^{h_1} y^2 dy + \frac{s}{aEJ_2}\left[h_1^2\int_0^a dx + 2h_1\left(\frac{h_2}{a} - \frac{h_0}{l}\right)\int_0^a x\,dx + \left(\frac{h_2}{a} - \frac{h_0}{l}\right)^2\int_0^a x^2 dx\right]$$

$$+ \frac{h^2}{EJ_3}\int_0^b dx - \frac{2hh_0}{lEJ_3}\int_0^b (a+x)\,dx + \frac{h_0^2}{l^2 EJ_3}\int_0^b (a^2 + 2ax + x^2)\,dx$$

$$+ \frac{s_1}{uEJ_4}\left[h_5^2\int_0^u dx + 2h_5\left(\frac{h_4}{u} + \frac{h_0}{l}\right)\int_0^u x\,dx + \left(\frac{h_4}{u} + \frac{h_0}{l}\right)^2\int_0^u x^2 dx\right]$$

$$+ \frac{1}{EJ_5}\int_0^{h_5} y^2 dy.$$

Die Auflösung der Integrale führt nach einigen Umformungen und nach Multiplikation mit EJ_3 zu folgendem Ausdruck:

$$\boldsymbol{EJ_3\,\delta_{aa} = \frac{J_3}{J_1}\cdot\frac{h_1^3}{3} + \frac{J_3}{J_2}\cdot\frac{s}{3l^2}[3l^2h_1^2 + (lh_2 - ah_0)(3lh_1 + lh_2 - ah_0)]}$$

$$\boldsymbol{+ \frac{b}{3l^2}[3l^2h^2 - 3lhh_0(2a+b) + h_0^2(3a^2 + 3ab + b^2)]}$$

$$\boldsymbol{+ \frac{J_3}{J_4}\cdot\frac{s_1}{3l^2}[3l^2h_5^2 + (lh_4 + uh_0)(3lh_5 + lh_4 + uh_0)] + \frac{J_3}{J_5}\cdot\frac{h_5^3}{3}.}$$

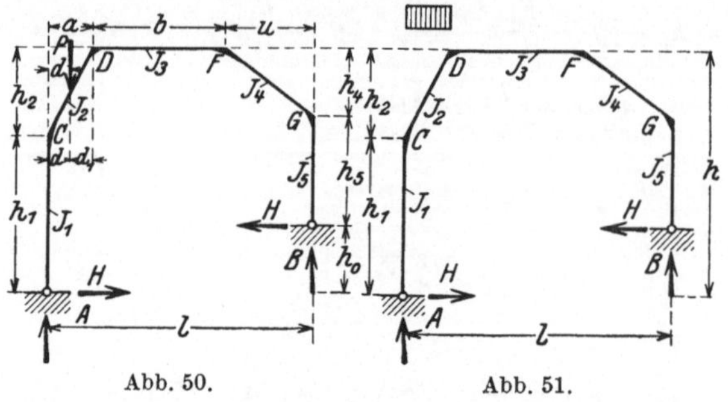

Abb. 50. Abb. 51.

Belastungsfall 1.

Einzellast P auf der Schrägen $\overline{CD}$ im Abstand d von A und d_1 von D. $P = 1$.

Die Last $P = 1$ würde im statisch bestimmten Hauptsystem folgende Auflagerkräfte und M_m-Momente verursachen: $e = l - d$.

Auflagerkräfte: $A = \frac{e}{l}$. $B = \frac{d}{l}$.

M_m-Momente:

$\overline{AC}$: $M_m = 0$. $\overline{CP}$: $M_m = \frac{e}{l} x$.

$\overline{PD}$: $M_m = \frac{e}{l} x - x + d$.

$\overline{DF}$: $M_m = \frac{e}{l}(a + x) - a - x + d$. x von D nach rechts.

$\overline{GF}$: $M_m = \frac{d}{l} x$. $\overline{BG}$: $M_m = 0$. x von G nach links.

Bestimmung von $\delta_{ma} = \int \frac{M_m \cdot M_a}{EJ} ds$.

$M_m \cdot M_a$-Werte:

$\overline{CP}$: $M_m \cdot M_a = \frac{h_1 e}{l} x + \frac{e x^2}{a l^2}(l h_2 - a h_0)$.

$\overline{PD}$: $M_m \cdot M_a = \frac{h_1 d}{l}(l - x) + \frac{d}{a l^2}(l h_2 - a h_0)(l x - x^2)$.

$\overline{DF}$: $M_m \cdot M_a = \frac{h d}{l}(l - a - x) + \frac{h_0 d}{l^2}[x^2 - x(l - 2a) - a(l - a)]$.

x von D an.

$\overline{GF}$: $M_m \cdot M_a = \frac{h_5 d}{l} x + \frac{d}{u l^2}(l h_4 + u h_0) x^2$. x von G an.

Für $\overline{AC}$ und $\overline{BG}$ ist der Wert $M_m \cdot M_a$ gleich Null.

Die Gleichung für den Verschiebungswert δ_{ma} lautet:

$$\delta_{ma} = \frac{s}{a E J_2}\left[\frac{h_1 e}{l}\int_0^d x\,dx + \frac{e}{a l^2}(l h_2 - a h_0)\int_0^d x^2\,dx + \frac{h_1 d}{l}\int_d^a (l-x)\,dx \right.$$

$$\left. + \frac{d}{a l^2}(l h_2 - a h_0)\int_d^a (l x - x^2)\,dx\right]$$

$$+ \frac{h d}{l E J_3}\int_0^b (l - a - x)\,dx + \frac{h_0 d}{l^2 E J_3}\int_0^b [x^2 - x(l-2a) - a(l-a)]\,dx$$

$$+ \frac{s_1}{u E J_4}\left[\frac{h_5 d}{l}\int_0^u x\,dx + \frac{d}{u l^2}(l h_4 + u h_0)\int_0^u x^2\,dx\right].$$

Die Auflösung der Integrale gibt nach einigen Umformungen und nach Multiplikation mit $E J_3$ folgenden Wert:

$$\boldsymbol{E J_3 \delta_{ma} = \frac{J_3}{J_2} \cdot \frac{s d}{2 a l}\left\{h_1[a e + d_1(b+u)]\right.}$$

$$\boldsymbol{\left. + \frac{1}{3 a l}(l h_2 - a h_0)[2 a^2(l-a) + l d_1(a+d)]\right\}}$$

$$\boldsymbol{+ \frac{b d}{6 l^2}[3 h l(b + 2u) - b h_0(3 l - 2 b) - 6 a u h_0]}$$

$$\boldsymbol{+ \frac{J_3}{J_4} \cdot \frac{s_1 u d}{6 l^2}[l(2 h_4 + 3 h_5) + 2 u h_0].}$$

Nachdem die beiden Werte $E J_3 \delta_{aa}$ und $E J_3 \delta_{ma}$ zahlenmäßig festgestellt sind, findet man den statisch unbestimmten Horizontalschub aus der Gleichung:

$$H = \frac{E J_3 \delta_{ma}}{E J_3 \delta_{aa}} P.$$

Damit ist die Aufgabe gelöst und man erhält für den Rahmen folgende Auflagerdrücke und Momente: $A = \frac{P e}{l} + \frac{H h_0}{l}$.

$B = \frac{P d}{l} - \frac{H h_0}{l}$. $\quad M_C = -H h_1$. $\quad M_P = A d - H(h_1 + n h_2)$.

$n = \frac{d}{a}$. $\quad M_G = -H h_5$. $\quad M_F = B u - H(h_4 + h_5)$. $\quad M_D = M_F + B b$.

Belastungsfall 2.

Gleichmäßige Last $p a$ über $\overline{CD}$. Setzt man in der nicht umgeformten Auflösung der Integrale des Belastungsfalles 1

für d die Veränderliche x,
„ e „ „ $l-x$

und integriert zwischen den Grenzen $x=0$ und $x=a$, so erhält man für den Belastungsfall 2 folgenden Ausdruck:

$$E J_3 \delta_{ma} = \frac{J_3}{J_2} \cdot \frac{s}{a} \left\{ \frac{h_1}{2l} \int_0^a (l x^2 - x^3)\, dx + \frac{1}{3 a l^2} (l h_2 - a h_0) \int_0^a (l x^3 - x^4)\, dx \right.$$
$$+ \frac{h_1}{2l} \int_0^a [a x (2l - a) - 2 l x^2 + x^3]\, dx$$
$$\left. + \frac{l h_2 - a h_0}{6 a l^2} \int_0^a [3 l (a^2 x - x^3) - 2 (a^3 x - x^4)]\, dx \right\}$$
$$+ \frac{b h}{2l} [2(l-a) - b] \int_0^a x\, dx - \frac{b h_0}{6 l^2} [b^2 + 3 a (l-a) + 3 u (l-u)] \int_0^a x\, dx$$
$$+ \frac{J_3}{J_4} \cdot \frac{u s_1}{l} \left[\frac{h_5}{2} \int_0^a x\, dx + \frac{l h_4 - u h_0}{3 l} \int_0^a x\, dx \right].$$

Nach einigen Umformungen lautet die Auflösung:

$$\boldsymbol{E J_3 \delta_{ma} = \frac{J_3}{J_2} \cdot \frac{s a^2}{24 l^2} [(l h - a h_0)(5 l - 4 a) + l h_1 (3 l - 2 a)]}$$
$$\boldsymbol{+ \frac{a^2 b}{12 l^2} \{3 l h (b + 2 u) - h_0 [l b + 6 a u + 2 b (a + u)]\}}$$
$$\boldsymbol{+ \frac{J_3}{J_4} \cdot \frac{s_1 a^2 u}{12 l^2} [l (2 h_4 + 3 h_5) + 2 u h_0].}$$

Für den Rahmen wird:

$$H = \frac{E J_3 \delta_{ma}}{E J_3 \delta_{aa}} p. \qquad A = \frac{p a}{2 l} (2 l - a) + \frac{H h_0}{l}.$$

$$B = p a - A \quad \text{d. i.} \quad = \frac{p a^2}{2 l} - \frac{H h_0}{l}. \qquad M_C = -H h_1.$$

$$M_G = -H h_5.. \qquad M_F = -H (h_4 + h_5) + B u. \qquad M_D = M_F + B b.$$

Für die belastete Strecke a ist: $M_x = A x - 0{,}5 p x^2 - H \left(h_1 + \frac{h_2}{a} x \right).$

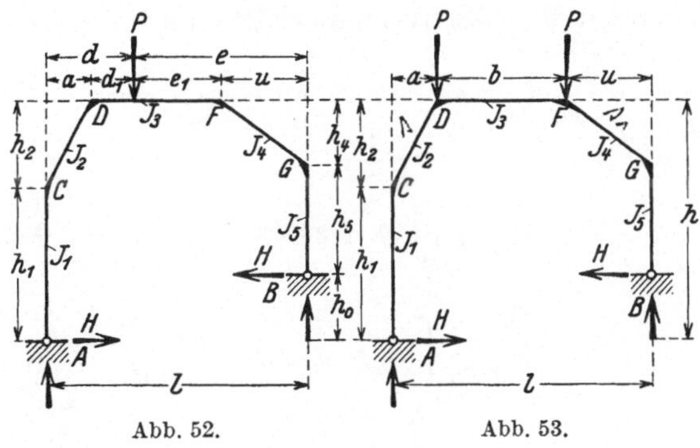

Abb. 52. Abb. 53.

Belastungsfall 3.

Einzellast P auf dem Riegel $\overline{DF}$ im Abstand d von A und e von B. Die Auflagerkräfte und M_m-Momente im statisch bestimmten Hauptsystem für eine Last $P = 1$ sind:

Auflagerkräfte: $A = \frac{e}{l}$ $\qquad B = \frac{d}{l}$.

M_m-Momente:

$\overline{AC}$: $M_m = 0$

$\overline{CD}$: $M_m = \frac{e}{l} x$ $\qquad x$ von A an

$\overline{DP}$: $M_m = \frac{e}{l}(a + x)$ $\qquad x$ „ D „

$\overline{PF}$: $M_m = \frac{e}{l}(a + x) - x + d_1$ $\qquad x$ „ D „

$\overline{GF}$: $M_m = \frac{d}{l} x$ $\qquad x$ „ G „

$\overline{BG}$: $M_m = 0$.

Bestimmung von $\delta_{ma} = \int \frac{M_m \cdot M_a}{EJ} ds$.

$M_m \cdot M_a$-Werte:

$$\overline{CD}:\ M_m \cdot M_a = \frac{h_1 e x}{l} + \frac{e x^2}{l}\left(\frac{h_2}{a} - \frac{h_0}{l}\right). \qquad ds = \frac{s}{a} dx.$$

$$\overline{DP}:\ M_m \cdot M_a = \frac{h e}{l}(a + x) - \frac{h_0 e}{l^2}(a + x)^2.$$

$$\overline{PF}:\ M_m \cdot M_a = h(d_1 + x) + \frac{1}{l}(h e - h_0 d_1)(a + x) + \frac{h_0}{l}(a x + x^2) - \frac{h_0 e}{l^2}(a^2 + 2 a x + x^2).$$

$$\overline{FG}:\ M_m \cdot M_a = \frac{x d h_5}{l} + \frac{x^2 d}{l}\left(\frac{h_4}{u} + \frac{h_0}{l}\right). \qquad d s_1 = \frac{s_1}{u} dx.$$

Für $\overline{AC}$ und $\overline{BG}$ ist der Wert $M_m \cdot M_a$ gleich Null.

Mit vorstehenden $M_m \cdot M_a$-Werten erhält man für δ_{ma} die Gleichung:

$$\delta_{ma} = \frac{s h_1 e}{E J_2 a l}\int_0^a x\,dx + \frac{s e}{E J_2 a l}\left(\frac{h_2}{a} - \frac{h_0}{l}\right)\int_0^a x^2\,dx$$
$$+ \frac{h e}{E J_3 l}\int_0^{d_1}(a+x)\,dx - \frac{h_0 e}{E J_3 l^2}\int_0^{d_1}(a+x)^2\,dx$$
$$+ \frac{h}{E J_3}\int_{d_1}^{b}(d_1 - x)\,dx + \frac{h e - h_0 d_1}{E J_3 l}\int_{d_1}^{b}(a+x)\,dx$$
$$+ \frac{h_0}{E J_3 l}\int_{d_1}^{b}(a x + x^2)\,dx - \frac{h_0 e}{E J_3 l^2}\int_{d_1}^{b}(a+x)^2\,dx$$
$$+ \frac{s_1 h_5 d}{E J_4 l u}\int_0^u x\,dx + \frac{s_1 d}{E J_4 l u}\left(\frac{h_4}{u} + \frac{h_0}{l}\right)\int_0^u x^2\,dx .$$

Die Auflösung der Integrale gibt nach einigen Umformungen und nach Multiplikation mit $E J_3$ folgenden Ausdruck:

$$\boldsymbol{E J_3 \delta_{ma} = \frac{J_3}{J_2}\cdot\frac{s a e}{6 l^2}[l(2h + h_1) - 2 a h_0] + \frac{h}{2l}[b(a e + u d) + l e_1 d_1]}$$
$$\boldsymbol{- \frac{h_0}{6 l^2}[2(l d_1^3 - d b^3) + 6 a(b d e + l d_1 e_1 + b e e_1)}$$
$$\boldsymbol{- 3 l e_1 (b + d_1)(a - d_1)]}$$
$$\boldsymbol{+ \frac{J_3}{J_4}\cdot\frac{s_1 u d}{6 l^2}[l(2 h_4 + 3 h_5) + 2 u h_0] .}$$

Für den Rahmen wird:

$$H = \frac{E J_3 \delta_{ma}}{E J_3 \delta_{aa}} P. \quad A = \frac{1}{l}(P e + H h_0). \quad B = P - A \text{ d.i. } = \frac{1}{l}(P d - H h_0).$$
$$M_C = -H h_1. \qquad M_D = A a - H h. \qquad M_G = -H h_5 .$$
$$M_F = B u - H(h_4 + h_5). \qquad M_P = A d - H h .$$

Belastungsfall 4.

Einzellast P im Punkt D. Setzt man in dem Belastungsfall 1 $d = a$ und im Belastungsfall 3 $d = a$, $d_1 = 0$ und $e = b + u$, so ergibt sich:

$$\boldsymbol{E J_3 \delta_{ma} = \frac{J_3}{J_2}\cdot\frac{s a e}{6 l^2}[l(2h + h_1) - 2 a h_0]}$$
$$\boldsymbol{+ \frac{J_3}{J_4}\cdot\frac{s_1 a u}{6 l^2}[l(2 h_4 + 3 h_5) + 2 u h_0]}$$
$$\boldsymbol{+ \frac{a b}{6 l^2}[3 h l(b + 2u) - b h_0(3 l - 2 b) - 6 a u h_0] .}$$

Für den Rahmen wird:

$$H = \frac{EJ_3\delta_{ma}}{EJ_3\delta_{aa}} P. \quad A = \frac{1}{l}[P(u+b)+Hh_0]. \quad B = P - A, \text{ d.i. } = \frac{Pa}{l} - \frac{Hh_0}{l}.$$

$$M_C = -Hh_1. \quad M_D = Aa - Hh. \quad M_F = Bu - H(h_4 + h_5).$$

$$M_G = -Hh_5.$$

Längskräfte:

$$\overline{CD}: \mathfrak{N} = \frac{1}{s}(Ah_2 + Ha). \quad \overline{DF}: \mathfrak{N} = H. \quad \overline{GF}: \mathfrak{N} = \frac{1}{s_1}(Bh_4 + Hu).$$

Belastungsfall 5.

Einzellast P im Punkt F. Im Belastungsfall 3 setze man $d_1 = b$, $d = a + b$, $e_1 = 0$ und $e = u$. Dann ergibt sich:

$$\begin{aligned} EJ_3\delta_{ma} = &\frac{J_3}{J_2}\cdot\frac{sau}{6l^2}[l(2h + h_1) - 2ah_0] \\ &+ \frac{J_3}{J_4}\cdot\frac{s_1ud}{6l^2}[l(2h_4 + 3h_5) + 2uh_0] \\ &+ \frac{bu}{6l^2}[3hl(2a + b) - 2h_0(b^2 + 3ad)]. \end{aligned}$$

Für den Rahmen wird:

$$H = \frac{EJ_3\delta_{ma}}{EJ_3\delta_{aa}} P. \quad A = \frac{Pu}{l} + \frac{Hh_0}{l}. \quad B = P - A, \text{ d.i. } = \frac{Pd}{l} - \frac{Hh_0}{l}.$$

Momente und Längskräfte wie im Belastungsfall 4.

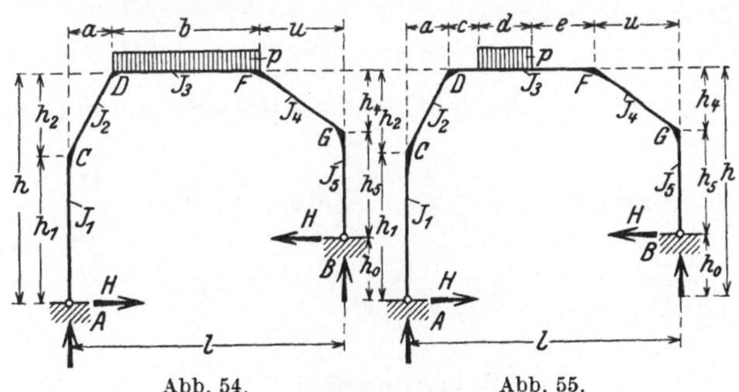

Abb. 54. Abb. 55.

Belastungsfall 6.

Gleichmäßige Last pb auf dem Riegel $\overline{DF}$. $p = 1$.

In dem Ausdruck für $EJ_3\delta_{ma}$ des Belastungsfalles 3 setze man

$$d_1 = x, \quad d = a + x, \quad e = u + b - x, \quad e_1 = b - x$$

und integriere zwischen den Grenzen $x = 0$ und $x = b$.

Für diesen Belastungsfall erhält man dann:

$$E J_3 \delta_{ma} = \frac{J_3}{J_2} \cdot \frac{s a}{6 l^2} [l (2 h + h_1) - 2 a h_0] \int_0^b (u + b - x) \, d x$$
$$+ \frac{h}{2 l} \left\{ b \int_0^b [a b + 2 a u + (u - a) x] \, d x + l \int_0^b (b x - x^2) \, d x \right\}$$
$$- \frac{h_0}{6 l^2} \left[b (6 a u + 3 a b + 3 u b + b^2) \int_0^b (a + x) \, d x - l \int_0^b (3 a x^2 + x^3) \, d x \right]$$
$$+ \frac{J_3}{J_4} \cdot \frac{s_1 u}{6 l^2} [l (2 h_4 + 3 h_5) + 2 u h_0] \int_0^b (a + x) \, d x .$$

Die Auflösung der Integrale gibt:

$$\boldsymbol{E J_3 \delta_{ma} = \frac{J_3}{J_2} \cdot \frac{s a b}{12 l^2} (b + 2 u) [l (2 h + h_1) - 2 a h_0]}$$
$$\boldsymbol{+ \frac{b^2 h}{12 l} [12 a u + b (4 l - 3 b)]}$$
$$\boldsymbol{- \frac{b^2 h_0}{6 l^2} [(2 a + b)(3 a u + a b + u b) + 0{,}25 \, l b^2]}$$
$$\boldsymbol{+ \frac{J_3}{J_4} \cdot \frac{s_1 u b}{12 l^2} (2 a + b) [l (2 h_4 + 3 h_5) + 2 u h_0] .}$$

Für den Rahmen wird: $H = \frac{E J_3 \delta_{ma}}{E J_3 \delta_{aa}} p .$

$A = \frac{p b}{2 l} (b + 2 u) + \frac{H h_0}{l} .$ $B = p b - A$, d. i. $\frac{p b}{2 l} (2 a + b) - \frac{H h_0}{l} .$

$M_C = - H h_1 .$ $M_D = A a - H h .$ $M_G = - H h_5 .$

$M_F = B u - H (h_4 + h_5) .$ $M_x = M_D + A x - 0{,}5 p x^2 .$ x von D nach rechts.

Für $M_{\max}$ ist: $x = \frac{A}{p} .$ $M_{\max} = M_D + \frac{A^2}{2 p} .$

$$x_0 = \frac{A}{p} \mp \frac{1}{p} \sqrt{A^2 + 2 p M_D} .$$

Belastungsfall 7.

Streckenlast pd auf dem Riegel $\overline{DF}$ nach vorstehender Abbildung 55.

$p = 1 .$ $r = 2 u + 2 e + d .$ $v = (c + d)^3 - c^3 .$

$w = (c + d)^4 - c^4 .$ $z = 2 a + 2 c + d .$

Man integriere die Gleichung für den Belastungsfall 6 zwischen den Grenzen $x = c$ und $x = c + d$. Die Lösung lautet:

$$E J_3 \delta_{ma} = \frac{J_3}{J_2} \cdot \frac{s a r d}{12 l^2} [l(2h + h_1) - 2 a h_0]$$
$$+ \frac{h d}{12 l} \{3 b [2 a (b + 2u) + (u - a)(2c + d)]$$
$$+ l [6 c e + d (3 b - 2 d)]\}$$
$$- \frac{h_0}{24 l^2} [2 b d z (6 a u + 3 a b + 3 u b + b^2) - 4 a l v - l w]$$
$$+ \frac{J_3}{J_4} \cdot \frac{s_1 u d z}{12 l^2} [l(2 h_4 + 3 h_5) + 2 u h_0].$$

Für den Rahmen wird: $H = \frac{E J_3 \delta_{ma}}{E J_3 \delta_{aa}} p$. $A = \frac{p d r}{2 l} + \frac{H h_0}{l}$.

$B = pd - A$. Auf $\overline{DF}$ ist: $M_{\max} = A(a + c) + \frac{A^2}{2p} - Hh$.

Für symmetrische Riegelbelastung ist: $r = 2u + b$ und $z = 2a + b$.

Belastungsfall 8.

Streckenlast pd linksseitig auf dem Riegel $\overline{DF}$

d. i. $c = 0$ und $b = d + e$.

$$E J_3 \delta_{ma} = \frac{J_3}{J_2} \cdot \frac{s a d}{12 l^2} (2u + b + e) [l(2h + h_1) - 2 a h_0]$$
$$+ \frac{h d}{12 l} \{3 b [2 a (b + 2u) + d(u - a)] + l d (b + 2e)\}$$
$$- \frac{h_0 d}{24 l^2} [2 b (2a + d)(6 a u + 3 a b + 3 u b + b^2)$$
$$- l d^2 (4a + d)]$$
$$+ \frac{J_3}{J_4} \cdot \frac{s_1 u d}{12 l^2} (2a + d) [l(2 h_4 + 3 h_5) + 2 u h_0].$$

Für den Rahmen wird: $H = \frac{E J_3 \delta_{ma}}{E J_3 \delta_{aa}} p$. $B = \frac{pd}{2l}(2a + d) - \frac{H h_0}{l}$.

$A = pd - B$. $M_{\max} = M_D + \frac{A^2}{2p}$.

Belastungsfall 9.

Streckenlast pd rechtsseitig auf dem Riegel $\overline{DF}$

d. i. $e = 0$ und $b = c + d$.

$r = 2u + d$. $z = 2a + b + c$.

$$E J_3 \delta_{ma} = \frac{J_3}{J_2} \cdot \frac{s a r d}{12 l^2} [l(2h + h_1) - 2 a h_0]$$
$$+ \frac{h d}{12 l} \{3 b [a d + u(4a + b + c)] + l d (b + 2c)\}$$
$$- \frac{h_0}{24 l^2} [2 b z d (6 a u + 3 a b + 3 u b + b^2)$$
$$- 4 a l (b^3 - c^3) - l (b^4 - c^4)]$$
$$+ \frac{J_3}{J_4} \cdot \frac{s_1 u z d}{12 l^2} [l(2 h_4 + 3 h_5) + 2 u h_0].$$

Für den Rahmen wird: $H = \frac{E J_3 \delta_{m a}}{E J_3 \delta_{a a}} p$. $A = \frac{p d r}{2 l} + \frac{H h_0}{l}$.

$$B = p d - A. \quad M_{\max} = M_F + \frac{B^2}{2 p}.$$

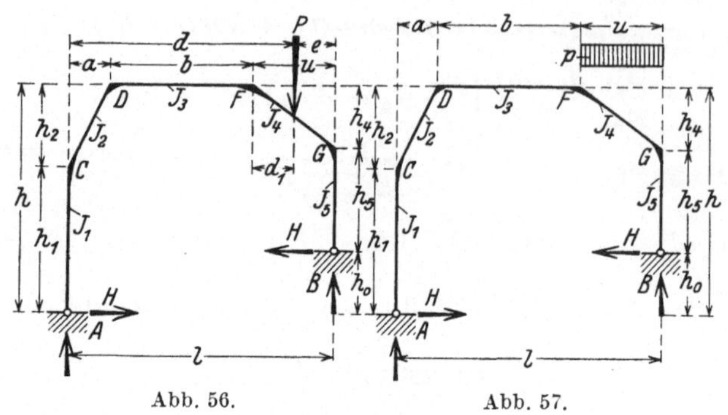

Abb. 56. Abb. 57.

Belastungsfall 10.

Einzellast P auf der Schrägen $\overline{FG}$ nach vorstehender Abbildung 56. Im statisch bestimmten Hauptsystem sind für eine Einzellast $P = 1$ die Auflagerkräfte und M_m-Momente folgende:

Auflagerkräfte: $A = \frac{e}{l}$. $B = \frac{d}{l}$.

M_m-Momente:

$\overline{AC}$: $M_m = 0$. $\overline{CD}$: $M_m = \frac{e x}{l}$. $\overline{DF}$: $M_m = \frac{e}{l}(a + x)$. x von D an.

$\overline{FP}$: $M_m = e - \frac{e x}{l}$. $\overline{GP}$: $M_m = \frac{d x}{l}$. x von G an. $\overline{BG}$: $M_m = 0$.

Bestimmung von $\delta_{m a} = \int \frac{M_m \cdot M_a}{E J} ds$.

$M_m \cdot M_a$-Werte:

$\overline{CD}$: $M_m \cdot M_a = \frac{h_1 e x}{l} + \frac{e x^2}{a l^2}(l h_2 - a h_0)$. $ds = \frac{s}{a} dx$.

$\overline{DF}$: $M_m \cdot M_a = \frac{h e}{l}(a + x) - \frac{h_0 e}{l^2}(a + x)^2$.

$\overline{FP}$: $M_m \cdot M_a = e h_5 + \frac{e x}{l u}(l h_4 + u h_0) - \frac{h_5 e x}{l} - \frac{e x^2}{l^2 u}(l h_4 + u h_0)$.

$\overline{PG}$: $M_m \cdot M_a = \frac{d h_5 x}{l} + \frac{x^2 d}{l^2 u}(l h_4 + u h_0)$. $ds_1 = \frac{s_1}{u} dx$.

Für $\overline{AC}$ und $\overline{BG}$ ist der Wert für $M_m \cdot M_a$ gleich Null.

Mit diesen Werten lautet die Gleichung für $E J_3 \delta_{m a}$ folgendermaßen:

$$E J_3 \delta_{ma} = \frac{J_3}{J_2} \cdot \frac{s}{a} \left[\frac{h_1 e}{l} \int_0^a x\,dx + \frac{e}{a l^2} (l h_2 - a h_0) \int_0^a x^2\,dx \right]$$

$$+ \frac{h e}{l} \int_0^b (a + x)\,dx - \frac{h_0 e}{l^2} \int_0^b (a + x)^2\,dx$$

$$+ \frac{J_3}{J_4} \cdot \frac{s_1}{u} \left[e h_5 \int_e^u dx + \frac{e m}{l u} \int_e^u x\,dx - \frac{h_5 e}{l} \int_e^u x\,dx - \frac{e m}{l^2 u} \int_e^u x^2\,dx \right.$$

$$\left. + \frac{h_5 d}{l} \int_0^e x\,dx + \frac{m d}{l^2 u} \int_0^e x^2\,dx \right].$$

Hierin ist: $m = l h_4 + u h_0$.

Die Auswertung der Integrale ergibt:

$$\boldsymbol{E J_3 \delta_{ma} = \frac{J_3}{J_2} \cdot \frac{s a e}{6 l^2} [l (2 h + h_1) - 2 a h_0]}$$

$$\boldsymbol{+ \frac{b e}{6 l^2} [3 l h (2 a + b) - 6 a h_0 (a + b) - 2 b^2 h_0]}$$

$$\boldsymbol{+ \frac{J_3}{J_4} \cdot \frac{s_1 e}{u} \left\{ \frac{h_5}{2 l} [l d_1 + u (a + b)] \right.}$$

$$\boldsymbol{\left. + \frac{m}{6 l^2 u} [2 u^2 (l - u) + l d_1 (u + e)] \right\}.}$$

Für den Rahmen wird:

$$H = \frac{E J_3 \delta_{ma}}{E J_3 \delta_{aa}} P. \qquad A = \frac{1}{l} (P e + H h_0).$$

$$B = P - A = \frac{1}{l} (P d - H h_0). \quad M_C = - H h_1. \quad M_D = A a - H h.$$

$$M_F = M_D + A b. \quad M_P = B e - H \left(h_5 + \frac{h_4 e}{u} \right). \quad M_G = - H h_5.$$

Belastungsfall 11.

Gleichmäßige Last pu über der Schrägen $\overline{FG}$ nach vorstehender Abbildung 57. Setzt man im Belastungsfall 10 $e = x$ und $d_1 = u - x$ und integriert zwischen den Grenzen $x = 0$ und $x = u$, so erhält man:

$$
\begin{aligned}
E J_3 \delta_{ma} = {} & \frac{J_3}{J_2}\cdot\frac{s a}{6 l^2}[l(2h + h_1) - 2 a h_0]\int_0^u x\,dx \\
& + \frac{b}{6 l^2}[3 l h(2a + b) - 2 h_0(3a^2 + 3ab + b^2)]\int_0^u x\,dx \\
& + \frac{J_3}{J_4}\cdot\frac{s_1}{u}\left\{\frac{h_5}{2l}\int_0^u [l u x + u x(a + b) - l x^2]\,dx\right. \\
& \left. + \frac{m}{6 l^2 u}\int_0^u [2u^2 x(a + b) + l u^2 x - l x^3]\,dx\right\}.
\end{aligned}
$$

Die Auflösung der Integrale ergibt:

$$
\begin{aligned}
\boldsymbol{E J_3 \delta_{ma}} = {} & \boldsymbol{\frac{J_3}{J_2}\cdot\frac{s a u^2}{12 l^2}[l(2h + h_1) - 2 a h_0]} \\
& \boldsymbol{+ \frac{b u^2}{12 l^2}[3 l h(2a + b) - 2 h_0(3a^2 + 3ab + b^2)]} \\
& \boldsymbol{+ \frac{J_3}{J_4}\cdot\frac{s_1 u^2}{24 l^2}[2 l h_5(4l - 3u) + m(5l - 4u)]}.
\end{aligned}
$$

Für den Rahmen wird:

$H = \frac{E J_3 \delta_{ma}}{E J_3 \delta_{aa}} p.\quad A = \frac{p u^2}{2l} + \frac{H h_0}{l}.\quad B = p u - A.\quad M_C = -H h_1.$

$M_G = -H h_5.\quad M_D = A a - H h.\quad M_F = M_D + A b.\quad m = l h_4 + u h_0.$

Auf der belasteten Strecke u ist:

$$M_x = B x - 0{,}5\,p x^2 - H\left(h_5 + \frac{h_4}{u}x\right).\qquad x \text{ von } B \text{ an.}$$

Wagerechte Lasten.

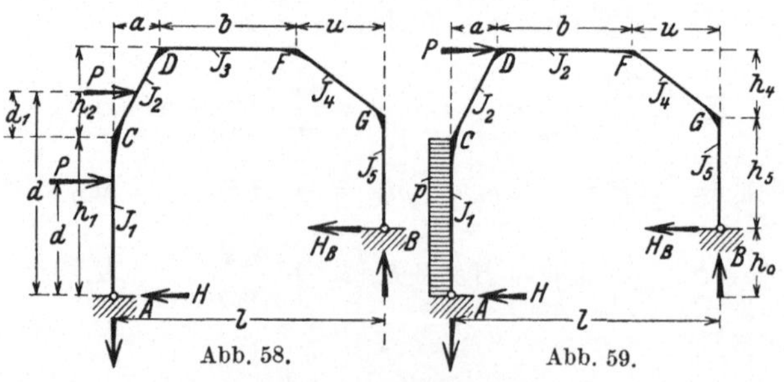

Abb. 58. Abb. 59.

Belastungsfall 12.

Eine wagerechte Einzellast P gegen den Stiel $\overline{AC}$ im Abstand d von A. Eine wagerechte Einzellast $P = 1$ erzeugt im statisch bestimmten Hauptsystem folgende Auflagerkräfte und M_m-Momente: y von A nach oben.

Auflagerkräfte: Wagerecht: $H = 1.$ $H_B = 0.$

Senkrecht: $A = -\frac{d}{l}$ (nach unten). $B = \frac{d}{l}$ (nach oben).

M_m-Momente:

$\overline{AP}$: $M_m = y.$ $\overline{PC}$: $M_m = d.$ $\overline{CD}$: $M_m = \frac{d}{l}(l - x)$ (x von A an).

$\overline{DF}$: $M_m = \frac{d}{l}(l - a - x).$ $\overline{GF}$: $M_m = \frac{d}{l}x.$ $\overline{BG}$: $M_m = 0.$

(x von D an.) (x von G an.)

Bestimmung von $\delta_{ma} = \int \frac{M_m \cdot M_a}{EJ} ds.$

$M_m \cdot M_a$-Werte:

$\overline{AP}$: $M_m \cdot M_a = y^2.$ $\overline{PC}$: $M_m \cdot M_a = y\,d.$

$\overline{CD}$: $M_m \cdot M_a = \frac{h_1 d}{l}(l - x) + \frac{d}{a l^2}(l h_2 - a h_0)(l x - x^2).$

$\overline{DF}$: $M_m \cdot M_a = \frac{h d}{l}(l - a - x) - \frac{h_0 d}{l^2}[a(l - a) + x(l - 2a) - x^2].$

$\overline{FG}$: $M_m \cdot M_a = \frac{h_5 d}{l} x + \frac{d\,m}{l^2 u} x^2.$ $m = l h_4 + u h_0.$

Mit diesen Werten lautet die Gleichung für die Verschiebung δ_{ma} wie folgt:

$$E J_3 \delta_{ma} = \frac{J_3}{J_1}\int_0^d y^2 dy + \frac{J_3}{J_1} d \int_d^{h_1} y\,dy + \frac{J_3}{J_2}\cdot\frac{s h_1 d}{a l}\int_0^a (l - x)\,dx$$

$$+ \frac{J_3}{J_2}\cdot\frac{s d}{a^2 l^2}(l h_2 - a h_0)\int_0^a (l x - x^2)\,dx$$

$$+ \frac{h d}{l}\int_0^b (l - a - x)\,dx - \frac{h_0 d}{l^2}\int_0^b [a(l - a) + x(l - 2a) - x^2]\,dx$$

$$+ \frac{J_3}{J_4}\cdot\frac{s_1 h_5 d}{l u}\int_0^u x\,dx + \frac{J_3}{J_4}\cdot\frac{s_1 m d}{l^2 u^2}\int_0^u x^2\,dx.$$

Die Auflösung lautet:

$$\boldsymbol{E J_3 \delta_{ma} = \frac{J_3}{J_1}\cdot\frac{d}{6}(3 h_1^2 - d^2)}$$

$$\boldsymbol{+ \frac{J_3}{J_2}\cdot\frac{s d}{6 l^2}[3 l^2(h + h_1) - a l(2 h + h_1) - a h_0(3 l - 2 a)]}$$

$$\boldsymbol{+ \frac{h b d}{2 l}(b + 2 u) - \frac{h_0 b d}{6 l^2}(3 l b + 6 a u - 2 b^2)}$$

$$\boldsymbol{+ \frac{J_3}{J_4}\cdot\frac{s_1 u d}{6 l^2}[l(2 h_4 + 3 h_5) + 2 u h_0].}$$

Für den Rahmen wird: $H_B = \frac{E J_3 \delta_{ma}}{E J_3 \delta_{aa}} P$. $\quad H = P - H_B$.

$A = -B = \frac{H_B h_0}{l} - \frac{P d}{l}$. $\quad M_P = H d$.

$M_C = H h_1 - P(h_1 - d)$. $\quad M_D = H h - P(h - d) + A a$.

$M_F = - H_B (h_4 + h_5) + B u$. $\quad M_G = - H_B h_5$.

Längskräfte: $\overline{CD}$: $\mathfrak{N} = \frac{1}{s}(H_B a + A h_2)$. $\quad \overline{DF}$: $\mathfrak{N} = H_B$.

$\overline{GF}$: $\mathfrak{N} = \frac{1}{s_1}(H_B u + B h_4)$.

Belastungsfall 13.

Einzellast P im Punkt C. In dem Belastungsfall 12 setze man h_1 statt d.

Belastungsfall 14.

Einzellast P gegen die Schräge $\overline{CD}$ im Abstand d von A, d_1 von C und e von D. Im statisch bestimmten Hauptsystem sind für eine horizontale Einzellast $P = 1$ die Auflagerkräfte und M_m-Momente folgende:

Auflagerkräfte:

Wagerecht: $H = 1$. $\quad H_B = 0$.

Senkrecht: $A = -\frac{d}{l}$ (nach unten). $\quad B = \frac{d}{l}$ (nach oben).

M_m-Momente:

$\overline{AC}$: $M_m = y$. $\quad$ y von A nach oben.

$\overline{CP}$: $M_m = h_1 + y - \frac{a d}{l h_2} y$. $\quad$ y von C nach oben. $\quad ds = \frac{s}{h_2} dy$.

$\overline{PD}$: $M_m = d - \frac{a d}{l h_2} y$. $\quad x = \frac{a}{h_2} y$.

$\overline{DF}$: $M_m = d - \frac{d}{l}(a + x)$. $\quad$ x von D an.

$\overline{GF}$: $M_m = \frac{d}{l} x$. $\quad$ x von G an.

Bestimmung von $\delta_{ma} = \int \frac{M_m \cdot M_a}{E J} ds$.

Für $\overline{CD}$ lautet M_a in y ausgedrückt: $M_a = h_1 + \frac{l h_2 - a h_0}{l h_2} y$.

$M_m \cdot M_a$-Werte:

$\overline{AC}$: $M_m \cdot M_a = y^2$.

$\overline{CP}$: $M_m \cdot M_a = h_1^2 + \frac{h_1 y}{l h_2}[2 l h_2 - a(d + h_0)] + \frac{y^2}{l^2 h_2^2}(l h_2 - a h_0)(l h_2 - a d)$.

$\overline{PD}$: $M_m \cdot M_a = h_1 d + \frac{y d}{l h_2}[l h_2 - a(h_1 + h_0)] - \frac{d a y^2}{l^2 h_2^2}(l h_2 - a h_0)$.

$\overline{DF}$: $M_m \cdot M_a = h d - \frac{d}{l}(h + h_0)(a + x) + \frac{h_0 d}{l^2}(a + x)^2$.

$\overline{GF}$: $M_m \cdot M_a = \frac{d h_5 x}{l} + \frac{d x^2}{u l^2}(l h_4 + u h_0)$.

$\overline{BG}$: $M_m \cdot M_a = 0$.

Die Gleichung für $E J_3 \delta_{ma}$ lautet mit diesen Werten wie folgt:

$$E J_3 \delta_{ma} = \frac{J_3}{J_1}\int_0^{h_1} y^2 dy + \frac{J_3}{J_2}\cdot\frac{s}{h_2}\left\{h_1^2\int_0^{d_1} dy + \frac{h_1}{l h_2}[2 l h_2 - a(d + h_0)]\int_0^{d_1} y\, dy\right.$$

$$+ \frac{1}{l^2 h_2^2}(l h_2 - a h_0)(l h_2 - a d)\int_0^{d_1} y^2 dy + h_1 d\int_{d_1}^{h_2} dy$$

$$\left.+ \frac{d}{l h_2}[l h_2 - a(h_1 + h_0)]\int_{d_1}^{h_2} y\, dy - \frac{d a}{l^2 h_2^2}(l h_2 - a h_0)\int_{d_1}^{h_2} y^2 dy\right\}$$

$$+ h d\int_0^b dx - \frac{d}{l}(h + h_0)\int_0^b (a + x)\, dx + \frac{h_0 d}{l^2}\int_0^b (a + x)^2 dx$$

$$+ \frac{J_3}{J_4}\cdot\frac{s_1 h_5 d}{u l}\int_0^u x\, dx + \frac{J_3}{J_4}\cdot\frac{s_1 d}{u^2 l^2}(l h_4 + u h_0)\int_0^u x^2 dx.$$

Die Auflösung der Integrale ergibt folgenden Wert:

$$\boldsymbol{E J_3 \delta_{ma} = \frac{J_3}{J_1}\cdot\frac{h_1^3}{3} + \frac{J_3}{J_2}\cdot\frac{s}{h_2}\left[d h_1 h_2 + \frac{d_1^3}{3} + \frac{a h_0 d_1^3}{6 l h_2}\right.}$$

$$\boldsymbol{\left.+ \frac{e d}{2}(d_1 + h_2) - \frac{a d h_2}{2 l}(h_1 + h_0) - \frac{a d h_2}{3 l^2}(l h_2 - a h_0)\right]}$$

$$\boldsymbol{+ \frac{b d}{6 l^2}[3 h l(b + 2 u) - h_0(6 a u + 3 l b - 2 b^2)]}$$

$$\boldsymbol{+ \frac{J_3}{J_4}\cdot\frac{s_1 u d}{6 l^2}[l(2 h_4 + 3 h_5) + 2 u h_0].}$$

Für den Rahmen ist: $H_B = \frac{E J_3 \delta_{ma}}{E J_3 \delta_{aa}} P$. $H = P - H_B$.

$A = \frac{H_B h_0}{l} - \frac{P d}{l}$. $B = -A$. $M_C = H h_1$. $M_F = B u - H_B(h_4 + h_5)$.

$M_D = M_F + B b$. $M_G = -H_B h_5$. $M_P = H d + \frac{A a d_1}{h_2}$.

Belastungsfall 15.

Einzellast P im Punkt D.

$$E J_3 \delta_{ma} = \frac{J_3}{J_1} \cdot \frac{h_1^3}{3} + \frac{J_3}{J_2} \cdot \frac{s}{6 l^2} [2 l^2 (3 h h_1 + h_2^2)$$
$$+ 2 a^2 h h_0 - a l h_2 (2 h - h_0) - 3 a l h (h + h_0)]$$
$$+ \frac{b h}{6 l^2} [3 h l (b + 2 u) - h_0 (6 a u + 3 l b - 2 b^2)]$$
$$+ \frac{J_3}{J_4} \cdot \frac{s_1 u h}{6 l^2} [l (2 h_4 + 3 h_5) + 2 u h_0].$$

Für den Rahmen ist: $H_B = \frac{E J_3 \delta_{ma}}{E J_3 \delta_{aa}} P$. $H = P - H_B$.

$B = \frac{P h}{l} - \frac{H_B h_0}{l}$. $A = -B$. $M_C = H h_1$. $M_D = H h + A a$.

$M_F = B u - H_B (h_4 + h_5)$. $M_G = - H_B h_5$.

Belastungsfall 16.

In dem Ausdruck des Belastungsfalles 12 setze man $d = y$ und integriere zwischen den Grenzen $y = 0$ und $y = h_1$. Dann ist für eine Last $p h_1$ gegen den Stiel $\overline{AC}$:

$$E J_3 \delta_{ma} = \frac{J_3}{6 J_1} \int_0^{h_1} (3 h_1^2 y - y^3)\, dy$$
$$+ \frac{J_3}{J_2} \cdot \frac{s}{6 l^2} [3 l^2 (h + h_1) - a l (2 h + h_1) - a h_0 (3 l - 2 a)] \int_0^{h_1} y\, dy$$
$$+ \frac{b h}{2 l} (2 u + b) \int_0^{h_1} y\, dy - \frac{b h_0}{6 l^2} (3 l b + 6 a u - 2 b^2) \int_0^{h_1} y\, dy$$
$$+ \frac{J_3}{J_4} \cdot \frac{s_1 u h_5}{2 l} \int_0^{h_1} y\, dy + \frac{J_3}{J_4} \cdot \frac{s_1 u}{3 l^2} (l h_4 + u h_0) \int_0^{h_1} y\, dy.$$

Die Auflösung ergibt:

$$E J_3 \delta_{ma} = \frac{J_3}{J_1} \cdot \frac{5 h_1^4}{24} + \frac{J_3}{J_2} \cdot \frac{s h_1^2}{12 l^2} [3 l^2 (h + h_1) - a l (2 h + h_1)$$
$$- a h_0 (3 l - 2 a)]$$
$$+ \frac{b h_1^2}{12 l^2} [3 h l (2 u + b) - h_0 (3 l b + 6 a u - 2 b^2)]$$
$$+ \frac{J_3}{J_4} \cdot \frac{s_1 u h_1^2}{12 l^2} [l (2 h_4 + 3 h_5) + 2 u h_0].$$

Für den Rahmen wird: $H_B = \frac{E J_3 \delta_{ma}}{E J_3 \delta_{aa}} p$. $H = p h_1 - H_B$.

$A = \frac{H_B h_0}{l} - \frac{p h_1^2}{2l}$. $B = -A$. $M_G = -H_B h_5$.

$M_F = B u - H_B (h_4 + h_5)$. $M_D = M_F + B b$. $M_C = H h_1 - 0{,}5 p h_1^2$.

Für $\overline{AC}$ ist: $M_y = H y - 0{,}5 p y^2$. $M_{\max} = \frac{H^2}{2p}$.

$y_m = \frac{H}{p}$. $y_0 = 2 y_m$.

Belastungsfall 17.

Gleichmäßige Last $p h_2$ gegen die Schräge $\overline{CD}$. In dem Ausdruck des Belastungsfalles 14 setze man $d_1 = y$, $d = h_1 + y$ und $e = h_2 - y$ und integriere zwischen den Grenzen $y = 0$ und $y = h_2$. Dann erhält man:

$$E J_3 \delta_{ma} = \frac{J_3}{J_1} \cdot \frac{h_1^3}{3} \int_0^{h_2} dy + \frac{J_3}{J_2} \cdot \frac{s}{h_2} \Bigg[h_1 h_2 \int_0^{h_2} (h_1 + y)\, dy + \tfrac{1}{3} \int_0^{h_2} y^3\, dy$$

$$+ \frac{a h_0}{6 l h_2} \int_0^{h_2} y^3\, dy + \tfrac{1}{2} \int_0^{h_2} (h_2^2 - y^2)(h_1 + y)\, dy$$

$$- \frac{a h_2}{2l} (h_1 + h_0) \int_0^{h_2} (h_1 + y)\, dy - \frac{a h_2}{3 l^2} (l h_2 - a h_0) \int_0^{h_2} (h_1 + y)\, dy \Bigg]$$

$$+ \frac{b}{3 l^2} [3 h l (2u + b) - h_0 (6 a u + 3 l b - 2 b^2)] \int_0^{h_2} (h_1 + y)\, dy$$

$$+ \frac{J_3}{J_4} \cdot \frac{s_1 u}{6 l^2} [l (2 h_4 + 3 h_5) + 2 u h_0] \int_0^{h_2} (h_1 + y)\, dy .$$

Die Auflösung der Integrale ergibt:

$$\boldsymbol{E J_3 \delta_{ma} = \frac{J_3}{J_1} \cdot \frac{h_1^3 h_2}{3} + \frac{J_3}{J_2} s h_2 \Bigg\{ \frac{5 h_2^2}{24} + \frac{h_1 h_2}{3} + \frac{a h_0 h_2}{24 l}}$$

$$\boldsymbol{+ \frac{h + h_1}{12 l^2} [6 l^2 h_1 + 2 h_0 a^2 - a l (2h + h_1 + 3 h_0)] \Bigg\}}$$

$$\boldsymbol{+ \frac{b h_2}{12 l^2} (h + h_1) [3 h l (2u + b) - h_0 (6 a u + 3 l b - 2 b^2)]}$$

$$\boldsymbol{+ \frac{J_3}{J_4} \cdot \frac{s_1 u h_2}{12 l^2} (h + h_1) [l (2 h_4 + 3 h_5) + 2 u h_0].}$$

Für den Rahmen ist: $H_B = \frac{E J_3 \delta_{ma}}{E J_3 \delta_{aa}} p$. $H = p h_2 - H_B$.

$A = -B$. $B = \frac{1}{l} [p h_2 (h_1 + 0{,}5 h_2) - H_B h_0]$. $M_C = H h_1$.

$M_G = -H_B \cdot h_5$. $M_F = B u - H_B (h_4 + h_5)$. $M_D = M_F + B b$.

Für die Strecke $\overline{CD}$ ist:

$$M_y = H(h_1 + y) + yA\frac{a}{h_2} - 0{,}5\,p\,y^2 \qquad y \text{ von } C \text{ nach oben}$$

oder

$$M_x = H\left(h_1 + \frac{h_2}{a}x\right) + Ax - p\cdot\frac{h_2^2\,x^2}{2a^2} \qquad x \text{ von } C \text{ nach rechts.}$$

Belastungsfall 18.

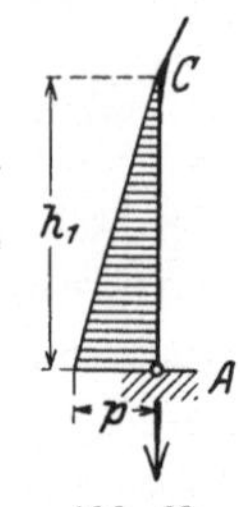

Abb. 60.

Dreieckslast $0{,}5\,p\,h_1$ gegen den Stiel $\overline{AC}$. Man setze im Belastungsfall 16: $\frac{h_1 - y}{h_1}p$ statt p und integriere in gleicher Weise:

$$E J_3\,\delta_{m\,a} = \frac{J_3}{6h_1 J_1}\int_0^{h_1}[3h_1^2(h_1 y - y^2) - h_1 y^3 + y^4]\,dy$$

$$+\frac{J_3}{J_2}\cdot\frac{s}{6h_1 l^2}[3l^2(h+h_1) - al(2h+h_1) - ah_0(3l-2a)]\int_0^{h_1}(h_1 y - y^2)\,dy$$

$$+\frac{bh}{2lh_1}(2u+b)\int_0^{h_1}(h_1 y - y^2)\,dy - \frac{bh_0}{6h_1 l^2}(3lb + 6au - 2b^2)\int_0^{h_1}(h_1 y - y^2)\,dy$$

$$+\frac{J_3}{J_4}\cdot\frac{s_1 u h_5}{2lh_1}\int_0^{h_1}(h_1 y - y^2)\,dy + \frac{J_3}{J_4}\cdot\frac{s_1 u}{3h_1 l^2}(lh_4 + uh_0)\int_0^{h_1}(h_1 y - y^2)\,dy.$$

Die Auflösung der Integrale ergibt:

$$\boldsymbol{E J_3\,\delta_{m\,a} = \frac{J_3}{J_1}\cdot\frac{3h_1^4}{40} + \frac{J_3}{J_2}\cdot\frac{s h_1^2}{36 l^2}[3l^2(h+h_1) - al(2h+h_1) - ah_0(3l-2a)]}$$

$$\boldsymbol{+\frac{h_1^2 b}{36 l^2}[3hl(2u+b) - h_0(3lb + 6au - 2b^2)]}$$

$$\boldsymbol{+\frac{J_3}{J_4}\cdot\frac{s_1 u h_1^2}{36 l^2}[l(2h_4 + 3h_5) + 2uh_0].}$$

Wenn der Wert $E J_3\,\delta_{m\,a}$ des Belastungsfalls 16 zahlenmäßig bekannt ist, kann man im praktischen Anwendungsfall obigen Wert schneller erhalten mit Benutzung folgender Formel:

$$E J_3\,\delta_{m\,a} = \frac{J_3}{J_1}\cdot\frac{h_1^4}{180} + \tfrac{1}{3}\cdot E J_3\,\delta_{m\,a} \quad \text{des Belastungsfalls 16.}$$

Für den Rahmen wird: $\quad H_B = \frac{E J_3\,\delta_{m\,a}}{E J_3\,\delta_{a\,a}}p. \qquad H = 0{,}5\,p\,h_1 - H_B.$

$$A = \frac{H_B h_0}{l} - \frac{p h_1^2}{6l}. \qquad B = -A. \qquad M_G = -H_B\cdot h_5.$$

$$M_F = Bu - H_B(h_4 + h_5). \qquad M_D = M_F + Bb. \qquad M_C = H h_1 - \frac{p h_1^3}{3}.$$

Für den Stiel $\overline{AC}$ ist: $M_y = Hy - 0{,}5py^2 + \frac{py^3}{6h_1}$. y von A nach oben.

Für M_{max} ist: $y = h_1 - h_1\sqrt{1 - \frac{2H}{ph_1}}$.

Für den Nullpunkt auf $\overline{AC}$ ist:

$$y = \tfrac{3}{2}h_1 - \frac{h_1}{2}\sqrt{9 - \frac{24H}{ph_1}}.$$

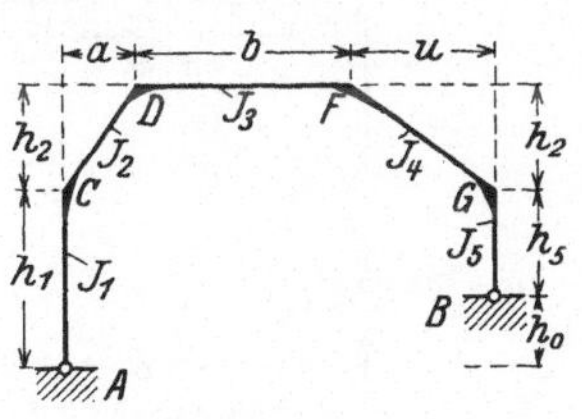

Abb. 61.

Rahmen 1a.

Für nebenstehende Rahmenform ist in allen Werten für den Rahmen 1 auf den Seiten 89 bis 106 $h_4 = h_2$ zu setzen.

Rahmen 1b.

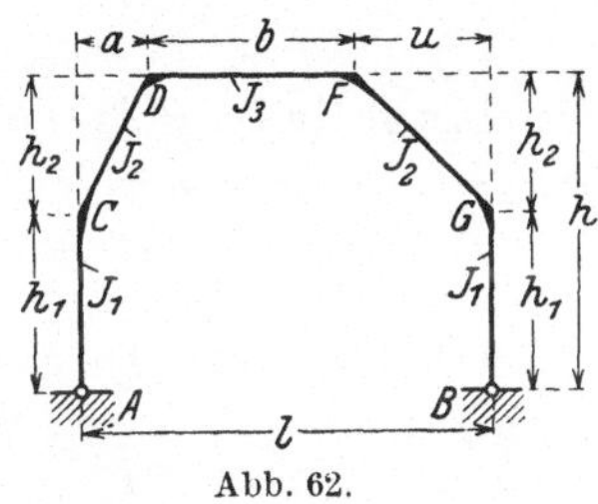

Abb. 62.

Für nebenstehende Rahmenform setze man in den auf den Seiten 89 bis 106 für den Rahmen 1 ermittelten Werten $J_4 = J_2$, $J_5 = J_1$, $h_4 = h_2$, $h_5 = h_1$ und $h_0 = 0$.

Rahmen 2.

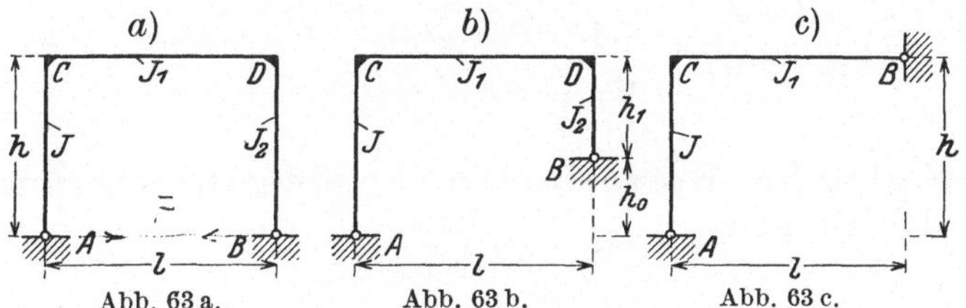

Abb. 63 a. Abb. 63 b. Abb. 63 c.

Rahmen *a*.

$$\frac{J_1}{J}\cdot\frac{h}{l} = k. \qquad EJ_1\delta_{aa} = \frac{lh^2}{3}(3 + k + k_1). \qquad \frac{J_1}{J_2}\cdot\frac{h}{l} = k_1$$

Wenn $J_2 = J$: $\quad EJ_1\delta_{aa} = \frac{lh^2}{3}(3 + 2k)$, weil $k_1 = k$.

Rahmen *b*.

$$\frac{J_1}{J}\cdot\frac{h}{l} = k. \quad EJ_1\delta_{aa} = \frac{l}{3}[hh_1 + h^2(1+k) + h_1^2(1+k_1)]. \quad \frac{J_1}{J_2}\cdot\frac{h_1}{l} = k_1.$$

$$EJ_1\delta_{aa} = \frac{l}{3}N. \qquad \boldsymbol{N = hh_1 + h^2(1+k) + h_1^2(1+k_1).}$$

Rahmen *c*.

$$\frac{J_1}{J}\cdot\frac{h}{l} = k. \qquad EJ_1\delta_{aa} = \frac{lh^2}{3}(1 + k).$$

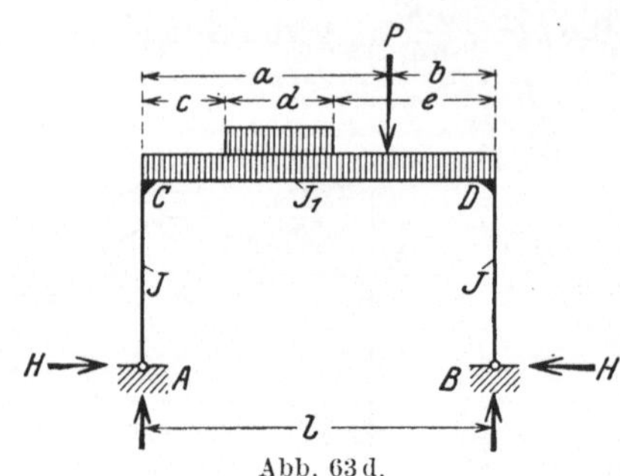

Abb. 63d.

Rahmen a.

Anmerkung. Sind die Trägheitsmomente der Stiele ungleich, beispielsweise wie in Abb. 63a für den Stiel links $= J$ und für den Stiel rechts $= J_2$, dann setze man noch $\frac{J_1}{J_2} \cdot \frac{h}{l} = k_1$. Diesenfalls tritt für alle Belastungsfälle in die Klammer des Nenners der Formel für den Horizontalschub H bzw. H_B statt $3 + 2k$ der Wert $3 + k + k_1$.

Lotrechte Lasten.

1. Einzellast P im Abstand a von A und b von B.

$$H = \frac{1{,}5\,P a b}{h l (3 + 2k)}. \qquad A = \frac{P b}{l}. \qquad B = \frac{P a}{l}. \qquad M_P = A a - H h.$$

2. Einzellast P in der Mitte des Riegels $\overline{CD}$. $\quad H = \frac{0{,}375\,P l}{h(3 + 2k)}$.

$$A = B = 0{,}5\,P. \qquad M_{\max} = \frac{P l}{4} - H h \quad \text{d. i.} \quad = \frac{P l}{8} \cdot \frac{3 + 4k}{3 + 2k}.$$

3. Zwei gleiche Einzellasten P im Abstand d von C und von D.

$$H = \frac{3\,P d (l - d)}{h l (3 + 2k)}. \qquad A = B = P. \qquad M_C = M_D = -H h.$$

$$M_P = P d - H h.$$

4. Zwei gleiche Einzellasten in den Drittelpunkten des Riegels. $\quad H = \frac{2\,P l}{3\,h(3 + 2k)}$.

$$A = B = P. \qquad M_C = M_D = -H h. \qquad M_P = \frac{P l}{3} - H h.$$

5. Zwei Einzellasten P im Abstand d von C bzw. von D und Einzellast P_1 in Riegelmitte. $\quad n = \frac{d}{l}$.

$$H = \frac{3\,l}{h} \cdot \frac{P n (1 - n) + 0{,}125\,P_1}{3 + 2k}. \qquad A = B = P + 0{,}5\,P_1.$$

$$M_C = M_D = -H h. \qquad M_{\max} = P d + \frac{P_1 l}{4} - H h.$$

Wenn $d = \frac{l}{4}$: $H = \frac{3\,l}{h} \cdot \frac{0{,}1875\,P + 0{,}125\,P_1}{3 + 2k}$. $\quad M_{\max} = \frac{l}{4}(P + P_1) - H h.$

6. Drei gleiche Einzellasten in den Viertelpunkten des Riegels.

$$H = \frac{15\,P l}{16\,h(3 + 2k)}. \qquad A = B = 1{,}5\,P. \qquad M_P = 0{,}375\,P l - H h.$$

$$M_{\max} = 0{,}5\,P l - H h.$$

7. Gleichmäßige Riegelbelastung $Q = ql$. $\quad H = \frac{Ql}{4h(3+2k)}$.

$$A = B = 0{,}5\,Q. \quad M_x = 0{,}5\,qx(l-x) - Hh. \quad M_{\max} = \frac{Ql}{8} - Hh.$$

$$M_{\max} = \frac{Ql}{8} \cdot \frac{1+2k}{3+2k}. \qquad x_0 = \frac{l}{2}\left(1 \mp \sqrt{\frac{1+2k}{3+2k}}\right).$$

8. Streckenlast pd auf dem Riegel (siehe Abbildung 63d).

$$H = \frac{pd}{4hl} \cdot \frac{3ld + 6ce - 2d^2}{3+2k}. \qquad A = \frac{pd}{l}(e + 0{,}5\,d). \qquad B = pd - A.$$

Wenn $e = c$ und $l = 2c + d$, d. i. symmetrische Riegelbelastung:

$$H = \frac{pd}{8hl} \cdot \frac{3l^2 - d^2}{3+2k}. \qquad A = B = 0{,}5\,pd.$$

Wenn $c = 0$ und $l = d + e$, d. i. einseitige Riegelbelastung:

$$H = \frac{pd^2}{4hl} \cdot \frac{l+2e}{3+2k}. \qquad B = \frac{pd^2}{2l}. \qquad A = pd - B.$$

9. Riegelbelastung $= 0{,}5\,pl$ nach nebenstehender Abbildung.

$$H = \frac{3p}{2hl^2(3+2k)} \int_0^l (lx^2 - x^3)\,dx$$

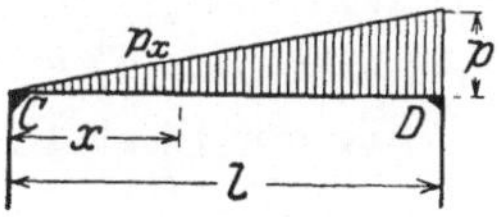

d. i. $H = \frac{pl^2}{8h(3+2k)}$.

Abb. 63e.

$$A = \frac{pl}{6}. \qquad B = 2A. \qquad M_C = M_D = -Hh.$$

Für den Riegel $\overline{CD}$ ist: $M_x = \frac{plx}{6} - \frac{px^3}{6l} - Hh$.

Für $M_{\max}$ ist: $x_m = \frac{l}{3}\sqrt{3} = 0{,}577\,l$.

$$M_{\max} = 0{,}0641\,pl^2 - Hh \quad \text{d. i.} \quad = \frac{pl^2}{12} \cdot \frac{0{,}81 + 1{,}54\,k}{3+2k}.$$

Für die Nullpunkte lautet die Gleichung: $x^3 - l^2 x = -\frac{3l^3}{4(3+2k)}$.

10. Riegelbelastung nach nebenstehender Abbildung.

$$H = \frac{6p}{hl^2(3+2k)} \int_0^{0{,}5\,l} (lx^2 - x^3)\,dx.$$

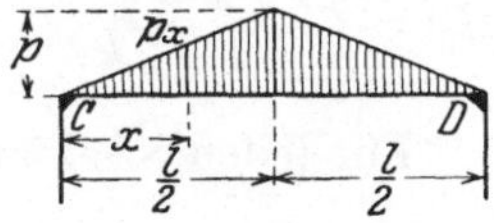

$$H = \frac{5}{32} \cdot \frac{pl^2}{h(3+2k)}. \qquad A = B = \frac{pl}{4}.$$

Abb. 63f.

$$M_C = M_D = -Hh.$$

Für jede Riegelhälfte ist:

$$M_x = \frac{px}{12l}(3l^2 - 4x^2) - Hh. \qquad M_{\max} = \frac{pl^2}{12} - Hh.$$

Für die Nullpunkte lautet die Gleichung: $x^3 - \frac{3}{4}l^2 x = -\frac{15}{32} \cdot \frac{l^3}{3+2k}$.

Wagerechte Lasten.

11. Einzellast P von außen gegen $\overline{AC}$ im Abstand d von A.

$$n = \frac{d}{h}. \qquad H_B = \frac{P\,n}{2} \cdot \frac{3\,(1+k) - n^2 k}{3 + 2k}. \qquad H = P - H_B.$$

$$-A = B = \frac{P d}{l}. \qquad M_P = H d. \qquad M_C = P d - H_B h. \qquad M_D = -H_B h.$$

Wenn $d = 0{,}5\,h$:

$$H_B = \frac{P}{16} \cdot \frac{12 + 11\,k}{3 + 2\,k}. \qquad H = P - H_B. \qquad -A = B = \frac{P h}{2\,l}.$$

12. Einzellast P von außen im Punkt C. $H = H_B = 0{,}5\,P$.

$$-A = B = \frac{P h}{l}. \qquad M_C = -M_D = \frac{P h}{2}.$$ In Riegelmitte ist $M = 0$.

13. Gleichmäßige Last $p h$ von außen gegen $\overline{AC}$.

$$H_B = \frac{p h}{8} \cdot \frac{6 + 5\,k}{3 + 2\,k}. \qquad H = p h - H_B. \qquad -A = B = \frac{p h^2}{2\,l}.$$

$$M_D = -H_B h. \qquad M_C = B l - H_B h.$$

Für den Stiel $\overline{AC}$ ist: $M_y = H y - 0{,}5\,p y^2$. y von A nach oben.

$$y_m = \frac{H}{p}. \qquad M_{\max} = 0{,}5\,H y_m = \frac{H^2}{2\,p}.$$

Wirkt die Last p von innen nach außen, so erhalten alle Auflagerkräfte entgegengesetzte Richtung und alle Momente umgekehrte Vorzeichen. Dies gilt auch für die folgenden Belastungsfälle.

14. Gleichmäßige Lasten $p h$ von außen nach innen gegen $\overline{AC}$ und $\overline{BD}$.

Die beiden nach außen gerichteten horizontalen Auflagerkräfte H sind gleich groß.

$$H = \frac{3\,p h}{4} \cdot \frac{2 + k}{3 + 2\,k}. \qquad A = B = 0.$$ y von A oder B nach oben.

Für jeden Stiel ist: $M_y = H y - 0{,}5\,p y^2$. $y_m = \dfrac{H}{p}$. $y_0 = 2\,y_m$.

$$M_{\max} = 0{,}5\,H y_m = \frac{H^2}{2\,p}. \qquad M_C = M_D = H h - 0{,}5\,p h^2.$$

Die Momente über den ganzen Riegel sind gleich den Eckmomenten.

15. Dreieckslast $0{,}5\,p h$ von außen gegen $\overline{AC}$. $H_B = \dfrac{p h}{40} \cdot \dfrac{10 + 9k}{3 + 2k}$.

$$H = 0{,}5\,p h - H_B. \qquad -A = B = \frac{p h^2}{6\,l}. \qquad M_C = B l - H_B h.$$

Für den Stiel $\overline{AC}$ ist:

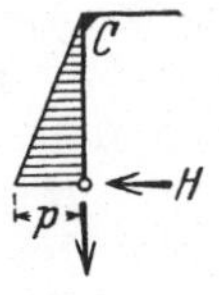

$$M_y = Hy - \frac{py^2}{2} + \frac{py^3}{6h}. \quad y \text{ von } A \text{ nach oben.}$$

$$y_m = h\left(1 - \sqrt{1 - \frac{2H}{ph}}\right). \qquad M_{\max} = \frac{Hy_m}{3} \cdot \frac{3h - 2y_m}{2h - y_m}.$$

Abb. 63g.

16. Dreieckslasten 0,5 ph von außen gegen $\overline{AC}$ und $\overline{BD}$.

Die beiden nach außen gerichteten horizontalen Auflagerkräfte H sind gleich groß.

$$H = \frac{ph}{20} \cdot \frac{20 + 11k}{3 + 2k}. \quad A = B = 0. \quad y \text{ von } A \text{ oder } B \text{ nach oben.}$$

Für jeden Stiel ist:

$$M_y = Hy - \frac{py^2}{6h}(3h - y). \quad y_m = h\left(1 - \sqrt{1 - \frac{2H}{ph}}\right).$$

$$M_{\max} = \frac{Hy_m}{3} \cdot \frac{3h - 2y_m}{2h - y_m}. \qquad M_C = M_D = Hh - \frac{ph^2}{3}.$$

$$y_0 = 1{,}5h\left(1 - \sqrt{1 - \frac{8H}{3ph}}\right).$$

Rahmen b.

Lotrechte Lasten.

1. Einzellast P im Abstand a von A und b von B.

$$H = \frac{Pab}{2l^2N}[h(l + b) + h_1(l + a)]. \qquad A = \frac{1}{l}(Pb + Hh_0).$$

$$B = P - A. \qquad M_P = Aa - Hh.$$

2. Einzellast P in der Mitte des Riegels $\overline{CD}$.

$$H = \frac{3Pl}{16} \cdot \frac{h + h_1}{N}. \qquad A = \frac{P}{2} + \frac{Hh_0}{l}. \qquad B = \frac{P}{2} - \frac{Hh_0}{l}.$$

$$M_C = -Hh. \qquad M_P = 0{,}5Al - Hh. \qquad M_D = -Hh_1.$$

3. Zwei gleiche Einzellasten P im Abstand d von C und von D.

$$H = \frac{3Pd}{2lN}(l - d)(h + h_1). \qquad A = P + \frac{Hh_0}{l}. \qquad B = 2P - A.$$

$$M_P = Ad - Hh \quad \text{bzw.} \quad = Bd - Hh_1.$$

4. Zwei gleiche Einzellasten P in den Drittelpunkten des Riegels. $H = \frac{Pl}{3} \cdot \frac{h + h_1}{N}$. $A = P + \frac{Hh_0}{l}$.

$$B = 2P - A. \qquad M_P = \frac{Al}{3} - Hh \quad \text{bzw.} \quad = \frac{Bl}{3} - Hh_1.$$

5. Zwei Einzellasten P im Abstand d von C bzw. von D und Einzellast P_1 in Riegelmitte.

$$H = \frac{h + h_1}{2 l N}[3 P d (l - d) + 0{,}375 P_1 l^2]. \qquad A = P + \frac{P_1}{2} + \frac{H h_0}{l}.$$

$$B = 2P + P_1 - A. \qquad M_{P_1} = 0{,}5 A l - P(0{,}5 l - d) - H h.$$

$$M_P = A d - H h \quad \text{bzw.} \quad = B d - H h_1.$$

Wenn $d = \frac{l}{4}$: $\quad H = \frac{3 l (h + h_1)}{2 N}(0{,}1875 P + 0{,}125 P_1)$.

6. Drei gleiche Einzellasten in den Viertelpunkten des Riegels.

$$H = \frac{15 P l (h + h_1)}{32 N}. \qquad A = 1{,}5 P + \frac{H h_0}{l}. \qquad B = 1{,}5 P - \frac{H h_0}{l}.$$

$$M_{max} = \frac{l}{4}(2A - P) - H h.$$

7. Gleichmäßige Riegelbelastung $Q = q l$.

$$H = \frac{Q l}{8} \cdot \frac{h + h_1}{N}. \qquad A = \frac{Q}{2} + \frac{H h_0}{l}. \qquad B = Q - A.$$

$$M_x = A x - 0{,}5 q x^2 - H h. \qquad M_{max} = \frac{A^2}{2 q} - H h.$$

8. Streckenlast $p d$ auf dem Riegel. Siehe Abbildung 63d.

$$H = \frac{p}{8 l^2 N}\{2 l d h (3 l d + 6 c e - 2 d^2) - h_0 [2 d l^2 (2 c + d) - (c + d)^4 + c^4]\}.$$

$$A = \frac{1}{l}[p d (e + 0{,}5 d) + H h_0]. \qquad B = p d - A.$$

Wenn $e = c$ und $l = 2 c + d$, d. i. symmetrische Riegelbelastung:

$$H = \frac{p d}{8 l^2 N}(h + h_1)[2 c^2 (3 l + 2 d) + d (2 l^2 - d^2)].$$

$$A = \frac{p d}{2} + \frac{H h_0}{l}. \qquad B = p d - A.$$

Wenn $c = 0$ und $l = d + e$, d. i. linksseitige Riegelbelastung:

$$H = \frac{p d^2}{8 l^2 N}[2 h e^2 + (2 l^2 - d^2)(h + h_1)].$$

$$B = \frac{1}{l}(0{,}5 p d^2 - H h_0). \qquad A = p d - B.$$

Wenn $e = 0$ und $l = c + d$, d. i. rechtsseitige Riegelbelastung:

$$H = \frac{p d^2}{8 l^2 N}[(l^2 + 2 l c)(h + h_1) - c^2 h_0].$$

$$A = \frac{1}{l}(0{,}5 p d^2 + H h_0). \qquad B = p d - A.$$

Wagerechte Lasten.

9. Einzellast P von außen gegen $\overline{AC}$ im Abstand d von A.

$$H_B = \frac{Pd}{2h} \cdot \frac{h^2(2+3k) + hh_1 - kd^2}{N}. \qquad H = P - H_B.$$

$$-A = B = \frac{1}{l}(Pd - H_B h_0). \qquad M_P = Hd. \qquad M_C = Pd - H_B h.$$

$$M_D = -H_B h_1.$$

10. Einzellast P von außen im Punkt C.

$$H_B = \frac{Ph}{N}[h(1+k) + 0{,}5\,h_1]. \qquad H = P - H_B.$$

$$-A = B = \frac{1}{l}(Ph - H_B h_0). \qquad M_C = Hh. \qquad M_D = -H_B h_1.$$

11. Gleichmäßige Last ph von außen gegen $\overline{AC}$.

$$H_B = \frac{ph^2}{8} \cdot \frac{2h_1 + h(4+5k)}{N}. \qquad H = ph - H_B.$$

$$-A = B = \frac{1}{l}(0{,}5\,ph^2 - H_B h_0). \qquad y \text{ von } A \text{ nach oben.}$$

Für den Stiel $\overline{AC}$ ist: $\quad M_y = Hy - 0{,}5\,py^2. \qquad y_m = \frac{H}{p}.$

$$y_0 = 2\,y_m. \qquad M_{\max} = \frac{H^2}{2p}.$$

12. Dreieckslast $0{,}5\,ph$ von außen gegen $\overline{AC}$.

$$H_B = \frac{ph^2}{120} \cdot \frac{20h + 10h_1 + 27hk}{N}.$$

Rahmen c.

Lotrechte Lasten.

1. Einzellast P im Abstand a von A und b von B.

$$H = \frac{Pab}{2hl^2} \cdot \frac{l+b}{1+k}. \qquad M_C = -Hh. \qquad A = \frac{1}{l}(Pb + Hh).$$

$$B = P - A. \qquad M_P = Bb.$$

2. Einzellast P in der Mitte des Riegels $\overline{CB}$.

$$H = \frac{3Pl}{16h(1+k)}. \qquad A = \frac{P}{2} + \frac{Hh}{l}.$$

$$B = P - A. \qquad M_C = -Hh. \qquad M_P = 0{,}5\,Bl.$$

3. Zwei gleiche Einzellasten P im Abstand d von B und von C.

$$H = \frac{3\,P d\,(l-d)}{2\,h\,l\,(1+k)}. \qquad A = P + \frac{H h}{l}. \qquad B = 2\,P - A.$$

$$M_P = B d \quad \text{bzw.} \quad = A d - H h.$$

Wenn $d = \frac{l}{4}$:

$$H = \frac{9\,P l}{32\,h\,(1+k)}. \quad A = P + \frac{H h}{l}. \quad B = 2\,P - A. \quad M_P = \frac{B l}{4}.$$

4. Zwei gleiche Einzellasten P in den Drittelpunkten des Riegels.

$$H = \frac{P l}{3\,h\,(1+k)}.$$

5. Zwei gleiche Einzellasten P im Abstand d von B und von C und eine Einzellast P_1 in Riegelmitte.

$$H = \frac{3}{2\,h\,l\,(1+k)}\left[\frac{P_1 l^2}{8} + P d\,(l-d)\right]. \qquad A = P + \frac{P_1}{2} + \frac{H h}{l}.$$

$$B = 2\,P + P_1 - A. \quad M_C = -H h. \quad M_{\max} = P d + 0{,}5\,l\,(B - P).$$

Wenn $d = \frac{l}{4}$: $\qquad H = \frac{3\,l}{32\,h\,(1+k)}(2\,P_1 + 3\,P).$

6. Drei gleiche Einzellasten P in den Viertelpunkten des Riegels.

$$H = \frac{15\,P l}{32\,h\,(1+k)}.$$

7. Gleichmäßige Riegelbelastung $Q = q l$.

$$H = \frac{Q l}{8\,h\,(1+k)}. \qquad A = \frac{Q}{2} + \frac{H h}{l}. \qquad B = Q - A.$$

Für den Riegel $\overline{BC}$ ist: $\quad M_x = B x - 0{,}5\,q x^2. \qquad x$ von B an.

$$x_m = \frac{B}{q}. \qquad M_{\max} = \frac{B^2}{2\,q}. \qquad x_0 = 2\,x_m.$$

8. Streckenlast $p d$ auf dem Riegel (siehe Abbildung für Rahmen a).

$$H = \frac{p d\,(2\,e + d)}{8\,h\,l^2} \cdot \frac{l^2 + 2\,l c - c^2 - e^2}{1+k}.$$

$$A = \frac{1}{l}\,[p d\,(e + 0{,}5\,d) + H h]. \quad B = p d - A.$$

Wenn $e = c$ und $l = 2c + d$, d. i. symmetrische Riegelbelastung:

$$H = \frac{p d}{8\,h\,l} \cdot \frac{l^2 + 2\,c\,(c+d)}{1+k}. \quad A = 0{,}5\,p d + \frac{H h}{l}. \quad B = 0{,}5\,p d - \frac{H h}{l}.$$

Wenn $c = 0$ und $l = d + e$, d. i. linksseitige Riegelbelastung:

$$H = \frac{p d^2\,(l+e)^2}{8\,h\,l^2\,(1+k)}. \qquad B = \frac{p d^2}{2\,l} - \frac{H h}{l}. \qquad A = p d - A.$$

Wenn $e = 0$ und $l = c + d$, d. i. rechtsseitige Riegelbelastung:

$$H = \frac{p d^2}{8 h l^2} \cdot \frac{2 l^2 - d^2}{1 + k}. \quad A = \frac{p d^2}{2 l} + \frac{H h}{l}. \quad B = p d - A.$$

Wagerechte Lasten.

9. Einzellast P von außen gegen $\overline{AC}$ im Abstand d von A.

$$H_B = \frac{P n}{2}\left[2 + \frac{k(1 - n^2)}{1 + k}\right]. \quad \frac{d}{h} = n. \quad H = P - H_B.$$

$$A = -B = \frac{h}{l}(H_B - P n). \quad M_P = H d.$$

10. Gleichmäßige Last ph von außen gegen $\overline{AC}$.

$$H_B = \frac{p h}{8} \cdot \frac{4 + 5 k}{1 + k}. \quad H = p h - H_B.$$

$$A = -B = \frac{h}{l}(0{,}5\, p h - H_B). \quad M_C = B l. \quad y \text{ von } A \text{ nach oben.}$$

Für $\overline{AC}$ ist:

$$M_y = H y - 0{,}5\, p y^2. \quad y_m = \frac{H}{p}. \quad M_{\max} = 0{,}5\, H y_m. \quad y_0 = 2 y_m.$$

Rahmen 3.

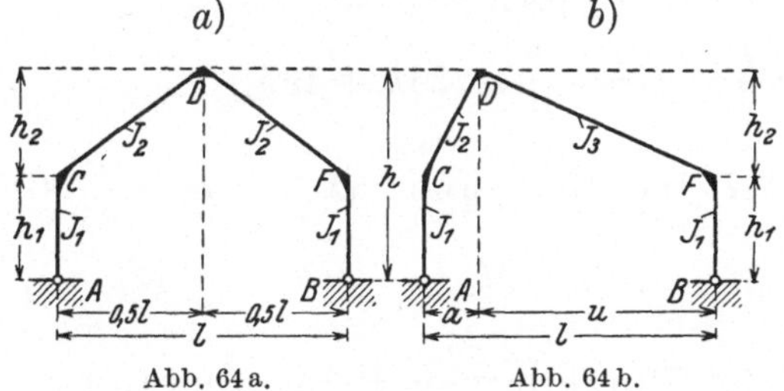

Abb. 64 a. Abb. 64 b.

Rahmen a.

$$\overline{CD} = \overline{FD} = s. \quad \frac{J_2}{J_1} \cdot \frac{h_1}{s} = k. \quad E J_2 \delta_{aa} = \tfrac{2}{3} s N.$$

$$\boldsymbol{N = 3 h h_1 + h_2^2 + h_1^2 k.}$$

Rahmen b.

$$\overline{CD} = s_1. \quad \frac{J_3}{J_1} \cdot \frac{h_1}{s_2} = k. \quad \frac{J_3}{J_2} \cdot \frac{s_1}{s_2} = k_1. \quad \overline{FD} = s_2.$$

$$E J_3 \delta_{aa} = \frac{s_2}{3} N. \quad \boldsymbol{N = 2 h_1^2 k + (3 h h_1 + h_2^2)(1 + k_1).}$$

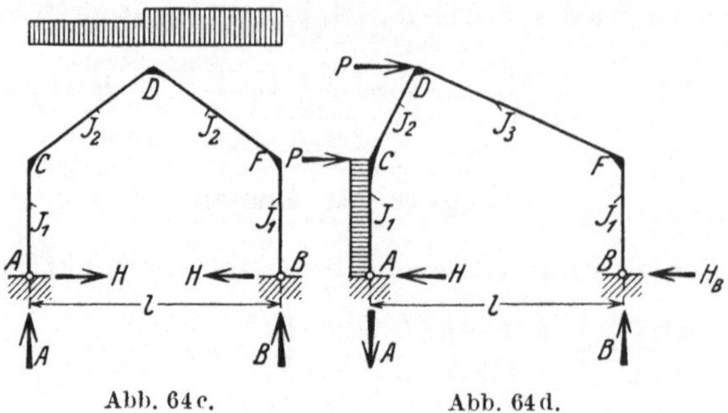

Abb. 64c. Abb. 64d.

Rahmen a.

Lotrechte Lasten.

1. Einzellast P im Abstand $d < 0{,}5\,l$ von C oder F.

$$n = \frac{d}{l}. \quad l - d = e. \quad H = \frac{P n}{4 N}[6 e h_1 + h_2 (3 l - 4 n d)].$$

$$B = P n. \quad A = P - B. \quad M_C = M_F = -H h_1,$$

$$M_D = 0{,}5 P d - H h. \quad M_P = A d - H (h_1 + 2 h_2 n).$$

Wenn $d = \frac{l}{4}$: $H = \frac{P l}{64 N}(11 h + 7 h_1)$.

" $d = \frac{l}{3}$: $H = \frac{P l}{108 N}(23 h + 13 h_1)$.

" $d = \frac{l}{6}$: $H = \frac{P l}{216 N}(26 h + 19 h_1)$.

2. Einzellast P im Firstpunkt D. $\quad H = \frac{P l}{8 N}(2 h + h_1)$.

$$A = B = \frac{P}{2}. \quad M_C = M_F = -H h_1. \quad M_D = \frac{P l}{4} - H h.$$

3. Zwei gleiche Einzellasten P im Abstand $d < 0{,}5\,l$ von C und F.

$$n = \frac{d}{l}. \quad l - d = e.$$

$$H = \frac{P n}{N}[3 e h_1 + h_2 (1{,}5\,l - 2 n d)]. \quad A = B = P.$$

$$M_C = M_F = -H h_1. \quad M_P = P d - H (h_1 + 2 n h_2). \quad M_D = P d - H h.$$

Wenn $d = \frac{l}{4}$: $H = \frac{P l}{32 N}(11 h + 7 h_1)$. $\quad M_P = \frac{P l}{4} - \frac{1}{2} H (h + h_1)$.

" $d = \frac{l}{3}$: $H = \frac{P l}{54 N}(23 h + 13 h_1)$. $\quad M_P = \frac{P l}{3} - \frac{1}{3} H (2 h + h_1)$.

" $d = \frac{l}{6}$: $H = \frac{P l}{108 N}(26 h + 19 h_1)$. $\quad M_P = \frac{P l}{6} - \frac{1}{3} H (h + 2 h_1)$.

4. Zwei Einzellasten: P im Abstand d von C und P_1 im gleichen Abstand von F.

$$n = \frac{d}{l}. \qquad H = \frac{n(P+P_1)}{2N}[3eh_1 + h_2(1{,}5l - 2nd)].$$

$$e = l - d. \qquad A = \frac{1}{l}(Pe + P_1 d). \qquad B = \frac{1}{l}(Pd + P_1 e).$$

$$M_C = M_F = -Hh_1. \qquad M_D = \frac{d}{2}(P+P_1) - Hh.$$

$$M_P = Ad - H(h_1 + 2nh_2). \qquad M_{P_1} = Bd - H(h_1 + 2nh_2).$$

Wenn $d = \frac{l}{4}$:

$$H = \frac{(P+P_1)l}{64N}(11h + 7h_1). \qquad M_D = \frac{l}{8}(P+P_1) - Hh.$$

$$A = 0{,}75P + 0{,}25P_1. \qquad B = 0{,}25P + 0{,}75P_1.$$

$$M_P = \frac{l}{16}(3P + P_1) - \frac{H}{2}(h + h_1). \qquad M_{P_1} = \frac{l}{16}(P + 3P_1) - \frac{H}{2}(h + h_1).$$

Wenn $d = \frac{l}{3}$:

$$H = \frac{(P+P_1)l}{108N}(23h + 13h_1). \qquad M_D = \frac{l}{6}(P+P_1) - Hh.$$

$$A = \tfrac{2}{3}P + \tfrac{1}{3}P_1. \qquad B = \tfrac{1}{3}P + \tfrac{2}{3}P_1.$$

$$M_P = \frac{l}{9}(2P + P_1) - \frac{H}{3}(2h + h_1). \qquad M_{P_1} = \frac{l}{9}(P + 2P_1) - \frac{H}{3}(2h + h_1).$$

5. Drei gleiche Einzellasten P in den Viertelpunkten.

$$H = \frac{Pl}{32N}(19h + 11h_1). \qquad A = B = 1{,}5P. \qquad M_C = M_F = -Hh_1.$$

$$M_D = \frac{Pl}{2} - Hh. \qquad M_P = \tfrac{3}{8}Pl - \frac{H}{2}(h + h_1).$$

Ist im Firstpunkt D die Last P_1 statt P, so ist:

$$H = \frac{l}{8N}\left[\frac{P}{4}(11h + 7h_1) + P_1(2h + h_1)\right]. \qquad A = B = P + 0{,}5P_1.$$

$$M_C = M_F = -Hh_1. \qquad M_D = \frac{l}{4}(P + P_1) - Hh.$$

$$M_P = \frac{l}{8}(2P + P_1) - \frac{H}{2}(h + h_1).$$

$$\overline{CD} = \overline{DF} = s. \qquad N = 3hh_1 + h_2^2 + h_1^2 k. \qquad k = \frac{J_2}{J_1} \cdot \frac{h_1}{s}.$$

6. Drei ungleiche Einzellasten in den Viertelpunkten; P auf $\overline{CD}$, P_0 im Punkt D und P_1 auf $\overline{DF}$.

$$H = \frac{l}{8N}[(P + P_1)(11h + 7h_1)\tfrac{1}{8} + P_0(2h + h_1)].$$

$$A = \frac{3}{4}P + \frac{1}{2}P_0 + \frac{1}{4}P_1. \qquad B = \frac{P}{4} + \frac{P_0}{2} + \frac{3}{4}P_1.$$

$$M_C = M_F = -Hh_1. \qquad M_D = \frac{l}{4}(2A - P) - Hh.$$

$$M_P = \frac{Al}{4} - H(h_1 + 0{,}5h_2). \qquad M_{P_1} = \frac{Bl}{4} - H(h_1 + 0{,}5h_2).$$

7. Fünf gleiche Einzellasten P in den Sechstelpunkten.

$$H = \frac{Pl}{24N}(22h + 13h_1). \qquad A = B = 2{,}5P.$$

$$M_C = M_F = -Hh_1. \qquad M_D = \tfrac{3}{4}Pl - Hh.$$

$$M_1 = \tfrac{5}{12}Pl - H\left(h_1 + \frac{h_2}{3}\right). \qquad M_2 = \tfrac{2}{3}Pl - H\left(h - \frac{h_2}{3}\right).$$

8. Zwei Einzellasten P auf $\overline{CD}$, im Firstpunkt D eine Einzellast P_0 und zwei Einzellasten P_1 auf $\overline{DF}$. Alle Lasten in den Sechstelpunkten.

$$H = \frac{l}{8N}\left[\frac{(P + P_1)}{3}(8h + 5h_1) + P_0(2h + h_1)\right].$$

$$A = 0{,}5(3P + P_0 + P_1). \qquad B = 0{,}5(3P_1 + P_0 + P).$$

$$M_C = M_F = -Hh_1. \qquad M_D = 0{,}5l(A - P) - Hh.$$

Riegelmomente in den Lastpunkten auf $\overline{CD}$.

$$M_1 = \frac{Al}{6} - H\left(h_1 + \frac{h_2}{3}\right). \qquad M_2 = \frac{Al}{3} - \frac{Pl}{6} - H\left(h - \frac{h_2}{3}\right).$$

Riegelmomente in den Lastpunkten auf $\overline{FD}$.

$$M_4 = \frac{Bl}{6} - H\left(h_1 + \frac{h_2}{3}\right). \qquad M_3 = \frac{Bl}{3} - \frac{P_1 l}{6} - H\left(h - \frac{h_2}{3}\right).$$

Etwaige Einzellasten in den Punkten C und F bleiben auf den Horizontalschub und auf die Momente ohne Einfluß.

9. Gleichmäßige Last $0{,}5pl$ über $\overline{CD}$ oder $\overline{FD}$.

$$H = \frac{pl^2}{64N}(5h + 3h_1).$$

Für die belastete Hälfte ist:

$$M_x = \frac{m}{l}x - 0{,}5px^2 - Hh_1. \qquad m = \tfrac{3}{8}pl^2 - 2Hh_2.$$

10. Gleichmäßige Last pl über $\overline{CDF}$.

$$H = \frac{pl^2}{32N}(5h + 3h_1). \quad A = B = 0{,}5\,pl. \quad M_C = M_F = -Hh_1.$$

$$M_D = \frac{pl^2}{8} - Hh. \qquad x \text{ von } C \text{ oder } F \text{ nach innen.}$$

$$M_x = \frac{mx}{l} - 0{,}5\,px^2 - Hh_1. \qquad m = \frac{pl^2}{2} - 2Hh_2.$$

Für $M_{\max}$ ist: $x_m = \frac{m}{pl}$.

Für die Nullpunkte ist: $x_0 = x_m \mp \sqrt{x_m^2 - \frac{2Hh_1}{p}}$.

Wagerechte Lasten.

11. Einzellast P gegen $\overline{AC}$ im Abstand d von A.

$$H_B = \frac{Pd}{4N}[3(h + h_1) + h_1 k(3 - n^2)]. \quad n = \frac{d}{h_1}. \quad H = P - H_B.$$

$$-A = B = \frac{Pd}{l}. \quad M_P = Hd. \quad M_C = Pd - H_B h_1.$$

$$M_D = 0{,}5\,Pd - H_B h. \quad M_F = -H_B h_1.$$

12. Einzellast P im Punkt C. $H_B = \frac{Ph_1}{4N}[3(h + h_1) + 2h_1 k]$.

$$H = P - H_B. \quad -A = B = \frac{Ph_1}{l}. \quad M_D = 0{,}5\,Ph_1 - H_B h. \quad M_C = Hh_1.$$

13. Einzellast P gegen $\overline{CD}$ im Abstand d von A und d_1 von C.

$$\frac{d_1}{h_2} = n. \quad H_B = \frac{P}{4N}[3d(h + h_1) - h_2 n^2(2h_1 + d) + 2kh_1^2].$$

$$H = P - H_B. \quad -A = B = \frac{Pd}{l}. \quad M_D = 0{,}5\,Bl - H_B h.$$

$$M_P = Hd + 0{,}5\,Aln. \quad M_F = -H_B h_1. \quad M_C = Hh_1.$$

Man beachte bei A das Minuszeichen.

14. Einzellast P im Firstpunkt D. $H = H_B = 0{,}5\,P$.

$$-A = B = \frac{Ph}{l}. \quad M_D = 0. \quad M_C = -M_F = 0{,}5\,Ph_1.$$

15. Gleichmäßige Last ph_1 gegen $\overline{AC}$.

$$H_B = \frac{ph_1^2}{8N}[3(h + h_1) + 2{,}5\,kh_1]. \quad H = ph_1 - H_B. \quad -A = B = \frac{ph_1^2}{2l}.$$

$$M_F = -H_B h_1. \quad M_D = 0{,}5\,Bl - H_B h. \quad M_C = 0{,}5\,ph_1^2 - H_B h_1.$$

Für $\overline{AC}$ ist: $M_y = Hy - 0{,}5\,py^2$. $y_m = \frac{H}{p}$. $M_{\max} = \frac{H^2}{2p}$.

16. Gleichmäßige Last ph_2 gegen $\overline{CD}$.

$$H_B = \frac{p h_2}{16 N}[h_1^2(9+8k)+5h(h+2h_1)]. \qquad H_A = ph_2 - H_B.$$

$$-A = B = \frac{p h_2}{l}(h_1 + 0{,}5 h_2). \qquad M_C = H h_1. \qquad M_F = -H_B h_1.$$

$$M_D = 0{,}5 B l - H_B h. \qquad k' = H h_2 + 0{,}5 A l. \qquad k'' = \frac{p h_2^2}{l}.$$

$$M_x = H h_1 + \frac{2k'x}{l} - \frac{2k''x^2}{l}. \qquad x_m = \frac{k'}{2k''}. \qquad x \text{ von } C \text{ nach innen.}$$

Für den Nullpunkt auf $\overline{CD}$ ist: $x_0 = x_m + \sqrt{x_m^2 + \frac{H h_1 l}{2k''}}$.

Man beachte bei A das Minuszeichen.

Rahmen b.

Lotrechte Lasten.

1. Einzellast P im Abstand $d < a$ von A auf $\overline{CD}$. $\frac{d}{a} = n$.

$$H = \frac{Pd}{2lN}[u(2h+h_1)(1+k_1) + lk_1(1-n)(h+2h_1+nh_2)].$$

2. Einzellast P im Firstpunkt D. $H = \frac{Pau}{2lN}(2h+h_1)(1+k_1)$.

3. Einzellast P im Abstand $d < u$ von B auf $\overline{DF}$. $\frac{d}{u} = n$.

$$H = \frac{Pd}{2lN}[a(2h+h_1)(1+k_1) + l(1-n)(h+2h_1+nh_2)].$$

Wenn $d = 0{,}5u$: $H = \frac{Pu}{4lN}[a(2h+h_1)(1+k_1) + 0{,}75l(h+h_1)]$.

4. Gleichmäßige Last pa über $\overline{CD}$.

$$H = \frac{pa^2}{2lN}[0{,}5lk_1(h+h_1) + u(2h+h_1)(1+k_1)].$$

5. Gleichmäßige Last pu über $\overline{DF}$.

$$H = \frac{pu^2}{4lN}[a(2h+h_1)(1+k_1) + 0{,}5l(h+h_1)].$$

Wagerechte Lasten.

6. Einzellast P gegen $\overline{AC}$ im Abstand d von A. $\frac{d}{h_1} = n$.

$$H_B = \frac{Pd}{2lN}[(u-ak_1)(2h+h_1) + lkh_1(3-n^2) + 3lk_1(h+h_1)].$$

$$H = P - H_B. \qquad -A = B = \frac{Pd}{l}. \qquad M_C = Pd - H_B h_1. \qquad M_D = Bu - H_B h.$$

7. Einzellast P im Punkt C nach Abb. 64d.

$$H_B=\frac{Ph_1}{2lN}[(u-ak_1)(2h+h_1)+2lkh_1+3lk_1(h+h_1)].$$

$$H=P-H_B. \quad -A=B=\frac{Ph_1}{l}. \quad M_C=Hh_1. \quad M_D=Bu-H_Bh.$$

$$M_F=-H_Bh_1.$$

8. Einzellast P gegen $\overline{CD}$ im Abstand d von A und d_1 von C.

$$\frac{d_1}{h_2}=n.$$

$$H_B=\frac{P}{2lN}\{(u-ak_1)(2h+h_1)d+2lkh_1^2+lk_1[3d(h+h_1)-n^2h_2(2h_1+d)]\}.$$

$$H=P-H_B. \quad -A=B=\frac{Pd}{l}. \quad M_P=Hd+Ana. \quad M_D=Bu-H_Bh.$$

9. Einzellast P im Firstpunkt D nach Abb. 64d.

$$H_B=\frac{P}{2lN}[2lkh_1^2+lh_1k_1(h+2h_1)+uh(2h+h_1)(1+k_1)].$$

$$H=P-H_B. \qquad -A=B=\frac{Ph}{l}. \qquad M_D=Hh+Aa.$$

10. Gleichmäßige Last ph_1 gegen $\overline{AC}$ nach Abb. 64d.

$$H_B=\frac{ph_1^2}{4lN}[(u-ak_1)(2h+h_1)+2{,}5lkh_1+3lk_1(h+h_1)].$$

$$H=ph_1-H_B. \quad -A=B=\frac{ph_1^2}{2l}. \quad M_F=-H_Bh_1. \quad M_D=Bu-H_Bh.$$

Für $\overline{AC}$ ist: $M_{\max}=\frac{H^2}{2p}$. $\qquad x_m=\frac{H}{p}$. $\qquad M_C=Hh_1-0{,}5ph_1^2$.

11. Gleichmäßige Last ph_2 gegen $\overline{CD}$.

$$H_B=\frac{ph_2}{8lN}[8lkh_1^2+lk_1(5h^2+10hh_1+9h_1^2)+2(u-ak_1)(2h^2+3hh_1+h_1^2)].$$

$$H=ph_2-H_B. \qquad -A=B=\frac{ph_2}{l}(h_1+0{,}5h_2). \qquad M_F=-H_Bh_1.$$

Für $\overline{CD}$ ist: $M_x=Hh_1+\frac{k'}{a}x-\frac{ph_2^2}{2a^2}x^2$. $\quad x$ von C nach rechts.

$$k'=Hh_2+Aa.$$

Für $M_{\max}$ ist: $x_m=\frac{ak'}{ph_2^2}$. $\qquad M_{\max}=Hh_1+\frac{x_mk'}{2a}$.

Man beachte bei A das Minuszeichen.

12. Einzellast P gegen $\overline{BF}$ im Abstand d von B. $\frac{d}{h_1} = n$.

$$H = \frac{Pd}{2lN}[lkh_1(3 - n^2) + 3l(h + h_1) + (ak_1 - u)(2h + h_1)].$$

$H_B = P - H$. $A = -B = \frac{Pd}{l}$. $M_D = Aa - Hh$. $M_F = Pd - Hh_1$.

13. Einzellast P im Punkt F.

$H = \frac{Ph_1}{2lN}[2lkh_1 + 3l(h + h_1) + (ak_1 - u)(2h + h_1)]$. $H_B = P - H$.

$A = -B = \frac{Ph_1}{l}$. $M_C = -Hh_1$. $M_D = Aa - Hh$. $M_F = H_B h_1$.

14. Einzellast P gegen $\overline{FD}$ im Abstand d von B und d_1 von F.

$$\frac{d_1}{h_2} = n.$$

$$H = \frac{P}{2lN}[3ld(h + h_1) + 2lkh_1^2 + d(ak_1 - u)(2h + h_1) - n^2 lh_2(2h_1 + d)].$$

$H_B = P - H$. $A = -B = \frac{Pd}{l}$. $M_D = Aa - Hh$. $M_P = H_B d + Bun$.

15. Einzellast P im Firstpunkt D. Richtung $\overline{BA}$.

$$H = \frac{P}{2lN}[lh_1(h + 2h_1 + 2h_1 k) + ah(2h + h_1)(1 + k_1)].$$

$H_B = P - H$. $A = -B = \frac{Ph}{l}$. $M_D = Aa - Hh$. $M_F = H_B h_1$.

16. Gleichmäßige Last ph_1 von außen gegen $\overline{BF}$.

$$H = \frac{ph_1^2}{4lN}[2{,}5h_1 lk + 3l(h + h_1) + (2h + h_1)(ak_1 - u)].$$

$H_B = ph_1 - H$. $A = -B = \frac{ph_1^2}{2l}$. $M_C = -Hh_1$. $M_D = -(Hh - Aa)$.

Für $\overline{BF}$ ist: $M_y = H_B y - 0{,}5py^2$. $y_m = \frac{H_B}{p}$. $M_{\max} = 0{,}5 H_B y_m$.

y von B nach oben. $M_F = H_B h_1 - 0{,}5ph_1^2$.

17. Gleichmäßige Last ph_2 von außen gegen $\overline{FD}$.

$$H = \frac{ph_2}{4lN}[4lkh_1^2 + 0{,}5l(5h^2 + 10hh_1 + 9h_1^2) + (ak_1 - u)(2h^2 + 3hh_1 + h_1^2)].$$

$H_B = ph_2 - H$. $A = -B = \frac{ph_2}{l}(h_1 + 0{,}5h_2)$. $M_F = H_B h_1$.

$k' = H_B h_2 + Bu$. $x_m = \frac{k'u}{ph_2^2}$. x von F nach links.

Für $\overline{FD}$ ist: $M_x = H_B h_1 + \frac{k'}{u}x - \frac{ph_2^2}{2u^2}x^2$. $M_{\max} = H_B h_1 + \frac{k' x_m}{2u}$.

Man beachte bei B das Minuszeichen.

Rahmen 4.

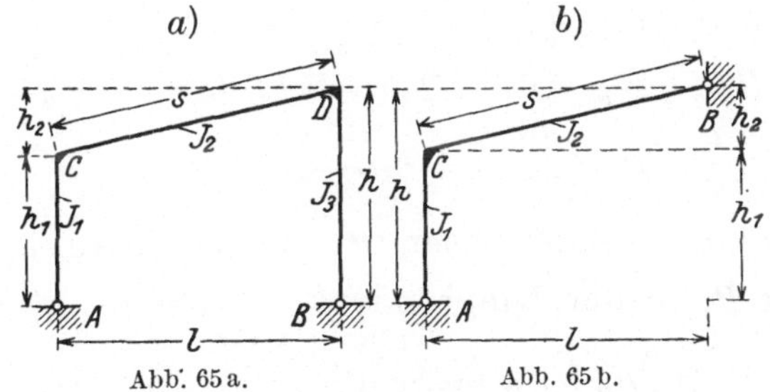

Abb. 65a. Abb. 65b.

Rahmen *a*.

$$\frac{J_2}{J_1}\cdot\frac{h_1}{s} = k. \qquad E J_2 \delta_{aa} = \frac{s}{3} N. \qquad \frac{J_2}{J_3}\cdot\frac{h}{s} = k_1.$$

$$\boldsymbol{N = 3\,h h_1 + h_2^2 + h_1^2 k + h^2 k_1.}$$

Rahmen *b*.

$$\frac{J_2}{J_1}\cdot\frac{h_1}{s} = k. \qquad E J_2 \delta_{aa} = \frac{s}{3} h_1^2 (1 + k).$$

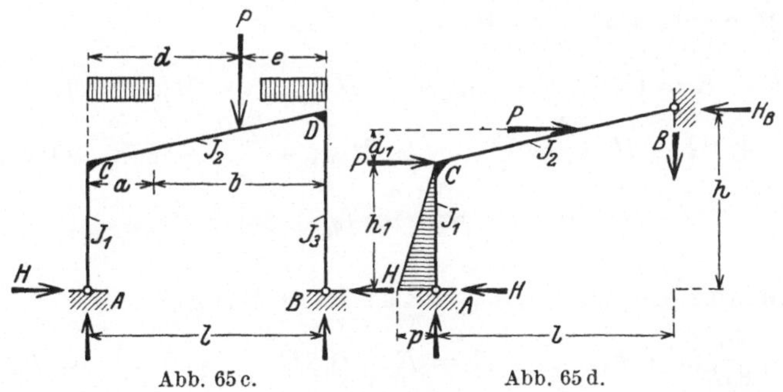

Abb. 65c. Abb. 65d.

Rahmen a.

Lotrechte Lasten.

1. Einzellast P im Abstand d von A und e von B.

$$H = \frac{P e n}{2N}(h + 2h_1 + n h_2). \qquad n = \frac{d}{l}. \qquad A = \frac{P e}{l}. \qquad B = P n.$$

$$M_P = P e n - H(h_1 + n h_2). \qquad M_D = -H h.$$

2. Einzellast P in der Mitte des Riegels $\overline{CD}$.

$$H = \frac{3Pl}{16N}(h + h_1). \quad A = B = 0{,}5\,P. \quad M_C = -H h_1. \quad M_D = -H h.$$

$$M_P = \frac{Pl}{4} - H(h_1 + 0{,}5\,h_2).$$

3. Zwei gleiche Einzellasten P im Abstand c von C bzw. D.

$H = \frac{3Pc}{2lN}(l-c)(h+h_1)$. $\frac{c}{l} = n$. $A = B = P$. $M_C = -Hh_1$.

$M_D = -Hh$. $M_P = Pc - H(h_1 + nh_2)$ bzw. $= Pc - H(h - nh_2)$.

Wenn $c = \frac{l}{3}$: $H = \frac{Pl}{3N}(h+h_1)$. $A = B = P$. $n = \frac{1}{3}$.

4. Zwei gleiche Einzellasten P wie vor und eine Einzellast P_1 in der Riegelmitte. $\frac{c}{l} = n$. $b = l - c$.

$H = \frac{3(h+h_1)}{2N}(Pbn + 0{,}125\,P_1 l)$. $A = B = P + 0{,}5\,P_1$.

$M_C = -Hh_1$. $M_1 = Ac - H(h_1 + nh_2)$.

$M_{\max} = Pc + \frac{P_1 l}{4} - H(h_1 + 0{,}5h_2)$. $M_3 = Bc - H(h - nh_2)$.

Wenn $P_1 = P$: $H = \frac{3P(h+h_1)}{2N}(bn + 0{,}125l)$. $A = B = 1{,}5P$.

$$M_{\max} = P\left(c + \frac{l}{4}\right) - H(h_1 + 0{,}5h_2).$$

5. Drei gleiche Einzellasten P in den Viertelpunkten des Riegels $\overline{CD}$. $H = \frac{15}{32} \cdot \frac{Pl(h+h_1)}{N}$.

$A = B = 1{,}5\,P$. $M_C = -Hh_1$. $M_D = -Hh$.

$M_1 = \frac{3}{8}Pl - H\left(h_1 + \frac{h_2}{4}\right)$. $M_{\max} = \frac{Pl}{2} - H(h_1 + 0{,}5\,h_2)$.

$$M_3 = \frac{3}{8}Pl - H\left(h - \frac{h_2}{4}\right).$$

6. Gleichmäßige Last $Q = ql$ auf dem Riegel $\overline{CD}$.

$H = \frac{Ql}{8N}(h+h_1)$. $A = B = 0{,}5Q$. $M_C = -Hh_1$.

$M_D = -Hh$. $m = A - H\frac{h_2}{l}$.

Für die Strecke $\overline{CD}$ ist: $M_x = mx - 0{,}5qx^2 - Hh_1$. x von C an.

$x_m = \frac{m}{q}$. $M_{\max} = 0{,}5\,mx_m - Hh_1$. $x_0 = x_m \mp \frac{1}{q}\sqrt{m^2 - 2qHh_1}$.

Längskraft: $\mathfrak{N}_x = \frac{qh_2}{s}(0{,}5l + x) + H\frac{l}{s}$.

7. Linksseitige Streckenlast pa auf dem Riegel. $l - a = b$.

$H = \frac{p}{2l^2N}\left[l(h + 2h_1)\int_0^a (lx - x^2)\,dx + h_2\int_0^a (lx^2 - x^3)\,dx\right]$ d. i.

$H = \frac{pa^2}{4l^2N}(l^2h + 2lbh_1 - 0{,}5a^2h_2)$. $B = \frac{pa^2}{2l}$. $A = pa - B$.

Wenn $a = \frac{l}{3}$: $H = \frac{p l^2}{648 N}(17 h + 25 h_1)$.

Wenn $a = \frac{l}{2}$: $H = \frac{p l^2}{128 N}(7 h + 9 h_1)$.

8. Rechtsseitige Streckenlast pb auf dem Riegel. $l = a + b$.

$$H = \frac{p}{2 l^2 N}[l(h + 2 h_1)\int_0^b (l x - x^2)\,dx + h_2 \int_0^b (l^2 x - 2 l x^2 + x^3)\,dx] \text{ d. i.}$$

$$H = \frac{p b^2}{8 l^2 N}[a^2 h_2 + l(l + 2a)(h + h_1)]. \quad A = \frac{p b^2}{2 l}. \quad B = p b - A.$$

Wenn $b = \frac{l}{3}$: $H = \frac{p l^2}{648 N}(25 h + 17 h_1)$.

Wenn $b = \frac{l}{2}$: $H = \frac{p l^2}{128 N}(9 h + 7 h_1)$.

9. Links- und rechtsseitige Streckenlasten pa nach Abb. 65c.

$$H = \frac{p a^2}{4 l N}(3l - 2a)(h + h_1). \quad A = B = pa. \quad M_C = -H h_1. \quad M_F = -H h.$$

Wagerechte Lasten.

10. Einzellast P gegen $\overline{AC}$ im Abstand d von A. $n = \frac{d}{h_1}$.

$$H_B = \frac{P d}{2 N}[h_2 - n d k + 3 h_1 (1 + k)]. \quad H = P - H_B. \quad -A = B = \frac{P d}{l}.$$

$$M_P = H d. \quad M_C = P d - H_B h_1. \quad M_D = -H_B h.$$

11. Einzellast P im Punkt C. $H_B = \frac{P h_1}{2 N}[h_2 + h_1 (3 + 2 k)]$.

$$H = P - H_B. \quad -A = B = \frac{P h_1}{l}. \quad M_C = H h_1. \quad M_D = -H_B h.$$

12. Einzellast P gegen den Riegel $\overline{CD}$ im Abstand d von A und d_1 von C. $n = \frac{d_1}{h_2}$.

$$H_B = \frac{P}{2 N}[2 k h_1^2 + d(h + 2 h_1) - n d_1 (d + 2 h_1)]. \quad H = P - H_B.$$

$$-A = B = \frac{P d}{l}. \quad M_C = H h_1. \quad M_P = P d (1 - n) - H_B d.$$

$$M_D = -H_B h.$$

13. Einzellast P von links im Punkt D.

$$H_B = \frac{P h_1}{2 N}[h + 2 h_1 (1 + k)]. \quad H = P - H_B.$$

$$-A = B = \frac{P h}{l}. \quad M_C = H h_1. \quad M_D = -H_B h.$$

14. Einzellast P gegen $\overline{BD}$ im Abstand d von B. $n = \frac{d}{h}$.

$$H = \frac{P d}{2 N}[h_1 + 2 h + h k_1 (3 - n^2)]. \quad H_B = P - H. \quad A = -B = \frac{P d}{l}.$$

$$M_C = -H h_1. \quad M_D = P d - H h. \quad M_P = H_B d.$$

15. Einzellast P von rechts im Punkt D.

$$H = \frac{Ph}{2N}[h_1 + 2h(1 + k_1)]. \quad H_B = P - H.$$

$$A = -B = \frac{Ph}{l}. \quad M_C = -Hh_1. \quad M_D = H_B h.$$

16. Gleichmäßige Last ph_1 gegen $\overline{AC}$.

$$H_B = \frac{ph_1^2}{4N}(h + 2h_1 + 2{,}5\,kh_1). \quad H = ph_1 - H_B.$$

$$-A = B = \frac{ph_1^2}{2l}. \quad M_D = -H_B h. \quad M_C = Bl - H_B h_1.$$

Für AC ist: $M_y = Hy - 0{,}5\,py^2$. $y_m = \frac{H}{p}$. $M_{\max} = \frac{H^2}{2p}$.

17. Dreieckslast $0{,}5\,ph_1$ gegen $\overline{AC}$. Siehe Abbildung für Rahmen b.

$$H_B = \frac{ph_1^2}{12N}(h + 2h_1 + 2{,}7\,kh_1). \quad H = 0{,}5\,ph_1 - H_B.$$

$$-A = B = \frac{ph_1^2}{6l}. \quad M_C = Bl - H_B h_1. \quad M_D = -H_B h.$$

Für den Stiel $\overline{AC}$ ist: $M_y = Hy - 0{,}5\,py^2 + \frac{p}{6h_1}y^3$.

Für $M_{\max}$ ist: $y_m = h_1\left(1 - \sqrt{1 - \frac{2H}{ph_1}}\right)$.

Wirkt die Last p von innen nach außen, dann erhalten alle Auflagerkräfte entgegengesetzte Richtung und alle Momente entgegengesetzte Vorzeichen.

18. Gleichmäßige Last ph_2 gegen den Riegel $\overline{CD}$.

$$H_B = \frac{ph_2}{8N}[h(h + 4h_1) + h_1^2(7 + 8k)]. \quad H = ph_2 - H_B.$$

$$-A = B = \frac{ph_2}{l}(h_1 + 0{,}5\,h_2). \quad M_C = Hh_1. \quad M_D = -H_B h.$$

Für die Strecke $\overline{CD}$ ist:

$n = \frac{h_2}{l}$. $m = Hh_2 + Al$. A ist ein Minuswert.

$M_y = Hh_1 + \frac{my}{h_2} - 0{,}5\,py^2$. y von C nach oben.

$M_x = Hh_1 + \frac{mx}{l} - 0{,}5\,pn^2x^2$. x von C nach rechts.

Für $M_{\max}$ ist: $x_m = \frac{m}{nph_2}$. $M_{\max} = Hh_1 + \frac{mx_m}{2l}$.

$$x_0 = x_m + \sqrt{x_m^2 + \frac{2Hh_1}{pn^2}}.$$

19. Gleichmäßige Last ph gegen $\overline{BD}$.

$$H = \frac{ph^2}{4N}(h_1 + 2h + 2{,}5\,k h_1). \qquad H_B = ph - H.$$

$$A = -B = \frac{ph^2}{2l}. \quad M_C = -Hh_1. \quad M_D = Al - Hh.$$

Für den Stiel $\overline{BD}$ ist: $M_y = H_B y - 0{,}5\,py^2$. $y_m = \frac{H_B}{p}$.

$$M_{\max} = \frac{H_B^2}{2p}.$$

20. Dreieckslast 0,5 ph gegen $\overline{BD}$.

$$H = \frac{ph^2}{12N}(h_1 + 2h + 2{,}7\,h k_1). \qquad H_B = 0{,}5\,ph - H.$$

$$A = -B = \frac{ph^2}{6l}. \quad M_C = -Hh_1. \quad M_D = Al - Hh.$$

Für den Stiel $\overline{BD}$ ist: $M_y = H_B y - 0{,}5\,py^2 + \frac{py^3}{6h}$.

Für $M_{\max}$ ist: $y_m = h\left(1 - \sqrt{1 - \frac{2H_B}{ph}}\right)$.

Rahmen b.

Lotrechte Lasten.

1. Einzellast P im Abstand d von A und e von B. $n = \frac{d}{l}$.

$$H = \frac{Pen}{2lh_1}\cdot\frac{l+e}{1+k}. \quad A = \frac{1}{l}(Pe + Hh). \quad B = P - A.$$

$$M_P = Be + \frac{Heh_2}{l}. \quad M_C = -Hh_1.$$

Längskräfte: $\overline{CP}$: $\mathfrak{N} = \frac{1}{s}(Hl + Ah_2)$. $\overline{PB}$: $\mathfrak{N} = \frac{1}{s}(Hl - Bh_2)$.

2. Einzellast P in der Riegelmitte. $H = \frac{3Pl}{16h_1(1+k)}$.

$$A = \frac{P}{2} + \frac{Hh}{l}. \qquad B = \frac{P}{2} - \frac{Hh}{l}.$$

$$M_P = 0{,}5\,Bl + 0{,}5\,Hh_2. \quad M_C = -Hh_1.$$

3. Zwei gleiche Einzellasten P im Abstand c von C bzw. B.

$$H = \frac{1{,}5\,Pc(l-c)}{lh_1(1+k)}. \quad A = P + \frac{Hh}{l}. \quad B = 2P - A.$$

$$M_C = -Hh_1. \quad M_{\max} = Pc - \frac{c}{l}Hh_1.$$

4. Zwei gleiche Einzellasten P in den Drittelpunkten des Riegels $\overline{BC}$. $H = \frac{Pl}{3h_1(1+k)}$. $A = P + \frac{Hh}{l}$.

$$B = 2P - A. \quad M_C = -Hh_1. \quad M_{\max} = \frac{Pl}{9}\cdot\frac{2+3k}{1+k}.$$

5. Drei gleiche Einzellasten P in den Viertelpunkten des Riegels $\overline{BC}$.
$$H = \frac{15}{32} \cdot \frac{Pl}{h_1(1+k)} . \qquad A = 1{,}5\,P + \frac{Hh}{l} .$$
$$B = 3P - A . \quad M_{\max} = 0{,}5\,(Pl - Hh_1) . \quad M_C = -Hh_1 .$$

6. Gleichmäßige Last $Q = ql$ auf dem Riegel $\overline{BC}$.
$$H = \frac{Ql}{8h_1(1+k)} . \qquad A = \frac{Q}{2} + \frac{Hh}{l} . \qquad B = \frac{Q}{2} - \frac{Hh}{l} .$$
$$n = \frac{h_2}{l} . \qquad m = B + Hn . \qquad x \text{ von } B \text{ nach links.}$$
Für den Riegel $\overline{BC}$ ist: $M_x = mx - 0{,}5\,px^2 . \qquad x_m = \frac{m}{p} .$
$$x_0 = 2x_m . \quad M_{\max} = 0{,}5\,mx_m = \frac{m^2}{2p} .$$

7. Linksseitige Streckenlast pa auf dem Riegel. $l = a + b$.
$$H = \frac{p}{2l^2h_1(1+k)} \int_b^l (l^2x - x^3)\,dx . \qquad H = \frac{pa^2}{8l^2h_1} \cdot \frac{a^2 + 4lb}{1+k} .$$
$$B = \frac{pa^2}{2l} - \frac{Hh}{l} . \qquad A = pa - B .$$
Wenn $a = 0{,}5\,l$: $\quad H = \frac{9}{128} \cdot \frac{pl^2}{h_1(1+k)} .$

8. Rechtsseitige Streckenlast pb auf dem Riegel. $l = a + b$.
$$H = \frac{p}{2l^2h_1(1+k)} \int_0^b (l^2x - x^3)\,dx . \qquad H = \frac{pb^2}{8l^2h_1} \cdot \frac{2l^2 - b^2}{1+k} .$$
$$A = \frac{pb^2}{2l} + \frac{Hh}{l} . \qquad B = pb - A .$$
Wenn $b = 0{,}5\,l$: $\quad H = \frac{7}{128} \cdot \frac{pl^2}{h_1(1+k)} .$

9. Links- und rechtsseitige Streckenlasten pa. $l = a + b + a$.
$$H = \frac{pa^2}{4lh_1} \cdot \frac{2l + b}{1+k} . \qquad A = pa + \frac{Hh}{l} . \qquad B = 2pa - A .$$
$$M_{\max} = \frac{pa^2}{2} - \frac{Hh_1a}{l} .$$

10. Streckenlast pd auf dem Riegel im Abstand c von C und e von B. $l = c + d + e$.
$$H = \frac{p}{2l^2h_1(1+k)} \int_e^{e+d} (l^2x - x^3)\,dx$$
$$\text{d.i. } H = \frac{pd}{8l^2h_1} \cdot \frac{4ce\,(2l - c) + 2d\,(l^2 + e^2) - d^3}{1+k} .$$
$$A = \frac{pd}{l}(e + 0{,}5\,d) + \frac{Hh}{l} . \qquad B = pd - A . \qquad M_C = -Hh_1 .$$

Längskräfte: Strecke c: $\mathfrak{N} = \frac{1}{s}(Hl + Ah_2)$

" d: $\mathfrak{N}_x = \frac{1}{s}[Hl + h_2(A - px)]$

" e: $\mathfrak{N} = \frac{1}{s}(Hl - Bh_2)$.

x vom Lastbeginn an nach rechts.

Wagerechte Lasten.

11. Einzellast P im Abstand d von A gegen $\overline{AC}$. $n = \frac{d}{h_1}$.

$$H_B = \frac{Pn}{2} \cdot \frac{2 + k(3 - n^2)}{1 + k}. \qquad H = P - H_B. \qquad M_C = H_B h_2 + Bl.$$

$$A = -B = \frac{1}{l}(H_B h - Pd). \qquad M_P = Hd.$$

Wenn $d = 0{,}5\,h_1$: $H_B = \frac{P}{16} \cdot \frac{8 + 11\,k}{1 + k}$.

12. Einzellast P im Punkt C. $H_B = P$. $H = 0$.

$A = -B = \frac{Ph_2}{l}$. Alle Momente sind gleich Null.

Längskraft in $\overline{BC}$: $\mathfrak{N} = \frac{P}{sl}(l^2 + h_2^2)$.

13. Einzellast P gegen den Riegel $\overline{CB}$ im Abstand d von A und d_1 von C nach Abb. 65d. $d = h_1 + d_1$.

$$H_B = \frac{P}{2h_1}\left(2\,h_1 + \frac{d_1(2 + n^2 - 3\,n)}{1 + k}\right). \qquad H_B > P. \qquad H = P - H_B.$$

$$n = \frac{d_1}{h_2}. \qquad A = -B = \frac{1}{l}(H_B h - Pd). \qquad M_C = Hh_1.$$

$M_P = Aln + Hd$. H ist ein Minuswert.

14. Gleichmäßige Last ph_1 gegen $\overline{AC}$. $H_B = \frac{ph_1}{8} \cdot \frac{4 + 5\,k}{1 + k}$.

$$H = ph_1 - H_B. \qquad A = -B = \frac{1}{l}(H_B h - 0{,}5\,ph_1^2).$$

$M_C = H_B h_2 + Bl$. y von A nach oben.

Für den Stiel $\overline{AC}$ ist: $M_y = Hy - 0{,}5\,py^2$. $y_m = \frac{H}{p}$.

$$M_{\max} = 0{,}5\,Hy_m.$$

15. Gleichmäßige Last ph_2 gegen den Riegel $\overline{CB}$.

$$H_B = ph_2 + \frac{ph_2^2}{8\,h_1(1 + k)}. \qquad H = -\frac{ph_2^2}{8\,h_1(1 + k)}.$$

$$A = -B = \frac{1}{l}[H_B h - ph_2(h_1 + 0{,}5\,h_2)]. \qquad M_C = Hh_1.$$

Für die Strecke $\overline{BC}$ ist: $n = \frac{h_2}{l}$. $M_x = \frac{p n^2 x}{8}\left[\frac{l(3+4k)}{1+k} - 4x\right]$.

$x_m = \frac{l}{8}\cdot\frac{3+4k}{1+k}$. $M_{\max} = 0{,}5\,p n^2 x_m^2$.

$x_0 = 2x_m$. x von B nach links.

Längskräfte: $\overline{BC}$: $\mathfrak{N}_x = \frac{1}{s}(B h_2 + H_B l - p h_2 x)$.

16. Dreieckslast $0{,}5\,p h_1$ gegen $\overline{AC}$ (siehe Abbildung 65d).

$H_B = \frac{p h_1}{6}\cdot\frac{1+1{,}35\,k}{1+k}$. $H = 0{,}5\,p h_1 - H_B$. $A = -B = \frac{1}{l}\left(H_B h - \frac{p h_1^2}{6}\right)$.

$M_C = H_B h_2 + B l$. Längskraft in $\overline{BC}$: $\mathfrak{N} = \frac{1}{s}(H_B l - B h_2)$.

Für den Stiel $\overline{AC}$ ist: $M_y = H y - \frac{p y^2}{6 h_1}(3h_1 - y)$. y von A nach oben.

Für $M_{\max}$ ist: $y_m = h_1\left(1 - \sqrt{\frac{1+1{,}35\,k}{3(1+k)}}\right)$.

Für den Nullpunkt ist: $y_0 = h_1\left(1{,}5 - \sqrt{\frac{1+2{,}4\,k}{4(1+k)}}\right)$.

Rahmen 6.

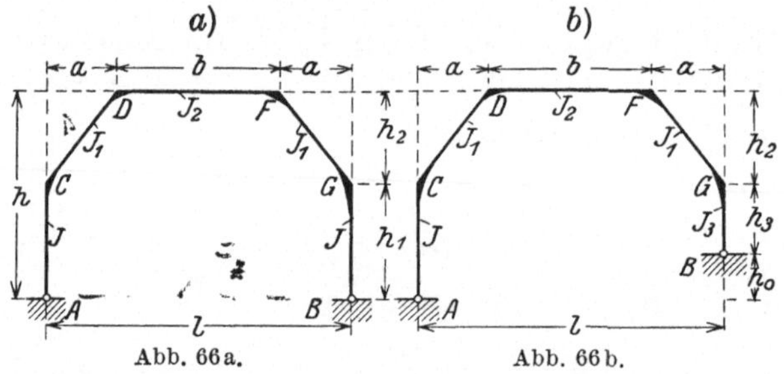

Abb. 66a. Abb. 66b.

Rahmen a.

$\frac{J_2}{J}\cdot\frac{h_1}{b} = k$. $\boldsymbol{N = 3h^2 + 2k h_1^2 + 2k_1(3h h_1 + h_2^2)}$. $\frac{J_2}{J_1}\cdot\frac{s}{b} = k_1$.

$s = \overline{CD} = \overline{FG}$. $E J_2 \delta_{aa} = \frac{b}{3} N$.

Rahmen b.

$\overline{CD} = \overline{FG} = s$. $\frac{J_2}{J}\cdot\frac{h_1}{b} = k$. $z = \frac{h_0}{l}$. $\frac{J_2}{J_1}\cdot\frac{s}{b} = k_1$. $\frac{J_2}{J_3}\cdot\frac{h_3}{b} = k_2$.

$$E J_2 \delta_{aa} = \frac{h_1^2 b k}{3} + b k_1\left[h_1^2 + h_3^2 + \frac{h_2}{3}(2h + h_1 + 3h_3) - \frac{a z^2}{3}(2l + b)\right]$$
$$+ b\left[h(h - h_0) + \frac{h_0^2}{3} - \frac{a z^2}{3}(a + b)\right] + \frac{h_3^2 b k_2}{3}.$$

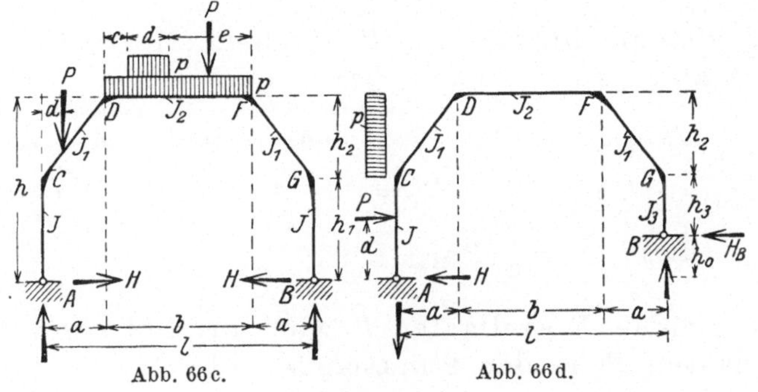

Abb. 66c. Abb. 66d.

Rahmen a.

Lotrechte Lasten.

1. Einzellast P auf $\overline{CD}$ im Abstand d von A. $n = \frac{d}{a}$.

$$H = \frac{Pd}{2N}[3h(1+k_1) + 3h_1k_1(1-n) - n^2h_2k_1]. \quad B = \frac{Pd}{l}. \quad A = P - B.$$

Wenn $d = 0{,}5a$: $H = \frac{Pa}{16N}[12h + k_1(11h + 7h_1)]$.

2. Einzellast P im Punkt D.

$$H = \frac{Pa}{2N}[3h + k_1(2h + h_1)]. \quad B = \frac{Pa}{l}. \quad A = P - B.$$

3. Einzellast P im Punkt D und Einzellast P_1 im Punkt F.

$$H = \frac{(P+P_1)a}{2} \cdot \frac{3h + k_1(2h+h_1)}{N}. \quad A = \frac{P(a+b)+P_1a}{l}. \quad B = P + P_1 - A.$$

Längskräfte: $\overline{CD}$: $\mathfrak{N} = \frac{1}{s}(Ah_2 + Ha)$. $\overline{GF}$: $\mathfrak{N} = \frac{1}{s}(Bh_2 + Ha)$.

4. Zwei gleiche Einzellasten P in den Punkten D und F.

$$H = \frac{Pa}{N}[3h + k_1(2h + h_1)]. \quad A = B = P.$$

$M_C = M_G = -Hh_1$. $M_D = M_F = Pa - Hh$. $\mathfrak{N} = \frac{1}{s}(Ph_2 + Ha)$.

5. Einzellast P auf dem Riegel $\overline{DF}$ im Abstand d von D und e von F. $H = \frac{P}{2bN}[3h(ab + de) + abk_1(2h + h_1)]$.

$A = \frac{P}{l}(a + e)$. $B = P - A$. $M_C = M_G = -Hh_1$.

$M_D = Aa - Hh$. $M_F = Ba - Hh$. $M_P = M_D + Ad$.

6. Einzellast P in der Mitte des Riegels $\overline{DF}$.

$$H = \frac{P}{2N}[1{,}5h(a + 0{,}5l) + ak_1(2h + h_1)]. \quad A = B = 0{,}5P.$$

$M_C = M_G = -Hh_1$. $M_D = M_F = 0{,}5Pa - Hh$. $M_P = \frac{Pl}{4} - Hh$.

Längskräfte: $\mathfrak{N} = \frac{1}{s}(0{,}5Ph_2 + Ha)$.

7. Zwei gleiche Einzellasten P auf dem Riegel $\overline{DF}$ im Abstand c vom Punkt D bzw. von F.

$$H = \frac{P}{bN}[abk_1(2h + h_1) + 3h(ab + bc - c^2)]. \qquad A = B = P.$$

$$M_C = M_G = -Hh_1. \quad M_D = M_F = Pa - Hh. \quad M_P = P(a + c) - Hh.$$

Längskräfte: $\mathfrak{N} = \frac{1}{s}(Ph_2 + Ha)$.

8. Zwei gleiche Einzellasten P wie vor und zwei Einzellasten P_1 in den Punkten D und F.

$$H = \frac{(P + P_1)a[3h + k_1(2h + h_1)] + 3P\,ch(1 - n)}{N}. \qquad n = \frac{c}{b}.$$

$$A = B = P + P_1. \quad M_C = M_G = -Hh_1. \quad M_D = M_F = Aa - Hh.$$

$$M_P = P_1 a + P(a + c) - Hh.$$

Längskräfte: $\mathfrak{N} = \frac{1}{s}(Ah_2 + Ha)$.

Wenn $c = \frac{b}{3}$: $H = \frac{ah(3P_1 + \frac{5}{3}P) + ak_1(2h + h_1)(P + P_1) + \frac{2}{3}P\,hl}{N}$.

$$A = B = P + P_1.$$

9. Drei gleiche Einzellasten P in den Viertelpunkten des Riegels und 2 Einzellasten P_1 in den Punkten D und F.

$$H = \frac{3ah(P_1 + 0\,875P) + ak_1(2h + h_1)(P_1 + 1{,}5P) + 0{,}9375\,Plh}{N}.$$

$$A = B = P_1 + 1{,}5P. \quad M_C = M_G = -Hh_1. \quad M_D = M_F = Aa - Hh.$$

$$M_P = Aa + 0{,}375\,Pb - Hh. \qquad M_{\max} = P_1 a + 0{,}5\,P(l + a) - Hh.$$

10. Gleichmäßige Lasten pa über $\overline{CD}$ und über $\overline{FG}$.

$$H = \frac{pa^2}{4N}[6h + k_1(5h + 3h_1)]. \qquad A = B = pa.$$

$$M_C = M_G = -Hh_1. \qquad M_D = M_F = 0{,}5\,pa^2 - Hh.$$

Für die Strecken a ist: $M_x = \frac{mx}{a} - 0{,}5\,px^2 - Hh_1$.

$$m = pa^2 - Hh_2. \qquad x_m = \frac{m}{pa}.$$

Für die Nullpunkte ist: $x_0 = x_m - \sqrt{x_m^2 - \frac{2Hh_1}{p}}$.

11. Gleichmäßige Last pb auf dem Riegel $\overline{DF}$.

$$H = \frac{pb}{2N}[0{,}5h(l + 4a) + ak_1(2h + h_1)].$$

$$A = B = 0{,}5\,pb. \quad M_C = M_G = -Hh_1. \quad M_D = M_F = 0{,}5\,pba - Hh.$$

Für den Riegel $\overline{DF}$ ist:

$$M_x = 0{,}5\,p\,b\,(a + x) - 0{,}5\,p\,x^2 - H\,h. \qquad x \text{ von } D \text{ nach rechts.}$$

$$M_{\max} = \frac{p\,b}{8}(2\,l - b) - H\,h. \qquad \text{Längskraft: } \mathfrak{N} = \frac{1}{s}(A\,h_2 + H\,a).$$

Falls M_D und M_F negativ: $x_0 = \frac{b}{2} \mp \frac{b}{2}\sqrt{1 + \frac{4\,a}{b} - \frac{8\,H\,h}{p\,b^2}}$.

12. Streckenlast $p\,d$ auf dem Riegel $\overline{DF}$ nach Abb. 66c.

$$A = \frac{p\,d}{l}(a + e + 0{,}5\,d). \qquad B = p\,d - A.$$

$$H = \frac{p\,d}{2\,b\,N}[a\,b\,k_1(2\,h + h_1) + 3\,h\,(a\,b + c\,e + 0{,}5\,b\,d) - h\,d^2].$$

$$M_C = M_G = -H\,h_1. \qquad M_D = A\,a - H\,h. \qquad M_F = B\,a - H\,h.$$

x von D nach rechts.

Auf der Strecke d ist: $M_x = M_D + A\,x - 0{,}5\,p\,(x - c)^2$. $\quad x_m = c + \frac{A}{p}$.

$$M_{\max} = A\,(a + x_m) + \frac{A^2}{2\,p} - H\,h.$$

Wenn $c = 0$ und $b = d + e$, d. i. einseitige Riegelbelastung:

$$H = \frac{p\,d}{2\,b\,N}\{a\,b\,k_1(2\,h + h_1) + h\,[3\,a\,b + 0{,}5\,d\,(b + 2\,e)]\}. \qquad B = \frac{p\,d}{2\,l}(2\,a + d).$$

$$A = p\,d - B. \qquad M_D = A\,a - H\,h. \qquad M_{\max} = M_D + \frac{A^2}{2\,p}.$$

Wagerechte Lasten.

13. Einzellast P gegen den Stiel $\overline{AC}$ im Abstand d von A.

$$n = \frac{d}{h_1}. \qquad H_B = \frac{P\,d}{2\,N}[3\,h + k\,(3\,h_1 - n\,d) + 3\,k_1(h + h_1)].$$

$$H = P - H_B. \qquad -A = B = \frac{P\,d}{l}. \qquad M_P = H\,d. \qquad M_C = P\,d - H_B\,h_1.$$

$$M_G = -H_B\,h_1. \qquad M_F = B\,a - H_B\,h\,. \qquad M_D = M_F + B\,b.$$

14. Einzellast P im Punkt C.

$$H_B = \frac{P\,h_1}{2\,N}[3\,h\,(1 + k_1) + h_1(2\,k + 3\,k_1)]. \qquad H = P - H_B.$$

$$-A = B = \frac{P\,h_1}{l}. \qquad M_C = H\,h_1. \qquad M_D = P\,h_1 - H_B\,h + A\,a.$$

15. Einzellast P gegen $\overline{CD}$ im Abstand d von A und d_1 von C.

$$d = h_1 + d_1. \qquad n = \frac{d_1}{h_2}.$$

$$H_B = \frac{P}{2\,N}\{3\,d\,h + 2\,k\,h_1^2 + k_1[3\,d\,(h + h_1) - n^2\,h_2(3\,h_1 + d_1)]\}.$$

$$H = P - H_B. \qquad -A = B = \frac{P\,d}{l}. \qquad M_C = H\,h_1. \qquad M_G = -H_B\,h_1.$$

$$M_F = B\,a - H_B\,h. \qquad M_D = M_F + B\,b. \qquad M_P = H\,d + A\,n\,a.$$

16. Einzellast P gegen $\overline{DF}$. $H = H_B = 0{,}5\,P$. $-A = B = \frac{Ph}{l}$.

$M_C = -M_G = 0{,}5\,P h_1$. $M_D = \frac{P h\, b}{2l}$ $M_F = -M_D$.

17. Gleichmäßige Last $p h_1$ gegen $\overline{AC}$.

$H_B = \frac{p h_1^2}{4N}[3h + 2{,}5 k h_1 + 3 k_1 (h + h_1)]$. $H = p h_1 - H_B$.

$B = \frac{p h_1^2}{2l}$. $A = -B$. $M_G = -H_B h_1$. $M_F = B a - H_B h$.

$M_D = M_F + B b$. Für $\overline{AC}$ ist: $M_y = H y - 0{,}5\, p y^2$.

$y_m = \frac{H}{p}$. $M_{\max} = \frac{H^2}{2p}$. $M_C = H h_1 - 0{,}5\, p h_1^2$.

18. Gleichmäßige Last $p h_2$ gegen $\overline{CD}$. $-A = B = \frac{p h_2}{l}(h_1 + 0{,}5\, h_2)$.

$H_B = \frac{p h_2}{8N}[6h(h + h_1) + 8 k h_1^2 + k_1(5h^2 + 10 h h_1 + 9 h_1^2)]$. $H = p h_2 - H_B$.

$M_C = H h_1$. $M_G = -H_B h_1$. $M_F = B a - H_B h$. $M_D = M_F + B b$.

Für die Strecke $\overline{CD}$ ist: $m = H h_2 + A a$. $n = \frac{h_2}{a}$.

$$M_y = H h_1 + \frac{m}{h_2} y - 0{,}5\, p y^2 \qquad y \text{ von } C \text{ nach oben}$$

$$\text{oder} \quad M_x = H h_1 + \frac{m x}{a} - 0{,}5\, p n^2 x^2 \qquad x \text{ von } C \text{ nach rechts.}$$

Für $M_{\max}$ ist: $y_m = \frac{m}{p h_2}$ oder $x_m = \frac{m}{p a n^2}$.

Rahmen b.

Lotrechte Lasten.

In allen Belastungsfällen ist der Horizontalschub:

$$H = \frac{E J_2 \delta_{ma}}{E J_2 \delta_{aa}} P \quad \text{oder} \quad H = \frac{E J_2 \delta_{ma}}{E J_2 \delta_{aa}} p.$$

Die Auflagerkräfte sind:

$$A = A_0 + \frac{H h_0}{l}. \qquad B = B_0 - \frac{H h_0}{l}.$$

Hierin sind A_0 und B_0 die Auflagerkräfte des freigelagerten Balkens.

1. Einzellast P auf $\overline{CD}$ im Abstand d von A.

$$E J_2 \delta_{ma} = \frac{b d}{6 l^2}[l^2(3h - h_0) - 2 a h_0 (a + b)]$$
$$+ \frac{b d k_1}{6 a^2 l^2}\{3 a l h_1 [a(2l - a) - d l]$$
$$+ l^2 h_2 (3a^2 - d^2) + 3 a^3 l h_3 - a h_0 [l(a^2 - d^2) + 2 a^2 b]\}.$$

2. Einzellast P im Punkte D.

$$EJ_2 d_{ma} = \frac{ab}{6}[3h - h_0 + k_1(2h + h_1)] - \frac{a^2 b h_0}{3l^2}[a + b + k_1(1{,}5l + b)].$$

3. Einzellast P auf dem Riegel $\overline{DF}$ im Abstand d von A, e von B, d_1 von D und e_1 von F.

$$EJ_2\delta_{ma} = \frac{abk_1}{6l^2}[el(2h + h_1) + dl(2h_2 + 3h_3) - 2ah_0(e - d)]$$
$$+ 0{,}5h(ab + e_1 d_1)$$
$$- \frac{h_0}{3l^2}[ld_1^3 - db^3 + 1{,}5ab(al + be) + 1{,}5ld_1 e_1(d + b)].$$

4. Einzellast P in der Riegelmitte.

$$EJ_2\delta_{ma} = \frac{abk_1}{6}(h + 0{,}5h_1 + h_2 + 1{,}5h_3) + \frac{b}{16}(l + 2a)(2h - h_0).$$

5. Einzellast P im Punkte F. $\quad d = a + b$.

$$EJ_2\delta_{ma} = \frac{ab}{6}[3h + k_1(2h + h_1)] - \frac{abh_0}{3l^2}[b^2 + 3ad + k_1(1{,}5ld - ab)].$$

6. Zwei gleiche Einzellasten P in den Punkten D und F.

$$h' = h - h_0. \qquad EJ_2\delta_{ma} = \frac{ab}{6}[3(h + h') + k_1(h + 2h_1 + 3h')].$$

7. Einzellast P auf $\overline{GF}$ im Abstand e von B und e_1 von F. $\quad n = \frac{e_1}{a}$.

$$EJ_2\delta_{ma} = \frac{be}{6l^2}\Big\{ak_1[l(2h + h_1) - 2ah_0] + 3lh_3k_1(a + b + nl)$$
$$+ k_1(lh_2 + ah_0)\left[2(a + b) + \frac{nl}{a}(a + e)\right]$$
$$+ 3hl^2 - 2h_0(l^2 - a^2 - ab)\Big\}.$$

8. Gleichmäßige Riegelbelastung pb.

$$EJ_2\delta_{ma} = \frac{b^2}{24}[(l + 4a)(2h - h_0) + 2ak_1(3h + h_2 + 3h_3)].$$

9. Streckenlast pd auf dem Riegel $\overline{DF}$ (siehe Abbildung 66c).

$$r = l^2 + a(l + b). \qquad v = (c + d)^3 - c^3. \qquad w = (c + d)^4 - c^4.$$

$$EJ_2\delta_{ma} = \frac{dabk_1}{12l^2}\{l^2[h_2 + 3(h + h_3)] - h_0(l + 2b)(c - e)\}$$
$$+ \frac{dh}{12}[6(ab + ce) + d(3b - 2d)]$$
$$- \frac{h_0}{24l^2}[2dbr(2a + 2c + d) - 4alv - lw].$$

Wenn $e=c$ und $b=2c+d$, d. i. symmetrische Riegelbelastung:

$$E J_2 \delta_{ma} = \frac{d a b k_1}{12}[h_2 + 3(h+h_3)] + \frac{d h}{12}[6(ab+c^2) + d(b+4c)] - \frac{h_0}{24 l}(2 d b r - 4 a v - w).$$

Wenn $c=0$ und $b=d+e$, d. i. linksseitige Riegelbelastung:

$$E J_2 \delta_{ma} = \frac{d a b k_1}{12 l}\{l[h_2 + 3(h+h_3)] + e z(l+2b)\} + \frac{d h}{12}(6ab+db+2de) - \frac{z d}{24 l}[2br(2a+d) - l d^2(4a+d)].$$

Wenn $e=0$ und $b=c+d$, d. i. rechtsseitige Riegelbelastung:

$$E J_2 \delta_{ma} = \frac{d a b k_1}{12 l}[l(h_2+3h+3h_3) - c z(l+2b)] + \frac{h}{12}[6 d a b + (b+c)(d b - 2c^2)] - \frac{z}{24 l}[2 d b r(l+c) - 4 a l(b^3-c^3) - l(b^4-c^4)].$$

10. Gleichmäßige Last pa über $\overline{CD}$.

$$E J_2 \delta_{ma} = \frac{a^2 b}{12 l}(3 l h - z r) + \frac{a^2 b k_1}{24 l}[(h-az)(3l+2b) + 2a(2h_2+3h_3-h_1) + 3 l h_1 + 4 a^2 z].$$

11. Gleichmäßige Last pa über $\overline{GF}$.

$$E J_2 \delta_{ma} = \frac{a^2 b k_1}{24 l}[l(5h_2+8h_3) + a z(8l+3b)] + \frac{a^2 b}{12 l}[3 l h - 2z(l^2-a^2-ab)].$$

Wagerechte Lasten.

In allen Belastungsfällen ist der Horizontalschub:

$$H_B = \frac{E J_2 \delta_{ma}}{E J_2 \delta_{aa}} P \quad \text{oder} \quad H_B = \frac{E J_2 \delta_{ma}}{E J_2 \delta_{aa}} p.$$

12. Einzellast P gegen den Stiel $\overline{AC}$ im Abstand d von A. $n = \frac{d}{h_1}$.

$$E J_2 \delta_{ma} = \frac{b n k}{6}(3h_1^2 - d^2) + \frac{d b k_1}{6 l}[3 l(h+h_1) - 2 a z(2l+b)] + \frac{b d}{6 l}[l(3h-h_0) - 2 a z(a+b)].$$

$$-A = B = \frac{P d}{l} - z H_B.$$

13. Einzellast P im Punkte C.

$$EJ_2\delta_{ma} = \frac{bkh_1^2}{3} + \frac{bh_1k_1}{6l}[3l(h+h_1) - 2az(2l+b)] + \frac{bh_1}{6l}[l(3h-h_0) - 2az(a+b)].$$

14. Einzellast P gegen $\overline{CD}$ im Abstand d von A, d_1 von C und e von D. $\frac{d_1}{h_2} = n$.

$$EJ_2\delta_{ma} = \frac{bkh_1^2}{3} + bk_1\left[\frac{d}{2h_2}(2h_1h_2 + ed_1 + eh_2) + \frac{n^2d_1}{6}(2h_2 + az) - \frac{daz}{3l}(2l+b)\right] + \frac{bd}{6l}[l(3h-h_0) - 2az(a+b)].$$

$$-A = B = \frac{Pd}{l} - zH_B.$$

15. Einzellast P im Punkt D.

$$EJ_2\delta_{ma} = \frac{bkh_1^2}{3} + \frac{bk_1}{6l}[2l(3hh_1 + h_2^2) - az(4hl + 2hb - lh_2)] + \frac{bh}{6l}[l(3h-h_0) - 2az(a+b)].$$

$$-A = B = \frac{Ph}{l} - zH_B.$$

16. Gleichmäßige Last ph_1 gegen den Stiel $\overline{AC}$.

$$-A = B = \frac{ph_1^2}{2l} - zH_B. \qquad z = \frac{h_0}{l}.$$

$$EJ_2\delta_{ma} = \frac{5bkh_1^3}{24} + \frac{bk_1h_1^2}{12l}[3l(h+h_1) - 2az(2l+b)] + \frac{bh_1^2}{12l}[l(3h-h_0) - 2az(a+b)].$$

$$H = ph_1 - H_B.$$

Für $\overline{AC}$ ist: $M_y = Hy - 0{,}5\,py^2$. y von A nach oben.

$$y_m = \frac{H}{p}. \qquad M_{\max} = \frac{H^2}{2p}. \qquad M_C = Hh_1 - 0{,}5\,ph_1^2.$$

$$M_G = -H_Bh_3. \qquad M_F = Ba - H_B(h_2 + h_3). \qquad M_D = M_F + Bb.$$

17. Gleichmäßige Last ph_2 gegen $\overline{CD}$.

$$EJ_2\delta_{ma} = \frac{h_2bkh_1^2}{3} + \frac{h_2b(h+h_1)}{12l}(3lh - zr) + \frac{h_2bk_1}{24l}[5lh^2 + lh_1(10h + 9h_1) + ah_2h_0 - 4az(2l+b)(h+h_1)].$$

$$H = ph_2 - H_B. \qquad -A = B = \frac{ph_2}{l}(h_1 + 0{,}5\,h_2) - zH_B. \qquad M_C = Hh_1.$$

$$M_G = -H_Bh_3. \qquad M_F = Ba - H_B(h_2 + h_3). \qquad M_D = M_F + Bb.$$

Für die Strecke $\overline{CD}$ ist: $m = H h_2 + A a$. A ist ein Minuswert.

$$M_y = H h_1 + \frac{m y}{h_2} - 0{,}5\, p y^2 . \quad y \text{ von } C \text{ nach oben.} \quad y_m = \frac{m}{p h_2} .$$

$$M_{\max} = 0{,}5\, p y_m^2 . \quad y = \frac{h_2 x}{a} . \quad r = l^2 + a(l + b) .$$

Rahmen 7.

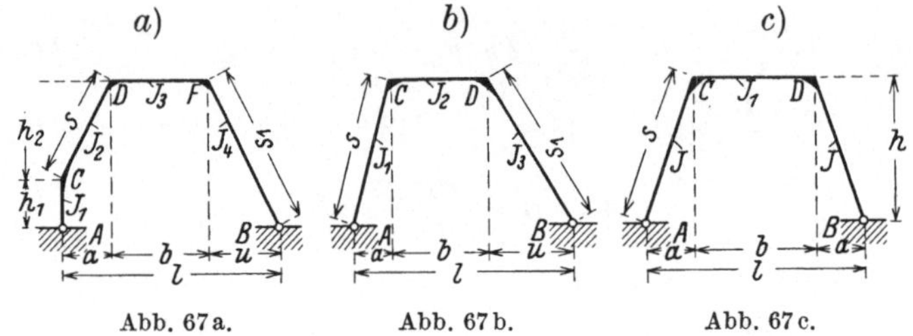

Abb. 67a. Abb. 67b. Abb. 67c.

Rahmen a.

$$\frac{J_3}{J_1} \cdot \frac{h_1}{b} = k . \quad \frac{J_3}{J_2} \cdot \frac{s}{b} = k_1 . \quad \frac{J_3}{J_4} \cdot \frac{s_1}{b} = k_2 .$$

$$E J_3 \delta_{aa} = \frac{b}{3} N . \quad N = h^2 (3 + k_2) + h_1^2 k + k_1 (3 h h_1 + h_2^2) .$$

Rahmen b.

$$\frac{J_2}{J_1} \cdot \frac{s}{b} = k . \quad E J_2 \delta_{aa} = \frac{b}{3} h^2 (3 + k + k_1) . \quad \frac{J_2}{J_3} \cdot \frac{s_1}{b} = k_1 .$$

Rahmen c.

$$\frac{J_1}{J} \cdot \frac{s}{b} = k . \quad E J_1 \delta_{aa} = \frac{b}{3} h^2 (3 + 2k) .$$

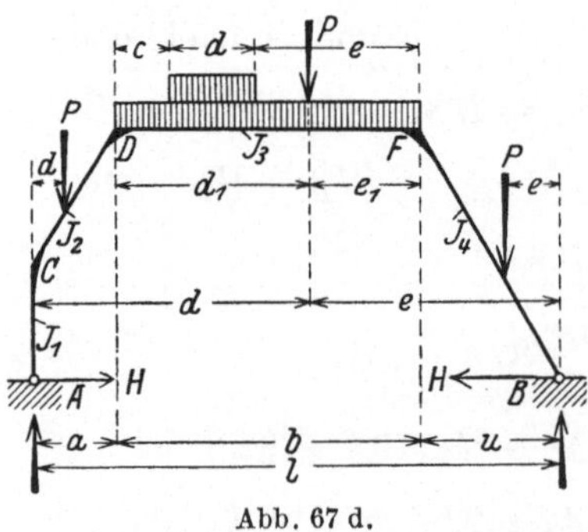

Abb. 67 d.

Rahmen a.

Lotrechte Lasten.

1. Einzellast P auf $\overline{CD}$ im Abstand d von A.

$$\frac{d}{a} = n . \quad \frac{a - d}{a} = n_1 .$$

$$H = \frac{P d}{2 l N} \{3 h (b + 2u) + k_1 [3 n_1 l h_1 + (l - a)(2h + h_1) + l h_2 (1 - n^2)] + 2 h u k_2\} .$$

$$B = \frac{P d}{l} . \quad A = P - B . \quad M_P = A d - H (h_1 + n h_2) .$$

$$M_F = B u - H h . \quad M_D = M_F + B b .$$

2. Einzellast P im Punkt D.

$$H = \frac{Pa}{2lN}[3h(b+2u) + 2huk_2 + k_1(2h+h_1)(b+u)].$$

3. Einzellast P auf dem Riegel $\overline{DF}$ im Abstand d von A, e von B, d_1 von D und e_1 von F. $n = \frac{d_1}{b}$.

$$H = \frac{P}{2lN}[3h(ae + du + nle_1) + aek_1(2h+h_1) + 2hudk_2].$$

$$A = \frac{Pe}{l}.\quad B = \frac{Pd}{l}.\quad M_C = -Hh_1.\quad M_D = Aa - Hh.$$

$$M_P = M_D + Ad_1.\quad M_F = Bu - Hh.$$

Längskräfte: $\overline{CD}$: $\mathfrak{N} = \frac{1}{s}(Ah_2 + Ha)$. $\overline{BF}$: $\mathfrak{N} = \frac{1}{s_1}(Bh + Hu)$.

4. Einzellast P im Punkt F.

$$H = \frac{Pu}{2lN}[3h(2a+b) + ak_1(2h+h_1) + 2hk_2(l-u)].$$

5. Einzellast P auf $\overline{BF}$ im Abstand e von B. $\frac{e}{u} = n$.

$$H = \frac{Pe}{2lN}\{3h(2a+b) + ak_1(2h+h_1) + hk_2[2(l-u) + l(1-n^2)]\}.$$

$$A = \frac{Pe}{l}.\quad B = P - A.\quad M_D = Aa - Hh.$$

$$M_F = M_D + Ab.\quad M_P = Be - nHh.$$

6. Gleichmäßige Last pa über $\overline{CD}$.

$$H = \frac{pa^2}{8lN}[hk_1(5l-4a) + h_1k_1(3l-2a) + 4huk_2 + 6h(b+2u)].$$

$$B = \frac{pa^2}{2l}.\quad A = pa - B.\quad M_F = Bu - Hh.\quad m = Aa - Hh_2.$$

Für die Strecke a ist:

$$M_x = \frac{m}{a}x - 0{,}5\,px^2 - Hh_1.\qquad x_m = \frac{m}{pa}.$$

$$M_{\max} = \frac{m^2}{2pa^2} - Hh_1.\qquad x_0 = x_m - \frac{1}{pa}\sqrt{m^2 - 2pa^2Hh_1}.$$

7. Gleichmäßige Last pb auf dem Riegel $\overline{DF}$.

$$H = \frac{pb}{4lN}\{ak_1(b+2u)(2h+h_1) + 2huk_2(2a+b) + h[12au + b(4l-3b)]\}.$$

$$A = \frac{pb}{2l}(b+2u).\quad B = pb - A.\quad M_C = -Hh_1.\quad M_D = Aa - Hh.$$

Für den Riegel $\overline{DF}$ ist:

$$M_x = M_D + Ax - 0{,}5\,px^2. \qquad x \text{ von } D \text{ nach rechts.}$$

$$x_m = \frac{A}{p}. \qquad M_{\max} = M_D + \frac{A^2}{2p}.$$

Die Eckmomente M_D und M_F sind Funktionen der Strebenneigungen $a:h_2$ bzw. $u:h$. Sie können beide positiv, negativ oder auch gleich Null sein. Sind beide zugleich gleich Null, so ist für den Riegel b das $M_{\max} = \frac{pb^2}{8}$; sind beide negativ, so ist für die Nullpunkte: $x_0 = x_m \mp \frac{1}{p}\sqrt{A^2 + 2pM_D}$.

Wenn $u = a$:

$$H = \frac{pb}{4lN}[alk_1(2h + h_1) + 2alhk_2 + h(2l^2 + 4a^2 - b^2)].$$

Längskräfte:

$$\overline{CD}:\quad \mathfrak{N} = \frac{1}{s}(Ah_2 + Ha). \qquad \overline{BF}:\quad \mathfrak{N} = \frac{1}{s_1}(Bh + Hu).$$

8. Streckenlast pd auf dem Riegel $\overline{DF}$ (siehe Abbildung).

$$\gamma = d + 2e + 2u. \qquad \gamma' = 2a + 2c + d.$$

$$H = \frac{pd}{4lbN}[ab\gamma k_1(2h + h_1) + h\{3b(a\gamma + u\gamma') + l[6ce + d(3b - 2d)]\} + 2hub\gamma' k_2].$$

$$A = \frac{pd\gamma}{2l}. \qquad B = pd - A.$$

Wenn $e = c$ und $b = 2c + d$, d. i. symmetrische Belastung:

$$\gamma = b + 2u. \qquad \gamma' = b + 2a.$$

$$H = \frac{pd}{4lbN}\{lh(b^2 + bc + dc) + ab\gamma[3h + k_1(2h + h_1)] + hub\gamma'(3 + 2k_2)\}.$$

$$A = \frac{pd\gamma}{2l}. \qquad B = pd - A.$$

Wenn $c = 0$ und $b = d + e$, d. i. linksseitige Riegelbelastung:

$$\gamma = b + e + 2u. \qquad \gamma' = 2a + d.$$

$$H = \frac{pd}{4lbN}\{ldh(b + 2e) + ab\gamma[3h + k_1(2h + h_1)] + hub\gamma'(3 + 2k_2)\}.$$

$$A = \frac{pd\gamma}{2l}. \qquad B = \frac{pd\gamma'}{2l}.$$

Wenn $e = 0$ und $b = c + d$, d. i. rechtsseitige Riegelbelastung:

$$\gamma = d + 2u. \qquad \gamma' = 2a + b + c.$$

$$H = \frac{pd}{4lbN}\{ldh(b + 2c) + ab\gamma[3h + k_1(2h + h_1)] + hub\gamma'(3 + 2k_2)\}.$$

$$A = \frac{pd\gamma}{2l}. \qquad B = pd - A.$$

9. Gleichmäßige Last pu über $\overline{BF}$.

$$H = \frac{pu^2}{4lN}[3h(2a+b) + ak_1(2h+h_1) + 0{,}5hk_2(5l-4u)].$$

$$A = \frac{pu^2}{2l}. \quad B = pu - A. \quad M_D = Aa - Hh. \quad M_F = M_D + Ab.$$

Für die Strecke u ist:

$$M_x = \frac{m}{u}x - 0{,}5px^2. \quad m = Bu - Hh. \quad x \text{ von } B \text{ nach innen.}$$

Für $M_{\max}$ ist: $x_m = \frac{m}{pu}$.

Bei negativem M_F ist: $x_0 = 2x_m$.

Wenn $u = a$: $H = \frac{pa^2}{4lN}[3hl + ak_1(2h+h_1) + 0{,}5hk_2(3l+2b)]$.

Wagerechte Lasten.

10. Einzellast P gegen den Stiel $\overline{AC}$ im Abstand d von A. $n = \frac{d}{h_1}$.

$$H_B = \frac{Pd}{2lN}\{3h(b+2u) + klh_1(3-n^2) + k_1[3l(h+h_1) - a(2h+h_1)] + 2huk_2\}.$$

$$H = P - H_B. \quad -A = B = \frac{Pd}{l}.$$

11. Einzellast P im Punkt C.

$$H_B = \frac{Ph_1}{2lN}\{3h(b+2u) + 2lkh_1 + k_1[3l(h+h_1) - a(2h+h_1)] + 2huk_2\}.$$

12. Einzellast P gegen $\overline{CD}$ im Abstand d von A und d_1 von C.

$$d = h_1 + d_1. \quad n = \frac{d_1}{h_2}.$$

$$H_B = \frac{P}{2lN}\{3dh(b+2u) + 2klh_1^2 + k_1[3ld(h+h_1) - ad(2h+h_1) - nld_1(2h_1+d)] + 2hudk_2\}.$$

$$H = P - H_B. \quad -A = B = \frac{Pd}{l}. \quad M_P = Hd - Ana.$$

13. Einzellast P im Punkt D.

$$H_B = \frac{P}{2lN}\{3h^2(b+2u) + 2klh_1^2 + k_1[h(2h+h_1)(l-a) + lh_1(h+2h_1)] + 2h^2uk_2\}.$$

$$H = P - H_B. \quad -A = B = \frac{Pd}{l}. \quad M_P = Hh + Aa. \quad M_F = Bu - H_Bh.$$

14. Gleichmäßige Last ph_1 gegen den Stiel $\overline{AC}$.

$$H_B = \frac{p h_1^2}{4 l N}\{3h(b+2u)+2{,}5 k l h_1+k_1[3l(h+h_1)-a(2h+h_1)]+2huk_2\}.$$

$$H = p h_1 - H_B. \qquad -A = B = \frac{p h_1^2}{2l}. \qquad M_F = Bu - H_B h.$$

$$M_D = M_F + Bb. \qquad M_C = H h_1 - 0{,}5 p h_1^2.$$

Für $\overline{AC}$ ist: $M_{\max} = \frac{H^2}{2p}$.

15. Gleichmäßige Last ph_2 gegen $\overline{CD}$.

$$H_B = \frac{p h_2}{8 l N}\{6h(h+h_1)(b+2u) + 8 k l h_1^2$$
$$+ k_1[h^2(5l-4a)+2hh_1(5l-3a)+h_1^2(9l-2a)]+4huk_2(h+h_1)\}.$$

$$H = p h_2 - H_B. \qquad -A = B = \frac{p h_2}{l}(h_1 + 0{,}5 h_2).$$

$$M_C = H h_1. \qquad m = H h_2 + A a. \qquad M_F = Bu - H_B h.$$

$$M_D = M_F + Bb. \qquad y \text{ von } C \text{ nach oben.}$$

Für $\overline{CD}$ ist:

$$M_y = H h_1 + \frac{m}{h_2} y - 0{,}5 p y^2. \quad \Big| \quad y_m = \frac{m}{p h_2}. \quad \Big| \quad y = \frac{h_2}{a} x.$$

Rahmen b.

Lotrechte Lasten.

1. Einzellast P auf $\overline{AC}$ im Abstand d von A. $n = \frac{d}{a}$.

$$H = \frac{Pd}{2hl}\cdot\frac{3(b+2u)+k(3l-2a-ln^2)+2uk_1}{3+k+k_1}. \qquad B = \frac{Pd}{l}.$$

$$A = P - B. \qquad M_P = Ad - Hhn. \qquad M_D = Bu - Hh.$$

$$M_C = M_D + Bb.$$

2. Einzellast P im Punkt C. $H = \frac{Pa}{hl}\cdot\frac{1{,}5(b+2u)+k(b+u)+uk_1}{3+k+k_1}$.

$$B = \frac{Pa}{l}. \qquad A = P - B. \qquad M_C = Aa - Hh. \qquad M_D = Bu - Hh.$$

Längskräfte: $\overline{AC}$: $\mathfrak{N} = \frac{1}{s}(Ah + Ha)$. $\overline{BD}$: $\mathfrak{N} = \frac{1}{s_1}(Bh + Hu)$.

3. Einzellast P auf dem Riegel $\overline{CD}$ im Abstand d von A, e von B, d_1 von C und e_1 von D.

$$H = \frac{P}{hl}\cdot\frac{1{,}5(ae+ud+nle_1)+kae+k_1ud}{3+k+k_1}. \qquad n = \frac{d_1}{b}. \qquad A = \frac{Pe}{l}.$$

$$B = \frac{Pd}{l}. \quad M_C = Aa - Hh. \quad M_P = M_C + Ad_1. \quad M_D = Bu - Hh.$$

4. Einzellast P im Punkt D. $H = \frac{Pu}{hl} \cdot \frac{1{,}5(2a+b)+ka+k_1(l-u)}{3+k+k_1}$.

$A = \frac{Pu}{l}$. $B = P - A$. $M_C = Aa - Hh$. $M_D = Bu - Hh$.

5. Einzellast P im Punkt C und Einzellast P_1 im Punkt D.

$$H = \frac{Pa[1{,}5(b+2u)+k(b+u)+uk_1]+P_1u[1{,}5(b+2a)+ka+k_1(a+b)]}{hl(3+k+k_1)}.$$

$A = \frac{1}{l}[P(l-a)+P_1u]$. $B = P + P_1 - A$.

$M_C = Aa - Hh$. $M_D = Bu - Hh$.

Längskräfte: $\overline{AC}$: $\mathfrak{N} = \frac{1}{s}(Ah + Ha)$. $\overline{BD}$: $\mathfrak{N} = \frac{1}{s_1}(Bh + Hu)$.

6. Zwei Einzellasten P auf dem Riegel $\overline{CD}$ im Abstand c von C bzw. von D. $n = \frac{c}{b}$.

$H = \frac{P}{lh} \cdot \frac{1{,}5[al_1+ul_0+2nl(b-c)]+kal_1+k_1ul_0}{3+k+k_1}$. $l_0 = 2a+b$.

$l_1 = 2u+b$. $A = \frac{Pl_1}{l}$. $B = \frac{Pl_0}{l}$. $M_C = Aa - Hh$.

$M_D = Bu - Hh$. $M_P = M_C + Ac$ bzw. $= M_D + Bc$.

7. Einzellast P auf $\overline{BD}$ im Abstand e von B. $n = \frac{e}{u}$.

$H = \frac{Pe}{hl} \cdot \frac{1{,}5(2a+b)+ka+0{,}5k_1(3l-2u-ln^2)}{3+k+k_1}$. $A = \frac{Pe}{l}$.

$B = P - A$. $M_P = Be - Hhn$. $M_C = Aa - Hh$.

$M_D = M_C + Ab$.

8. Gleichmäßige Last pa über $\overline{AC}$.

$H = \frac{pa^2}{8hl} \cdot \frac{6(b+2u)+k(5l-4a)+4uk_1}{3+k+k_1}$. $B = \frac{pa^2}{2l}$.

$A = pa - B$. $m = Aa - Hh$.

Für die Strecke a ist:

$M_x = \frac{m}{a}x - 0{,}5px^2$. $x_m = \frac{m}{pa}$. $M_{\max} = \frac{mx_m}{2a}$.

9. Streckenlast pd auf dem Riegel $\overline{CD}$ (siehe Abbildung 67d).

$\gamma = d + 2e + 2u$. $\gamma' = 2a + 2c + d$.

$H = \frac{pd}{2lbh} \cdot \frac{ab\gamma(1{,}5+k)+ub\gamma'(1{,}5+k_1)+l[3ce+d(1{,}5b-d)]}{3+k+k_1}$. $A = \frac{pd\gamma}{2l}$.

$B = pd - A$. $M_C = Aa - Hh$. $M_{\max} = A(a+c) + \frac{A^2}{2p} - Hh$.

Wenn $e=c$ und $b=2c+d$, d.i. symmetrische Riegelbelastung:

$$\gamma = b + 2u. \qquad \gamma' = b + 2a.$$

$$H = \frac{pd}{2lbh} \cdot \frac{ab\gamma(1{,}5+k) + ub\gamma'(1{,}5+k_1) + l[3c^2 + d(1{,}5b-d)]}{3+k+k_1}. \quad A = \frac{pd\gamma}{2l}.$$

Wenn $c=0$ und $b=d+e$, d.i. linksseitige Riegelbelastung:

$$\gamma = b + e + 2u. \qquad \gamma' = 2a + d.$$

$$H = \frac{pd}{2lbh} \cdot \frac{1{,}5b(a\gamma + u\gamma') + 0{,}5ld(b+21 + abk\gamma + ubk_1\gamma'}{3+k+k_1}. \qquad A = \frac{pd\gamma}{2l}.$$

$$B = pd - A. \qquad M_C = Aa - Hh. \qquad M_{\max} = M_C + \frac{A^2}{2p}.$$

Wenn $e=0$ und $b=c+d$, d.i. rechtsseitige Riegelbelastung:

$$\gamma = d + 2u. \qquad \gamma' = 2a + b + c.$$

$$H = \frac{pd}{2lbh} \cdot \frac{1{,}5b(a\gamma + u\gamma') + 0{,}5ld(b+2c) + abk\gamma + ubk_1\gamma'}{3+k+k_1}. \qquad A = \frac{pd\gamma}{2l}.$$

$$B = pd - A. \qquad M_D = Bu - Hh. \qquad M_{\max} = M_D + \frac{B^2}{2p}.$$

10. Gleichmäßige Last pb auf dem Riegel $\overline{CD}$.

$$H = \frac{pb}{2hl} \cdot \frac{ak(b+2u) + uk_1(2a+b) + 6au + b(2l-1{,}5b)}{3+k+k_1}. \quad A = \frac{pb}{l}(u+0{,}5b).$$

$$B = pb - A. \qquad M_C = Aa - Hh. \qquad M_D = Bu - Hh.$$

Für den Riegel ist:

$$M_x = M_C + Ax - 0{,}5px^2. \qquad x \text{ von } C \text{ nach rechts.}$$

$$x_m = \frac{A}{p}. \qquad M_{\max} = M_C + 0{,}5Ax_m.$$

11. Gleichmäßige Last pu über $\overline{BD}$.

$$H = \frac{pu^2}{8hl} \cdot \frac{6(2a+b) + k_1(5l-4u) + 4ka}{3+k+k_1}. \quad A = \frac{pu^2}{2l}. \quad B = pu - A.$$

Wagerechte Lasten.

12. Einzellast P gegen $\overline{AC}$ im Abstand d von A. $\qquad n = \frac{d}{h}$.

$$H_B = \frac{Pn}{2l} \cdot \frac{3(b+2u) + k(3l-2a-ln^2) + 2uk_1}{3+k+k_1}. \qquad H = P - H_B.$$

$$-A = B = \frac{Pd}{l}. \qquad M_D = Bu - H_Bh. \qquad M_C = M_D + Bb.$$

$$M_P = Hd - Ban.$$

13. Einzellast P im Punkt C. $\quad H_B = \frac{P}{l} \cdot \frac{1{,}5(b+2u) + k(l-a) + uk_1}{3+k+k_1}$.

$$H = P - H_B. \quad -A = B = \frac{Ph}{l}. \quad M_C = Hh + Aa. \quad M_D = Bu - H_Bh.$$

14. Einzellast P gegen $\overline{BD}$ im Abstand d von B. $n = \frac{d}{h}$.

$$H = \frac{Pn}{2l} \cdot \frac{3(b+2a) + k_1(3l - 2u - ln^2) + 2ka}{3 + k + k_1}. \qquad H_B = P - H.$$

$$A = -B = \frac{Pd}{l}. \qquad M_C = Aa - Hh. \qquad M_D = M_C + Ab.$$

$$M_P = H_B d - Anu.$$

15. Einzellast P im Punkt D.

$$H = \frac{P}{l} \cdot \frac{1{,}5(b+2a) + k_1(l-u) + ka}{3 + k + k_1}. \qquad H_B = P - H.$$

$$A = -B = \frac{Ph}{l}. \qquad M_C = Aa - Hh. \qquad M_D = H_B h + Bu.$$

16. Gleichmäßige Last ph gegen $\overline{AC}$.

$$H_B = \frac{ph}{8l} \cdot \frac{6(b+2u) + k(5l - 4a) + 4uk_1}{3 + k + k_1}. \qquad H = ph - H_B.$$

$$-A = B = \frac{ph^2}{2l}. \qquad M_D = Bu - H_B h. \qquad M_C = M_D + Bb.$$

$$m = Hh + Aa.$$

Für $\overline{AC}$ ist: $M_y = \frac{m}{h} y - 0{,}5 p y^2$. $\quad y_m = \frac{m}{ph}$.

$M_{\max} = \frac{m y_m}{2h}$. $\quad A$ ist ein Minuswert.

17. Gleichmäßige Last ph gegen $\overline{BD}$.

$$H = \frac{ph}{8l} \cdot \frac{6(b+2a) + k_1(5l - 4u) + 4ka}{3 + k + k_1}. \qquad H_B = ph - H.$$

$$A = -B = \frac{ph^2}{2l}. \qquad M_C = Aa - Hh. \qquad M_D = M_C + Ab.$$

$$m = H_B h + Bu.$$

Für $\overline{BD}$ ist: $M_y = \frac{m}{h} y - 0{,}5 p y^2$. $\quad y$ von B nach oben

$$y_m = \frac{m}{ph}. \qquad M_{\max} = \frac{m y_m}{2h}.$$

Rahmen c.

Lotrechte Lasten.

1. Einzellast P auf $\overline{AC}$ im Abstand d von A. $n = \frac{d}{a}$.

$$H = \frac{Pd}{2h} \cdot \frac{3 + k(3 - n^2)}{3 + 2k}. \qquad B = \frac{Pd}{l}. \qquad A = P - B.$$

$$M_D = Ba - Hh. \qquad M_C = M_D + Bb. \qquad M_P = Ad - Hhn.$$

Längskräfte:

$\overline{AP}$: $\mathfrak{N} = \frac{1}{s}(Ah + Ha)$. $\overline{PC}$: $\mathfrak{N} = \frac{1}{s}(Ha - Bh)$.

$\overline{BD}$: $\mathfrak{N} = \frac{1}{s}(Ha + Bh)$. $\overline{CD}$: $\mathfrak{N} = H$.

2. Einzellast P im Punkt C. $H = \frac{Pa}{2h}$. $B = \frac{Pa}{l}$.

$$A = P - A. \qquad M_C = -M_D = \frac{Pab}{2l}.$$

3. Einzellast P auf dem Riegel $\overline{CD}$ im Abstand d von A, e von B, d_1 von C und e_1 von D. $n = \frac{d_1}{b}$.

$$H = \frac{P}{h} \cdot \frac{1{,}5(a + ne_1) + ka}{3 + 2k} \qquad A = \frac{Pe}{l}. \quad B = \frac{Pd}{l}. \quad M_P = Ad - Hh.$$

4. Einzellast P in der Mitte des Riegels $\overline{CD}$.

$$H = \frac{P}{4h} \cdot \frac{1{,}5l + a(3 + 4k)}{3 + 2k}.$$

5. Einzellasten P in den Punkten C und D.

$$H = \frac{Pa}{h}. \qquad A = B = P. \qquad \text{Alle Momente sind} = \text{Null.}$$

6. Zwei gleiche Einzellasten P auf dem Riegel $\overline{CD}$ im Abstand c von den Punkten C bzw. D. $n = \frac{c}{b}$.

$$H = \frac{P}{h}\left[a + \frac{3n(b - c)}{3 + 2k}\right]. \qquad A = B = P. \qquad M_C = M_D = Aa - Hh.$$

$$M_P = A(a + c) - Hh.$$

7. Zwei gleiche Einzellasten P im Abstand $\frac{b}{3}$ von den Punkten C bzw. D. $H = \frac{P}{3h} \cdot \frac{2l + a(5 + 6k)}{3 + 2k}$.

8. Drei gleiche Einzellasten P in den Viertelpunkten des Riegels $\overline{CD}$. $H = \frac{3P(ak + 0{,}875a + 0{,}3125l)}{h(3 + 2k)}$.

$$A = B = 1{,}5P. \qquad M_C = M_D = Aa - Hh.$$

$$M_1 = M_3 = M_C + \tfrac{3}{8}Pb. \qquad M_2 = M_{\max} = M_C + \frac{Pb}{2}.$$

9. Gleichmäßige Lasten pa über $\overline{AC}$ und $\overline{BD}$.

$$H = \frac{pa^2}{4h} \cdot \frac{6 + 5k}{3 + 2k}. \qquad A = B = pa. \qquad M_C = M_D = p\frac{a^2}{2} - Hh.$$

10. Gleichmäßige Last pb auf dem Riegel $\overline{CD}$.

$$m = \frac{1+2k}{3+2k} \qquad H = \frac{pb}{4h}\left(2a + \frac{b}{3+2k}\right). \qquad A = B = 0{,}5\,pb.$$

$$M_C = M_D = Aa - Hh. \qquad M_{\max} = \frac{m}{8}pb^2.$$

Für die Nullpunkte ist: $x_0 = \frac{b}{2}(1 \mp \sqrt{m})$.

11. Streckenlast pd auf dem Riegel $\overline{CD}$ (siehe Abbildung 67d).

$$H = \frac{pd}{2bh}\left[ab + \frac{3ce + d(1{,}5b - d)}{3+2k}\right]. \qquad A = \frac{pd}{l}(a + e + 0{,}5d).$$

$$B = pd - A.$$

Wenn $e = c$ und $b = 2c + d$, d. i. symmetrische Riegelbelastung:

$$H = \frac{pd}{2bh}\left[ab + \frac{3c^2 + d(0{,}5b + 2c)}{3+2k}\right]. \qquad A = B = 0{,}5\,pd.$$

$$M_{\max} = \frac{pd}{8}(2l - d) - Hh.$$

Wenn $c = 0$ und $b = d + e$, d. i. einseitige Riegelbelastung:

$$H = \frac{pd}{2bh}\left[ab + \frac{0{,}5d(b+2e)}{3+2k}\right]. \qquad B = \frac{pd}{l}(a + 0{,}5d). \qquad A = pd - B.$$

Wagerechte Lasten.

12. Einzellast P gegen $\overline{AC}$ im Abstand d von A. $\qquad n = \frac{d}{h}$.

$$H_B = \frac{Pn}{2}\cdot\frac{3 + k(3 - n^2)}{3+2k}. \qquad H = P - H_B. \qquad -A = B = \frac{Pd}{l}.$$

$$M_D = Ba - H_B h. \qquad M_C = M_D + Bb. \qquad M_P = Hd + Ana.$$

13. Einzellast P im Punkt C.

$$H_B = H = \frac{P}{2}. \qquad -A = B = \frac{Ph}{l}. \qquad M_C = -M_D = \frac{Phb}{2l}.$$

14. Gleichmäßige Last ph gegen $\overline{AC}$.

$$H_B = \frac{ph}{8}\cdot\frac{6+5k}{3+2k}. \qquad H = ph - H_B. \qquad -A = B = \frac{ph^2}{2l}.$$

$$M_D = Ba - H_B h. \qquad M_C = M_D + Bb. \qquad m = H - \frac{pha}{2l}.$$

$$M_y = my - 0{,}5\,py^2. \qquad y \text{ von } A \text{ nach oben.}$$

$$y_m = \frac{m}{p}. \qquad M_{\max} = 0{,}5\,m\,y_m. \qquad y = \frac{h}{a}x.$$

Längskräfte: $\overline{AC}$: $\mathfrak{N}_y = -\frac{1}{s}[a(H - py) - Ah]$.

$\overline{BD}$: $\mathfrak{N} = \frac{1}{s}(Bh + H_B a)$.

Rahmen 8.

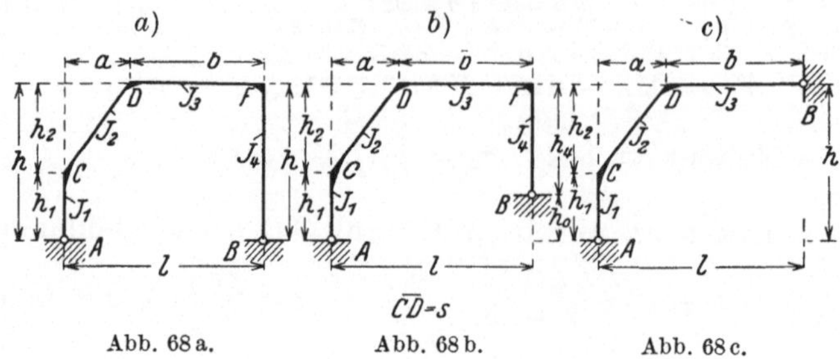

Abb. 68a. Abb. 68b. Abb. 68c.

Rahmen *a*.

$$\frac{J_3}{J_1}\cdot\frac{h_1}{b} = k. \qquad \frac{J_3}{J_2}\cdot\frac{s}{b} = k_1. \qquad \frac{J_3}{J_4}\cdot\frac{h}{b} = k_2.$$

$$E J_3 \delta_{aa} = \frac{b N}{3}. \qquad \boldsymbol{N = h_1^2 k + k_1 (3 h h_1 + h_2^2) + h^2 (3 + k_2).}$$

Rahmen *b*.

$$\frac{J_3}{J_1}\cdot\frac{h_1}{b} = k. \qquad \frac{J_3}{J_2}\cdot\frac{s}{b} = k_1. \qquad \frac{J_3}{J_4}\cdot\frac{h_4}{b} = k_2.$$

$$E J_3 \delta_{aa} = \frac{b N}{3 l^2}.$$

$$N = l^2 h_1^2 k + l^2 h_4^2 k_2 + k_1 [3 l^2 h_1^2 + (l h_2 - a h_0)(2 l h_1 + b h + a h_4)] + 3 l h_4 (l h - a h_0) + b^2 h_0^2.$$

Rahmen *c*.

$$\frac{J_3}{J_1}\cdot\frac{h_1}{b} = k. \qquad n = \frac{b}{l}. \qquad \frac{J_3}{J_2}\cdot\frac{s}{b} = k_1.$$

$$E J_3 \delta_{aa} = \frac{b N}{3}. \qquad N = h^2 n^2 + h_1^2 k + k_1 (h_1^2 + h^2 n^2 + n h h_1).$$

Auflagerkräfte aus lotrechten Lasten.

Rahmen	Lotrechte Auflagerkraft		Wagerechte Auflagerkraft nach innen	
	A	*B*	*A*	*B*
a	A_0	B_0	H	H
b	$A_0 + \frac{H h_0}{l}$	$B_0 - \frac{H h_0}{l}$	H	H
c	$A_0 + \frac{H h}{l}$	$B_0 - \frac{H h}{l}$	H	H

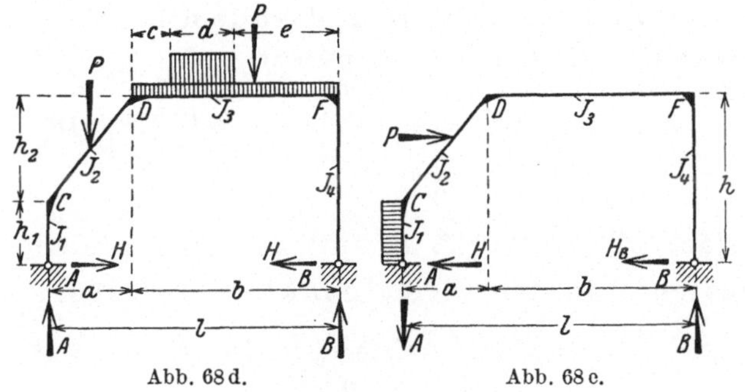

Abb. 68d. Abb. 68e.

Rahmen a.

Lotrechte Lasten.

1. Einzellast P auf $\overline{CD}$ im Abstand d von A. $n = \frac{d}{a}$.

$$H = \frac{Pd}{2lN}\{3bh + k_1[h(l+2b) + h_1(2l+b) - nl(3h_1 + nh_2)]\}.$$

$$M_C = -Hh_1. \qquad M_F = -Hh. \qquad M_D = Bb - Hh.$$

$$M_P = Ad - H(h_1 + nh_2).$$

2. Einzellast P im Punkt D. $H = \frac{Pab}{2lN}[3h + k_1(2h + h_1)]$.

3. Einzellast P auf $\overline{DF}$ im Abstand d von D und e von F.

$$H = \frac{Pe}{2lbN}[abk_1(2h+h_1) + 3h(ab+ld)]. \qquad M_P = Be - Hh.$$

4. Einzellast P in der Mitte des Riegels $\overline{DF}$.

$$H = \frac{Pb}{4lN}[3h(a+0{,}5l) + ak_1(2h+h_1)]. \qquad M_P = 0{,}5Bb - Hh.$$

5. Zwei gleiche Einzellasten P auf dem Riegel im Abstand c von D bzw. von F. $n = \frac{c}{b}$.

$$H = \frac{Pb}{2lN}\{3h[a + 2ln(1-n)] + ak_1(2h+h_1)\}. \qquad A = P\frac{b}{l}.$$

$$B = 2P - A.$$

Wenn $c = \frac{b}{4}$: $H = \frac{Pb}{2lN}[3h(a + 0{,}375l) + ak_1(2h+h_1)]$.

6. Einzellast P_0 im Punkt D und zudem 2 gleiche Einzellasten P wie im Fall 5.

$$H = \frac{b}{2lN}\{6Phln(1-n) + a(P_0 + P)[3h + k_1(2h+h_1)]\}.$$

$$A = \frac{b}{l}(P_0 + P). \qquad B = 2P + P_0 - A.$$

7. Einzellast P_0 im Punkt D und zudem 2 gleiche Einzellasten P in den Drittelpunkten des Riegels $\overline{DF}$.

$$H = \frac{b}{2lN}\{\tfrac{4}{3}Phl + a(P_0 + P)[3h + k_1(2h + h_1)]\}.$$

$$M_{\max} = \frac{b}{3}(2B - P) - Hh.$$

8. Einzellast P_0 im Punkt D und zudem 3 gleiche Einzellasten P in den Viertelpunkten des Riegels $\overline{DF}$.

$$H = \frac{b}{2lN}\{1{,}875Phl + a(P_0 + 1{,}5P)[3h + k_1(2h + h_1)]\}. \quad M_D = Aa - Hh.$$

In der Riegelmitte ist: $M_P = \frac{b}{2l}[Pl + a(1{,}5P + P_0)] - Hh.$

9. Gleichmäßige Last pa über $\overline{CD}$.

$$H = \frac{pa^2}{8lN}\{6bh + k_1[h(l + 4b) + h_1(l + 2b)]\}.$$

Für $\overline{CD}$ ist: $M_x = \frac{m}{a}x - 0{,}5px^2 - Hh_1.$ $m = Aa - Hh_2.$

Für $M_{\max}$ ist: $x_m = \frac{m}{pa}.$ $x_0 = x_m \mp \frac{1}{pa}\sqrt{m^2 - 2pa^2Hh_1}.$

10. Gleichmäßige Last pb auf dem Riegel $\overline{DF}$.

$$H = \frac{pb^2}{4lN}[h(l + 3a) + ak_1(2h + h_1)]. \qquad A = \frac{pb^2}{2l}.$$

$$B = pb - A. \qquad M_C = -Hh_1. \qquad M_D = Aa - Hh.$$

Für $\overline{FD}$ ist: $M_x = Bx - 0{,}5px^2 - Hh.$ $x_m = \frac{B}{p}.$

$$M_{\max} = 0{,}5Bx_m - Hh. \qquad x_0 = x_m - \frac{1}{p}\sqrt{B^2 - 2pHh}.$$

11. Streckenlast pd auf dem Riegel $\overline{DF}$ (siehe Abbildung 68d).

$$H = \frac{pd}{4lbN}[h\{3ab(d + 2e) + l[6ce + d(3b - 2d)]\} + abk_1(d + 2e)(2h + h_1)].$$

Wenn $e = c$ und $b = 2c + d$, d. i. symmetrische Riegelbelastung:

$$H = \frac{pd}{4lbN}[3ab^2h + hl(3cb + 3cd + d^2) + ab^2k_1(2h + h_1)].$$

Wenn $c = 0$ und $b = d + e$, d. i. linksseitige Riegelbelastung:

$$H = \frac{pd}{4lbN}\{h[3ab(b + e) + ld(b + 2e)] + abk_1(b + e)(2h + h_1)\}.$$

Wenn $e = 0$ und $b = c + d$, d. i. rechtsseitige Riegelbelastung.

$$H = \frac{pd^2}{4lbN}\{h[3ab + l(b + 2c)] + abk_1(2h + h_1)\}.$$

Wagerechte Lasten.

12. Einzellast P gegen $\overline{AC}$ im Abstand d von A. $n = \frac{d}{h_1}$.

$$H_B = \frac{Pd}{2lN}\{3bh + lh_1k(3 - n^2) + k_1[(l + 2b)(h + h_1) + ah_1]\}.$$

$$H = P - H_B. \qquad -A = B = \frac{Pd}{l}. \qquad M_P = Hd.$$

$$M_C = Pd - H_Bh_1. \qquad M_F = -H_Bh. \qquad M_D = Bb - H_Bh.$$

13. Einzellast P im Punkt C:

$$H_B = \frac{Ph_1}{2lN}\{3bh + 2lh_1k + k_1[(l + 2b)(h + h_1) + ah_1]\}.$$

14. Einzellast P gegen $\overline{CD}$ im Abstand d von A und d_1 von C.

$$h_1 + d_1 = d. \qquad n = \frac{d_1}{h_2}.$$

$$H_B = \frac{P}{2lN}[3bdh + 2lh_1^2k + k_1\{d[h(l + 2b) + h_1(2l + b)] - nld_1(3h_1 + d_1)\}].$$

$$H = P - H_B. \qquad -A = B = \frac{Pd}{l}. \qquad M_C = Hh_1.$$

$$M_P = Hd + Ana. \qquad M_F = -H_Bh. \qquad M_D = Bb - H_Bh.$$

15. Einzellast P im Punkt D.

$$H_B = \frac{P}{lN}\{1{,}5bh^2 + klh_1^2 + k_1[bh^2 + lh_1^2 + 0{,}5hh_1(l + b)]\}.$$

16. Gleichmäßige Last ph_1 gegen $\overline{AC}$.

$$H_B = \frac{ph_1^2}{4lN}\{3bh + 2{,}5klh_1 + k_1[h(l + 2b) + h_1(2l + b)]\}.$$

$$H = ph_1 - H_B. \qquad -A = B = \frac{ph_1^2}{2l}. \qquad M_C = Hh_1 - 0{,}5ph_1^2.$$

$$M_D = Bb - H_Bh.$$

Für $\overline{AC}$ ist: $M_y = Hy - 0{,}5py^2$. $M_{\max} = \frac{H^2}{2p}$. $M_F = -H_Bh$.

17. Gleichmäßige Last ph_2 gegen $\overline{CD}$.

$$H_B = \frac{ph_2}{8lN}\{6bh(h + h_1) + 8klh_1^2 + k_1[h^2(l + 4b) + 2hh_1(2l + 3b) + h_1^2(7l + 2b)]\}.$$

$$H = ph_2 - H_B. \quad -A = B = \frac{ph_2}{l}(h_1 + 0{,}5h_2). \quad m = Hh_2 + Aa.$$

$$y = \frac{h_2}{a}x. \qquad y \text{ von } C \text{ nach oben.}$$

Für $\overline{CD}$ ist: $M_y = Hh_1 + \frac{m}{h_2}y - 0{,}5py^2$. $y_m = \frac{m}{ph_2}$.

$$y_0 = y_m + \frac{1}{ph_2}\sqrt{m^2 + 2ph_2^2Hh_1}.$$

18. Einzellast P gegen $\overline{BF}$ im Abstand d von B. $n = \frac{d}{h}$.

$$H = \frac{Pd}{2lN}[3h(l+a) + ak_1(2h+h_1) + lhk_2(3-n^2)]. \quad H_B = P - H.$$

19. Einzellast P im Punkt F.

$$H = \frac{Ph}{2lN}[3h(l+a) + ak_1(2h+h_1) + 2lhk_2].$$

20. Gleichmäßige Last ph gegen $\overline{BF}$.

$$H = \frac{ph^2}{8lN}[6h(l+a) + 2ak_1(2h+h_1) + 5hlk_2].$$

$$A = -B = \frac{ph^2}{2l}. \qquad H_B = ph - H.$$

Für $\overline{BF}$ ist: $M_y = H_B y - 0{,}5\,py^2$. $M_{\max} = \frac{H_B^2}{2p}$. $y_m = \frac{H_B}{p}$.

Rahmen b.

Lotrechte Lasten.

1. Einzellast P auf $\overline{CD}$ im Abstand d von A und d_1 von D.

$$n = \frac{d}{a}. \qquad n_1 = \frac{d_1}{a}.$$

$$H = \frac{Pd}{2N}\{k_1[3lh_1(b+ln_1) + (lh_2 - ah_0)(2b + ln_1 + nln_1)] + b(3lh_4 + 2bh_0)\}.$$

$$B = \frac{1}{l}(Pd - Hh_0). \qquad A = P - B.$$

2. Einzellast P im Punkt D.

$$H = \frac{Pab}{2N}[lh_1k_1 + lh_4(3+2k_1) + 2bh_0(1+k_1)].$$

3. Einzellast P auf $\overline{DF}$ im Abstand d von A, d_1 von D und e von F.

$$H = \frac{P}{2bN}\{aebk_1[l(2h+h_1) - 2ah_0] + 3elh(ab+ld_1) - h_0[3edl(b+d_1) + 2(ld_1^3 - db^3)]\}.$$

4. Einzellast P in der Mitte des Riegels $\overline{DF}$.

$$H = \frac{Pb}{8N}\{4ak_1[l(h+0{,}5h_1) - ah_0] + 3lh(l+2a) - h_0(8ad + dl + bl)\}.$$

5. Gleichmäßige Last pa über $\overline{CD}$.

$$H = \frac{pa^2}{8N}\{k_1[(bh+ah_4)(l+4b) + lh_1(l+2b)] + 2b(3lh_4 + 2bh_0)\}.$$

$$m = Aa - Hh_2. \qquad B = \frac{pa^2}{2l} - \frac{Hh_0}{l}. \qquad A = pa - B.$$

Für $\overline{CD}$ ist: $M_x = \frac{m}{a} x - 0{,}5\, p x^2 - H h_1$.

Für $M_{\max}$ ist: $x_m = \frac{m}{p a}$.

6. Gleichmäßige Last pb auf dem Riegel $\overline{DF}$.

$$H = \frac{p b^2}{8 N} \{2 a k_1 [l (2 h + h_1) - 2 a h_0] + (l^2 + 3 a l)(h + h_4) - 4 a^2 h_0\}.$$

$$A = \frac{p b^2}{2 l} + \frac{H h_0}{l}. \qquad B = p b - A.$$

Für den Riegel ist: $M_{\max} = \frac{B^2}{2 p} - H h_4$.

7. Streckenlast pd auf dem Riegel $\overline{DF}$. $r = 2a + 2c + d$.

$v = (c + d)^3 - c^3$. $w = (c + d)^4 - c^4$. $H = E J_3 \delta_{ma} \cdot \frac{3 p l}{b N}$.

$$\begin{aligned} E J_3 \delta_{ma} = {} & \frac{a b d k_1}{12 l} (d + 2 e) [l (2 h + h_1) - 2 a h_0] \\ & + \frac{h d}{12} [3 b d (l + a) + 6 e (a b + l c) - 2 l d^2] \\ & - \frac{h_0}{24 l} [2 d b^2 r (l + 2 a) - 4 a l v - l w]. \end{aligned}$$

Wenn $c = 0$ und $b = d + e$, d. i. linksseitige Riegelbelastung:

$$\begin{aligned} E J_3 \delta_{ma} = {} & \frac{a b d k_1}{12 l} (b + e) [l (2 h + h_1) - 2 a h_0] \\ & + \frac{h d}{12} [3 a b (b + e) + l d (b + 2 e)] \\ & - \frac{h_0 d}{24 l} [2 b^2 (2 a + d)(l + 2 a) - l d^2 (4 a + d)]. \end{aligned}$$

Wenn $e = 0$ und $b = c + d$, d. i. rechtsseitige Riegelbelastung:

$$\begin{aligned} E J_3 \delta_{ma} = {} & \frac{a b d^2 k_1}{12 l} [l (2 h + h_1) - 2 a h_0] + \frac{h d^2}{12} [3 a b + l (b + 2 c)] \\ & - \frac{h_0}{24 l} [2 d b^2 (l + 2 a)(2 l - d) - 4 a l (b^3 - c^3) - l (b^4 - c^4)]. \end{aligned}$$

Wagerechte Lasten.

8. Einzellast P gegen $\overline{AC}$ im Abstand d von A. $n = \frac{d}{h_1}$.

$$\begin{aligned} H_B = {} & \frac{P}{2 N} \{k l^2 n h_1 (3 h_1 - n d) + 3 l^2 d k_1 (h + h_1) \\ & - d k_1 [a l (2 h + h_1) + a h_0 (l + 2 b)] + d^2 [2 b h + h_4 (l + 2 a)]\}. \end{aligned}$$

9. Einzellast P im Punkt C.

$$H_B = \frac{P h_1}{2N}\{2kl^2 h_1 + 3k_1 l^2 (h + h_1) - k_1 [a l (2h + h_1) + a h_0 (l + 2b)] + h_1 [2bh + h_4 (l + 2a)]\}.$$

10. Einzellast P gegen $\overline{CD}$ im Abstand d von A und d_1 von C. $n = \frac{d_1}{h_2}$. $h_1 + d_1 = d$.

$$H_B = \frac{P}{2N}\{l^2 [2k h_1^2 + 3d k_1 (h + h_1) - n d_1 k_1 (2h_1 + d)] - a l d k_1 (2h + h_1) - a h_0 k_1 [d(l + 2b) - l n^2 d_1] + 2db(bh + a h_4 + 0{,}5 l h_4)\}.$$

$$H = P - H_B. \quad B = \frac{1}{l}(Pd - H_B h_0). \quad A = -B. \quad M_P = Hd + Ana.$$

11. Einzellast P im Punkt D.

$$H_B = \frac{P}{2N}\{2l^2 [k h_1^2 + k_1 h (h + 2h_1) - k_1 h_1 h_2] - a l h k_1 (2h + h_1) - a h_0 k_1 (l h_1 + 2bh) + 2hb(bh + a h_4 + 0{,}5 l h_4)\}.$$

12. Gleichmäßige Last $p h_1$ gegen $\overline{AC}$.

$$H_B = \frac{p h_1^2}{4N}\{b(3 l h_4 + 2b h_0) + 2{,}5 k l^2 h_1 + k_1 [(bh + a h_4)(l + 2b) + l h_1 (2l + b)]\}.$$

$$H = p h_1 - H_B.$$

Für $\overline{AC}$ ist: $M_y = Hy - 0{,}5 p y^2$. $y_m = \frac{H}{p}$.

13. Gleichmäßige Last $p h_2$ gegen $\overline{CD}$. $n = \frac{a}{l}$.

$$H_B = \frac{p h_2 l}{8N}\{2(h + h_1)[b(2h + h_4 - 2n h_0) - n h_0 k_1 (l + 2b)] + k_1 [h^2 (l + 4b) + 2h h_1 (2l + 3b) + h_1^2 (7l + 2b) + a h_2 h_0] + 8 l h_1^2 k\}.$$

$$H = p h_2 - H_B. \qquad -A = B = \frac{1}{l}[p h_2 (h_1 + 0{,}5 h_2) - H_B h_0].$$

$$M_D = Bb - H_B h_4. \qquad m = H h_2 + Aa.$$

Für $\overline{CD}$ bzw. h_2 ist: $M_y = H h_1 + \frac{m}{h_2} y - 0{,}5 p y^2$. $y_m = \frac{m}{p h_2}$.

y von C nach oben. $y = \frac{h_2}{a} x$.

Man beachte bei A das Minuszeichen.

Rahmen c.

Lotrechte Lasten.

1. Einzellast P auf $\overline{CD}$ im Abstand d von A und d_1 von D.

$$d + d_1 = a. \qquad m = \frac{d}{a}. \qquad m_1 = \frac{d_1}{a}.$$

$$H = \frac{Pd}{2lN}\{2bhn + k_1[3h_1(e + bm_1) + (lh_2 - ah)(1 + 2n - m^2)]\}.$$

$$e = l - d. \qquad A = \frac{Pe}{l} + \frac{Hh}{l}. \qquad B = P - A. \qquad M_C = -Hh_1.$$

$$M_P = Be + Hh_2 m_1.$$

2. Einzellast P im Punkt D. $H = \frac{Pan}{2N}[2hn + k_1(2hn + h_1)]$.

$$n = \frac{b}{l}. \quad A = \frac{Pb}{l} + \frac{Hh}{l}. \quad B = \frac{Pa}{l} - \frac{Hh}{l}. \quad M_C = -Hh_1. \quad M_D = Bb.$$

Längskräfte: $\overline{AC}$: $\mathfrak{N} = A$. $\overline{CD}$: $\mathfrak{N} = \frac{1}{s}(Ah_2 + Ha)$. $\overline{BD}$: $\mathfrak{N} = H$.

3. Einzellast P auf $\overline{BD}$ im Abstand d von A und e von B sowie d_1 von D. $m = \frac{e}{b}$. $n = \frac{b}{l}$.

$$H = \frac{Pe}{2lN}\{ak_1(2hn + h_1) + hn[2a + l(1 - m^2)]\}.$$

Wenn $d_1 = e = 0{,}5\,b$. $H = \frac{Pn}{4N}[ak_1(2hn + h_1) + hn(2a + 0{,}75l)]$.

4. Einzellast P_1 im Punkt D und Einzellast P in der Mitte des Riegels b: $n = \frac{b}{l}$.

$$H = \frac{n}{4N}\{0{,}75\,Plhn + (P + 2P_1)a[2hn(1 + k_1) + h_1k_1]\}.$$

$$A = \frac{b}{2l}(P + 2P_1) + \frac{h}{l}H. \qquad B = P + P_1 - A. \qquad M_C = -Hh_1.$$

$$M_D = Aa - Hh. \qquad M_P = 0{,}5\,Bb.$$

5. Zwei gleiche Einzellasten im Abstande c von D und B.

$$n = \frac{b}{l}. \qquad m = \frac{c}{b}.$$

$$H = \frac{Pn}{2N}\{ak_1(2hn + h_1) + h[2an + 3m(b - c)]\}. \qquad A = Pn + \frac{Hh}{l}.$$

$$B = 2P - A. \qquad M_C = -Hh_1. \qquad M_D = Aa - Hh.$$

$$M_P = M_D + Ac \text{ bzw. } = Bc.$$

6. Gleichmäßige Last pa über a. $n = \frac{b}{l}$.

$$H = \frac{pa^2}{8N}\{4hn^2 + k_1[nh(1 + 4n) + h_1(1 + 2n)]\}.$$

$$B = \frac{pa^2}{2l} - \frac{Hh}{l}. \qquad A = pa - B. \qquad m = Aa - Hh_2.$$

Für $\overline{CD}$ ist: $M_x = \frac{m}{a} x - 0{,}5\, p x^2 - H h_1$.

Längskraft: $\mathfrak{N}_x = \frac{1}{s} [H a + h_2 (A - p x)]$.

7. Gleichmäßige Last pb über $\overline{DB}$. $n = \frac{b}{l}$.

$$H = \frac{p b n}{8 N} [2 a k_1 (2 h n + h_1) + h (b + 4 a n)].$$

$$A = \frac{p b^2}{2 l} + \frac{H h}{l}. \qquad B = p b - A. \qquad M_D = A a - H h.$$

Riegel b: $M_x = B x - 0{,}5\, p x^2$. $M_{\max} = \frac{B^2}{2 p}$.

Längskraft für $\overline{CD}$: $\mathfrak{N} = \frac{1}{s} (A h_2 + H a)$.

8. Streckenlast pd auf dem Riegel b. $n = \frac{b}{l}$.

$$H = \frac{p d (2 e + d)}{8 l b N} [2 a b k_1 (h_1 + 2 h n) + 2 h (2 b a n + b^2 - e^2 - e d - 0{,}5 d^2)].$$

$$A = \frac{1}{l} [H h + p d (e + 0{,}5 d)].$$

$$B = p d - A. \qquad M_D = A a - H h. \qquad M_C = -H h_1.$$

Strecke d:

$M_x = B x - 0{,}5\, p (x - e)^2$. $M_{\max} = B e + \frac{B^2}{2 p}$. x von B an.

Wenn $e = c$ und $c : b = m$ — symmetrische Riegelbelastung —:

$$H = \frac{p d n}{8 N} [2 a k_1 (h_1 + 2 h n) + h (4 a n + d m + b + c)].$$

Wenn $c = 0$ und $b = d + e$ — linksseitige Riegelbelastung —:

$$H = \frac{p d (b + e)}{8 l b N} [2 a b k_1 (h_1 + 2 h n) + h (4 b a n + b^2 - e^2)].$$

Wenn $e = 0$ und $b = c + d$ — rechtsseitige Riegelbelastung —:

$$H = \frac{p d^2}{8 l b N} [2 a b k_1 (h_1 + 2 h n) + 2 h (2 b a n + b^2 - 0{,}5 d^2)].$$

$$A = \frac{1}{l} [H h + 0{,}5\, p d^2]. \qquad B = p d - A. \qquad M_D = A a - H h.$$

Strecke d: $M_x = B x - 0{,}5\, p x^2$. $M_{\max} = \frac{B^2}{2 p}$.

Wagerechte Lasten.

9. Einzellast P gegen $\overline{AC}$ im Abstand d von A.

$$n = \frac{b}{l}. \qquad m = \frac{d}{h_1}.$$

$$H_B = \frac{Pd}{2N}\{2hn^2 + h_1k(3-m^2) + k_1[hn(1+2n) + h_1(2+n)]\}.$$

$$H = P - H_B. \qquad A = -B = \frac{1}{l}(H_Bh - Pd).$$

$$M_D = Bb. \qquad M_C = H_Bh_2 + Bl.$$

10. Einzellast P im Punkt C.

$$H_B = \frac{Ph_1}{N}\{hn^2 + h_1k + 0{,}5k_1[hn(1+2n) + h_1(2+n)]\}.$$

11. Einzellast P gegen $\overline{CD}$ im Abstand d von A und d_1 von C. $\quad m = \frac{d_1}{h_2}. \quad h_1 + d_1 = d.$

$$H_B = \frac{P}{2N}\{2dhn^2 + 2h_1^2k + dk_1[hn(1+2n) + h_1(2+n)] - m^2k_1(d_1hn - d_1h_1 + 3h_1h_2)\}.$$

$$H = P - H_B. \qquad A - B = \frac{1}{l}(H_Bh - Pd).$$

$$M_C = Hh_1. \qquad M_P = Hd + Ama.$$

12. Gleichmäßige Last ph_1 gegen $\overline{AC}$. $\quad n = \frac{b}{l}.$

$$H_B = \frac{ph_1^2}{4N}\{2hn^2 + 2{,}5h_1k + k_1[hn(1+2n) + h_1(2+n)]\}.$$

$$H = ph_1 - H_B. \quad A = -B = \frac{1}{l}(0{,}5ph_1^2 - H_Bh). \quad M_C = H_Bh_2 + Bl.$$

Für $\overline{AC}$ ist:

$M_y = Hy - 0{,}5py^2. \qquad M_{\max} = \frac{H^2}{2p}. \qquad y$ von A nach oben.

13. Gleichmäßige Last ph_2 gegen $\overline{CD}$.

$$H_B = \frac{ph_2}{8N}[(h+h_1)\{4hn^2 + 2k_1[hn(1+2n) + h_1(2+n)]\} + 8kh_1^2 - k_1h_2(hn + 3h_1)].$$

$$H = ph_2 - H_B. \quad A = -B = \frac{1}{l}[H_Bh - ph_2(h_1 + 0{,}5h_2)]. \quad M_D = Bb.$$

Für $\overline{CD}$ bzw. h_2 ist: $M_y = Hh_1 + \frac{m}{h_2}y - 0{,}5py^2.$

$m = Hh_2 + Aa. \qquad y_m = \frac{m}{ph_2}. \qquad y$ von C nach oben.

$$y = \frac{h_2}{a}x. \qquad y_0 = y_m + \sqrt{y_m^2 + \frac{2M_C}{p}}.$$

Längskräfte: $\overline{AC}$: $\mathfrak{N} = A. \qquad \overline{BD}$: $\mathfrak{N} = H_B.$

$\overline{CD}$: $\mathfrak{N}_x = \frac{1}{s}(Ah_2 + ph_2x - Ha).$

Rahmen 9.

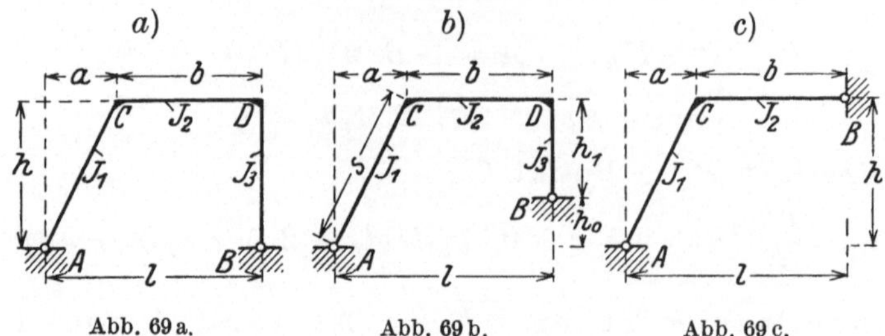

Abb. 69a. Abb. 69b. Abb. 69c.

Rahmen *a*.

$$\frac{J_2}{J_1}\cdot\frac{s}{b}=k. \qquad E\,J_2\,\delta_{aa}=\frac{b\,h^2}{3}(3+k+k_1). \qquad \frac{J_2}{J_3}\cdot\frac{h}{b}=k_1.$$

Rahmen *b*.

$$\frac{J_2}{J_1}\cdot\frac{s}{b}=k. \qquad E\,J_2\,\delta_{aa}=\frac{b\,N}{3\,l^2}. \qquad \frac{J_2}{J_3}\cdot\frac{h_1}{b}=k_1.$$

$$N=3\,l\,h_1\,(l\,h-a\,h_0)+b^2h_0^2+k\,(l\,h-a\,h_0)^2+k_1\,l^2\,h_1^2.$$

Rahmen *c*.

$$E\,J_2\,\delta_{aa}=\frac{b^3\,h^2}{3\,l^2}\,(1+k).$$

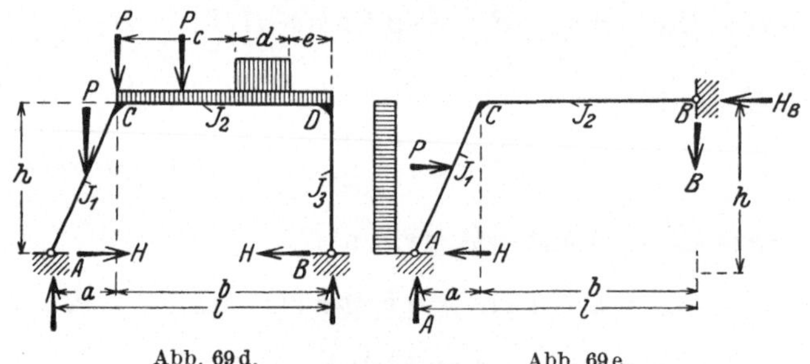

Abb. 69d. Abb. 69e.

Rahmen a.

Lotrechte Lasten.

1. Einzellast P im Abstand d von A. $\quad \frac{d}{a}=n.$

$$H=\frac{P\,d}{2\,h\,l}\cdot\frac{b\,(3+2\,k)+l\,k\,(1-n^2)}{3+k+k_1}.$$

$$B=P\frac{d}{l}. \qquad A=P-B. \qquad M_P=A\,d-H\,h\,n.$$

2. Einzellast P im Punkt C.

$$H=\frac{P\,a\,b}{2\,h\,l}\cdot\frac{3+2\,k}{3+k+k_1}. \qquad A=\frac{P\,b}{l}. \qquad B=\frac{P\,a}{l}.$$

3. Einzellast P auf dem Riegel $\overline{CD}$ im Abstand d von C und e von D.

$$H = \frac{Pe}{2hlb} \cdot \frac{3ld + ab(3+2k)}{3+k+k_1}. \qquad A = \frac{Pe}{l}. \qquad B = P - A.$$

$$M_C = Aa - Hh. \qquad M_P = M_C + Ad = Be - Hh.$$

4. Einzellast P in der Mitte des Riegels $\overline{CD}$.

$$H = \frac{Pb}{8hl} \cdot \frac{3l + 2a(3+2k)}{3+k+k_1}. \qquad A = \frac{Pb}{2l}. \qquad B = P - A.$$

Längskraft in $\overline{AC}$: $\mathfrak{N} = \frac{1}{s}(Ah + Ha)$.

5. Zwei gleiche Einzellasten P auf dem Riegel $\overline{CD}$ im Abstand c von C und von D. $\quad n = \frac{c}{b}$.

$$H = \frac{Pb}{2hl} \cdot \frac{a(3+2k) + 6ln(1-n)}{3+k+k_1}. \qquad A = \frac{Pb}{l}. \qquad B = 2P - A.$$

6. Einzellast P_0 im Punkte C und zwei gleiche Einzellasten in den Drittelpunkten des Riegels $\overline{CD}$.

$$H = \frac{b}{2hl} \cdot \frac{(P+P_0)(3+2k)a + \frac{4}{3}Pl}{3+k+k_1}. \qquad A = \frac{b}{l}(P + P_0).$$

$$B = P_0 + 2P - A. \qquad M_C = Aa - Hh. \qquad M_D = -Hh.$$

$$M_{\max} = M_C + \frac{b}{3}(A - P_0).$$

7. Einzellast P_0 im Punkte C und drei gleiche Einzellasten in den Viertelpunkten des Riegels $\overline{CD}$.

$$H = \frac{b}{2hl} \cdot \frac{a(3+2k)(P_0 + 1{,}5P) + 1{,}875Pl}{3+k+k_1}$$

$$A = \frac{b}{l}(P_0 + 1{,}5P). \qquad B = P_0 + 3P - A.$$

8. Gleichmäßige Last pa über $\overline{AC}$. $\quad H = \frac{pa^2}{8hl} \cdot \frac{6b + k(l+4b)}{3+k+k_1}$.

$$B = \frac{pa^2}{2l}. \qquad A = pa - B. \qquad M_C = Bb - Hh. \qquad x \text{ von } A \text{ an.}$$

$$m = Aa - Hh. \qquad M_x = \frac{m}{a}x - 0{,}5px^2.$$

Für $M_{\max}$ ist: $x_m = \frac{m}{pa}$.

Längskraft in $\overline{AC}$: $\mathfrak{N}_x = \frac{1}{s}[h(A - px) + Ha]$.

9. Gleichmäßige Last pb auf dem Riegel $\overline{CD}$.

$$H = \frac{pb^2}{4hl} \cdot \frac{l + a(3 + 2k)}{3 + k + k_1}.$$

$$A = \frac{pb^2}{2l}. \quad B = pb - A. \quad M_C = Aa - Hh. \qquad x \text{ von } D \text{ an.}$$

$$M_x = Bx - 0{,}5\,px^2 - Hh. \quad M_{\max} = \frac{B^2}{2p} - Hh. \quad x_m = \frac{B}{p}.$$

Für die Nullpunkte auf $\overline{CD}$ ist: $x_0 = x_m \mp \sqrt{x_m^2 - \frac{2Hh}{p}}$.

10. Streckenlast pd auf dem Riegel $\overline{CD}$ nach Abb. 69d.

$$H = \frac{pd}{2lbh} \cdot \frac{ab(d + 2e)(1{,}5 + k) + l[3ce + d(1{,}5b - d)]}{3 + k + k_1}.$$

$$A = \frac{pd}{l}(e + 0{,}5d). \quad B = pd - A.$$

Wenn $e = c$ und $n = \frac{c}{b}$ — symmetrische Riegelbelastung —:

$$H = \frac{pd}{2lh} \cdot \frac{ab(1{,}5 + k) + l[0{,}5b + n(c + d)]}{3 + k + k_1}.$$

$$A = \frac{pdb}{2l}. \quad B = pd - A. \quad M_{\max} = Bc + \frac{B^2}{2p} - Hh.$$

Wenn $c = 0$ und $b = d + e$ — linksseitige Riegelbelastung —:

$$H = \frac{pd}{4lbh} \cdot \frac{ld(b + 2e) + ab(b + e)(3 + 2k)}{3 + k + k_1}.$$

$$A = \frac{pd}{l}(e + 0{,}5d). \quad B = pd - A.$$

Wenn $e = 0$ und $b = c + d$ — rechtsseitige Riegelbelastung —:

$$H = \frac{pd^2}{2lbh} \cdot \frac{l(1{,}5b - d) + 0{,}5ab(3 + 2k)}{3 + k + k_1}.$$

$$A = \frac{pd^2}{2l}. \quad B = pd - A. \quad M_{\max} = \frac{B^2}{2p} - Hh.$$

$$x_m = \frac{B}{p}. \quad x_0 = x_m - \frac{1}{p}\sqrt{B^2 - 2pHh}.$$

Wagerechte Lasten.

11. Einzellast P gegen $\overline{AC}$ im Abstand d von A. $\quad n = \frac{d}{h}$.

$$H_B = \frac{Pn}{2l} \cdot \frac{3b + k(l + 2b - ln^2)}{3 + k + k_1}. \quad H = P - H_B. \quad -A = B = \frac{Pd}{l}.$$

$$M_C = Bb - H_B h. \quad M_P = Hd - \frac{Pdan}{l}.$$

Längskräfte:

$$\overline{AP}\colon\ \mathfrak{N} = -\frac{1}{s}\left(\frac{Pdh}{l} + Ha\right). \quad \overline{PC}\colon\ \mathfrak{N} = -\frac{1}{s}\left(\frac{Pdh}{l} - H_B a\right).$$

12. Einzellast P im Punkt C.

$$H_B = \frac{Pb}{2l} \cdot \frac{3 + 2k}{3 + k + k_1}. \qquad H = P - H_B. \qquad -A = B = \frac{Ph}{l}.$$

$$M_D = -H_B h. \qquad M_C = Bb - H_B h.$$

13. Gleichmäßige Last ph gegen $\overline{AC}$.

$$H_B = \frac{ph}{8l} \cdot \frac{6b + k(l + 4b)}{3 + k + k_1}. \qquad H = ph - H_B. \qquad -A = B = \frac{ph^2}{2l}.$$

$$m = H + \frac{a}{h} A. \qquad y \text{ von } A \text{ nach oben.}$$

$$M_y = my - 0{,}5py^2. \qquad M_{\max} = \frac{m^2}{2p}. \qquad y_m = \frac{m}{p}. \qquad x = \frac{a}{h} y.$$

14. Einzellast P gegen $\overline{BD}$ im Abstand d von B. $n = \frac{d}{h}$.

$$H = \frac{Pn}{2l} \cdot \frac{3(l + a) + 2ak + lk_1(3 - n^2)}{3 + k + k_1}. \qquad H_B = P - H.$$

$$A = -B = \frac{Pd}{l}. \qquad M_C = Aa - Hh. \qquad M_P = H_B d.$$

15. Einzellast P im Punkt D.

$$H = \frac{P}{l} \cdot \frac{1{,}5(l + a) + ak + lk_1}{3 + k + k_1}. \qquad H_B = P - H. \qquad A = -B = \frac{Ph}{l}.$$

Längskraft in $\overline{AC}$: $\mathfrak{N} = \frac{1}{s}(Ah + Ha)$.

16. Gleichmäßige Last ph gegen $\overline{BD}$:

$$H = \frac{ph}{8l} \cdot \frac{6(l + a) + 4ak + 5lk_1}{3 + k + k_1}. \qquad H_B = ph - H.$$

$$A = -B = \frac{ph^2}{2l}. \qquad M_C = Aa - Hh. \qquad M_D = Al - Hh.$$

Für $\overline{BD}$ ist: $M_y = H_B y - 0{,}5py^2$. $M_{\max} = \frac{H_B^2}{2p}$.

Rahmen b.

Lotrechte Lasten.

1. Einzellast P auf $\overline{AC}$ im Abstand d von A und e von C.

$$\frac{d}{a} = n. \qquad \frac{e}{a} = m.$$

$$H = \frac{Pd}{2N}[b(3lh_1 + 2bh_0) + k(bh + ah_1)(2b + lm + nlm)].$$

$$B = \frac{1}{l}(Pd - Hh_0). \qquad A = P - B. \qquad M_P = Ad - Hhn.$$

2. Einzellast P im Punkt C.

$$H = \frac{Pab}{2N}[lh_1(3 + 2k) + 2bh_0(1 + k)]. \qquad B = \frac{1}{l}(Pa - Hh_0).$$

$$A = P - B. \qquad M_C = Aa - Hh. \qquad M_D = -Hh_1.$$

3. Einzellast P auf dem Riegel $\overline{CD}$ im Abstand d von A, e von D und d_1 von C.

$$H = \frac{P}{2bN}\{2abek(bh + ah_1) + 3leh(ab + ld_1) - h_0[3edl(b + d_1) + 2(ld_1^3 - db^3)]\}.$$

$$B = \frac{1}{l}(Pd - Hh_0). \quad A = P - B. \quad M_C = Aa - Hh.$$

$$M_P = Be - Hh_1.$$

4. Einzellast P in der Mitte des Riegels $\overline{CD}$. $d = a + 0{,}5b$.

$$H = \frac{Pb}{8N}\{4ak(bh + ah_1) + 3lh(l + 2a) - h_0[lb + d(l + 8a)]\}.$$

5. Gleichmäßige Last pa über $\overline{AC}$.

$$H = \frac{pa^2}{8N}[2b(3lh_1 + 2bh_0) + k(l + 4b)(bh + ah_1)].$$

$$B = \frac{1}{l}(0{,}5pa^2 - Hh_0). \quad A = pa - B. \quad M_D = -Hh_1.$$

$$M_C = Bb - Hh_1. \quad m = Aa - Hh.$$

Für $\overline{AC}$ ist: $M_x = \frac{m}{a}x - 0{,}5px^2$. $x_m = \frac{m}{pa}$. $x_0 = 2x_m$.

6. Gleichmäßige Last pb auf dem Riegel $\overline{CD}$.

$$H = \frac{pb^2}{8N}[(l^2 + 3al)(h + h_1) - 4a^2h_0 + 4ak(lh - ah_0)].$$

$$A = \frac{1}{l}(0{,}5pb^2 + Hh_0). \quad B = pb - A. \quad M_C = Aa - Hh.$$

$$M_D = -Hh_1. \qquad x \text{ von } D \text{ an.}$$

$$M_x = Bx - 0{,}5px^2 - Hh_1. \quad M_{\max} = \frac{B^2}{2p} - Hh_1. \quad x_m = \frac{B}{p}.$$

Für die Nullpunkte auf $\overline{CD}$ ist: $x_0 = x_m \mp \frac{1}{p}\sqrt{B^2 - 2pHh_1}$.

Wagerechte Lasten.

7. Einzellast P gegen $\overline{AC}$ im Abstand d von A. $n = \frac{d}{h}$.

$$H_B = \frac{Pd}{2N}[b(2bh + 2ah_1 + lh_1) + k(bh + ah_1)(l + 2b - ln^2)].$$

$$-A = B = \frac{1}{l}(Pd - H_Bh_0). \quad H = P - H_B. \quad M_P = Hd + Ana.$$

$$M_D = -H_Bh_1. \quad M_C = Bb - H_Bh_1.$$

8. Einzellast P im Punkt C.

$$H_B = \frac{Pbh}{N}[bh + ah_1 + 0{,}5lh_1 + k(bh + ah_1)]. \quad H = P - H_B.$$

$$-A = B = \frac{1}{l}(Ph - H_Bh_0). \quad M_C = Hh + Aa. \quad M_D = -H_Bh_1.$$

9. Gleichmäßige Last ph gegen $\overline{AC}$.

$$H_B = \frac{ph^2}{8N}[2b(3lh_1 + 2bh_0) + k(l+4b)(lh - ah_0)]. \quad H = ph - H_B.$$

$$-A = B = \frac{1}{l}(0{,}5ph^2 - H_B h_0). \quad M_C = Bb - H_B h_1.$$

Für $\overline{AC}$ ist: $m = H + \frac{a}{h}A$. $M_y = my - 0{,}5py^2$. $M_{\max} = \frac{m^2}{2p}$.

$y_m = \frac{m}{p}$. $y_0 = 2y_m$. $x = \frac{a}{h}y$. y von A nach oben.

Rahmen c.

Lotrechte Lasten.

1. Einzellast P auf $\overline{AC}$ im Abstand d von A und e von B.

$$n = \frac{d}{a}.$$

$$H = \frac{Pd}{2bh}\left[2b + \frac{lk(1-n^2)}{1+k}\right]. \quad A = \frac{1}{l}(Pe + Hh). \quad B = P - A.$$

$$M_C = Bb. \quad M_P = Ad - Hhn.$$

Längskräfte: $\overline{AP}$: $\mathfrak{N} = \frac{1}{s}(Ah + Ha)$. $\overline{PC}$: $\mathfrak{N} = -\frac{1}{s}(Bh - Ha)$.

2. Einzellast P im Punkt C. $H = \frac{Pa}{h}$. $A = P$. $B = 0$.

Längskräfte: $\overline{AC}$: $\mathfrak{N} = \frac{P}{sh}(h^2 + a^2)$. $\overline{BC}$: $\mathfrak{N} = H$.

Es treten keine Momente auf.

3. Einzellast P auf dem Riegel $\overline{CB}$ im Abstand d von A, e von B und d_1 von C. $n = \frac{d_1}{b}$.

$$H = \frac{P}{2bh} \cdot \frac{2aek + 2db - ln^2(2b+e)}{1+k}. \quad A = \frac{1}{l}(Pe + Hh).$$

$$B = P - A. \quad M_C = Aa - Hh. \quad M_P = Be.$$

Längskraft: $\overline{AC}$: $\mathfrak{N} = \frac{1}{s}(Ah + Ha)$.

4. Einzellast P in der Mitte des Riegels $\overline{CB}$.

$$H = \frac{P}{2h}\left(a + \frac{0{,}375\,l}{1+k}\right). \quad M_{\max} = \frac{Pb}{32} \cdot \frac{5+8k}{1+k}.$$

5. Zwei gleiche Einzellasten P auf dem Riegel $\overline{CB}$ im Abstande c von C und B. $n = \frac{c}{b}$.

$$H = \frac{P}{h}\left[a + \frac{1{,}5ln(1-n)}{1+k}\right]. \quad A = \frac{Pb}{l} + \frac{Hh}{l}. \quad B = 2P - A.$$

$$M_C = Aa - Hh. \quad M_P = Bc \text{ und } = Pb - A(b-c).$$

6. Zwei gleiche Einzellasten in den Drittelpunkten des Riegels $\overline{CB}$.

$$H = \frac{P}{h}\left[a + \frac{l}{3(1+k)}\right]. \qquad A = \frac{Pb}{l} + \frac{Hh}{l}. \qquad B = 2P - A.$$

7. Drei gleiche Einzellasten in den Viertelpunkten des Riegels $\overline{CB}$.

$$H = \frac{3P}{2h}\left(a + \frac{0{,}3125\,l}{1+k}\right). \qquad A = \frac{1{,}5\,Pb}{l} + \frac{Hh}{l}.$$

$$B = 3P - A = \frac{1{,}5\,P(l+a)}{l} - \frac{Hh}{l}. \qquad M_{\max} = \frac{b}{4}(2B - P).$$

8. Gleichmäßige Last pa über $\overline{AC}$.

$$H = \frac{pa^2}{8bh}\left(4b + \frac{lk}{1+k}\right). \qquad B = \frac{1}{l}(0{,}5\,pa^2 - Hh). \qquad A = pa - B.$$

$$m = Aa - Hh. \qquad x \text{ von } A \text{ an.}$$

Für $\overline{AC}$ ist: $M_x = \frac{m}{a}x - 0{,}5\,px^2$. $\quad M_{\max} = \frac{m^2}{2pa^2}$. $\quad x_m = \frac{m}{pa}$.

9. Gleichmäßige Last pb auf dem Riegel $\overline{CB}$.

$$H = \frac{pb}{8h}\left(4a + \frac{l}{1+k}\right). \qquad A = \frac{1}{l}(0{,}5\,pb^2 + Hh).$$

$$B = pb - A. \qquad M_C = Aa - Hh.$$

Für $\overline{BC}$ ist:

$$M_x = Bx - 0{,}5\,px^2. \qquad M_{\max} = \frac{B^2}{2p}. \qquad x_m = \frac{B}{p}. \qquad x_0 = 2x_m.$$

10. Streckenlast pd auf dem Riegel $\overline{CB}$ nach Abbildung 69d.

$$H = \frac{pd(2e+d)}{2hb^3}\left[ab^2 + \frac{l(b^2 + 2bc - c^2 - e^2)}{4(1+k)}\right]. \qquad M_{\max} = Be + \frac{B^2}{2p}.$$

Wenn $e = c$ und $n = \frac{c}{b}$ — symmetrische Riegelbelastung —:

$$H = \frac{pd}{2h}\left[a + \frac{l(1 + 2n - 2n^2)}{4(1+k)}\right]. \qquad M_{\max} = Bc + \frac{B^2}{2p}.$$

Wenn $c = 0$ und $b = d + e$ — linksseitige Riegelbelastung —:

$$H = \frac{pd(b+e)}{2hb^3}\left[ab^2 + \frac{ld(b+e)}{4(1+k)}\right]. \qquad M_C = Aa - Hh.$$

$$A = \frac{1}{l}[pd(e + 0{,}5\,d) + Hh]. \qquad B = pd - A. \qquad M_{\max} = M_C + \frac{A^2}{2p}.$$

Wenn $e = 0$ und $b = c + d$ — rechtsseitige Riegelbelastung —:

$$H = \frac{pd^2}{8bh}\left[4a + \frac{l(2 - n^2)}{1+k}\right]. \qquad A = \frac{1}{l}(0{,}5\,pd^2 + Hh). \qquad n = \frac{d}{b}.$$

$$B = pd - A. \qquad M_C = Aa - Hh. \qquad M_{\max} = \frac{B^2}{2p}.$$

Wagerechte Lasten.

11. Einzellast P gegen $\overline{AC}$ im Abstand d von A. $n = \frac{d}{h}$.

$$H_B = \frac{Pn}{2b}\left[2b + \frac{lk(1-n^2)}{1+k}\right].$$

12. Gleichmäßige Last ph gegen $\overline{AC}$.

$$H_B = \frac{ph}{8b}\left(4b + \frac{lk}{1+k}\right). \qquad H = ph - H_B. \qquad m = Hh + Aa.$$

$$M_y = \frac{m}{h}y - 0{,}5py^2. \qquad y_m = \frac{m}{ph}. \qquad M_{\max} = \frac{m^2}{2ph^2}.$$

Rahmen 10.

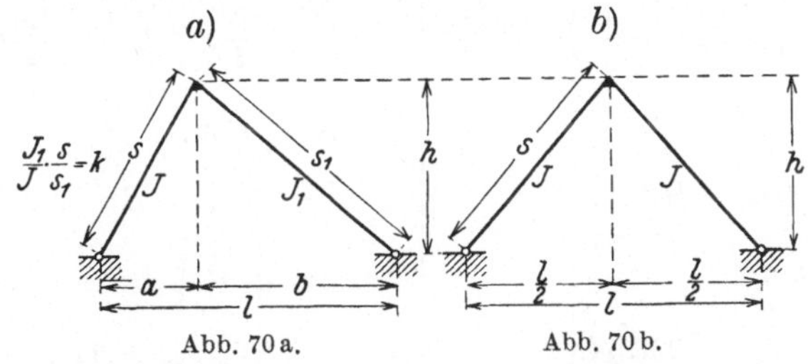

Abb. 70a. Abb. 70b.

Rahmenform a.

$$EJ_1\delta_{aa} = \frac{s_1}{3}h^2(1+k).$$

Rahmenform b.

$$EJ_1\delta_{aa} = \tfrac{2}{3}sh^2.$$

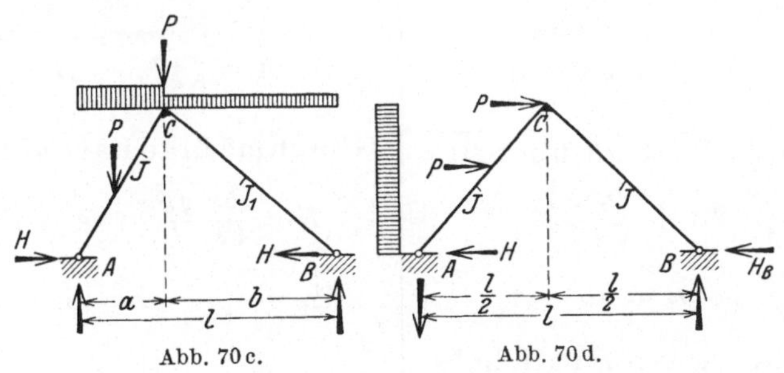

Abb. 70c. Abb. 70d.

Lotrechte Lasten.

Einzellast P im Abstand d von A.

Rahmen a.

$$n = \frac{d}{a}. \qquad H = \frac{Pd}{2hl}\cdot\frac{2b + k(l + 2b - ln^2)}{1+k}.$$

$$B = \frac{Pd}{l}. \quad A = P - B. \quad M_P = Ad - Hhn.$$

Rahmen b.

$$n = \frac{d}{l}. \qquad H = \frac{Pd}{4h}(3 - 4n^2).$$

$$A = P(1-n). \qquad B = Pn.$$

$$M_P = Ad - 2Hhn.$$

Rahmen a. | **Rahmen b.**

Einzellast P im Firstpunkt C.

Rahmen a.

$H = \frac{Pab}{hl}$. $A = \frac{Pb}{l}$. $B = \frac{Pa}{l}$.

Längskräfte: $\overline{AC}$: $\mathfrak{N} = \frac{1}{s}(Ah + Ha)$.

$\overline{BC}$: $\mathfrak{N} = \frac{1}{s_1}(Bh + Hb)$.

Rahmen b.

$H = \frac{Pl}{4h}$. $A = B = \frac{P}{2}$.

Längskräfte:

$\mathfrak{N} = \frac{1}{2s}(Ph + Hl)$.

Alle Momente sind gleich Null.

Einzellast P im Abstand d von B.

Rahmen a.

$n = \frac{d}{b}$. $H = \frac{Pd}{2hl}\left[2a + \frac{l(1-n^2)}{1+k}\right]$.

$A = \frac{Pd}{l}$. $B = P - A$.

$M_P = Bd - Hhn$.

Wenn $d = 0{,}5b$:

$$H = \frac{Pb}{2hl}\left(a + \frac{0{,}375\,l}{1+k}\right).$$

Gleichmäßige Last pa über $\overline{AC}$.

$$H = \frac{pa^2}{8hl} \cdot \frac{4b + k(l + 4b)}{1+k}.$$

$$B = \frac{pa^2}{2l}. \quad A = pa - B.$$

Gleichmäßige Last qb über $\overline{BC}$.

$$H = \frac{qb^2}{4hl}\left(2a + \frac{0{,}5l}{1+k}\right).$$

$$A = \frac{qb^2}{2l}. \quad B = qb - A.$$

$Bb - Hh = m$. x von B nach links.

Für die Strecke b ist:

$$M_x = \frac{mx}{b} - 0{,}5qx^2.$$

Für $M_{\max}$ ist: $x_m = \frac{m}{qb}$. $x_0 = 2x_m$.

$$M_{\max} = \frac{m x_m}{2b} = \frac{m^2}{2qb^2}.$$

$$M_C = Aa - Hh.$$

Rahmen b.

$n = \frac{d}{l}$. $H = \frac{Pd}{4h}(3 - 4n^2)$.

$A = Pn$. $B = P(1-n)$.

$M_P = Bd - 2Hhn$.

Wenn $d = \frac{l}{4}$:

$$H = \frac{11}{64} \cdot \frac{Pl}{h}.$$

Gleichmäßige Last $0{,}5pl$ über $\overline{AC}$.

$$H = \frac{5}{64} \cdot \frac{pl^2}{h}.$$

$$A = \tfrac{3}{8}pl. \quad B = \tfrac{1}{8}pl.$$

Gleichmäßige Last gl über $\overline{ACB}$.

$$H = \frac{5}{32} \cdot \frac{gl^2}{h}. \quad A = B = 0{,}5gl.$$

$$M_C = \frac{gl^2}{8} - Hh \text{ d. i. } = -\frac{gl^2}{32}.$$

Für jede Rahmenseite ist:

$$M_x = \tfrac{3}{16}glx - \tfrac{1}{2}gx^2. \quad x_m = \tfrac{3}{16}l.$$

$$M_{\max} = \tfrac{9}{512}gl^2 = 0{,}0176\,gl^2.$$

$$x_0 = \tfrac{3}{8}l.$$

Längskraft für x_m:

$$\mathfrak{N} = \frac{5gl}{64sh}(4h^2 + l^2).$$

Wagerechte Lasten.

Rahmen a. | **Rahmen b.**

Gleichmäßige Last ph gegen $\overline{AC}$.

Rahmen a.

$H_B = \frac{ph}{8l} \cdot \frac{4b+k(l+4b)}{1+k}$. $H = ph - H_B$.

$-A = B = \frac{ph^2}{2l}$. $m = H + \frac{Aa}{h}$.

$M_y = my - 0{,}5py^2$. y von A nach oben.

Für $M_{\max}$ ist:

$y_m = \frac{m}{p}$. $M_{\max} = 0{,}5\, m y_m$.

$y_0 = 2y_m$. $y = \frac{h}{a}x$. $x = \frac{a}{h}y$.

$M_C = Bb - H_B h$.

Längskräfte:

$\overline{AC}$: $\mathfrak{N}_x = -\frac{1}{s}(Ha - Ah - phx)$.

$\overline{BC}$: $\mathfrak{N} = +\frac{1}{s_1}(Bh + H_B b)$.

Rahmen b.

$H = \frac{11}{16}ph$. $H_B = \frac{5}{16}ph$.

$-A = B = \frac{ph^2}{2l}$. $M_C = -\frac{ph^2}{16}$.

Für die Strecke $\overline{AC}$ ist:

$M_y = \frac{1}{16}py(7h - 8y)$.

oder

$M_x = \frac{ph^2x}{8l^2}(7l - 16x)$

$x_m = \frac{7}{32}l$. $M_{\max} = \frac{49}{512}ph^2$.

Längskräfte:

$\overline{AC}$: $\mathfrak{N}_x = -\frac{1}{s}(0{,}5Hl - Ah - phx)$.

$\overline{BC}$: $\mathfrak{N} = +\frac{1}{s}(Bh + 0{,}5H_B l)$.

Man beachte bei A das Minuszeichen.

Einzellast P gegen $\overline{AC}$ im Abstand d von A.

Rahmen a.

$n = \frac{d}{h}$. $H_B = \frac{Pn}{2l} \cdot \frac{2b + k(l + 2b - ln^2)}{1+k}$.

$H = P - H_B$. $-A = B = \frac{Pd}{l}$.

$M_C = Bb - H_B h$.

$M_P = Hd + Aan$.

Wenn $d = h$:

$H = \frac{Pa}{l}$. $H_B = \frac{Pb}{l}$.

$-A = B = \frac{Ph}{l}$.

Alle Momente sind gleich Null.

Rahmen b.

$n = \frac{d}{h}$. $H_B = \frac{Pn}{4}(3 - n^2)$.

$H = P - H_B$. $-A = B = \frac{Pd}{l}$.

$M_C = -\frac{Pd}{4}(1 - n^2)$.

$M_P = Hd - 0{,}5Pdn$

$= \frac{Pd}{4}(4 - 5n + n^3)$.

Wenn $d = h$:

$H = H_B = \frac{P}{2}$.

$-A = B = \frac{Ph}{l}$.

Alle Momente sind gleich Null.

Rahmen a.	**Rahmen b.**
Längskräfte:	Längskräfte:
$\overline{AC}$: $\mathfrak{N} = -\frac{P}{s\,l}(h^2 + a^2)$.	$\overline{AC}$: $\mathfrak{N} = -\frac{P}{s\,l}\left(h^2 + \frac{l^2}{4}\right)$.
$\overline{BC}$: $\mathfrak{N} = +\frac{P}{s_1 l}(h^2 + b^2)$.	$\overline{BC}$: $\mathfrak{N} = +\frac{P}{s\,l}\left(h^2 + \frac{l^2}{4}\right)$.

Gleichmäßige Last ph gegen $\overline{BC}$.

Rahmen a.	Rahmen b.
$H = \frac{ph}{8l}\left(4a + \frac{l}{1+k}\right)$.	
$H_B = ph - H$. $A = -B = \frac{ph^2}{2l}$.	
$M_C = Aa - Hh$. $m = H_B + \frac{Bb}{h}$.	Wie in dem Fall ph gegen $\overline{AC}$.
y von B nach oben.	A und B sind zu vertauschen.
Für $\overline{BC}$ ist:	
$M_y = my - 0{,}5\,py^2$. $y_m = \frac{m}{p}$.	
$M_{\max} = 0{,}5\,m y_m$. $y_0 = 2y_m$.	

Einzellast P gegen $\overline{BC}$ im Abstand d von B.

Rahmen a.	Rahmen b.
$n = \frac{d}{h}$. $H = \frac{Pn}{2l}\cdot\frac{l + 2a - ln^2 + 2ak}{1+k}$.	
$H_B = P - H$. $A = -B = \frac{Pd}{l}$.	Wie in dem Fall ph gegen $\overline{AC}$.
$M_C = Aa - Hh$.	A und B sind zu vertauschen.
$M_P = H_B d + Bbn$.	
Wenn $d = h$:	
$H = \frac{Pa}{l}$. $H_B = \frac{Pb}{l}$.	
$A = -B = \frac{Ph}{l}$.	
Alle Momente sind gleich Null.	Wie in dem Fall ph gegen $\overline{AC}$.
Längskräfte:	A und B sind zu vertauschen.
$\overline{AC}$: $\mathfrak{N} = +\frac{P}{s\,l}(h^2 + a^2)$.	
$\overline{BC}$: $\mathfrak{N} = -\frac{P}{s_1 l}(h^2 + b^2)$.	

IIIa. Der Zweigelenkrahmen in Mansarddachform.

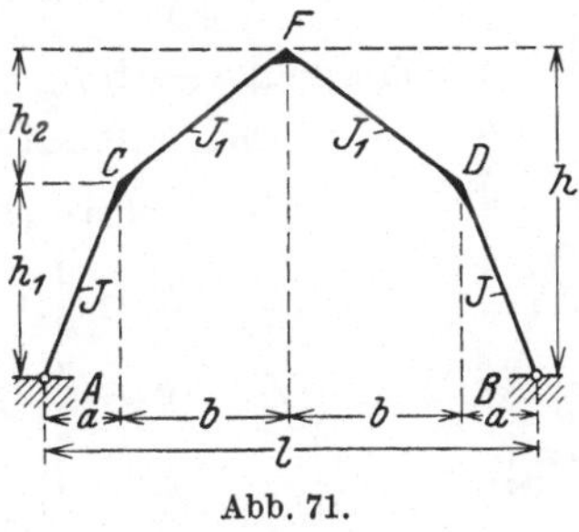

Abb. 71.

$\overline{AC} = \overline{BD} = s. \qquad \overline{CF} = \overline{DF} = s_1.$

$N = 3\,h\,h_1 + h_2^2 + k\,h_1^2.$

$\frac{J_1}{J} \cdot \frac{s}{s_1} = k. \qquad n = \frac{d}{a}.$

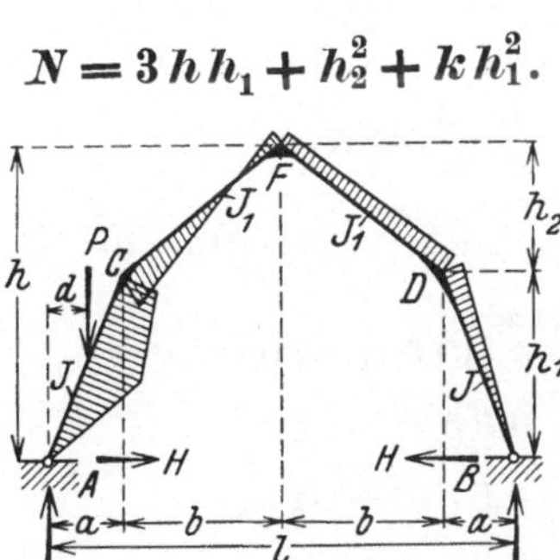

Abb. 72.

$$H = \frac{P\,d}{4\,N}[3\,(h + h_1) + k\,h_1\,(3 - n^2)].$$

$$B = \frac{P\,d}{l}. \quad A = P - B. \quad M_P = A\,d - H\,h_1\,n.$$

$$M_C = \frac{P\,d}{l}(l - a) - H\,h_1. \quad M_F = \frac{P\,d}{2} - H\,h.$$

$$M_D = B\,a - H\,h_1.$$

Wenn $d = a$:

$$H = \frac{P\,a}{4\,N}[3\,h + h_1\,(3 + 2\,k)].$$

N, s, s_1 und k wie vor.

$$A = \frac{P\,e}{l}. \qquad n = \frac{d_1}{b}. \qquad B = \frac{P\,d}{l}.$$

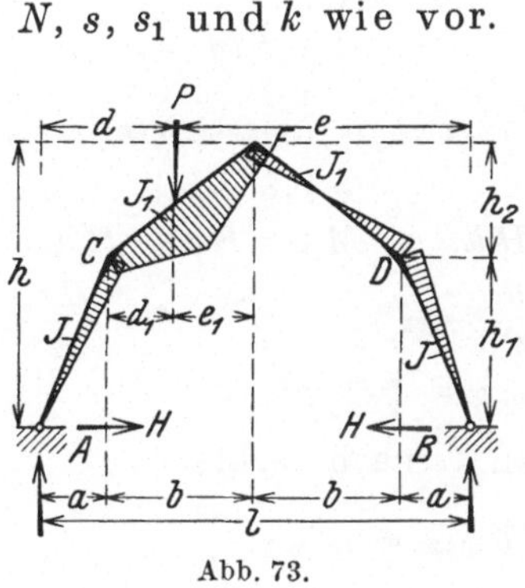

Abb. 73.

$$H = \frac{P}{4\,N}[3\,a\,h + a\,h_1\,(3 + 2\,k) + 3\,n\,h_1\,(b + e_1) + d_1\,h_2\,(3 - n^2)].$$

$$M_C = A\,a - H\,h_1. \quad M_P = A\,d - H\,(h_1 + n\,h_2).$$

$$M_F = \frac{P\,d}{2} - H\,h. \quad M_D = B\,a - H\,h_1.$$

Wenn P im Firstpunkt F:

$$H = \frac{P}{4\,N}[2\,a\,k\,h_1 + (l + a)\,(h + h_1) - b\,h_1].$$

Bei den Momentansätzen bleiben die Vorzeichen der Auflagerkräfte unbeachtet.

N, s, s_1 und k wie vor.

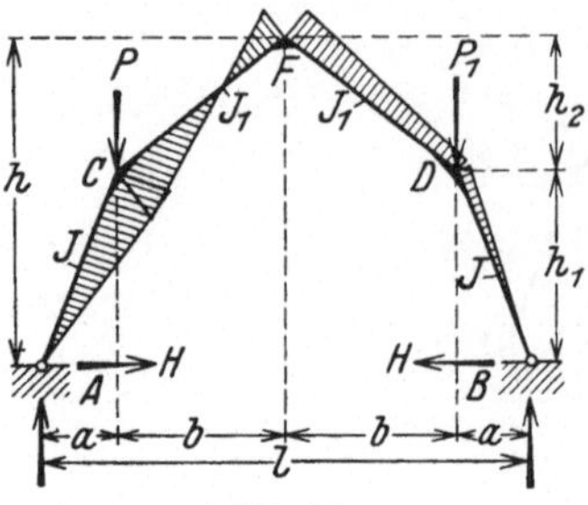

$$A = \frac{P_1 a + P(l-a)}{l}. \quad B = \frac{Pa + P_1(l-a)}{l}.$$

$$H = \frac{(P+P_1)a}{4N}[3h + h_1(3+2k)].$$

$$M_C = Aa - Hh_1. \qquad M_D = Ba - Hh_1$$

$$M_F = 0{,}5\,Al - Pb - Hh.$$

Längskräfte:

$\overline{AC}$: $\mathfrak{N} = \frac{1}{s}(Ah_1 + Ha)$.

$\overline{BD}$: $\mathfrak{N} = \frac{1}{s}(Bh_1 + Ha)$.

$\overline{CF}$: $\mathfrak{N} = \frac{1}{s_1}[(A-P)h_2 + Hb]$.

$\overline{DF}$: $\mathfrak{N} = \frac{1}{s_1}[(B-P_1)h_2 + Hb]$.

Abb. 74.

$$\boldsymbol{N = 3hh_1 + h_2^2 + kh_1^2.} \qquad \boldsymbol{\overline{AC} = \overline{BD} = s. \qquad \overline{CF} = \overline{DF} = s_1.}$$

$$\boldsymbol{\frac{J_1}{J} \cdot \frac{s}{s_1} = k.}$$

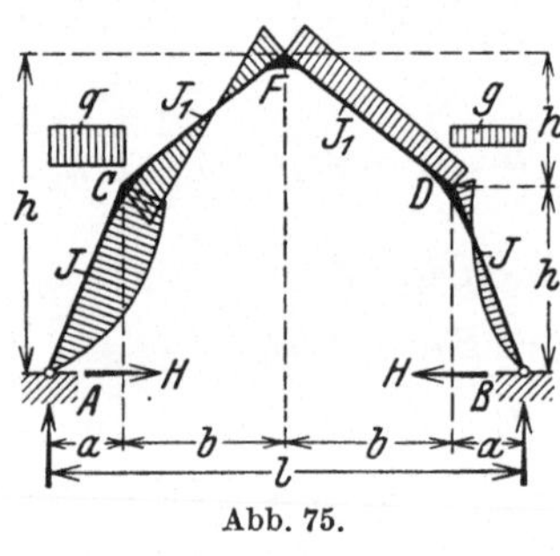

Abb. 75.

$q = g + p$. $B = ga + \frac{pa^2}{2l}$. $A = a(g+q) - B$.

$$H = \frac{(g+q)a^2}{16N}[6h + h_1(6+5k)].$$

$$M_C = Aa - 0{,}5\,qa^2 - Hh_1.$$

$$M_D = Ba - 0{,}5\,ga^2 - Hh_1.$$

$$M_F = \frac{a^2}{4}(q+g) - Hh.$$

Wenn $q = g$: $H = \frac{ga^2}{8N}[6h + h_1(6+5k)]$.

N, s, s_1 und k wie vor.

$$B = gb + \frac{pb}{2l}(l-b).$$

$q = g + p$. $\qquad A = b(g+q) - B$.

$$H = \frac{(g+q)b}{4N}[2akh_1 + (3a+b)(h+h_1) + 0{,}25\,bh_2].$$

$$M_C = Aa - Hh_1. \qquad M_D = Ba - Hh_1.$$

$$M_F = \frac{Al}{2} - \frac{qb^2}{2} - Hh. \qquad m = A - \frac{Hh_2}{b}.$$

$$M_x = M_C + mx - 0{,}5\,qx^2.$$

x von C nach rechts.

Für $M_{\max}$ ist $x_m = \frac{m}{q}$.

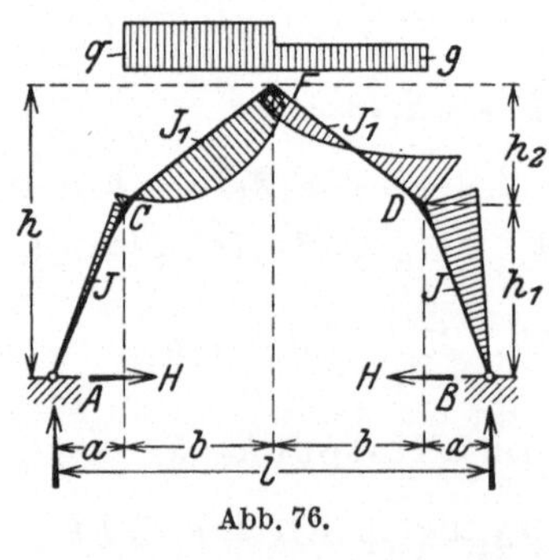

Abb. 76.

Wenn $q = g$: $H = \frac{gb}{2N}[2akh_1 + (3a+b)(h+h_1) + 0{,}25\,bh_2]$.

Bei den Momentansätzen bleiben die Vorzeichen der Auflagerkräfte unbeachtet.

N, s, s_1 und k wie vor.

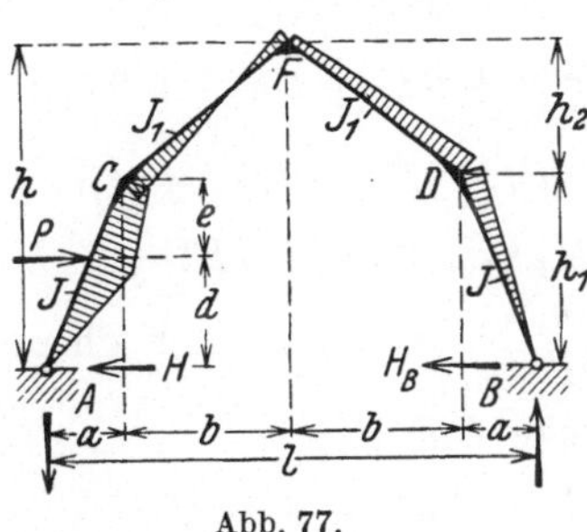

Abb. 77.

$$-A = B = \frac{Pd}{l}. \qquad n = \frac{d}{h_1}.$$

$$H_B = \frac{Pd}{4N}[3(h + h_1) + k(2h_1 + e + en)].$$

$$H = P - H_B. \qquad M_P = Hd - Aan.$$

$$M_C = Hh_1 - Aa - Pe. \quad M_D = Ba - H_B h_1.$$

$$M_F = \frac{Pd}{2} - H_B h.$$

Wenn P im Punkte C:

$$H_B = \frac{Ph_1}{4N}[2kh_1 + 3(h + h_1].$$

$$\overline{AC} = \overline{BD} = s. \qquad \overline{CF} = \overline{DF} = s_1.$$

$$N = 3hh_1 + h_2^2 + kh_1^2. \qquad \frac{J_1}{J} \cdot \frac{s}{s_1} = k.$$

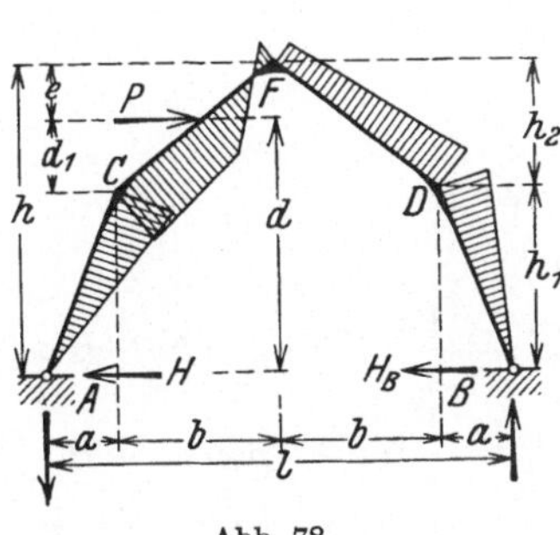

Abb. 78.

$$-A = B = \frac{Pd}{l}. \qquad n = \frac{d_1}{h_2}.$$

$$H_B = \frac{P}{4h_2 N}[2kh_1^2 h_2 + 3ed(h + d) + 2d_1(3h_1^2 + 3h_1 d_1 + d_1^2)].$$

$$H = P - H_B. \qquad M_C = Hh_1 - Aa.$$

$$M_D = Ba - H_B h_1. \quad M_F = \frac{Pd}{2} - H_B h.$$

$$M_P = Hd - A(a + nb).$$

Wenn P im Firstpunkt F:

$$H_B = H = \frac{P}{2}.$$

N, s, s_1 und k wie vor.

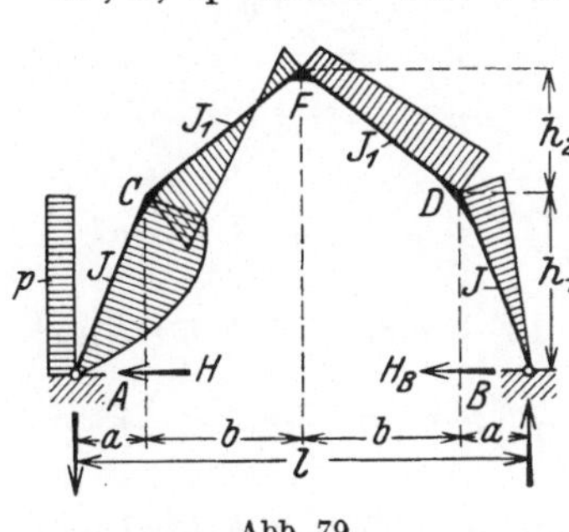

Abb. 79.

$$-A = B = \frac{ph_1^2}{2l}.$$

$$H_B = \frac{ph_1^2}{8N}[2{,}5kh_1 + 3(h + h_1)].$$

$$H = ph_1 - H_B.$$

$$M_C = Hh_1 - 0{,}5ph_1^2 - Aa.$$

$$M_D = Ba - H_B h_1. \quad M_F = 0{,}5Bl - H_B h.$$

$$m = H - \frac{Aa}{h_1}. \qquad y \text{ von } A \text{ nach oben.}$$

Für $\overline{AC}$ ist: $M_y = my - 0{,}5py^2$.

Für $M_{\max}$ ist: $y_m = \frac{m}{p}$. $\quad M_{\max} = \frac{m^2}{2p}$.

Bei den Momentansätzen bleiben die Vorzeichen der Auflagerkräfte unbeachtet.

N, s, s_1 und k wie vor.

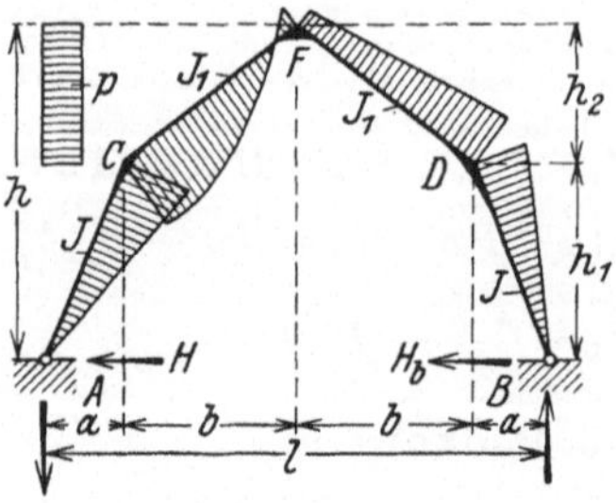

$$-A = B = \frac{p h_2}{l}(h_1 + 0{,}5\,h_2).$$

$$H_B = \frac{p h_2}{16\,N}[h_1^2(9 + 8\,k) + 5\,h\,(h + 2\,h_1)].$$

$$H = p h_2 - H_B. \quad M_C = H h_1 - A a.$$

$$M_D = B a - H_B h_1. \quad M_F = 0{,}5\,B l - H_B h.$$

$$m = H - \frac{A b}{h_2}. \quad y \text{ von } C \text{ nach oben.}$$

Für die Strecke $\overline{CF}$ ist:

$$M_y = M_C + m y - 0{,}5\,p y^2.$$

Abb. 80.

Für $M_{\max}$ ist: $y_m = \frac{m}{p}$. $\quad M_{\max} = M_C + \frac{m^2}{2p}$.

Bei den Momentansätzen bleiben die Vorzeichen der Auflagerkräfte unbeachtet.

Ermittelung der Längs- und Querkräfte in geneigten Rahmengliedern.

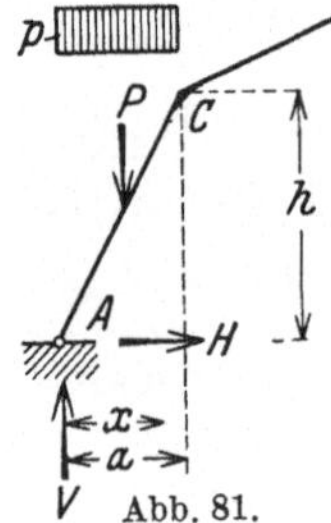

Abb. 81.

$$\overline{AC} = s = \sqrt{a^2 + h^2}.$$

$+ =$ Druck. $\quad - =$ Zug.

Für vorstehende Lastfigur ist:

Strecke $\overline{AP}$: Längskraft $\mathfrak{N}_x = \frac{1}{s}[(V - p x)\,h + H a]$.

Querkraft $Q_x = \frac{1}{s}[(V - p x)\,a - H h]$.

Strecke $\overline{PC}$: Längskraft $\mathfrak{N}_x = \frac{1}{s}[(V - P - p x)\,h + H a]$.

Querkraft $Q_x = \frac{1}{s}[(V - P - p x)\,a - H h]$.

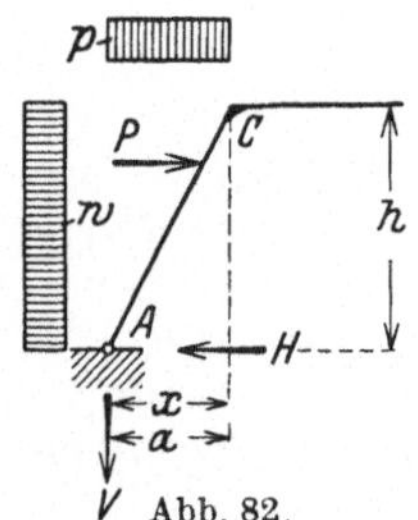

Abb. 82.

$$\overline{AC} = s = \sqrt{a^2 + h^2}. \quad \frac{h}{a} = n.$$

Für diese Lastfigur ist:

Strecke $\overline{AP}$:

Längskraft $\mathfrak{N}_x = -\frac{1}{s}[(V + p x)\,h + H a - w h x]$.

Querkraft $Q_x = -\frac{1}{s}[(V + p x)\,a - H h + w h n x]$.

Strecke $\overline{PC}$: Längskraft $\mathfrak{N}_x = -\frac{1}{s}[(V + p x)\,h + (H - P)\,a - w h x]$.

Querkraft $Q_x = -\frac{1}{s}[(V + p x)\,a - (H - P)\,h + w h n x]$.

Etwa nicht vorhandene Kräfte werden gleich Null gesetzt.

IV. Rahmen mit wagerechten Kragarmen.

Der eingespannte Rahmen mit wagerechten Kragarmen.

$\overline{CD} = s\,. \qquad \overline{FG} = s_1\,.$

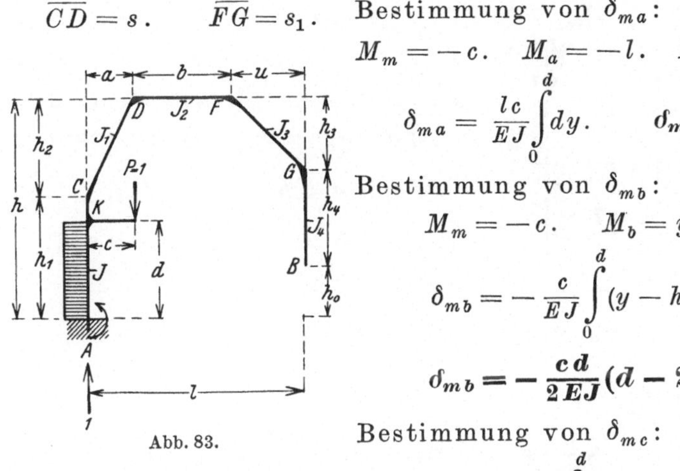

Abb. 83.

Bestimmung von δ_{ma}:

$$M_m = -c\,. \quad M_a = -l\,. \quad M_m \cdot M_a = lc\,.$$

$$\delta_{ma} = \frac{lc}{EJ}\int_0^d dy\,. \qquad \boldsymbol{\delta_{ma} = \frac{cdl}{EJ}}\,.$$

Bestimmung von δ_{mb}:

$$M_m = -c\,. \quad M_b = y - h_0\,.$$

$$\delta_{mb} = -\frac{c}{EJ}\int_0^d (y - h_0)\,dy\,.$$

$$\boldsymbol{\delta_{mb} = -\frac{cd}{2EJ}(d - 2h_0)}\,.$$

Bestimmung von δ_{mc}:

$$M_c = -1\,. \quad M_m \cdot M_c = +c\,. \quad \delta_{mc} = \frac{c}{EJ}\int_0^d dy\,. \qquad \boldsymbol{\delta_{mc} = \frac{cd}{EJ}}\,.$$

Nach Einsetzen dieser δ-Werte in die bei verschiedenen Rahmenformen für die statisch unbestimmten Größen in den Abschnitten I und II angegebenen Hauptformeln ergeben sich die bei den auf folgenden Seiten gezeichneten Rahmen angegebenen gebrauchsfertigen Formeln. Die Erläuterungen in den beiden Absätzen auf S. 179/80 gelten auch hier.

$\boldsymbol{N = 3kh^2 + (1+k)(kh_1^2 + h_2^2)}\,. \quad B = \frac{3Pcnk}{l(1+3k)}\,. \quad A = P - B\,. \quad n = \frac{d}{h_1}\,.$

$\overline{CF} = s\,. \quad k = \frac{J_1}{J} \cdot \frac{h_1}{s}\,. \quad \overline{DF} = s\,. \quad H = \frac{3Pcnk}{N}(h + e + ek)\,.$

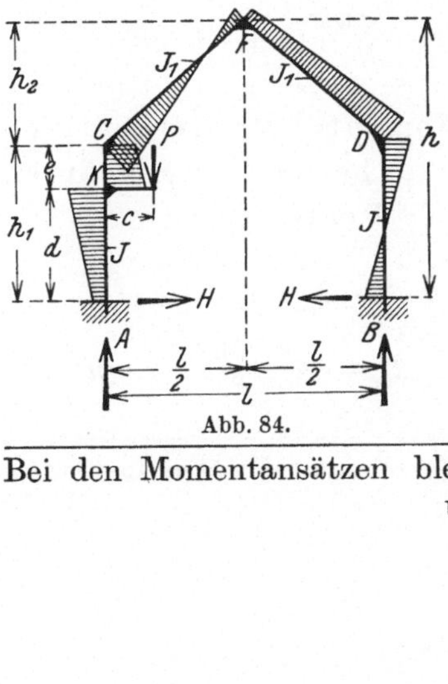

$$M_A = M_B + Bl - Pc\,.$$

$$M_B = \frac{H}{2} \cdot \frac{h + h_1 + h_1 k}{1+k} - \frac{Pcnk}{(1+k)(1+3k)}\,.$$

$$M_D = M_B - Hh_1\,.$$

$$M_K = M_A - Hd$$

bzw. $M_K = M_A - Hd + Pc\,.$

$$M_C = M_A - Hh_1 + Pc\,.$$

$$M_F = M_B - Hh + 0{,}5\,Bl\,.$$

Wenn $d = h_1$: $H = \frac{3Pchk}{N}\,. \quad n = 1\,.$

Abb. 84.

Bei den Momentansätzen bleiben die Vorzeichen der Auflagerkräfte unbeachtet.

s, k und N wie vor.

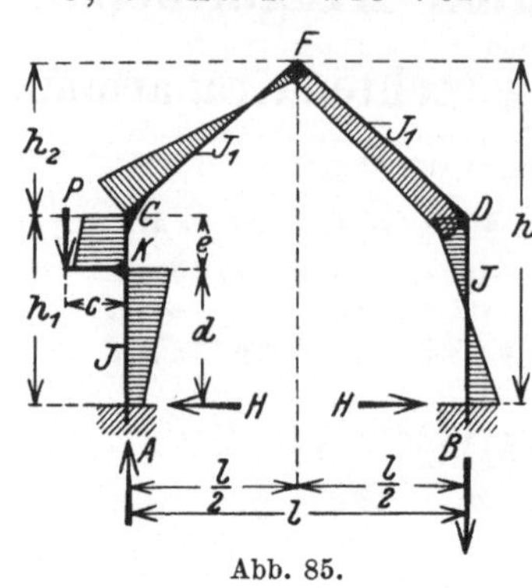

Abb. 85.

$$B = -\frac{3Pcnk}{l(1+3k)}. \qquad A = P - B.$$

$$n = \frac{d}{h_1}.$$

$$H = -\frac{3Pcnk}{N}(h + e + ek).$$

Alle Momente wie vor, aber mit entgegengesetzten Vorzeichen.

Wenn $d = h_1$:

$$H = -\frac{3Pchk}{N}. \qquad n = 1.$$

---

s, k und N wie vor.

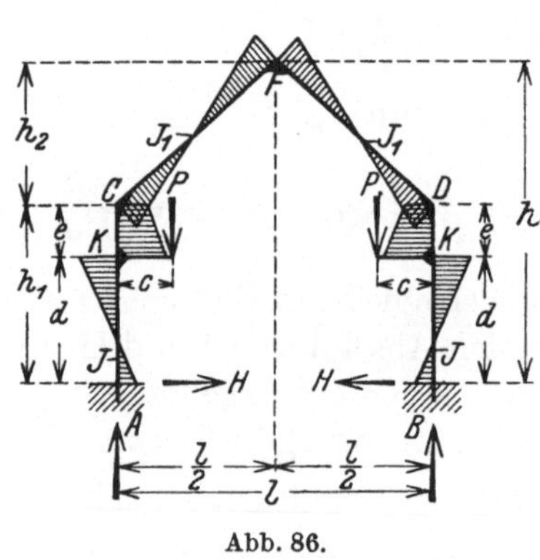

Abb. 86.

$$A = B = P. \qquad n = \frac{d}{h_1}.$$

$$H = \frac{6Pcnk}{N}(h + e + ek).$$

$$M_A = M_B = \frac{H}{2}\cdot\frac{h+h_1+h_1k}{1+k} + \frac{Pcnk}{1+k} - Pc.$$

$$M_K = M_A - Hd$$

$$\text{bzw. } M_K = M_A - Hd + Pc.$$

$$M_C = M_D = M_A - Hh_1 + Pc.$$

$$M_F = M_A - Hh + Pc.$$

Wenn $d = h_1$:

$$H = \frac{6Pchk}{N}. \qquad n = 1.$$

---

s, k und N wie vor.

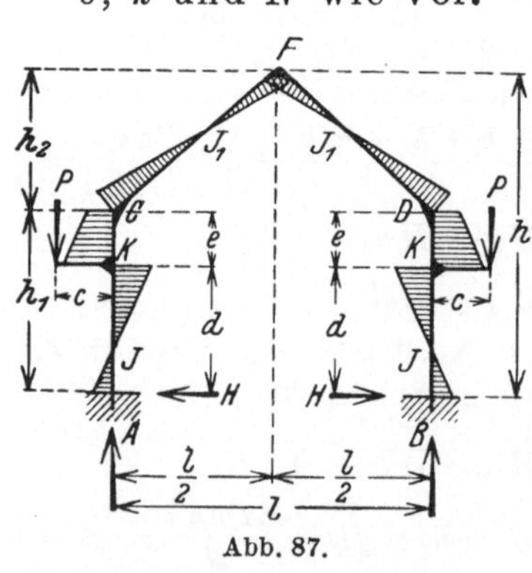

Abb. 87.

$$A = B = P. \qquad n = \frac{d}{h_1}.$$

$$H = -\frac{6Pcnk}{N}(h + e + ek).$$

Alle Momente wie im vorigen Beispiel, aber mit umgekehrten Vorzeichen.

Wenn $d = h_1$:

$$H = -\frac{6Pchk}{N}. \qquad n = 1.$$

Bei den Momentansätzen bleiben die Vorzeichen der Auflagerkräfte unbeachtet.

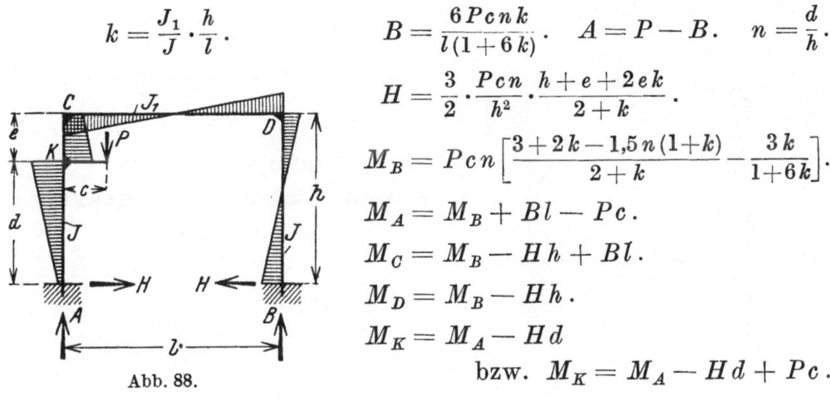

Abb. 88.

$$k=\frac{J_1}{J}\cdot\frac{h}{l}.$$

$$B=\frac{6\,P\,c\,n\,k}{l\,(1+6\,k)}.\qquad A=P-B.\qquad n=\frac{d}{h}.$$

$$H=\frac{3}{2}\cdot\frac{P\,c\,n}{h^2}\cdot\frac{h+e+2\,e\,k}{2+k}.$$

$$M_B=P\,c\,n\left[\frac{3+2\,k-1{,}5\,n\,(1+k)}{2+k}-\frac{3\,k}{1+6\,k}\right].$$

$$M_A=M_B+B\,l-P\,c.$$

$$M_C=M_B-H\,h+B\,l.$$

$$M_D=M_B-H\,h.$$

$$M_K=M_A-H\,d$$

bzw. $M_K=M_A-H\,d+P\,c.$

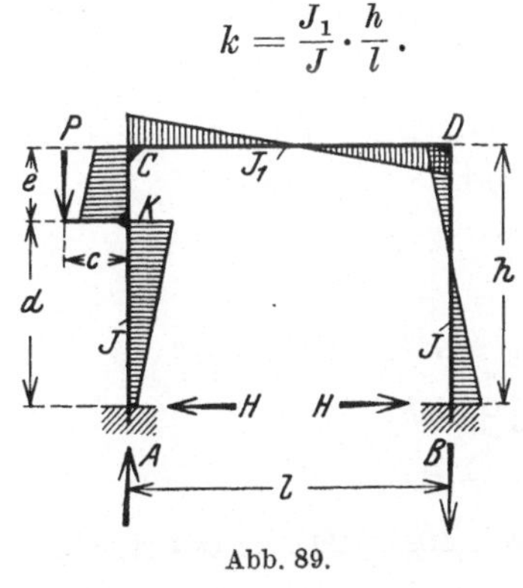

Abb. 89.

$$k=\frac{J_1}{J}\cdot\frac{h}{l}.$$

$$B=-\frac{6\,P\,c\,n\,k}{l\,(1+6\,k)}.\qquad A=P-B.$$

$$n=\frac{d}{h}.$$

$$H=-\frac{3}{2}\cdot\frac{P\,c\,n}{h^2}\cdot\frac{h+e+2\,e\,k}{2+k}.$$

Alle Momente wie im vorigen Beispiel, aber mit umgekehrten Vorzeichen.

Wenn $d=h$:

$$H=-\frac{3}{2}\cdot\frac{P\,c}{h\,(2+k)}.\qquad n=1.$$

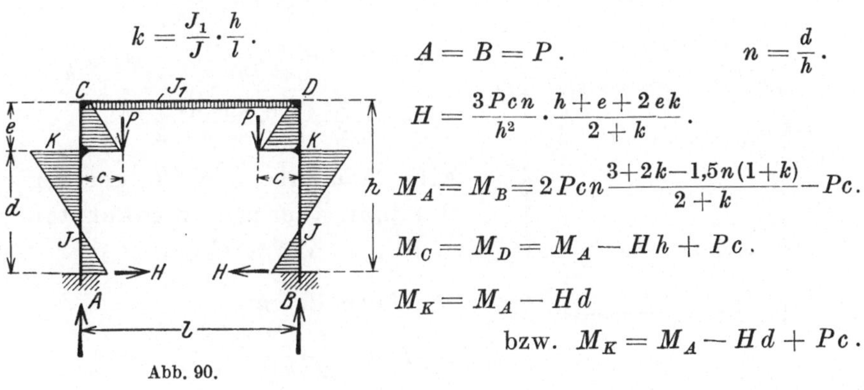

Abb. 90.

$$k=\frac{J_1}{J}\cdot\frac{h}{l}.$$

$$A=B=P.\qquad n=\frac{d}{h}.$$

$$H=\frac{3\,P\,c\,n}{h^2}\cdot\frac{h+e+2\,e\,k}{2+k}.$$

$$M_A=M_B=2\,P\,c\,n\,\frac{3+2\,k-1{,}5\,n\,(1+k)}{2+k}-P\,c.$$

$$M_C=M_D=M_A-H\,h+P\,c.$$

$$M_K=M_A-H\,d$$

bzw. $M_K=M_A-H\,d+P\,c.$

Bei den Momentansätzen bleiben die Vorzeichen der Auflagerkräfte unbeachtet.

$$k = \frac{J_1}{J} \cdot \frac{h}{l}. \qquad A = B = P. \qquad n = \frac{d}{h}.$$

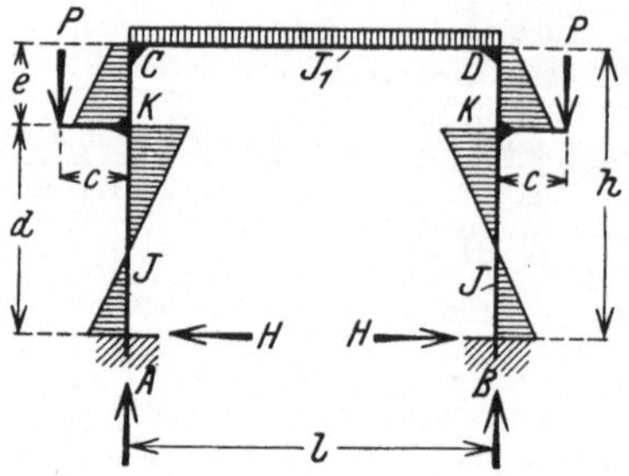

$$H = -\frac{3Pcn}{h^2} \cdot \frac{h + e + 2ek}{2 + k}.$$

Alle Momente wie im vorigen Beispiel, aber mit umgekehrten Vorzeichen.

Wenn $d = h$:

$$H = -\frac{3Pc}{h(2 + k)}. \qquad n = 1.$$

Abb. 91.

$$k = \frac{J_1}{J} \cdot \frac{h}{l}.$$

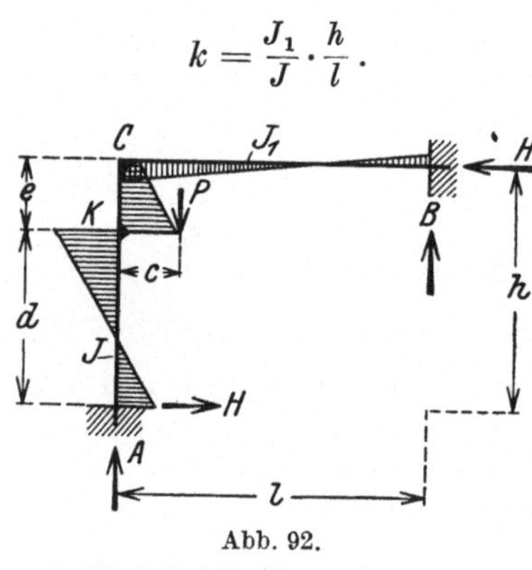

Abb. 92.

$$B = \frac{3}{2} \cdot \frac{Pcnk}{hl} \cdot \frac{d - 2e}{1 + k}.$$

$$A = P - B. \qquad n = \frac{d}{h}.$$

$$H = \frac{3}{2} \cdot \frac{Pcn}{h^2} \cdot \frac{h + e(1 + 4k)}{1 + k}.$$

$$M_B = -\frac{Pcnk}{2} \cdot \frac{3n - 2}{1 + k}.$$

$$M_A = M_B + Bl + Hh - Pc.$$

$$M_C = M_B + Bl.$$

$$M_K = M_A - Hd$$

bzw. $M_K = M_A - Hd + Pc$.

$$k = \frac{J_1}{J} \cdot \frac{h}{l}.$$

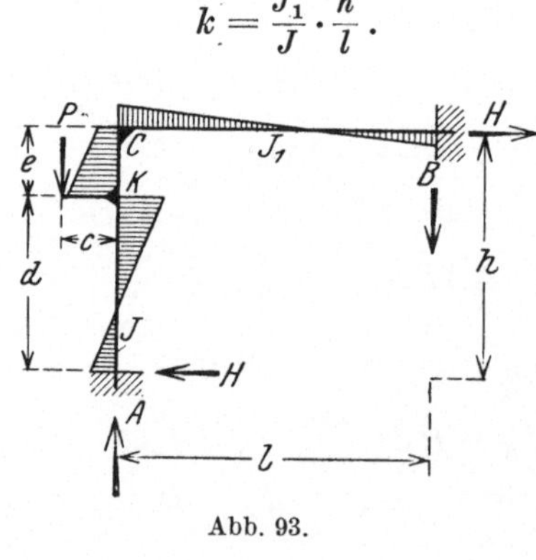

Abb. 93.

$$B = -\frac{3}{2} \cdot \frac{Pcnk}{hl} \cdot \frac{d - 2e}{1 + k}.$$

$$A = P - B. \qquad n = \frac{d}{h}.$$

$$H = -\frac{3}{2} \cdot \frac{Pcn}{h^2} \cdot \frac{h + e(1 + 4k)}{1 + k}.$$

Alle Momente wie im vorigen Beispiel, aber mit umgekehrten Vorzeichen.

Wenn $d = h$:

$$H = -\frac{3}{2} \cdot \frac{Pc}{h(1 + k)}. \qquad n = 1.$$

Bei den Momentansätzen bleiben die Vorzeichen der Auflagerkräfte unbeachtet.

$$k = \frac{J_1}{J} \cdot \frac{h}{l}. \qquad B = \frac{3\,P c n k}{l} \cdot \frac{3n-2}{4+3k}. \quad A = P - B.$$

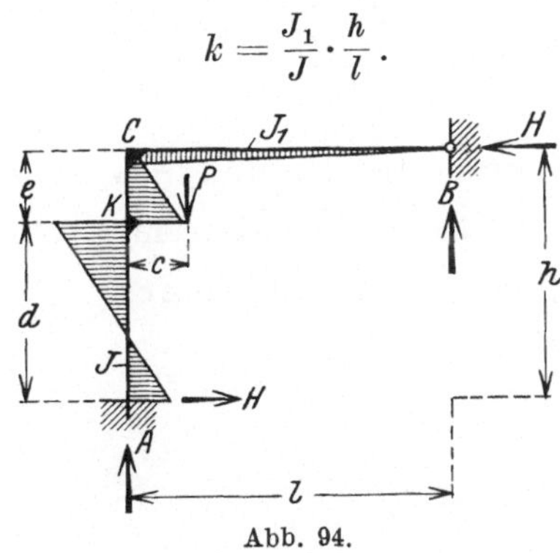

Abb. 94.

$$n = \frac{d}{h}.$$

$$H = \frac{6\,P c n}{h^2} \cdot \frac{h + e\,(1+3k)}{4+3k}.$$

$$M_A = B l + H h - P c.$$

$$M_C = B l.$$

$$M_K = M_A - H d$$

$$\text{bzw. } M_K = M_A - H d + P c$$
$$= H e + B l.$$

$$k = \frac{J_1}{J} \cdot \frac{h}{l}.$$

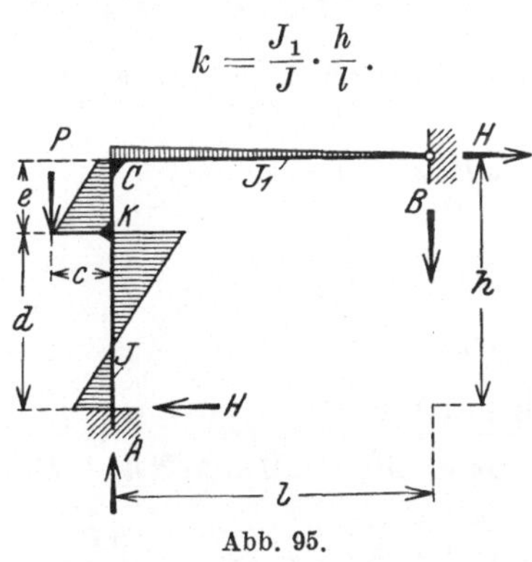

Abb. 95.

$$B = -\frac{3\,P c n k}{l} \cdot \frac{3n-2}{4+3k}.$$

$$A = P - B. \qquad n = \frac{d}{h}.$$

$$H = -\frac{6\,P c n}{h^2} \cdot \frac{h + e\,(1+3k)}{4+3k}.$$

Alle Momente wie im vorigen Beispiel, aber mit umgekehrten Vorzeichen.

Wenn $d = h$:

$$H = -\frac{6\,P c}{h\,(4+3k)}.$$

$$n = 1.$$

$$\overline{CB} = s. \qquad A = P - B. \qquad n = \frac{d}{h_1}.$$

$$k = \frac{J_1}{J} \cdot \frac{h_1}{s}. \qquad B = \frac{3\,P c n}{l h_1} \cdot \frac{3nk(h+h_2) - 2h_2(2-n) - 2k(h+2h_2)}{4+3k}.$$

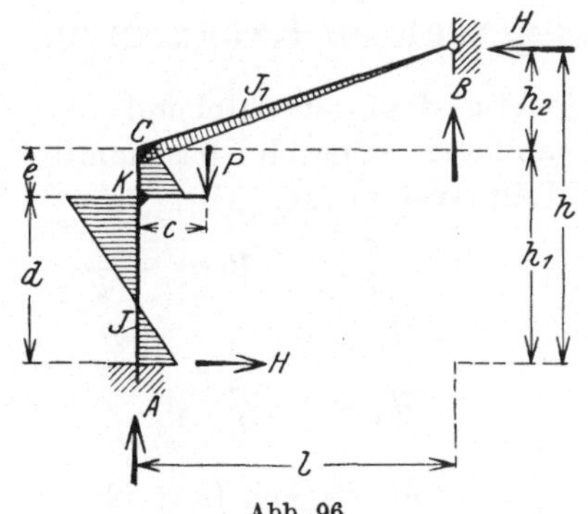

Abb. 96.

$$H = \frac{6\,P c n}{h_1^2} \cdot \frac{h_1 + e\,(1+3k)}{4+3k}.$$

$$M_A = B l + H h - P c.$$

$$M_C = B l + H h_2.$$

$$M_K = M_A - H d$$

$$\text{bzw. } M_K = M_A - H d + P c.$$

Wenn $d = h_1$: $B = \frac{3\,P c}{l h_1} \cdot \frac{h_1 k - 2 h_2}{4+3k}.$

$$H = \frac{6\,P c}{h_1\,(4+3k)}.$$

Bei den Momentansätzen bleiben die Vorzeichen der Auflagerkräfte unbeachtet.

$k = \frac{J_1}{J} \cdot \frac{h_1}{s}.$

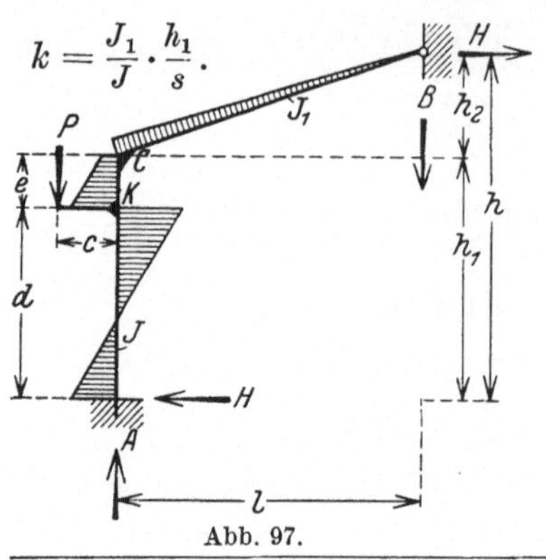

B, H und alle Momente wie im vorigen Beispiel, aber mit umgekehrten Vorzeichen.

Abb. 97.

$k = \frac{J_1}{J} \cdot \frac{h}{s}.$

$\overline{BC} = s. \qquad A = P - B. \qquad n = \frac{d}{h}.$

$$B = -\frac{3Pcn}{lh} \cdot \frac{3nk(h_1-h_2)+2h_2(2-n)-2k(h_1-2h_2)}{4+3k}.$$

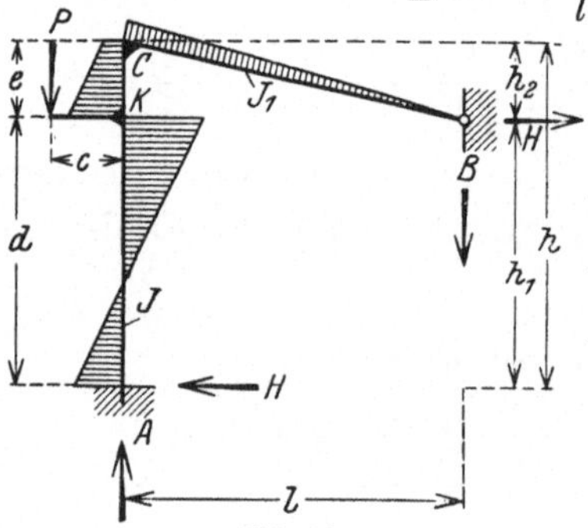

$$H = -\frac{6Pcn}{h^2} \cdot \frac{h+e(1+3k)}{4+3k}.$$

$$M_A = -Bl - Hh_1 + Pc.$$

$$M_C = -Bl + Hh_2.$$

$$M_K = M_A + Hd$$

bzw. $M_K = M_A + Hd - Pc.$

Wenn $d = h$: $\quad H = -\frac{6Pc}{h(4+3k)}.$

Abb. 98.

Bei den Momentansätzen bleiben die Vorzeichen der Auflagerkräfte unbeachtet.

Der Zweigelenkrahmen mit wagerechten Kragarmen.

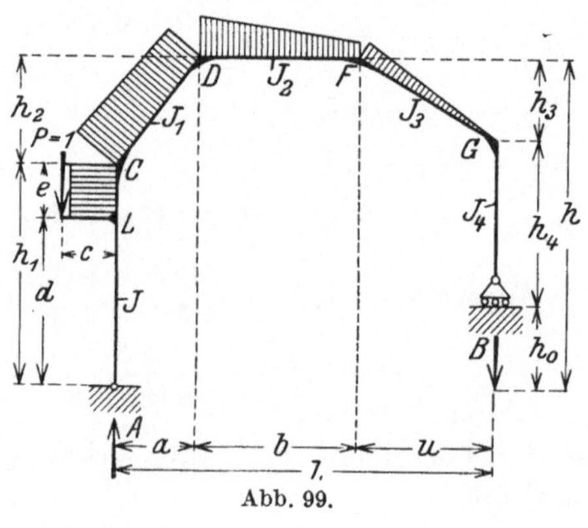

Abb. 99.

Für das nebenstehend abgebildete statisch bestimmte Hauptsystem ist:

$$A = 1 + \frac{c}{l}. \qquad B = -\frac{c}{l}.$$

$$M_G = 0,$$

$$M_F = -\frac{cu}{l}.$$

$$M_D = -\frac{c}{l}(u+b).$$

$$M_C = -c.$$

$\overline{CD} = s. \qquad \overline{GF} = s_1.$

M_m-Momente: $\overline{AL}$: $M_m = 0$. $\overline{LC}$: $M_m = -c$.

$\overline{CD}$: $M_m = -\frac{c}{l}(l-x)$. $ds = \frac{s}{a}dx$.

$\overline{DF}$: $M_m = -\frac{c}{l}(l-a-x)$. x von D an.

$\overline{GF}$: $M_m = -\frac{c}{l}x$. x von G an. $ds_1 = \frac{s_1}{u}dx$.

$\overline{BG}$: $M_m = 0$.

$M_m \cdot M_a$-Momente: Die M_a-Momente sind den Seiten 88 und 89 des Abchnitts III entnommen.

$\overline{AL}$: $M_m \cdot M_a = 0$. $\overline{LC}$: $M_m \cdot M_a = -cy$.

$\overline{CD}$: $M_m \cdot M_a = -ch_1 - \frac{cx}{al}(lh_2 - ah_0) + \frac{ch_1 x}{l} + \frac{cx^2}{al^2}(lh_2 - ah_0)$.

$\overline{DF}$: $M_m \cdot M_a = -ch + \frac{ch_0}{l}(a+x) + \frac{ch}{l}(a+x) - \frac{ch_0}{l^2}(a+x)^2$.

$\overline{GF}$: $M_m \cdot M_a = -\frac{ch_4 x}{l} - \frac{cx^2}{ul^2}(lh_3 + uh_0)$.

$$\delta_{ma} = -\frac{c}{EJ}\int_d^{h_1} y\,dy - \frac{sc}{aEJ_1}\left[h_1\int_0^a dx + \frac{lh_2 - ah_0}{al}\int_0^a x\,dx - \frac{h_1}{l}\int_0^a x\,dx\right.$$

$$\left. - \frac{lh_2 - ah_0}{al^2}\int_0^a x^2\,dx\right] - \frac{ch}{EJ_2}\int_0^b dx + \frac{ch_0}{lEJ_2}\int_0^b (a+x)\,dx + \frac{ch}{lEJ_2}\int_0^b (a+x)\,dx$$

$$- \frac{ch_0}{l^2 EJ_2}\int_0^b (a+x)^2\,dx - \frac{cs_1}{ulEJ_3}\left[h_4\int_0^u x\,dx + \frac{lh_3 + uh_0}{ul}\int_0^u x^2\,dx\right].$$

Die Auflösung der Integrale ergibt:

$$\boldsymbol{EJ_2\delta_{ma} = -\frac{J_2}{J}\cdot\frac{ce}{2}(h_1 + d)}$$

$$\boldsymbol{-\frac{J_2}{J_1}\cdot\frac{sc}{6l^2}[3lh_1(2l-a) + (lh_2 - ah_0)(3l - 2a)]}$$

$$\boldsymbol{-\frac{bc}{l^2}\left[l^2 h - l(h+h_0)(a + 0{,}5\,b) + h_0\left(a^2 + ab + \frac{b^2}{3}\right)\right]}$$

$$\boldsymbol{-\frac{J_2}{J_3}\cdot\frac{cus_1}{6l^2}(3lh_4 + 2lh_3 + 2uh_0).}$$

Es sind mit Benutzung dieses δ-Wertes für eine Anzahl der häufiger vorkommenden Rahmenbinder gebrauchsfertige Formeln ausgearbeitet und auf den folgenden Seiten wiedergegeben.

Allgemein gilt hierbei, daß ein nach außen auskragender Arm entgegengesetzte Momente, umgekehrt gerichteten Horizontalschub und am lastfreien Stiel entgegengesetzt wirkende senkrechte Auflagerkräfte erzeugt als ein nach innen kragender Arm.

Wirken am Kragarm statt der einen Last P am Ende mehrere Einzellasten, eine gleichmäßige Last p für den laufenden m, oder gar gleichmäßige Last zusammen mit Einzellasten, so ist in die Formeln für die statisch unbestimmten Größen statt Pc das Kragmoment, letzterenfalls also $P_1 c_1 + P_2 c_2 + 0{,}5\, p\, c^2$, einzusetzen. Greift in dem Punkt K (oder L) ein beliebig großes Moment mit einem dem Kragmoment gleichen Drehsinn an, so führt man statt Pc die Größe dieses Moments in die Formeln ein.

$$N = 3h^2 + 2kh_1^2 + 2k_1(3hh_1 + h_2^2).$$

$\frac{J_2}{J} \cdot \frac{h_1}{b} = k.$ $\quad \frac{J_2}{J_1} \cdot \frac{s}{b} = k_1.$ $\quad B = \frac{Pc}{l}.$ $\quad A = P - B.$ $\quad \frac{d}{h_1} = n.$

$\overline{CD} = \overline{GF} = s.$ $\quad H = \frac{EJ_2 \delta_{ma}}{EJ_2 \delta_{aa}}.$ $\quad EJ_2 \delta_{aa} = \frac{bN}{3}.$

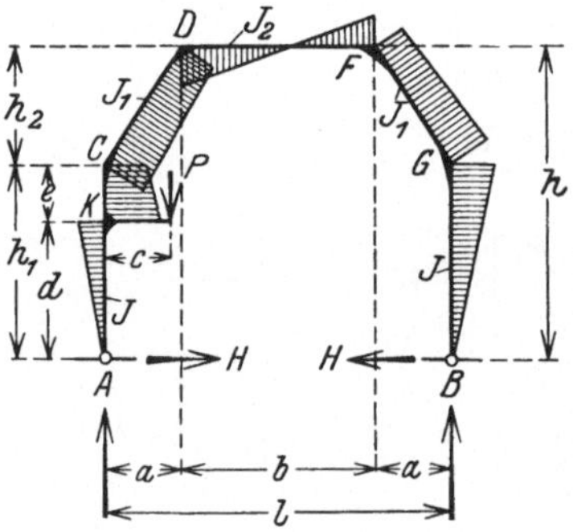

$$EJ_2 \delta_{ma} = \frac{Pbc}{2}[h + ek(1+n) + k_1(h+h_1)].$$

$$H = \frac{3}{2} \cdot \frac{Pc}{N}[h + ek(1+n) + k_1(h+h_1)].$$

$M_G = -Hh_1.$ $\quad M_F = -Hh + Ba.$

$M_D = M_F + Bb.$ $\quad M_C = -Hh_1 + Pc.$

$M_K = -Hd$ bzw. $M_K = -Hd + Pc.$

Wenn $d = h_1$:

$$H = \frac{3}{2} \cdot \frac{Pc}{N}[h + k_1(h+h_1)].$$

Abb. 100.

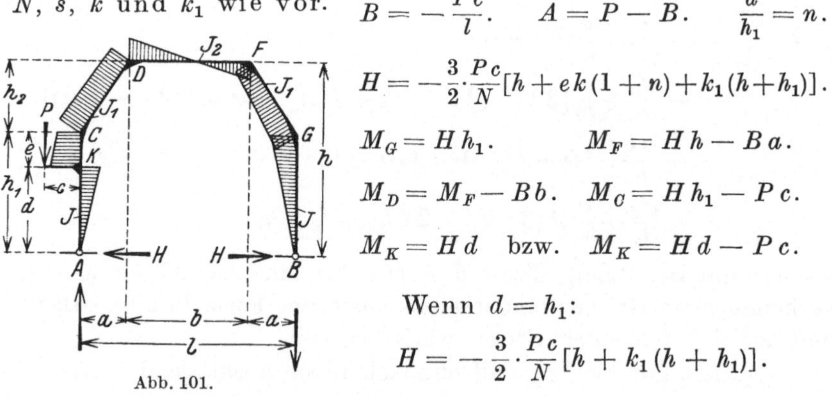

N, s, k und k_1 wie vor. $\quad B = -\frac{Pc}{l}.$ $\quad A = P - B.$ $\quad \frac{d}{h_1} = n.$

$$H = -\frac{3}{2} \cdot \frac{Pc}{N}[h + ek(1+n) + k_1(h+h_1)].$$

$M_G = Hh_1.$ $\quad M_F = Hh - Ba.$

$M_D = M_F - Bb.$ $\quad M_C = Hh_1 - Pc.$

$M_K = Hd$ bzw. $M_K = Hd - Pc.$

Wenn $d = h_1$:

$$H = -\frac{3}{2} \cdot \frac{Pc}{N}[h + k_1(h+h_1)].$$

Abb. 101.

Bei den Momentansätzen bleiben die Vorzeichen der Auflagerkräfte unbeachtet.

N, s, k und k_1 wie vor.

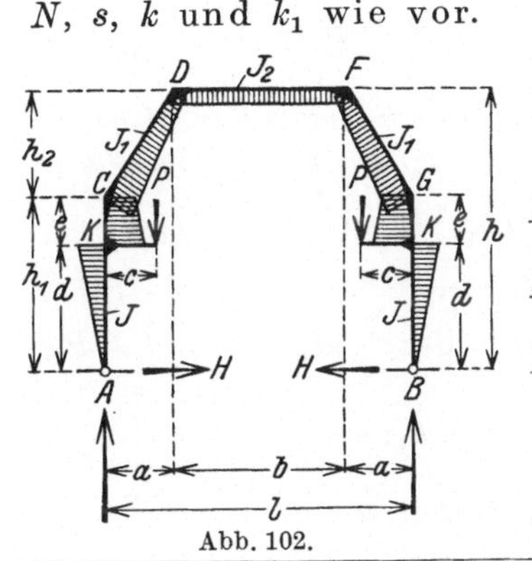

Abb. 102.

$$A = B = P. \qquad \frac{d}{h_1} = n.$$

$$H = \frac{3Pc}{N}[h + ek(1+n) + k_1(h+h_1)].$$

$$M_K = -Hd \text{ bzw. } M_K = -Hd + Pc.$$

$$M_C = M_G = -Hh_1 + Pc.$$

$$M_D = M_F = -Hh + Pc.$$

Wenn $d = h_1$:

$$H = \frac{3Pc}{N}[h + k_1(h+h_1)].$$

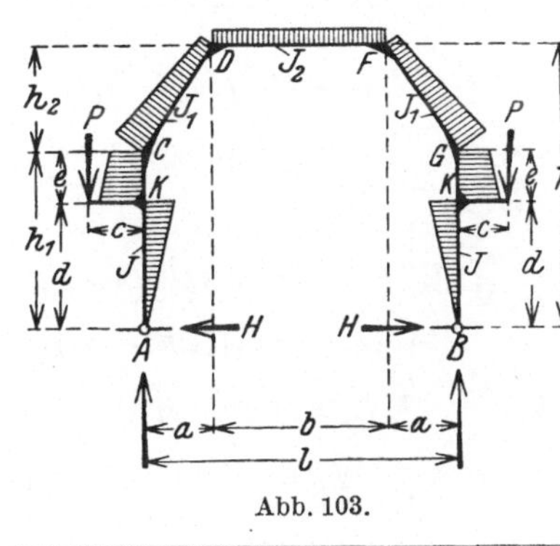

Abb. 103.

$$\boldsymbol{N = 3h^2 + 2kh_1^2 + 2k_1(3hh_1 + h_2^2).}$$

$$A = B = P. \qquad \frac{d}{h_1} = n.$$

$$H = -\frac{3Pc}{N}[h + ek(1+n) + k_1(h+h_1)].$$

$$M_K = Hd \text{ bzw } M_K = Hd - Pc.$$

$$M_C = M_G = Hh_1 - Pc.$$

$$M_D = M_F = Hh - Pc.$$

Wenn $d = h_1$:

$$H = -\frac{3Pc}{N}[h + k_1(h+h_1)].$$

$$\frac{J_2}{J}\cdot\frac{h_1}{s_1} = k. \qquad \frac{J_2}{J_1}\cdot\frac{s}{s_1} = k_1.$$

$$\overline{CD} = s. \qquad \overline{FD} = s_1.$$

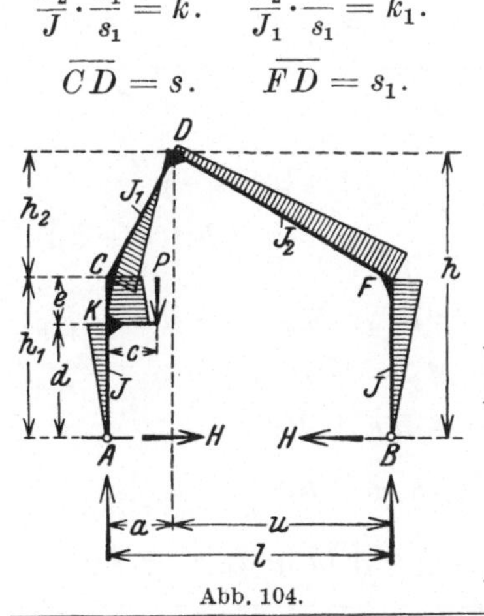

Abb. 104.

$$\boldsymbol{N = 2kh_1^2 + (3hh_1 + h_2^2)(1 + k_1).}$$

$$B = \frac{Pc}{l}. \qquad A = P - B. \qquad \frac{d}{h_1} = n.$$

$$H = \frac{EJ_2\delta_{ma}}{EJ_2\delta_{aa}}. \qquad EJ_2\delta_{aa} = \frac{s_1 N}{3}.$$

$$H = \frac{Pc}{2lN}[3elk(1+n) + 3lk_1(h+h_1) + (u - ak_1)(2h+h_1)].$$

$$M_F = -Hh_1. \qquad M_D = -Hh + Bu.$$

$$M_K = -Hd \text{ bzw. } M_K = -Hd + Pc.$$

$$M_C = -Hh_1 + Pc.$$

Wenn $d = h_1$:

$$H = \frac{Pc}{2lN}[3lk_1(h+h_1) + (u - ak_1)(2h+h_1)].$$

Bei den Momentansätzen bleiben die Vorzeichen der Auflagerkräfte unbeachtet.

N, s, s_1, k und k_1 wie vor.

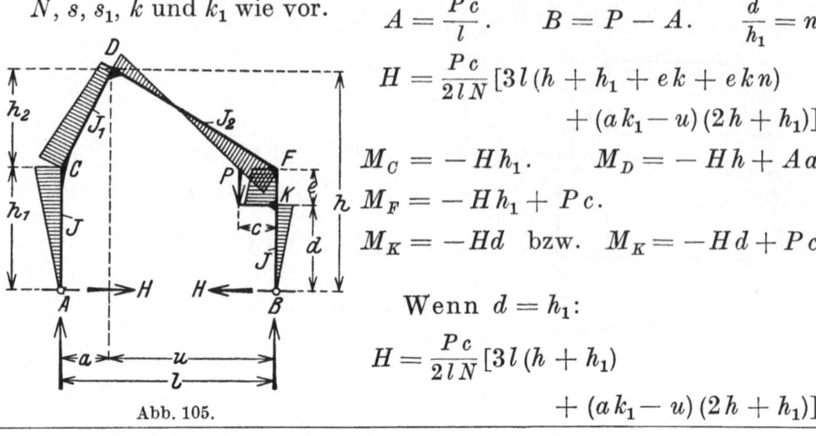

Abb. 105.

$$A = \frac{Pc}{l}. \qquad B = P - A. \qquad \frac{d}{h_1} = n.$$

$$H = \frac{Pc}{2lN}[3l(h + h_1 + ek + ekn) + (ak_1 - u)(2h + h_1)].$$

$$M_C = -Hh_1. \qquad M_D = -Hh + Aa.$$

$$M_F = -Hh_1 + Pc.$$

$$M_K = -Hd \text{ bzw. } M_K = -Hd + Pc.$$

Wenn $d = h_1$:

$$H = \frac{Pc}{2lN}[3l(h + h_1) + (ak_1 - u)(2h + h_1)].$$

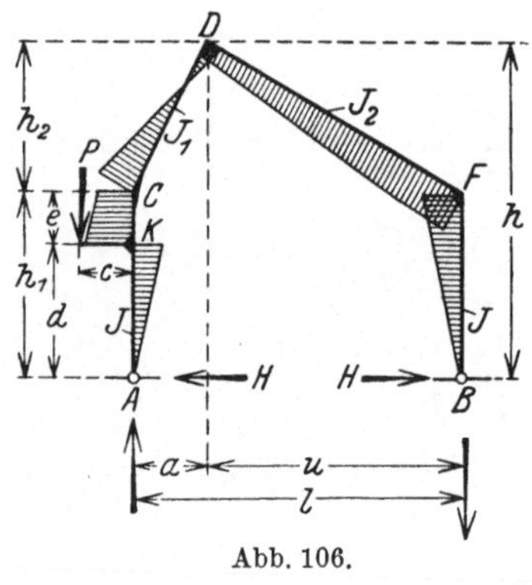

Abb. 106.

$$\mathbf{N = 2kh_1^2 + (3hh_1 + h_2^2)(1 + k_1).}$$

$$B = -\frac{Pc}{l}. \qquad A = \frac{P(l + c)}{l}. \qquad \frac{d}{h_1} = n.$$

$$H = -\frac{Pc}{2lN}[3elk(1+n) + 3lk_1(h+h_1) + (u - ak_1)(2h + h_1)].$$

$$M_F = Hh_1. \qquad M_D = Hh - Bu.$$

$$M_K = Hd \text{ bzw. } M_K = Hd - Pc.$$

$$M_C = Hh_1 - Pc.$$

Wenn $d = h_1$: $H = -\frac{Pc}{2lN}[3lk_1(h + h_1) + (u - ak_1)(2h + h_1)]$.

N, s, s_1, k und k_1 wie vor.

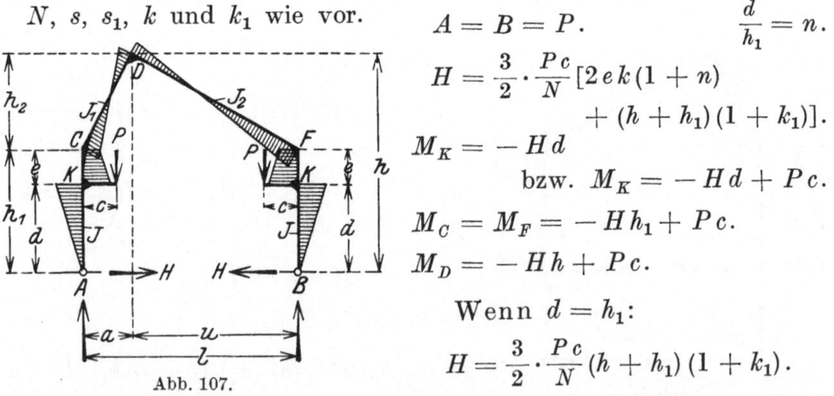

Abb. 107.

$$A = B = P. \qquad \frac{d}{h_1} = n.$$

$$H = \frac{3}{2} \cdot \frac{Pc}{N}[2ek(1 + n) + (h + h_1)(1 + k_1)].$$

$$M_K = -Hd \text{ bzw. } M_K = -Hd + Pc.$$

$$M_C = M_F = -Hh_1 + Pc.$$

$$M_D = -Hh + Pc.$$

Wenn $d = h_1$:

$$H = \frac{3}{2} \cdot \frac{Pc}{N}(h + h_1)(1 + k_1).$$

Bei den Momentansätzen bleiben die Vorzeichen der Auflagerkräfte unbeachtet.

$\overline{CD} = \overline{FD} = s. \quad k = \frac{J_1}{J} \cdot \frac{h_1}{s}. \quad N = 3\,h\,h_1 + h_2^2 + k\,h_1^2.$

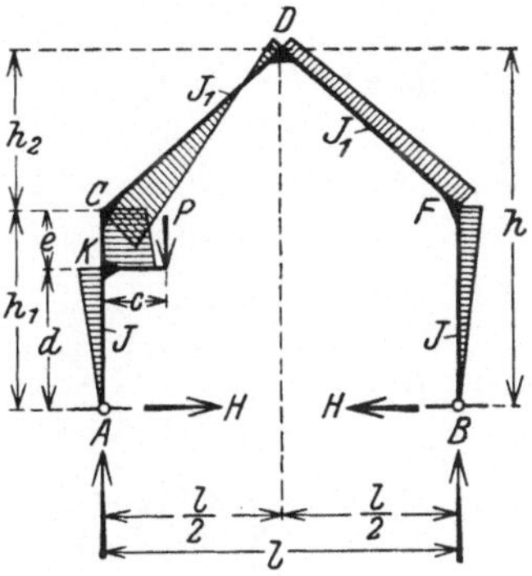

$$B = \frac{P\,c}{l}. \qquad A = P - B. \qquad \frac{d}{h_1} = n.$$

$$H = \frac{3}{4} \cdot \frac{P\,c}{N}\,[h + h_1 + e\,k\,(1 + n)].$$

$$M_F = -H\,h_1. \qquad M_D = -H\,h + \frac{P\,c}{2}.$$

$$M_K = -H\,d \quad \text{bzw.} \quad M_K = -H\,d + P\,c.$$

$$M_C = -H\,h_1 + P\,c.$$

$$\text{Wenn } d = h_1\text{:} \quad H = \frac{3}{4} \cdot \frac{P\,c}{N}\,(h + h_1).$$

Abb. 108.

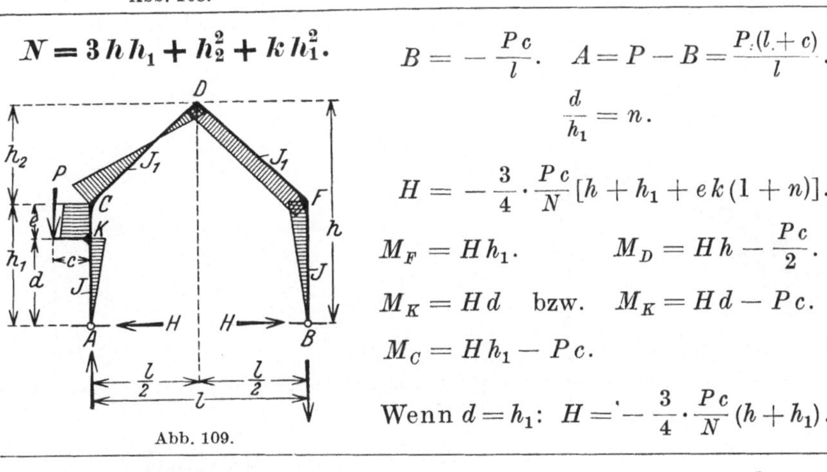

$N = 3\,h\,h_1 + h_2^2 + k\,h_1^2.$

$$B = -\frac{P\,c}{l}. \qquad A = P - B = \frac{P\,(l + c)}{l}.$$

$$\frac{d}{h_1} = n.$$

$$H = -\frac{3}{4} \cdot \frac{P\,c}{N}\,[h + h_1 + e\,k\,(1 + n)].$$

$$M_F = H\,h_1. \qquad M_D = H\,h - \frac{P\,c}{2}.$$

$$M_K = H\,d \quad \text{bzw.} \quad M_K = H\,d - P\,c.$$

$$M_C = H\,h_1 - P\,c.$$

$$\text{Wenn } d = h_1\text{:} \quad H = -\frac{3}{4} \cdot \frac{P\,c}{N}\,(h + h_1).$$

Abb. 109.

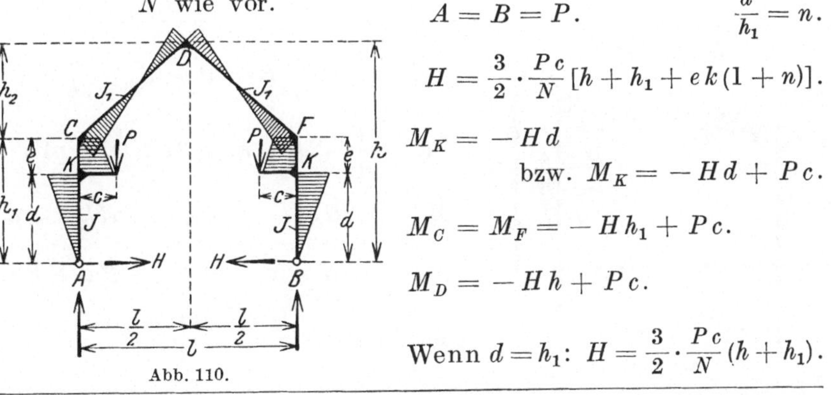

N wie vor.

$$A = B = P. \qquad \frac{d}{h_1} = n.$$

$$H = \frac{3}{2} \cdot \frac{P\,c}{N}\,[h + h_1 + e\,k\,(1 + n)].$$

$$M_K = -H\,d \quad \text{bzw.} \quad M_K = -H\,d + P\,c.$$

$$M_C = M_F = -H\,h_1 + P\,c.$$

$$M_D = -H\,h + P\,c.$$

$$\text{Wenn } d = h_1\text{:} \quad H = \frac{3}{2} \cdot \frac{P\,c}{N}\,(h + h_1).$$

Abb. 110.

Bei den Momentansätzen bleiben die Vorzeichen der Auflagerkräfte unbeachtet.

N wie vor.

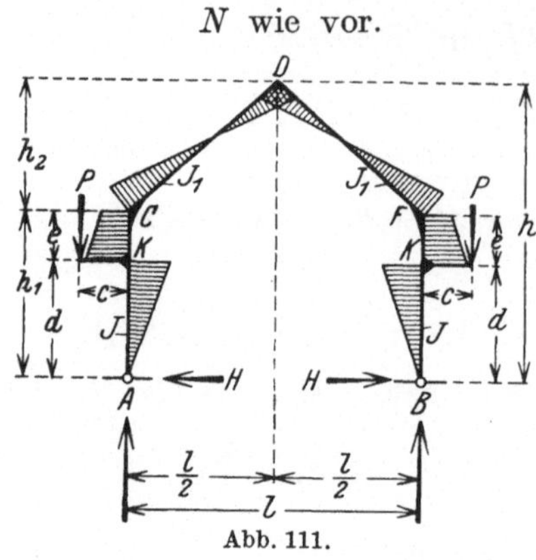

Abb. 111.

$$A = B = P. \qquad \frac{d}{h_1} = n.$$

$$H = -\frac{3}{2} \cdot \frac{Pc}{N}[h + h_1 + ek(1+n)].$$

$$M_K = Hd \quad \text{bzw.} \quad M_K = Hd - Pc.$$

$$M_C = M_F = Hh_1 - Pc.$$

$$M_D = Hh - Pc.$$

Wenn $d = h_1$: $H = -\frac{3}{2} \cdot \frac{Pc}{N}(h + h_1)$.

$$k = \frac{J_1}{J} \cdot \frac{h_1}{s}. \qquad k_1 = \frac{J_1}{J_2} \cdot \frac{h}{s}.$$

$$s = \overline{CD}.$$

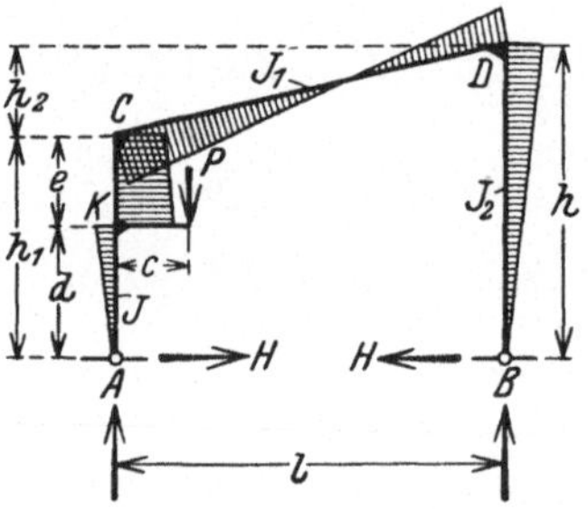

Abb. 112.

$$\boldsymbol{N = 3hh_1 + h_2^2 + kh_1^2 + k_1h^2.}$$

$$B = \frac{Pc}{l}. \qquad A = P - B. \qquad \frac{d}{h_1} = n.$$

$$H = \frac{EJ_1\delta_{ma}}{EJ_1\delta_{aa}}. \qquad EJ_1\delta_{aa} = \frac{sN}{3}.$$

$$EJ_1\delta_{ma} = \frac{Pcs}{6}[3ek(1+n) + h + 2h_1].$$

$$H = \frac{Pc}{2N}[h + 2h_1 + 3ek(1+n)].$$

$$M_D = -Hh. \qquad M_C = -Hh_1 + Pc.$$

$$M_K = -Hd \quad \text{bzw.} \quad M_K = -Hd + Pc.$$

Wenn $d = h_1$: $H = \frac{Pc}{2N}(h + 2h_1)$.

N wie vor.

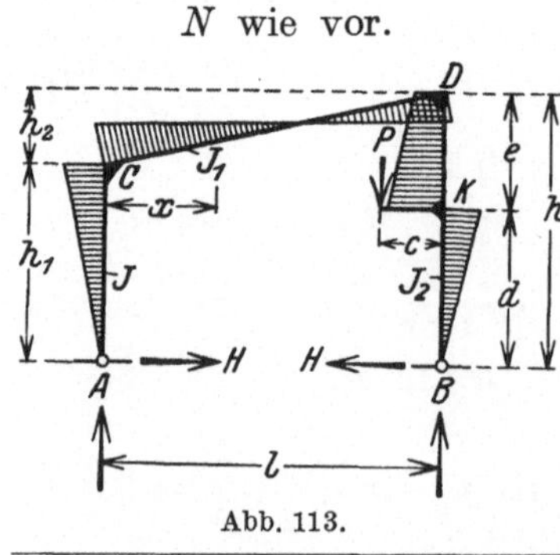

Abb. 113.

$$A = \frac{Pc}{l}. \qquad B = P - A. \qquad \frac{d}{h} = n.$$

$$H = \frac{Pc}{2N}[2h + h_1 + 3ek_1(1+n)].$$

$$M_C = -Hh_1. \qquad M_D = -Hh + Pc.$$

$$M_K = -Hd \quad \text{bzw.} \quad M_K = -Hd + Pc.$$

$$M_x = M_C + Ax - \frac{Hh_2x}{l}.$$

Bei den Momentansätzen bleiben die Vorzeichen der Auflagerkräfte unbeachtet.

N wie vor.

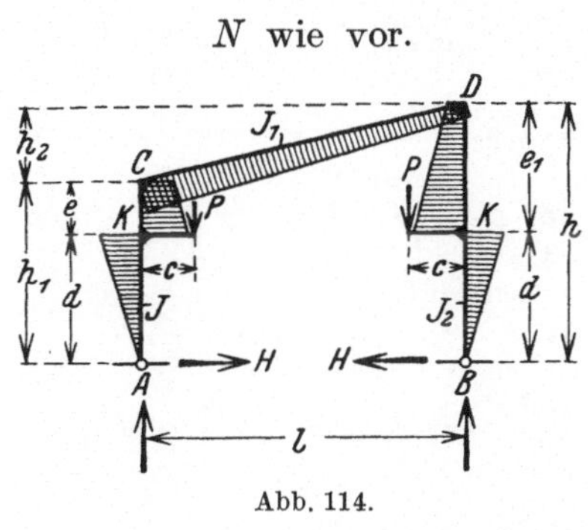

Abb. 114.

$$A = B = P. \quad \frac{d}{h_1} = n. \quad \frac{d}{h} = n_1.$$

$$H = \frac{3}{2} \cdot \frac{P c}{N} [h + h_1 + e k (1 + n) + e_1 k_1 (1 + n_1)].$$

$$M_K = -H d \quad \text{bzw.} \quad M_K = -H d + P c.$$

$$M_C = -H h_1 + P c.$$

$$M_D = -H h + P c.$$

$$N = 3 h h_1 + h_2^2 + k h_1^2 + k_1 h^2. \quad k = \frac{J_1}{J} \cdot \frac{h_1}{s}. \quad s = \overline{CD}. \quad k_1 = \frac{J_1}{J_2} \cdot \frac{h}{s}.$$

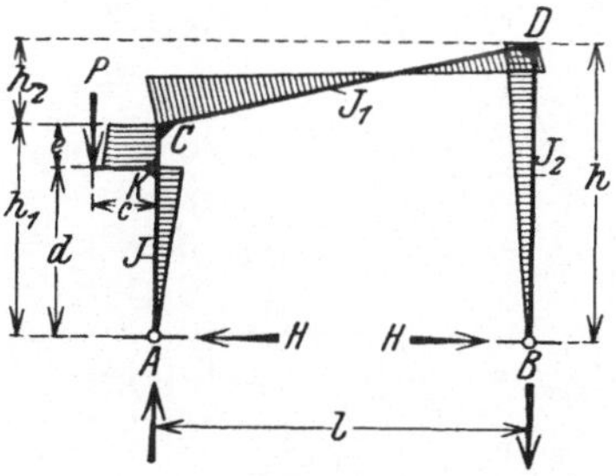

$$B = -\frac{P c}{l}. \quad A = P - B. \quad n = \frac{d}{h_1}.$$

$$H = -\frac{P c}{2 N} [h + 2 h_1 + 3 e k (1 + n)].$$

$$M_D = H h. \quad M_C = H h_1 - P c.$$

$$M_K = H d \quad \text{bzw.} \quad M_K = H d - P c.$$

Wenn $d = h_1$: $H = -\frac{P c}{2 N} (h + 2 h_1)$.

Abb. 115.

N wie vor.

$$k = \frac{J_1}{J} \cdot \frac{h_1}{s}. \quad s = \overline{CD}. \quad k_1 = \frac{J_1}{J_2} \cdot \frac{h}{s}.$$

$$A = -\frac{P c}{l}. \quad B = P - A = \frac{P (l + c)}{l}.$$

$$n = \frac{d}{h}.$$

$$H = -\frac{P c}{2 N} [2 h + h_1 + 3 e k_1 (1 + n)].$$

$$M_C = H h_1. \quad M_D = H h - P c.$$

$$M_K = H d \quad \text{bzw.} \quad M_K = H d - P c.$$

$$M_x = M_C - A x + \frac{H h_2 x}{l}.$$

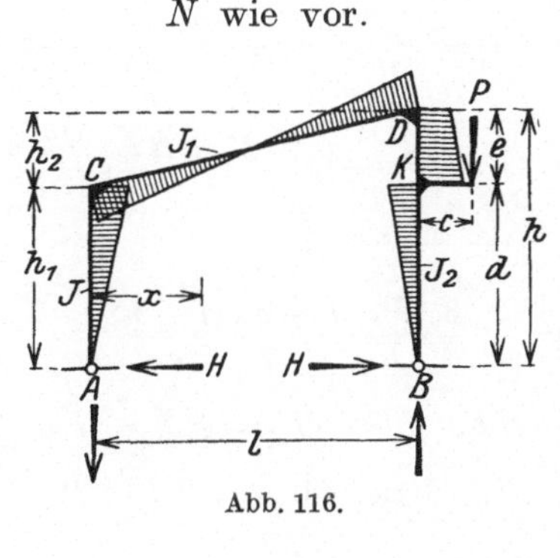

Abb. 116.

Wenn $d = h_1$: $H = -\frac{P c}{2 N} (2 h + h_1)$.

Bei den Momentansätzen bleiben die Vorzeichen der Auflagerkräfte unbeachtet.

N wie vor. $k = \frac{J_1}{J} \cdot \frac{h_1}{s}$. $s = \overline{CD}$. $k_1 = \frac{J_1}{J_2} \cdot \frac{h}{s}$.

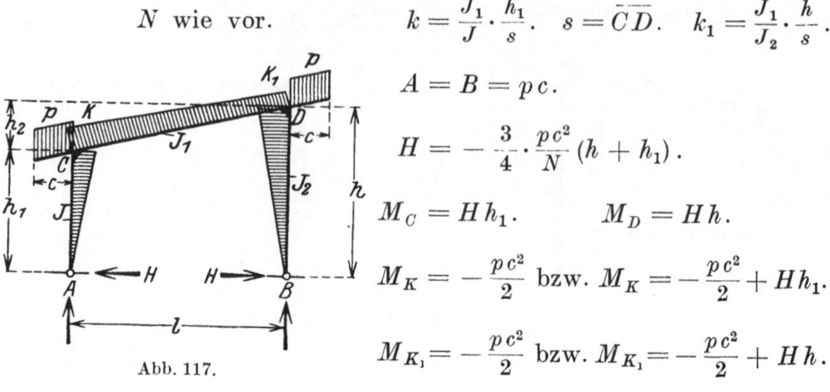

Abb. 117.

$$A = B = p\,c.$$

$$H = -\frac{3}{4} \cdot \frac{p\,c^2}{N}(h + h_1).$$

$$M_C = H\,h_1. \qquad M_D = H\,h.$$

$$M_K = -\frac{p\,c^2}{2} \text{ bzw. } M_K = -\frac{p\,c^2}{2} + H\,h_1.$$

$$M_{K_1} = -\frac{p\,c^2}{2} \text{ bzw. } M_{K_1} = -\frac{p\,c^2}{2} + H\,h.$$

$\frac{J_1}{J} \cdot \frac{h}{l} = k.$

$$B = \frac{P\,c}{l}. \quad A = P - B. \quad n = \frac{d}{h}.$$

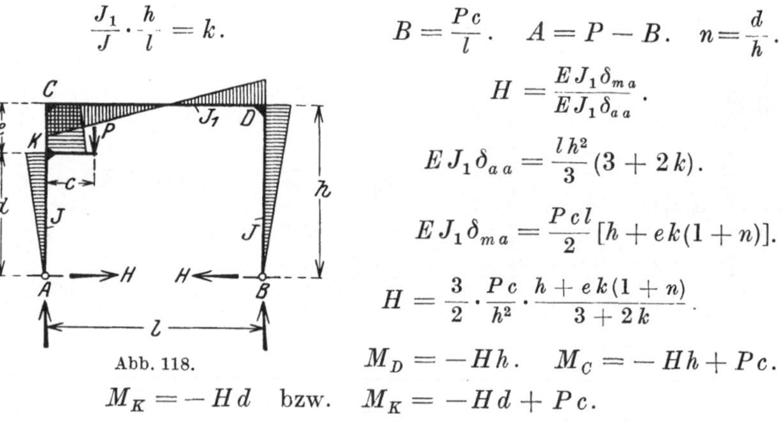

Abb. 118.

$$H = \frac{E\,J_1\,\delta_{m\,a}}{E\,J_1\,\delta_{a\,a}}.$$

$$E\,J_1\,\delta_{a\,a} = \frac{l\,h^2}{3}(3 + 2\,k).$$

$$E\,J_1\,\delta_{m\,a} = \frac{P\,c\,l}{2}[h + e\,k(1 + n)].$$

$$H = \frac{3}{2} \cdot \frac{P\,c}{h^2} \cdot \frac{h + e\,k(1 + n)}{3 + 2\,k}.$$

$$M_D = -H\,h. \quad M_C = -H\,h + P\,c.$$

$$M_K = -H\,d \text{ bzw. } M_K = -H\,d + P\,c.$$

$\frac{J_1}{J} \cdot \frac{h}{l} = k.$

$$B = -\frac{P\,c}{l}. \quad A = P - B.$$

$$n = \frac{d}{h}.$$

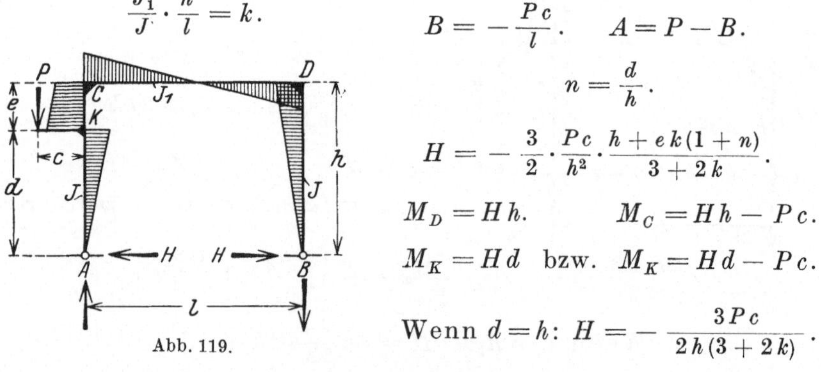

Abb. 119.

$$H = -\frac{3}{2} \cdot \frac{P\,c}{h^2} \cdot \frac{h + e\,k(1 + n)}{3 + 2\,k}.$$

$$M_D = H\,h. \qquad M_C = H\,h - P\,c.$$

$$M_K = H\,d \text{ bzw. } M_K = H\,d - P\,c.$$

Wenn $d = h$: $H = -\frac{3\,P\,c}{2\,h(3 + 2\,k)}$.

Bei den Momentansätzen bleiben die Vorzeichen der Auflagerkräfte unbeachtet.

$$\frac{J_1}{J}\cdot\frac{h}{l}=k.$$

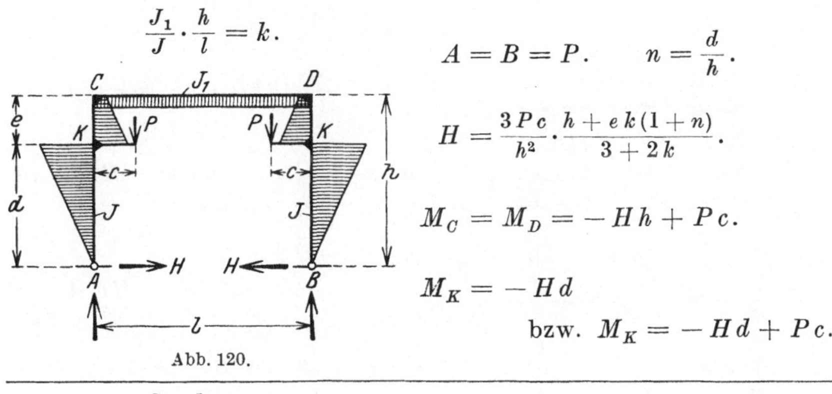

Abb. 120.

$$A=B=P.\qquad n=\frac{d}{h}.$$

$$H=\frac{3Pc}{h^2}\cdot\frac{h+ek(1+n)}{3+2k}.$$

$$M_C=M_D=-Hh+Pc.$$

$$M_K=-Hd$$

$$\text{bzw. } M_K=-Hd+Pc.$$

$$\frac{J_1}{J}\cdot\frac{h}{l}=k.$$

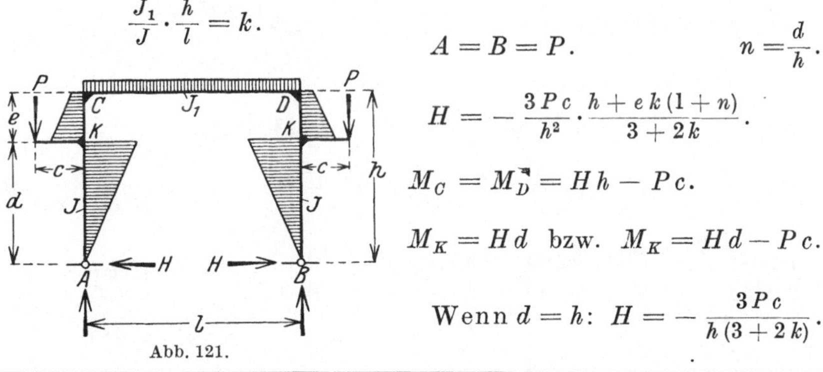

Abb. 121.

$$A=B=P.\qquad n=\frac{d}{h}.$$

$$H=-\frac{3Pc}{h^2}\cdot\frac{h+ek(1+n)}{3+2k}.$$

$$M_C=M_D=Hh-Pc.$$

$$M_K=Hd\quad\text{bzw.}\quad M_K=Hd-Pc.$$

$$\text{Wenn } d=h\text{: } H=-\frac{3Pc}{h(3+2k)}.$$

$$\mathbf{N=h_1^2k+k_1(3hh_1+h_2^2)+h^2(3+k_2).}$$

$$k=\frac{J_2}{J}\cdot\frac{h_1}{b}.\qquad k_1=\frac{J_2}{J_1}\cdot\frac{s}{b}.\qquad s=\overline{CD}.\qquad n=\frac{d}{h_1}.$$

$$k_2=\frac{J_2}{J_3}\cdot\frac{h}{b}.\qquad B=-\frac{Pc}{l}.\qquad A=P-B.$$

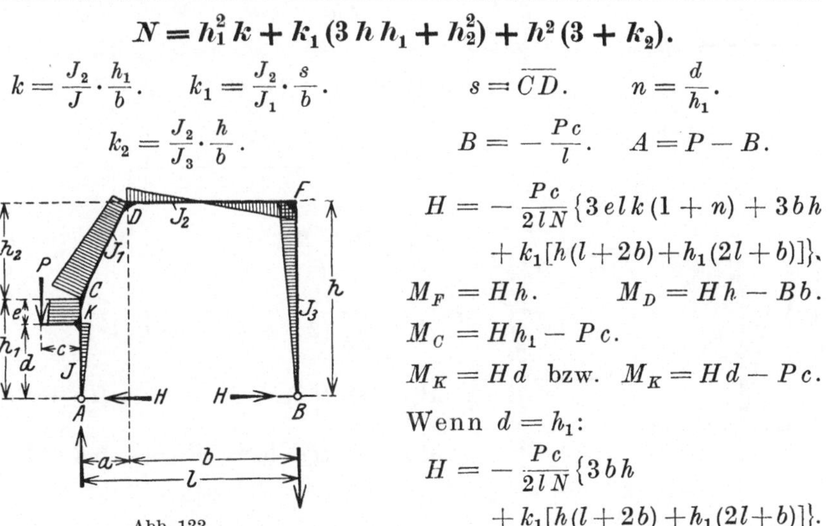

Abb. 122.

$$H=-\frac{Pc}{2lN}\{3elk(1+n)+3bh$$
$$+k_1[h(l+2b)+h_1(2l+b)]\}.$$

$$M_F=Hh.\qquad M_D=Hh-Bb.$$

$$M_C=Hh_1-Pc.$$

$$M_K=Hd\quad\text{bzw.}\quad M_K=Hd-Pc.$$

Wenn $d=h_1$:

$$H=-\frac{Pc}{2lN}\{3bh$$
$$+k_1[h(l+2b)+h_1(2l+b)]\}.$$

Bei den Momentansätzen bleiben die Vorzeichen der Auflagerkräfte unbeachtet.

N wie vor.

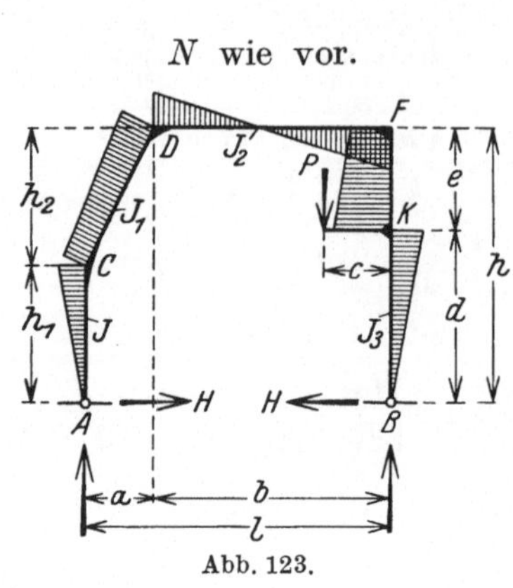

Abb. 123.

$$A = \frac{Pc}{l}. \quad B = P - A. \quad n = \frac{d}{h}.$$

$$H = \frac{Pc}{2lN}[3h(l + a) + ak_1(2h + h_1) + 3elk_2(1 + n)].$$

$$M_C = -Hh_1. \quad M_D = -Hh + Aa.$$

$$M_F = -Hh + Pc.$$

$$M_K = -Hd$$

$$\text{bzw. } M_K = -Hd + Pc.$$

Wenn der Kragarm im Punkte F nach außen:

$$H = -\frac{Pc}{2lN}[3h(l + a) + ak_1(2h + h_1)].$$

$$\boldsymbol{N = hh_1 + h^2(1 + k) + h_1^2(1 + k_1).}$$

$$k = \frac{J_1}{J}\cdot\frac{h}{l}. \qquad k_1 = \frac{J_1}{J_2}\cdot\frac{h_1}{l}.$$

$$B = \frac{Hh_0 - Pc}{l}. \quad A = P - B. \quad n = \frac{d}{h}.$$

$$H = -\frac{Pc}{2N}[2h + h_1 + 3ek(1 + n)].$$

$$M_D = Hh_1. \qquad M_C = Hh - Pc.$$

$$M_K = Hd \quad \text{bzw.} \quad M_K = Hd - Pc.$$

Wenn $d = h$: $H = -\frac{Pc}{2N}(2h + h_1)$.

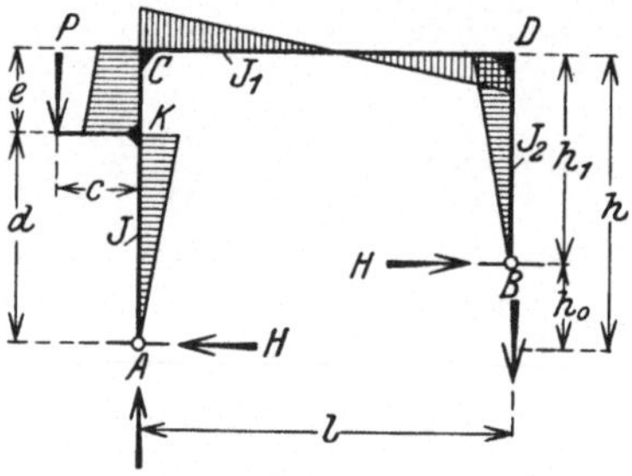

Abb. 124.

N wie vor.

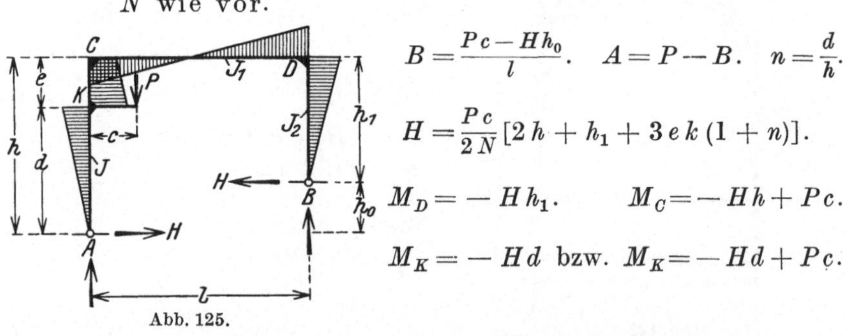

$$B = \frac{Pc - Hh_0}{l}. \quad A = P - B. \quad n = \frac{d}{h}.$$

$$H = \frac{Pc}{2N}[2h + h_1 + 3ek(1 + n)].$$

$$M_D = -Hh_1. \qquad M_C = -Hh + Pc.$$

$$M_K = -Hd \text{ bzw. } M_K = -Hd + Pc.$$

Abb. 125.

Bei den Momentansätzen bleiben die Vorzeichen der Auflagerkräfte unbeachtet.

$$k = \frac{J_1}{J} \cdot \frac{h}{l}. \qquad B = \frac{Hh - Pc}{l}. \quad A = P - B. \quad n = \frac{d}{h}.$$

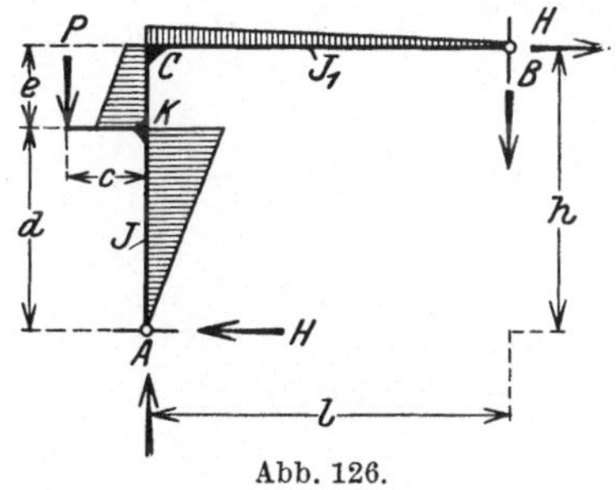

$$H = -\frac{Pc}{2h^2} \cdot \frac{2h + 3ek(1+n)}{1+k}.$$

$$M_C = -Bl.$$

$$M_K = Hd \quad \text{bzw.} \quad M_K = Hd - Pc.$$

$$\text{Wenn } d = h: \; H = -\frac{Pc}{h(1+k)}.$$

Abb. 126.

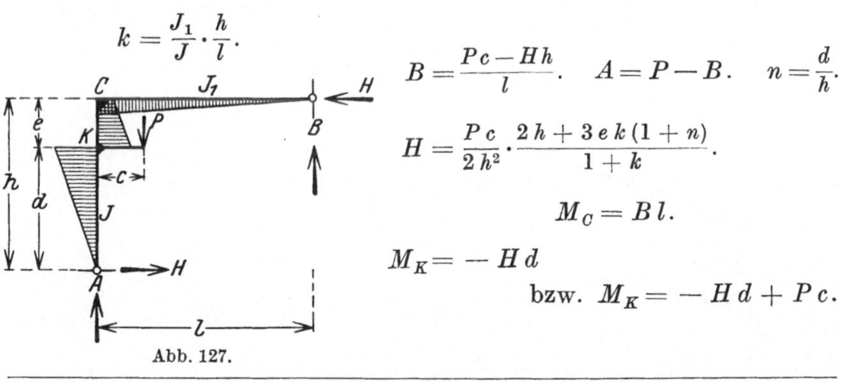

$$k = \frac{J_1}{J} \cdot \frac{h}{l}.$$

$$B = \frac{Pc - Hh}{l}. \quad A = P - B. \quad n = \frac{d}{h}.$$

$$H = \frac{Pc}{2h^2} \cdot \frac{2h + 3ek(1+n)}{1+k}.$$

$$M_C = Bl.$$

$$M_K = -Hd$$

$$\text{bzw. } M_K = -Hd + Pc.$$

Abb. 127.

$$\boldsymbol{N = h^2 n^2 + h_1^2 k + k_1 (h_1^2 + h^2 n^2 + h h_1 n).}$$

$$H = -\frac{Pc}{l^2 N} \{b^2 h + 1{,}5\, l^2 e k (1 + n_1) + k_1 [1{,}5\, l b (h + h_1) + a(a h_1 - b h_2)]\}.$$

$$k = \frac{J_2}{J} \cdot \frac{h_1}{b}. \qquad k_1 = \frac{J_2}{J_1} \cdot \frac{s}{b}. \qquad s = \overline{CD}. \qquad n = \frac{b}{l}.$$

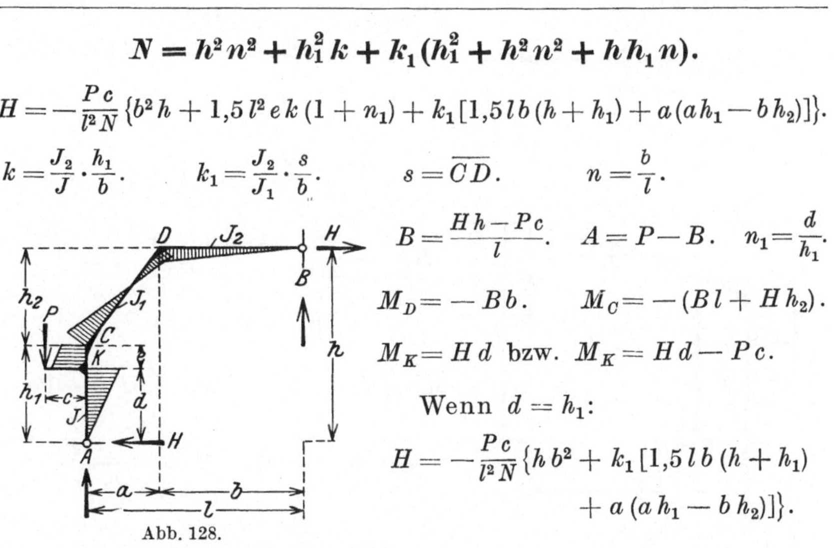

$$B = \frac{Hh - Pc}{l}. \quad A = P - B. \quad n_1 = \frac{d}{h_1}.$$

$$M_D = -Bb. \qquad M_C = -(Bl + Hh_2).$$

$$M_K = Hd \text{ bzw. } M_K = Hd - Pc.$$

$$\text{Wenn } d = h_1:$$

$$H = -\frac{Pc}{l^2 N} \{h b^2 + k_1 [1{,}5\, l b (h + h_1) + a(a h_1 - b h_2)]\}.$$

Abb. 128.

Bei den Momentansätzen bleiben die Vorzeichen der Auflagerkräfte unbeachtet.

N wie vor.

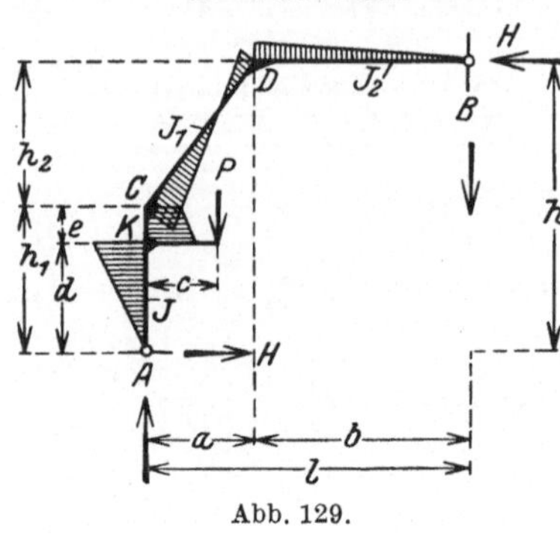

Abb. 129.

$$B = \frac{Pd - Hh}{l}. \quad A = P - B. \quad n_1 = \frac{d}{h_1}.$$

H, M_C, M_D und M_K

wie vor,

aber mit entgegengesetzten Vorzeichen.

$$k = \frac{J_1}{J} \cdot \frac{h_1}{s}. \qquad \overline{CB} = s.$$

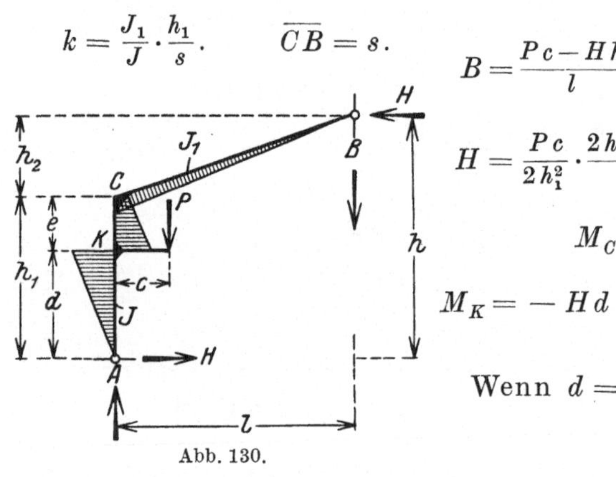

Abb. 130.

$$B = \frac{Pc - Hh}{l}. \quad A = P - B. \quad n = \frac{d}{h_1}.$$

$$H = \frac{Pc}{2h_1^2} \cdot \frac{2h_1 + 3ek(1+n)}{1+k}.$$

$$M_C = Pc - Hh_1.$$

$$M_K = -Hd \text{ bzw. } M_K = -Hd + Pc.$$

$$\text{Wenn } d = h_1\text{: } H = -\frac{Pc}{h_1(1+k)}.$$

$$k = \frac{J_1}{J} \cdot \frac{h_1}{s}. \qquad \overline{CB} = s.$$

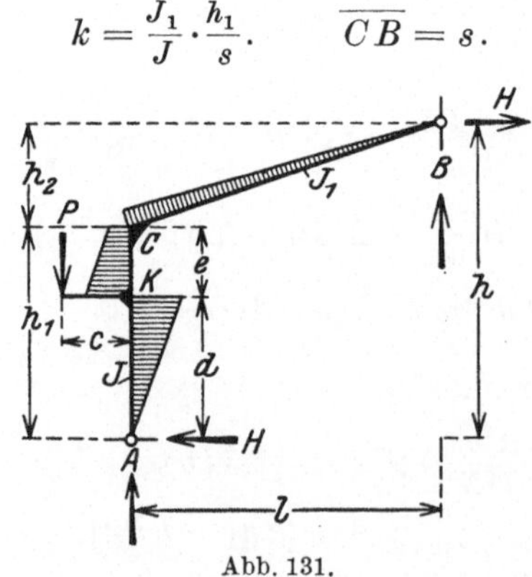

Abb. 131.

$$B = \frac{Hh - Pc}{l}. \quad A = P - B. \quad n = \frac{d}{h_1}.$$

$$H = -\frac{Pc}{2h_1^2} \cdot \frac{2h_1 + 3ek(1+n)}{1+k}.$$

$$M_C = Hh_1 - Pc.$$

$$M_K = Hd \quad \text{bzw.} \quad M_K = Hd - Pc.$$

$$\text{Wenn } d = h_1\text{: } H = -\frac{Pc}{h_1(1+k)}.$$

Bei den Momentansätzen bleiben die Vorzeichen der Auflagerkräfte unbeachtet.

$k = \frac{J_1}{J} \cdot \frac{s}{b}$. $\quad k_1 = \frac{J_1}{J_2} \cdot \frac{h}{b}$. $\quad A = -\frac{P c}{l}$. $\quad B = P - A$. $\quad n = \frac{d}{h}$.

$s = \overline{AC}$. $\quad H = -\frac{P c}{2 l h^2} \cdot \frac{3 h (l + a) + 2 a h k + 3 e l k_1 (1 + n)}{3 + k + k_1}$.

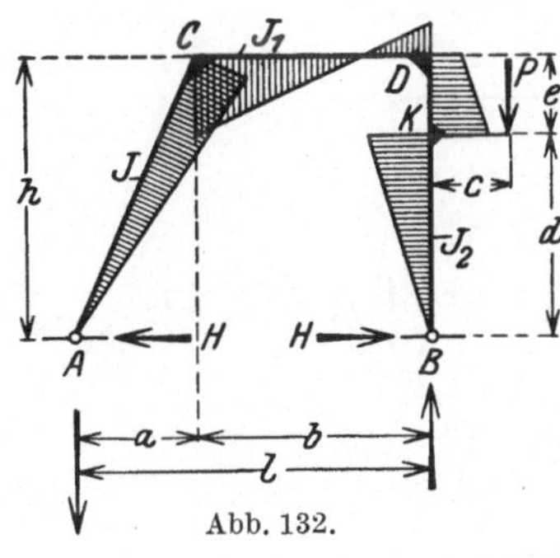

Abb. 132.

$M_C = H h - A a$. $\quad M_D = H h - P c$.

$M_K = H d$ bzw. $M_K = H d - P c$.

Wenn $d = h$:

$$H = -\frac{P c}{2 l h} \cdot \frac{3 (l + a) + 2 a k}{3 + k + k_1}.$$

Bei den Momentansätzen bleiben die Vorzeichen der Auflagerkräfte unbeachtet.

V. Balken.

Bei der Berechnung der Formeln dieses Abschnitts wurde mit alleiniger Ausnahme der beiden Belastungsfälle auf Seite 197 die Annahme gemacht, daß die durchlaufenden Balken ein gleichbleibendes Trägheitsmoment haben. Die Auflagerkräfte für die Mittelstützen B, C, D usw. sind vielfach mit $B_1, B_2, C_1, C_2, D_1, D_2$ usw. bezeichnet worden. Hier bedeuten B_1, C_1, D_1 usw. den Lastanteil aus dem links von der betreffenden Stütze und B_2, C_2, D_2 usw. den Lastanteil aus dem rechts von der Stütze liegenden Balkenfelde. In allen Fällen ist $B = B_1 + B_2$, $C = C_1 + C_2$ usw. Weiter ist beispielsweise $A + B_1$ gleich der Summe der Lasten des ersten Balkenfeldes $\overline{AB}$, $B_2 + C_1$ gleich der Summe der Lasten des zweiten Balkenfeldes $\overline{BC}$ usw. Bekanntlich ist bei den durchlaufenden Balken die Gesamtgröße jedes Auflagerdrucks gleich dem Auflagerdruck des freigelagerten Balkens erhöht oder vermindert um den Einfluß der Stützenmomente. Dieser letztere hat für das linke Auflager des Feldes $\overline{AB}$ des Durchlaufbalkens folgende Größe: $A_m = +\frac{1}{l}(M_r - M_l)$. Hierin bedeutet M_r das Stützenmoment rechts — also M_B — und M_l das Stützenmoment links — also M_A —. Für das rechte Auflager des Feldes $\overline{AB}$ ist $B_{1m} = -\frac{1}{l}(M_r - M_l)$. Die Auflager $B_2, C_2 \ldots$ entsprechen dem Auflager A und die Auflager $C_1, D_1 \ldots$ dem Auflager B_1. Im Felde $\overline{BC}$, welches gleichmäßig mit q auf den lfd. m belastet sei, ist beispielsweise die Lage von $x_m = B_2 : q$ und das größte Feldmoment $M_2 = M_B + 0{,}5\, B_2 x_m$. Die Vorzeichen von M_r, M_l und M_B sind zu beachten.

Dreimomentengleichungen nach Clapeyron.

Belastungsfall 1.

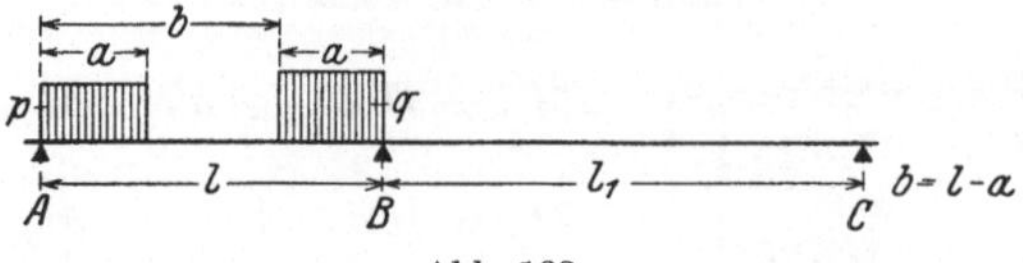

Abb. 133.

$$M_A l + 2 M_B (l + l_1) + M_C l_1 = -\frac{p}{l}\int_0^a (l^2 x - x^3)\,dx - \frac{q}{l}\int_0^a (l x - x^2)(2l - x)\,dx.$$

$$\Sigma M l = -\frac{p a^2}{4l}(2l^2 - a^2) - \frac{q a^2}{4l}(4lb + a^2).$$

Wenn $a = \frac{l}{2}$: $\Sigma M l = -\frac{7}{64} p l^3 - \frac{9}{64} q l^3.$

Wenn $q = p$: $\Sigma M l = -\frac{p a^2}{2}(l + 2b) = -p a^2 (0{,}5 l + b).$

Wenn M_A und $M_C = 0$:

$$M_B = -\frac{a^2}{8l(l + l_1)}[p(2l^2 - a^2) + q(4lb + a^2)]$$

bzw. $M_B = -\frac{l^3}{128(l + l_1)}(7p + 9q)$ bzw. $M_B = -\frac{p a^2}{4} \cdot \frac{l + 2b}{l + l_1}.$

Wenn außerdem noch $l_1 = l$:

$$M_B = -\frac{a^2}{16 l^2}[p(2l^2 - a^2) + q(4lb + a^2)]$$

bzw. $M_B = -\frac{l^2}{256}(7p + 9q)$ bzw. $M_B = -\frac{p a^2}{8l}(l + 2b).$

Belastungsfall 2.

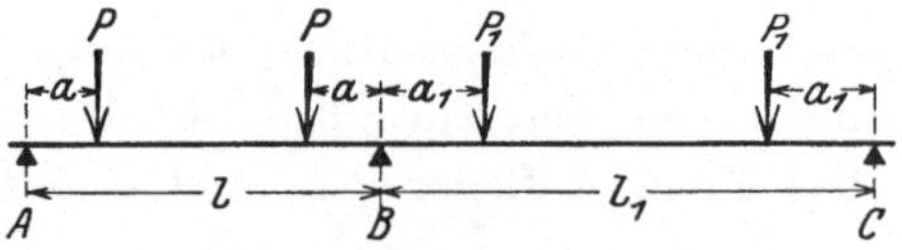

Abb. 134.

$$M_B = -\frac{3}{2(l + l_1)}[P a (l - a) + P_1 a_1 (l_1 - a_1)].$$

Wenn $l_1 = l$ und $a_1 = a$: $M_B = -\frac{3a}{4l}(l - a)(P + P_1).$

Wenn außerdem noch $P_1 = P$: $M_B = -1{,}5 P \frac{a}{l}(l - a).$

Für $a = \frac{l}{4}$ ist: $M_B = -\frac{9}{32} P l = -0{,}28125 P l.$

„ $a = \frac{l}{3}$ „ : $M_B = -\frac{Pl}{3}.$

Belastungsfall 3.

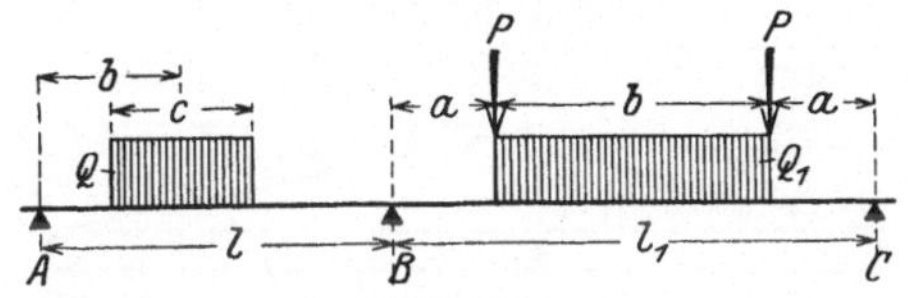

Abb. 135.

$$M_B = -\frac{Q\,b}{2\,l\,(l+l_1)}\left(l^2 - b^2 - \frac{c^2}{4}\right)$$
$$-\frac{Q_1}{16\,(l+l_1)}\,(3\,l_1^2 - b^2)$$
$$-\frac{3\,P\,a}{2\,(l+l_1)}\,(l_1 - a)\,.$$

Belastungsfall 4.

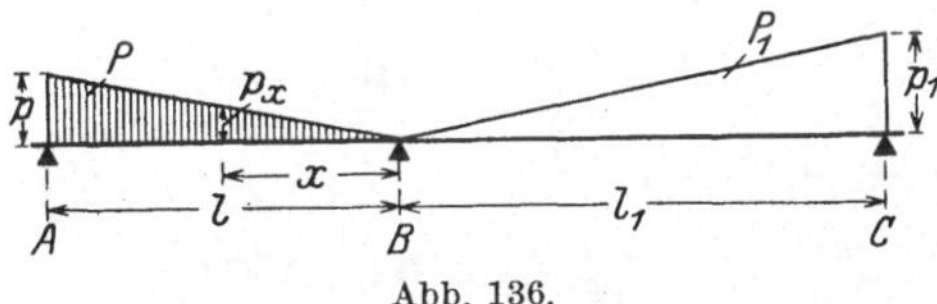

Abb. 136.

Für eine Dreieckslast im ersten Felde gilt folgende Gleichung:

$$M_A\,l + 2\,M_B\,(l+l_1) + M_C\,l_1 = -\frac{p}{l^2}\int\limits_0^l (l\,x^2 - x^3)\,(2\,l - x)\,dx\,.$$

$$\Sigma M\,l = -\tfrac{7}{60}\,p\,l^3 = -\tfrac{7}{30}\,P\,l^2 = -\,0{,}2333\,P\,l^2\,.$$

Wenn M_A und $M_C = 0$: $\quad M_B = -\dfrac{7}{60}\cdot\dfrac{P\,l^2}{l+l_1}\,.$

Wenn außerdem noch $l_1 = l$: $\quad M_B = -\tfrac{7}{120}\,P\,l = -\,0{,}05833\,P\,l\,.$

$$A = \tfrac{73}{120}\,P. \quad B_1 = \tfrac{47}{120}\,P. \quad B_2 = \tfrac{7}{120}\,P\,. \quad C = -\tfrac{7}{120}\,P\,.$$

Für $M_{\max}$ ist: $\quad x_m = \dfrac{l}{2}\sqrt{\dfrac{47}{30}} = 0{,}6258\,l$ von B.

$$M_{\max} = \tfrac{2}{3}\,B_1\,x_m + M_B \quad \text{d. i.} \quad M_{\max} = 0{,}1051\,P\,l\,.$$

Für eine Last P_1 im zweiten Felde ergeben sich analog folgende Werte:

$$\Sigma M\,l = -\tfrac{7}{60}\,p_1\,l_1^3 = -\tfrac{7}{30}\,P_1\,l_1^2 = -\,0{,}2333\,P_1\,l_1^2\,.$$

Wenn M_A und $M_C = 0$: $\quad M_B = -\dfrac{7}{60}\cdot\dfrac{P_1\,l_1^2}{l+l_1}\,.$

Wenn außerdem noch $l_1 = l$: $\quad M_B = -\tfrac{7}{120}\,P_1\,l = -\,0{,}05833\,P_1\,l\,.$

$$C = \tfrac{73}{120}\,P_1\,. \quad B_2 = \tfrac{47}{120}\,P_1\,. \quad B_1 = \tfrac{7}{120}\,P_1\,. \quad A = -\tfrac{7}{120}\,P_1\,.$$

Für $M_{\max}$ ist: $\quad x_m = 0{,}6258\,l$ von B.

$$M_{\max} = \tfrac{2}{3}\,B_2\,x_m + M_B \quad \text{d. i.} \quad M_{\max} = 0{,}1051\,P_1\,l\,.$$

Belastungsfall 5.

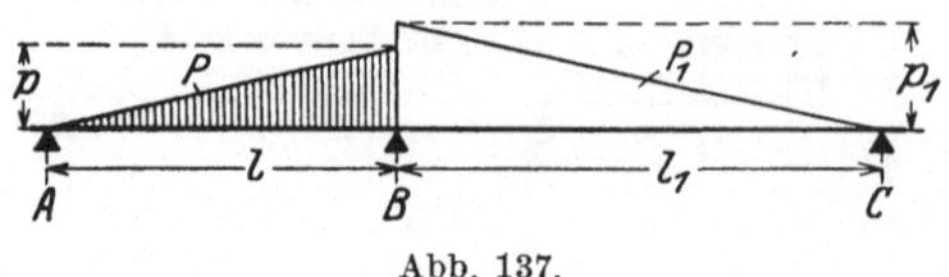

Abb. 137.

Für eine Dreieckslast im ersten Felde gilt folgende Gleichung:

$$M_A l + 2 M_B (l + l_1) + M_C l_1 = -\frac{p}{l^2}\int_0^l x^2 (l^2 - x^2)\, dx .$$

$$\Sigma M l = -\tfrac{2}{15} p l^3 = -\tfrac{4}{15} P l^2 = -0{,}2667\, P l^2 .$$

Wenn M_A und $M_C = 0$: $M_B = -\frac{2}{15}\cdot\frac{P l^2}{l + l_1}$.

Wenn außerdem noch $l_1 = l$:

$$M_B = -\frac{p l^2}{30} = -\frac{P l}{15} = -0{,}0667\, P l .$$

$$A = \tfrac{4}{15} P. \qquad B_1 = \tfrac{11}{15} P. \qquad B_2 = \frac{P}{15}. \qquad C = -\frac{P}{15}.$$

Für $M_{\max}$ ist: $x_m = \frac{2l}{\sqrt{15}} = 0{,}5164\, l$ von A.

$$M_{\max} = \tfrac{2}{3} A x_m \quad \text{d. i.} \quad M_{\max} = 0{,}0918\, P l .$$

$$M_x = \frac{p x}{3 l} (0{,}4\, l^2 - 0{,}5\, x^2) .$$

Für den Nullpunkt ist: $x_0 = \frac{2l}{\sqrt{5}}$ d. i. $x_0 = 0{,}894\, l$ von A.

Für eine Last P_1 im zweiten Felde ergeben sich folgende Werte:

$$\Sigma M l = -\tfrac{2}{15} p_1 l_1^3 = -\tfrac{4}{15} P_1 l_1^2 = -0{,}2667\, P_1 l_1^2 .$$

Wenn M_A und $M_C = 0$: $M_B = -\frac{2}{15}\cdot\frac{P_1 l_1^2}{l + l_1}$.

Wenn außerdem noch $l_1 = l$:

$$M_B = -\frac{p_1 l^2}{30} = -\frac{P_1 l}{15} = -0{,}0667\, P_1 l .$$

$$C = \tfrac{4}{15} P_1 . \qquad B_2 = \tfrac{11}{15} P_1 . \qquad x_m = 0{,}5164\, l \text{ von } C .$$

$$M_{\max} = 0{,}0918\, P_1 l . \qquad x_0 = 0{,}894\, l \text{ von } C .$$

Belastungsfall 6.

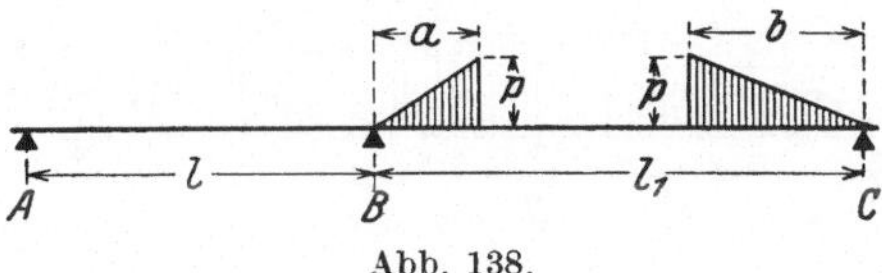

Abb. 138.

Für vorstehende Belastung ist:

$$M_A l + 2 M_B (l + l_1) + M_C l_1 = -\frac{p}{b l_1}\int_0^b (l_1^2 x^2 - x^4)\,dx$$

$$-\frac{p}{a l_1}\int_0^a (2 l_1^2 x^2 - 3 l_1 x^3 + x^4)\,dx.$$

$$\Sigma M l = -\frac{p b^2}{l_1}\left(\frac{l_1^2}{3} - \frac{b^2}{5}\right) - \frac{p a^2}{l_1}\left[l_1\left(\frac{2}{3} l_1 - \frac{3}{4} a\right) + \frac{a^2}{5}\right].$$

Wenn $b = a$: $\Sigma M l = -\frac{p a^2}{4}(4 l_1 - 3 a)$.

Wenn $a = b = \frac{l}{2}$: $\Sigma M l = -\frac{5}{32} p l_1^3$.

Belastungsfall 7.

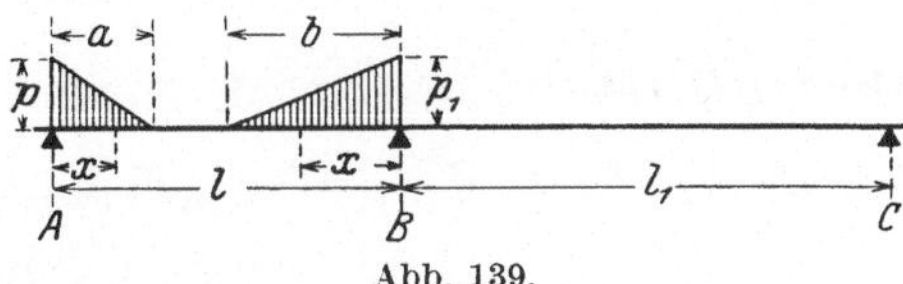

Abb. 139.

Für vorstehende Belastung ist:

$$M_A l + 2 M_B (l + l_1) + M_C l_1 = -\frac{p}{a l}\int_0^a (l^2 x - x^3)(a - x)\,dx$$

$$-\frac{p_1}{b l}\int_0^b x (b - x)(2 l^2 + x^2 - 3 l x)\,dx.$$

$$\Sigma M l = -\frac{p a^2}{2 l}\left(\frac{l^2}{3} - \frac{a^2}{10}\right) - \frac{p_1 b^2}{l}\left(\frac{l^2}{3} - \frac{l b}{4} + \frac{b^2}{20}\right).$$

Wenn $b = a$ und $p_1 = p$: $\Sigma M l = -\frac{p a^2}{4}(2 l - a)$.

Wenn $a = b = \frac{l}{2}$ und $p_1 = p$: $\Sigma M l = -\frac{3}{32} p l^3$.

Belastungsfall 8.

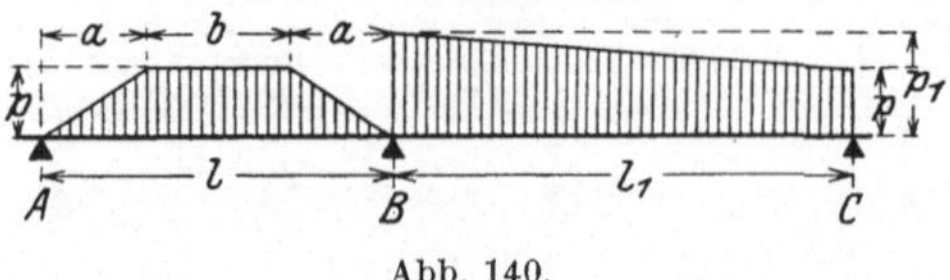

Abb. 140.

Für vorstehende Belastungsskizze ist für die Last über $\overline{AB}$:

$$M_A l + 2 M_B (l + l_1) + M_C l_1$$
$$= -\frac{p}{a\,l}\left(\int_0^a (l x^2 - x^4)\,dx + \int_0^a (2 l^2 x^2 - 3 l x^3 + x^4)\,dx\right)$$
$$-\frac{p}{l}\int_a^{l-a} (l^2 x - x^3)\,dx.$$

$$\Sigma M l = -\frac{p}{4}(l^3 + a^3 - 2 a^2 l) \quad \text{d. i.} \quad = -\frac{P}{4}(l^2 + a l - a^2),$$

worin $P = p(l - a)$.

Wenn M_A und $M_C = 0$, ist:

$$M_B = -\frac{p}{8}\cdot\frac{l^3 + a^3 - 2 a^2 l}{l + l_1} \quad \text{d. i.} \quad = -\frac{P}{8}\cdot\frac{l^2 + a^2 + a b}{l + l_1}.$$

Wenn außerdem noch $l_1 = l$, ist: $M_B = -\frac{P}{16\,l}(l^2 + a^2 + a b)$.

Für die Last über $\overline{BC}$ ist:

$$M_A l + 2 M_B (l + l_1) + M_C l_1 = -\frac{l_1^3}{60}(7 p + 8 p_1).$$

Wenn M_A und $M_C = 0$, ist: $M_B = -\frac{(7 p + 8 p_1) l_1^3}{120 (l + l_1)}$.

Wenn außerdem noch $l_1 = l$, ist: $M_B = -\frac{l^2}{240}(7 p + 8 p_1)$.

$$C = \frac{p l}{3} + \frac{p_1 l}{6} + \frac{M_B}{l} \quad \text{d. i.} \quad C = \left(\frac{73}{240} p + \frac{2}{15} p_1\right) l.$$

Für $p_1 = n p$ erhält man: $C = \frac{p l}{15}(4{,}5625 + 2 n)$.

$$M_x = C x - \frac{p x^2}{2} - \frac{p_1 - p}{6 l} x^3.$$

Für $M_{\max}$ ist: $x_m = -\frac{l}{n - 1}\left[1 - \frac{1}{2}\sqrt{4 + \frac{(n - 1)(7{,}3 + 3{,}2 n)}{3}}\right]$.

Für den Nullpunkt ist:

$$x_0 = -\frac{l}{2(n - 1)}\left[3 - \sqrt{9 + (n - 1)(7{,}3 + 3{,}2 n)}\right]. \quad x \text{ von } C \text{ nach links.}$$

Durchlaufende Balken mit ungleichem Trägheitsmoment.

Belastungsfall 1.

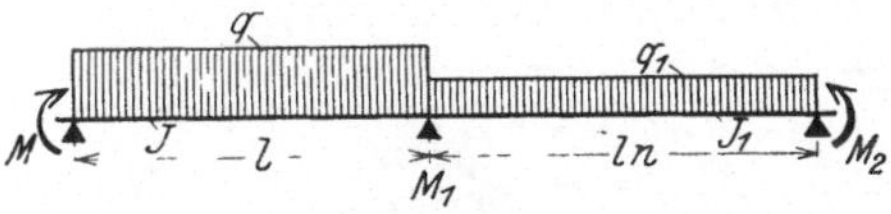

Abb. 141.

$$M \frac{l}{J} + 2 M_1 \left(\frac{l}{J} + \frac{l n}{J_1}\right) + M_2 \frac{l n}{J_1} + \frac{1}{4}\left(\frac{q l^3}{J} + \frac{q_1 l^3 n^3}{J_1}\right) = 0.$$

Sind M und $M_2 = 0$, und ferner $\frac{J}{J_1} \cdot \frac{l n}{l} = k$, so ist:

$$2 M_1 \frac{l}{J}(1 + k) = -\frac{1}{4} \cdot \frac{l^3}{J}(q + q_1 n^2 k).$$

$$M_1 = -\frac{l^2}{8} \cdot \frac{q + q_1 n^2 k}{1 + k} \quad \text{oder:} \quad M_1 = -\frac{l^2}{8} \cdot \frac{q J_1 + q_1 n^3 J}{J_1 + n J}.$$

Wenn $q_1 = q$ und $J_1 = J$, ist: $M_1 = -\frac{q l^2}{8} \cdot \frac{1 + n^3}{1 + n}$.

Belastungsfall 2.

Für eine Einzellast P im Feld links ist:

$$M_1 = -\frac{P a b}{2 l^2} \cdot \frac{l + a}{1 + k}.$$

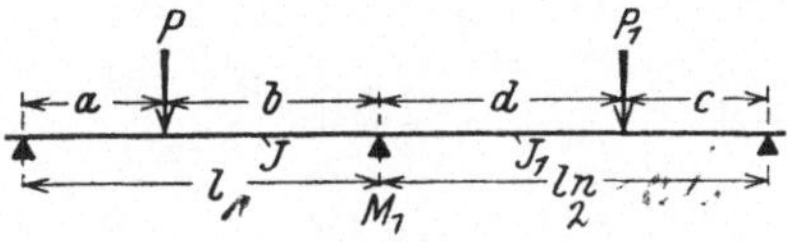

$$k = \frac{n J}{J_1}.$$

Abb. 142.

Für eine Einzellast P_1 im Feld rechts ist:

$$M_1 = -\frac{P_1 c d k}{2 l^2 n^2} \cdot \frac{l n + c}{1 + k}, \quad \text{d. i., wenn } k = 1: \quad M_1 = -\frac{P_1 c d}{4 l^2}(l + c).$$

Der über zwei ungleiche Felder durchlaufende Balken mit eingespannten Endauflagern und gleichbleibendem Trägheitsmoment.

Belastungsfall 1.

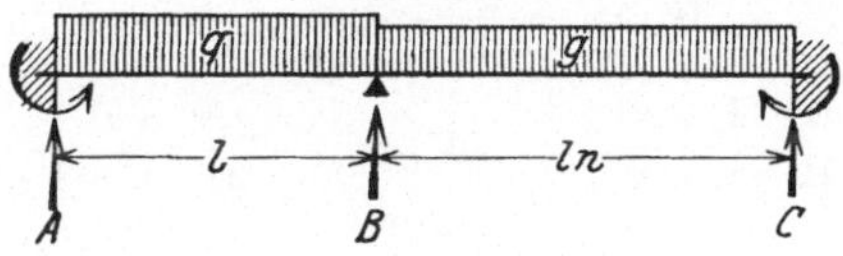

Abb. 143.

Es wirke nur q:

Auflagermomente:

$$M_A = -\frac{q l^2}{24} \cdot \frac{2 + 3n}{1 + n}. \qquad M_B = -\frac{q l^2}{12(1 + n)}. \qquad M_C = -\frac{M_B}{2}.$$

Auflagerkräfte:

$$A = \frac{q\,l}{8}\cdot\frac{4+5n}{1+n}.\quad B_1 = \frac{q\,l}{8}\cdot\frac{4+3n}{1+n}.\quad B_2 = \frac{q\,l}{8n\,(1+n)}.\quad C = -B_2.$$

Es wirke nur g:

Auflagermomente:

$$M_A = -\frac{M_B}{2}.\qquad M_B = -\frac{g\,l^2 n^3}{12\,(1+n)}.\qquad M_C = -\frac{g\,l^2 n^2}{24}\cdot\frac{3+2n}{1+n}.$$

Auflagerkräfte: $A = -B_1$. $B_1 = \frac{g\,l\,n^3}{8\,(1+n)}$.

$$B_2 = \frac{g\,l\,n}{8}\cdot\frac{3+4n}{1+n}.\qquad C = \frac{g\,l\,n}{8}\cdot\frac{5+4n}{1+n}.$$

Es wirken q und g:

Auflagermomente: $M_A = -\frac{l^2}{24\,(1+n)}[q\,(2+3n) - g\,n^3]$.

$$M_B = -\frac{l^2}{12\,(1+n)}(q + g\,n^3).\qquad M_C = -\frac{l^2}{24\,(1+n)}[g\,n^2(3+2n) - q].$$

Auflagerkräfte: $A = \frac{q\,l}{2} + \frac{M_B - M_A}{l}$.

$$B_1 = q\,l - A.\qquad B_2 = \frac{g\,l\,n}{2} + \frac{M_C - M_B}{l\,n}.\qquad C = g\,l\,n - B_2.$$

Feldmomente:

Für $\overline{AB}$ ist: $M_x = M_A + A\,x - 0{,}5\,q\,x^2$. $M_{\max} = M_A + \frac{A^2}{2q}$.

Nullpunkte: $x_0 = \frac{A}{q} \mp \frac{1}{q}\sqrt{A^2 + 2\,q\,M_A}$.

Für $\overline{CB}$ ist: $M_x = M_C + C\,x - 0{,}5\,g\,x^2$. $M_{\max} = M_C + \frac{C^2}{2g}$.

Nullpunkte: $x_0 = \frac{C}{g} \mp \frac{1}{g}\sqrt{C^2 + 2\,g\,M_C}$.

Es sei $q = g$:

Auflagermomente: $M_A = -\frac{g\,l^2}{24}\cdot\frac{2+3n-n^3}{1+n}$.

$$M_B = -\frac{g\,l^2}{12}\cdot\frac{1+n^3}{1+n}.\qquad M_C = -\frac{g\,l^2}{24}\cdot\frac{3n^2+2n^3-1}{1+n}.$$

Auflagerkräfte:

$$A = \frac{g\,l}{8}\cdot\frac{4+5n+n^3}{1+n}.\qquad B = \frac{g\,l}{8}\cdot\frac{(1+n)^3}{n}.\qquad C = \frac{g\,l}{8n}\cdot\frac{5n^2+4n^3-1}{1+n}.$$

Feldmomente: Ermittelung derselben wie vor.

Belastungsfall 2.

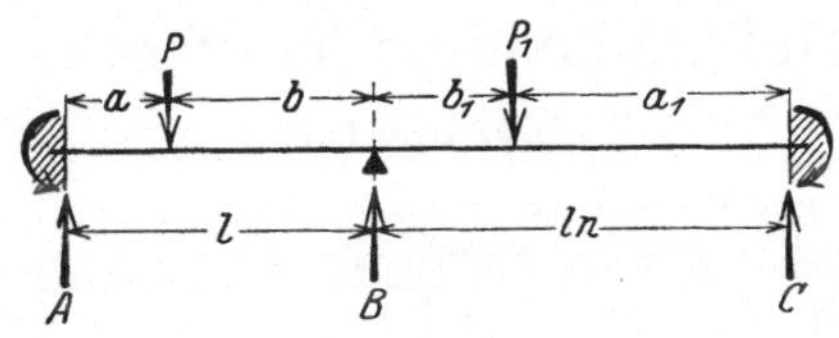

Abb. 144.

Es wirke nur P:

Auflagermomente: $M_A = -\frac{Pab}{2l^2} \cdot \frac{2b + n(l+b)}{1+n}$.

$$M_B = -\frac{Pa^2b}{l^2(1+n)}. \qquad M_C = -\frac{M_B}{2} = +\frac{Pa^2b}{2l^2(1+n)}.$$

Für $a = b = 0{,}5\,l$ ist:

$$M_A = -\frac{Pl}{16} \cdot \frac{2+3n}{1+n}. \qquad M_B = -\frac{Pl}{8(1+n)}. \qquad M_C = \frac{Pl}{16(1+n)}.$$

Es wirke nur P_1:

Auflagermomente: $M_A = -\frac{M_B}{2}$. $\quad M_B = -\frac{P_1 a_1^2 b_1}{l^2 n(1+n)}$.

$$M_C = -\frac{P_1 a_1 b_1}{2n^2 l^3 (1+n)}[(l + ln)(ln + b_1) - ln a_1].$$

Für $a_1 = b_1 = 0{,}5\,ln$ ist:

$$M_B = -\frac{P_1 l n^2}{8(1+n)}. \qquad M_A = -\frac{M_B}{2}. \qquad M_c = -\frac{P_1 l n}{16} \cdot \frac{3+2n}{1+n}.$$

Es sei $ln = l$ und $a_1 = a$, $b_1 = b$: Lasten P und P_1. $n = 1$.

Auflagermomente: $M_A = -\frac{ab}{4l^2}[P(l+3b) - P_1 a]$.

$$M_B = -\frac{a^2 b}{2l^2}(P + P_1). \qquad M_C = -\frac{ab}{4l^2}[P_1(l+3b) - Pa].$$

Es sei $P_1 = P$:

Auflagermomente: $M_A = M_C = -\frac{Pab^2}{l^2}$. $\qquad M_B = -\frac{Pa^2b}{l^2}$.

Feldmomente: $M_P = \frac{2Pa^2b^2}{l^3}$.

Auflagerkräfte:

$$A = C = \frac{Pb^2}{l^3}(l + 2a). \qquad B_1 = B_2 = \frac{Pa^2}{l^3}(l + 2b). \qquad B = B_1 + B_2.$$

Der über zwei gleiche Felder durchlaufende Balken mit eingespannten Endauflagern und gleichbleibendem Trägheitsmoment.

Belastungsfall 1.

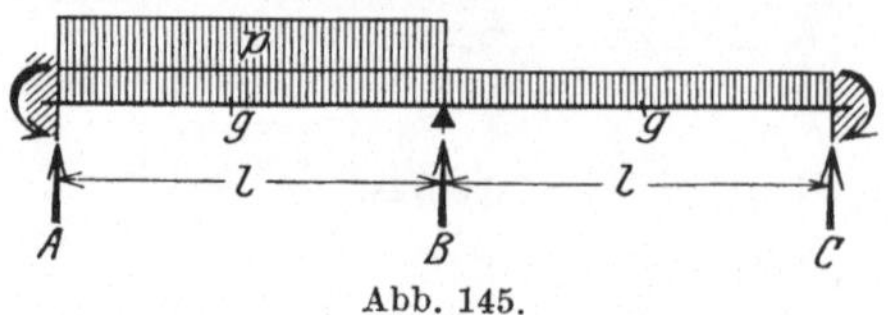

Abb. 145.

Es wirke von A bis C die gleichmäßige Last g/m:

Auflagermomente: $M_A = M_B = M_C = -\frac{g l^2}{12}$.

Auflagerkräfte: $A = C = \frac{g l}{2}$. $B = g l$.

Feldmomente: $M_x = \frac{g x}{2}(l - x) - \frac{g l^2}{12}$. In Feldmitte ist: $M_{max} = \frac{g l^2}{24}$.

Nullpunkte: $x_0 = 0{,}2113\, l$ von den Auflagern.

Es wirke außerdem noch von A bis B die gleichmäßige Verkehrslast p/m; $g + p = q$.

Auflagermomente:

$$M_A = -\frac{l^2}{48}(4q + p). \quad M_B = -\frac{l^2}{24}(g + q). \quad M_C = -\frac{l^2}{48}(4g - p).$$

Auflagerkräfte: $A = l(0{,}5\,g + 0{,}5625\,p)$. $B_1 = l(0{,}5\,g + 0{,}4375\,p)$.

$B_2 = l(0{,}5\,g + 0{,}0625\,p)$. $C = l(0{,}5\,g - 0{,}0625\,p)$.

Feldmomente: Für $\overline{AB}$ ist: $M_x = M_A + Ax - 0{,}5\,q x^2$. x von A an.

$$M_{max} = M_A + \frac{A^2}{2q} \text{ für } x_m = \frac{A}{q}.$$

Für die Nullpunkte ist: $x_0 = x_m \mp \frac{1}{q}\sqrt{A^2 + 2q M_A}$.

Für $\overline{CB}$ ist: $M_x = M_C + Cx - 0{,}5\,g x^2$. x von C an.

Die Vorzeichen sind genau zu beachten!

Größt- und Kleinstwerte.

Auflagermomente: $M_{A\,max} = M_{C\,max} = -\frac{l^2}{48}(4q + p)$. $M_{B\,max} = -\frac{q l^2}{12}$.

$M_{A\,min} = M_{C\,min} = -\frac{l^2}{48}(4g - p)$. $M_{B\,min} = -\frac{g l^2}{12}$.

Auflagerkräfte: $A_{max} = C_{max} = l(0{,}5\,g + 0{,}5625\,p)$. $B_{max} = q l$.

$A_{min} = C_{min} = l(0{,}5\,g - 0{,}0625\,p)$. $B_{min} = g l$.

Feldmoment: $M_{max} = \frac{l^2}{96}\left(4q + p + 0{,}1875\frac{p^2}{q}\right)$.

Belastungsfall 2.

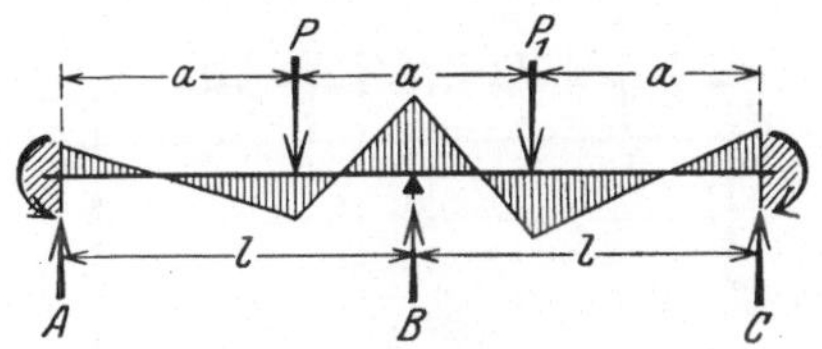

Abb. 146.

Auflagermomente:

$$M_A = -\frac{Pl}{9} + \frac{P_1 l}{27}. \quad M_B = -\frac{2l}{27}(P + P_1). \quad M_C = -\frac{P_1 l}{9} + \frac{Pl}{27}.$$

Auflagerkräfte: $A = \frac{10}{27}P - \frac{P_1}{9}$. $B_1 = \frac{17}{27}P + \frac{P_1}{9}$.

$B_2 = \frac{17}{27}P_1 + \frac{P}{9}$. $B = \frac{20}{27}(P + P_1)$. $C = \frac{10}{27}P_1 - \frac{P}{9}$.

Feldmomente: $M_P = \frac{11}{81}Pl - \frac{P_1 l}{27}$. $M_{P_1} = \frac{11}{81}P_1 l - \frac{Pl}{27}$.

Es sei $P_1 = P$:

Auflagermomente: $M_A = M_C = -\frac{2}{27}Pl$. $M_B = -\frac{4}{27}Pl$.

Auflagerkräfte: $A = C = \frac{7}{27}P$. $B_1 = B_2 = \frac{20}{27}P$. $B = \frac{40}{27}P$.

Feldmomente: $M_P = \frac{8}{81}Pl = 0{,}098765\,Pl$.

Belastungsfall 3.

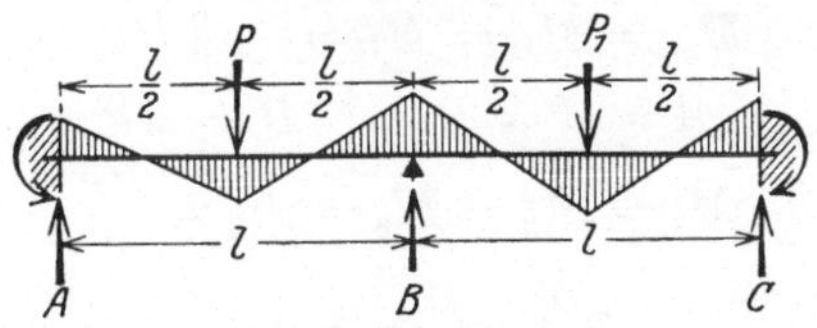

Abb. 147.

Auflagermomente:

$$M_A = -\frac{5}{32}Pl + \frac{P_1 l}{32}. \quad M_B = -\frac{l}{16}(P + P_1). \quad M_C = -\frac{5}{32}P_1 l + \frac{Pl}{32}.$$

Auflagerkräfte: $A = \frac{19}{32}P - \frac{3}{32}P_1$. $B_1 = \frac{13}{32}P + \frac{3}{32}P_1$.

$B_2 = \frac{13}{32}P_1 + \frac{3}{32}P$. $B = \frac{1}{2}(P + P_1)$. $C = \frac{19}{32}P_1 - \frac{3}{32}P$.

Feldmomente: $M_P = \frac{9}{64}Pl - \frac{P_1 l}{64}$. $M_{P_1} = \frac{9}{64}P_1 l - \frac{Pl}{64}$.

Es sei $P_1 = P$:

Auflagermomente: $M_A = M_B = M_C = -\frac{Pl}{8}$.

Auflagerkräfte: $A = C = \frac{P}{2}$. $B_1 = B_2 = \frac{P}{2}$. $B = P$.

Feldmomente: $M_P = \frac{Pl}{8}$.

Belastungsfall 4.

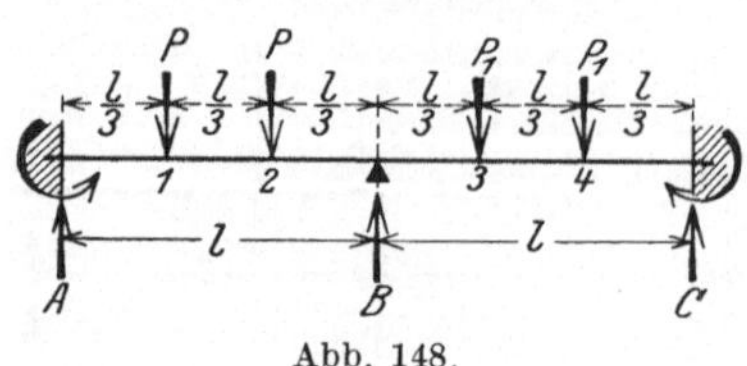

Abb. 148.

Es wirken in den Drittelpunkten Einzellasten P bzw. P_1.

Auflagermomente: $M_A = -\frac{5}{18} P l + \frac{P_1 l}{18}$. $M_B = -\frac{l}{9}(P + P_1)$.

$M_C = -\frac{5}{18} P_1 l + \frac{P l}{18}$.

Auflagerkräfte: $A = \frac{7}{6} P - \frac{P_1}{6}$. $C = \frac{7}{6} P_1 - \frac{P}{6}$.

$$\left.\begin{aligned} B_1 &= \frac{5}{6} P + \frac{P_1}{6} \\ B_2 &= \frac{P}{6} + \frac{5}{6} P_1 \end{aligned}\right\} B = P + P_1 .$$

Feldmomente: $M_1 = \frac{P l}{9}$. $M_2 = \frac{P l}{6} - \frac{P_1 l}{18}$.

$M_4 = \frac{P_1 l}{9}$. $M_3 = \frac{P_1 l}{6} - \frac{P l}{18}$.

Wenn $P_1 = P$:

Auflagermomente: $M_A = M_B = M_C = -\frac{2}{9} P l$.

Auflagerkräfte: $A = C = P$. $B = 2P$.

Feldmomente: $M_1 = M_2 = M_3 = M_4 = \frac{P l}{9}$.

Belastungsfall 5.

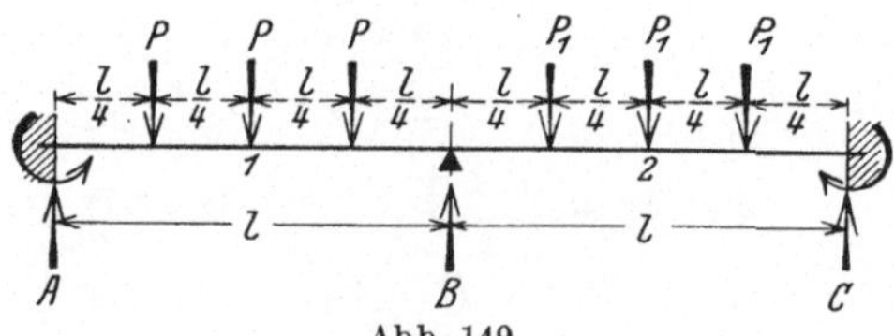

Abb. 149.

Auflagermomente: $M_A = -\frac{5l}{64}(5P - P_1)$. $M_B = -\frac{5l}{32}(P + P_1)$.

$M_C = -\frac{5l}{64}(5P_1 - P)$.

Auflagerkräfte: $A = \frac{111}{64} P - \frac{15}{64} P_1$. $C = \frac{111}{64} P_1 - \frac{15}{64} P$.

$$\left.\begin{aligned} B_1 &= \tfrac{81}{64} P + \tfrac{15}{64} P_1 \\ B_2 &= \tfrac{81}{64} P_1 + \tfrac{15}{64} P \end{aligned}\right\} B = 1{,}5\,(P + P_1) .$$

Wenn $P_1 = P$:

Auflagermomente: $M_A = M_B = M_C = -\frac{5}{16} Pl = -0{,}3125\, Pl.$

Auflagerkräfte: $A = C = 1{,}5\, P. \quad B = 3\, P.$

Feldmomente: $M_1 = M_2 = \frac{3}{16} Pl = 0{,}1875\, Pl.$

Bezeichnet man mit G die ständige Last und mit P die wechselnde Verkehrslast, so ergeben sich für folgende Belastungsfälle die darunter verzeichneten Größtwerte für Auflagermomente, Auflagerkräfte und Feldmomente.

Belastungsfall 6.

Auflagermomente:

$M_A = -(0{,}125\, G + 0{,}15625\, P)\, l.$

$M_B = -0{,}125\, (G + P).$

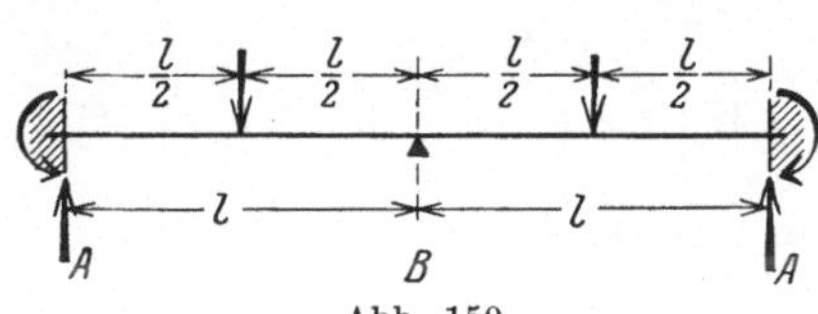

Abb. 150.

Auflagerkräfte: $A = 0{,}5\, G + 0{,}59375\, P. \quad B = G + P.$

Feldmoment: $M = (0{,}125\, G + 0{,}140625\, P)\, l.$

Belastungsfall 7.

Auflagermomente:

$M_A = -(0{,}2222\, G + 0{,}2778\, P)\, l.$

$M_B = -0{,}2222\, (G + P)\, l.$

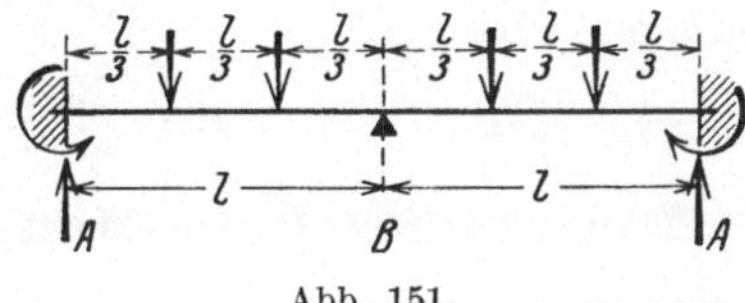

Abb. 151.

Auflagerkräfte: $A = 1{,}0\, G + 1{,}1667\, P. \quad B = 2\, (G + P).$

Feldmoment: $M = (0{,}1111\, G + 0{,}1667\, P)\, l.$

Belastungsfall 8.

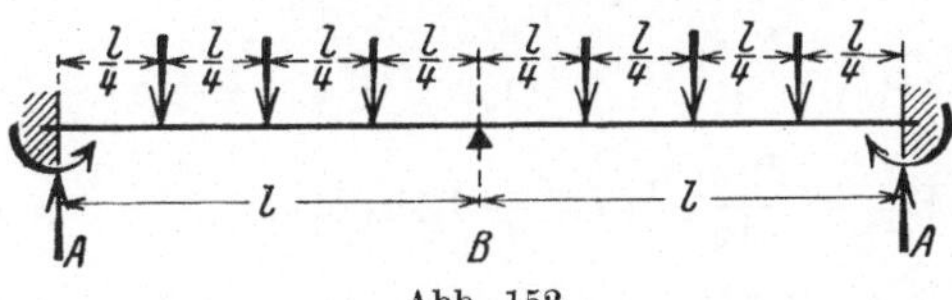

Abb. 152.

Auflagermomente: $M_A = -(0{,}3125\, G + 0{,}390625\, P)\, l.$

$M_B = -0{,}3125\, (G + P)\, l.$

Auflagerkräfte: $A = 1{,}5\, G + 1{,}734375\, P. \quad B = 3\, (G + P).$

Feldmoment: $M = (0{,}1875\, G + 0{,}2265625\, P)\, l.$

Der über drei gleiche Felder durchlaufende Balken mit eingespannten Endauflagern und gleichbleibendem Trägheitsmoment.

Belastungsfall 1.

Es wirke nur P im Endfeld:

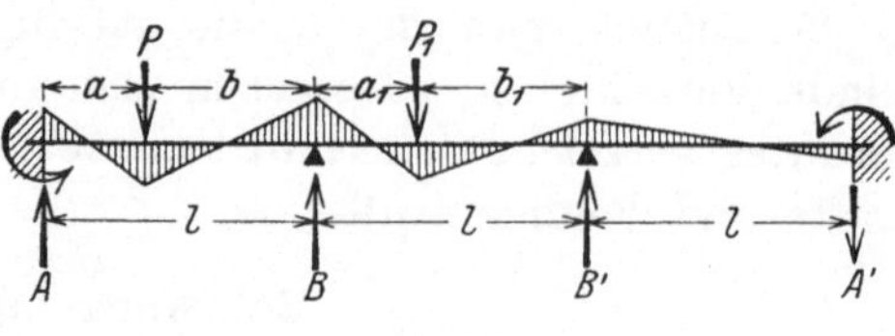

Abb. 153.

Auflagermomente:

$$M_A = -\frac{Pab}{15\,l^2}(4\,l + 11\,b).$$

$$M_B = -\frac{7}{15}\cdot\frac{Pa^2b}{l^2}.$$

$$M_{B'} = +\frac{2}{15}\cdot\frac{Pa^2b}{l^2}. \qquad M_{A'} = -\frac{Pa^2b}{15\,l^2} = -\frac{M_{B'}}{2}.$$

Auflagerkräfte: $A = \frac{Pb}{5\,l^3}(5\,l^2 + 5\,ab - a^2)$. $B = \frac{Pa^2}{5\,l^3}(5\,l + 9\,b)$.

$$B' = -\frac{6}{l}M_{B'}. \qquad A' = -\frac{3}{l}\cdot M_{A'}.$$

Es sei $a = b = 0{,}5\,l$:

Auflagermomente:

$$M_A = -\frac{19}{120}Pl. \quad M_B = -\frac{7}{120}Pl. \quad M_{B'} = +\frac{Pl}{60}. \quad M_{A'} = -\frac{Pl}{120}.$$

Auflagerkräfte:

$$A = \frac{3}{5}P. \qquad B = \frac{19}{40}P. \qquad B' = -\frac{P}{10}. \qquad A' = \frac{P}{40}.$$

Es wirke nur P_1 im Mittelfeld:

Auflagermomente:

$$M_A = +\frac{P_1a_1b_1}{15\,l^2}(l + 3\,b_1). \qquad M_B = -2\,M_A = -\frac{2}{15}\cdot\frac{P_1a_1b_1}{l^2}(l + 3\,b_1).$$

$$M_{B'} = -\frac{2}{15}\cdot\frac{P_1a_1b_1}{l^2}(l + 3\,a_1). \quad M_{A'} = -\frac{M_{B'}}{2}.$$

Auflagerkräfte: $A = \frac{M_B - M_A}{l}$. $B = \frac{P_1b_1}{l} + \frac{1}{l}(M_A + M_{B'} - 2\,M_B)$;

$$B' = \frac{P_1a_1}{l} + \frac{1}{l}(M_{A'} + M_B - 2\,M_{B'}). \qquad A' = \frac{M_{B'} - M_{A'}}{l}.$$

Feldmoment: $M_{P_1} = \frac{P_1a_1b_1}{15\,l^3}(7\,l^2 + 12\,a_1b_1)$.

Es sei $a_1 = b_1 = 0{,}5\,l$:

Auflagermomente: $M_A = M_{A'} = \frac{P_1l}{24}$. $M_B = M_{B'} = -\frac{P_1l}{12}$.

Auflagerkräfte: $A = A' = -\frac{P_1}{8}$. $B = B' = \frac{5}{8}P_1$.

Feldmoment: $M_{P_1} = \frac{P_1l}{6}$.

Belastungsfall 2.

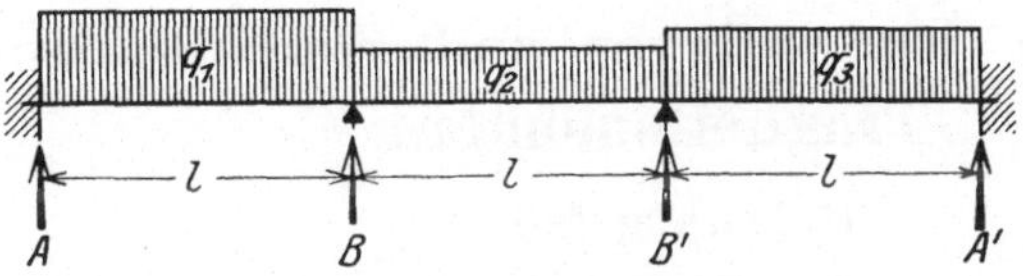

$Q_1 = q_1 l$.
$Q_2 = q_2 l$.
$Q_3 = q_3 l$.

Abb. 154.

$$M_A = -\frac{l}{180}(19\,Q_1 - 5\,Q_2 + Q_3)$$

d. i. $M_A = -l^2(0{,}1056\,q_1 - 0{,}0278\,q_2 + 0{,}0056\,q_3)$.

$$M_B = -\frac{l}{180}(7\,Q_1 + 10\,Q_2 - 2\,Q_3)$$

d. i. $M_B = -l^2(0{,}0389\,q_1 + 0{,}0556\,q_2 - 0{,}0111\,q_3)$.

$$M_{B'} = -\frac{l}{180}(7\,Q_3 + 10\,Q_2 - 2\,Q_1)$$

d. i. $M_{B'} = -l^2(0{,}0389\,q_3 + 0{,}0556\,q_2 - 0{,}0111\,q_1)$.

$$M_{A'} = -\frac{l}{180}(19\,Q^3 - 5\,Q_2 + Q_1)$$

d. i. $M_{A'} = -l^2(0{,}1056\,q_3 - 0{,}0278\,q_2 + 0{,}0056\,q_1)$.

Auflagerkräfte:

$$A = \tfrac{17}{30}Q_1 - \tfrac{1}{12}Q_2 + \tfrac{1}{60}Q_3.$$

$$\left.\begin{aligned} B_1 &= \tfrac{13}{30}Q_1 + \tfrac{1}{12}Q_2 - \tfrac{1}{60}Q_3 \\ B_2 &= \tfrac{1}{20}Q_1 + \tfrac{1}{2}Q_2 - \tfrac{1}{20}Q_3 \end{aligned}\right\} B = \tfrac{29}{60}Q_1 + \tfrac{7}{12}Q_2 - \tfrac{1}{15}Q_3.$$

$$\left.\begin{aligned} B_1' &= \tfrac{1}{20}Q_3 + \tfrac{1}{2}Q_2 - \tfrac{1}{20}Q_1 \\ B_2' &= \tfrac{13}{30}Q_3 + \tfrac{1}{12}Q_2 - \tfrac{1}{60}Q_1 \end{aligned}\right\} B' = \tfrac{29}{60}Q_3 + \tfrac{7}{12}Q_2 - \tfrac{1}{15}Q_1.$$

$$A' = \tfrac{17}{30}Q_3 - \tfrac{1}{12}Q_2 + \tfrac{1}{60}Q_1.$$

Feldmomente und Nullpunkte:

1. Feld: $x_m = \dfrac{A}{q_1}$. $\quad M_{\max} = M_A + \tfrac{1}{2}A x_m \quad | \quad x$ von A an.

$$x_0 = x_m \mp \sqrt{x_m^2 + \frac{2\,M_A}{q_1}}.$$

2. Feld: $x_m = \dfrac{B_2}{q_2}$. $\quad M_{\max} = M_B + \tfrac{1}{2}B_2 x_m \quad | \quad x$ von B an.

$$x_0 = x_m \mp \sqrt{x_m^2 + \frac{2\,M_B}{q_2}}.$$

3. Feld: $x_m = \dfrac{A'}{q_3}$. $\quad M_{\max} = M_{A'} + \tfrac{1}{2}A' x_m \quad | \quad x$ von A' an.

$$x_0 = x_m \mp \sqrt{x_m^2 + \frac{2\,M_{A'}}{q_3}}.$$

Die Vorzeichen von M sind zu beachten!

Der über zwei Felder durchlaufende Balken mit ungleichen und gleichen Stützweiten, einem eingespannten Endauflager und gleichbleibendem Trägheitsmoment.

Belastungsfall 1.

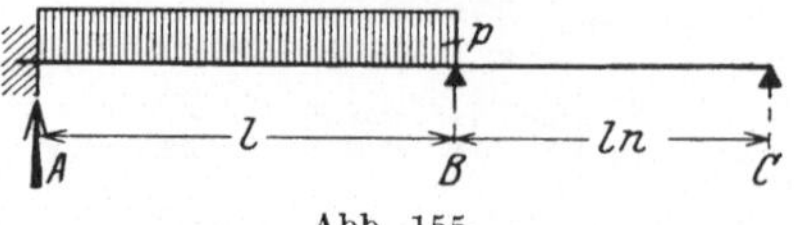

Abb. 155.

Auflagermomente: $M_A = -\frac{p l^2}{4} \cdot \frac{1+2n}{3+4n}$. $M_B = -\frac{p l^2}{4(3+4n)}$.

Auflagerkräfte: $A = \frac{pl}{2} \cdot \frac{3+5n}{3+4n}$. $B_1 = \frac{3pl}{2} \cdot \frac{1+n}{3+4n}$. $B_2 = -\frac{M_B}{ln}$.

$C = -B_2$. Weiteres siehe Seite 211, Belastungsfall 11, unten.

Belastungsfall 2.

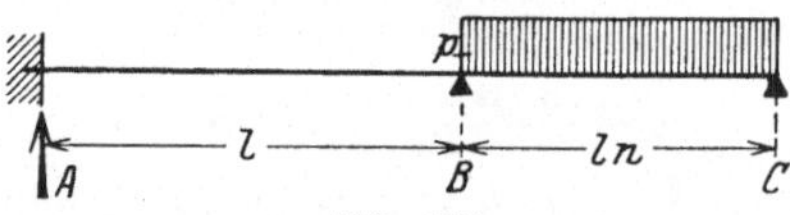

Abb. 156.

Auflagermomente: $M_A = \frac{pl^2}{4} \cdot \frac{n}{3+4n}$. $M_B = -2 M_A$.

Auflagerkräfte:

$A = -\frac{3 M_A}{l}$. $B_1 = -A$. $B_2 = \frac{pln}{2} \cdot \frac{3+5n}{3+4n}$. $C = \frac{3pln}{2} \cdot \frac{1+n}{3+4n}$.

Weiteres siehe Seite 213, Belastungsfall 15.

Belastungsfall 3.

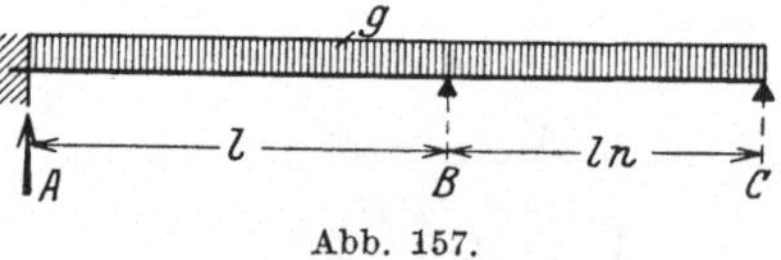

Abb. 157.

Auflagermomente: $M_A = -\frac{gl^2}{4} \cdot \frac{1+2n-n^3}{3+4n}$. $M_B = -\frac{gl^2}{4} \cdot \frac{1+2n^3}{3+4n}$.

Auflagerkräfte: $A = \frac{gl}{2} + \frac{M_B - M_A}{l}$ d. i. $A = \frac{gl}{4} \cdot \frac{6+10n-3n^3}{3+4n}$.

$B_1 = \frac{gl}{2} - \frac{M_B - M_A}{l}$ d. i. $B_1 = \frac{3gl}{4} \cdot \frac{2+2n+n^3}{3+4n}$.

$B_2 = \frac{gln}{2} - \frac{M_B}{ln}$ d. i. $B_2 = \frac{gl}{4n} \cdot \frac{1+6n^2+10n^3}{3+4n}$.

$C = \frac{gln}{2} + \frac{M_B}{ln}$ d. i. $C = \frac{gl}{4n} \cdot \frac{6n^2+6n^3-1}{3+4n}$.

Belastungsfall 4.

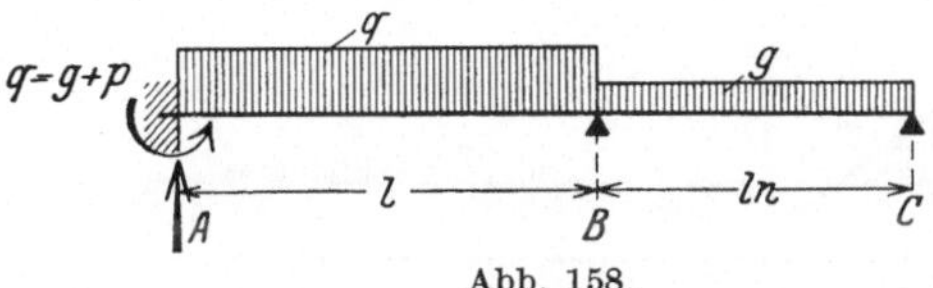

Abb. 158.

Dieser Belastungsfall gibt die Größtwerte für das Einspannmoment M_A, den Auflagerdruck A und das erste Feldmoment M_1, sowie die Kleinstwerte für den Auflagerdruck C und für das zweite Feldmoment.

Es sind: $M_A = -\frac{l^2}{4(3+4n)}[q(1+2n) - gn^3]$.

$$M_B = -\frac{l^2}{4(3+4n)}(q + 2gn^3).$$

$A = \frac{ql}{2} + \frac{M_B - M_A}{l}$ d. i. $A = \frac{l}{4(3+4n)}[2q(3+5n) - 3gn^3]$.

$B_1 = ql - A$. $B_2 = gln - C$. $B = B_1 + B_2$.

$C = \frac{l}{4n(3+4n)}[6gn^2(1+n) - q]$. $M_1 = M_A + \frac{A^2}{2q}$.

Für das erste Feld ist: $M_x = M_A + Ax - 0{,}5\,qx^2$. x von A an.

Für das zweite Feld ist: $M_x = Cx - 0{,}5\,gx^2$. $x_0 = \frac{2C}{g}$. x von C an.

Belastungsfall 5.

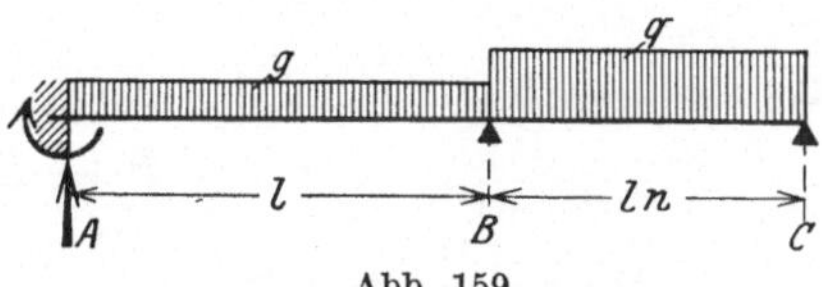

Abb. 159.

Dieser Belastungsfall gibt die Größtwerte für den Auflagerdruck C und für das zweite Feldmoment M_2, sowie die Kleinstwerte für das Einspannmoment M_A, den Auflagerdruck A und das erste Feldmoment.

Es sind:

$M_A = \frac{l^2}{4(3+4n)}[qn^3 - g(1+2n)]$. $M_B = -\frac{l^2}{4(3+4n)}(g + 2qn^3)$.

$$C = \frac{l}{4n(3+4n)}[6qn^2(1+n) - g].$$

$B_2 = qln - C$. $A = \frac{l}{4(3+4n)}[2g(3+5n) - 3qn^2]$. $B_1 = gl - A$.

Für M_2 ist: $x = \frac{C}{q}$. $M_2 = \frac{Cx}{2} = \frac{C^2}{2q}$. $x_0 = \frac{2C}{q}$.

Für das erste Feld ist: $M_x = M_A + Ax - 0{,}5\,gx^2$. x von A an.

Belastungsfall 6.

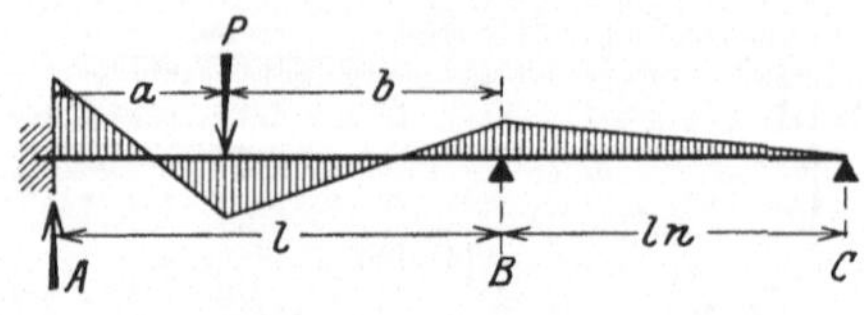

Abb. 160.

Auflagermomente:

$$M_A = -\frac{P\,a\,b}{l^2} \cdot \frac{3\,b + 2\,n\,(l + b)}{3 + 4\,n}.$$

$$M_B = -\frac{3\,P\,a^2\,b}{l^2\,(3 + 4\,n)}.$$

Feldmoment:

$$M_P = M_A + A\,a.$$

Auflagerkräfte:

$$A = \frac{P\,b}{l} + \frac{M_B - M_A}{l}.$$

$$B_1 = \frac{P\,a}{l} - \frac{M_B - M_A}{l}.$$

$$B_2 = -\frac{M_B}{l\,n}.$$

$$B = B_1 + B_2. \qquad C = \frac{M_B}{l\,n}.$$

Wenn $a = b = \frac{l}{2}$:

$$M_A = -\frac{3\,P\,l}{8} \cdot \frac{1 + 2\,n}{3 + 4\,n}.$$

$$M_B = -\frac{3\,P\,l}{8\,(3 + 4\,n)}.$$

$$M_P = +\frac{P\,l}{8} \cdot \frac{3 + 5\,n}{3 + 4\,n}.$$

$$A = \frac{P}{4} \cdot \frac{6 + 11\,n}{3 + 4\,n}.$$

$$B_1 = \frac{P}{4} \cdot \frac{6 + 5\,n}{3 + 4\,n}.$$

$$B_2 = \frac{3\,P}{8\,n\,(3 + 4\,n)}.$$

$$B = B_1 + B_2. \qquad C = -B_2.$$

Belastungsfall 7.

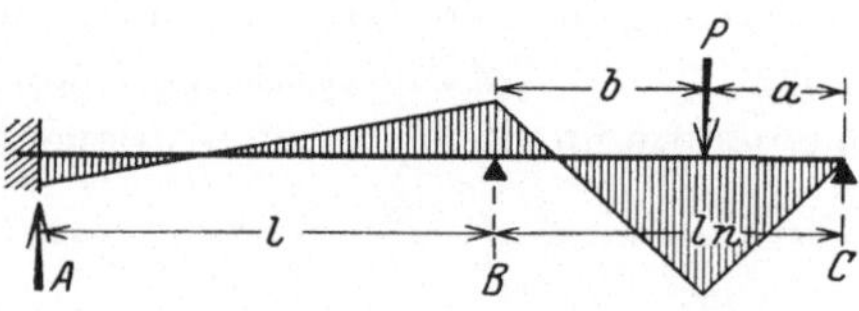

Abb. 161.

Auflagermomente:

$$M_A = +\frac{P\,a\,b\,(a + l\,n)}{n\,l^2\,(3 + 4\,n)}.$$

$$M_B = -2\,M_A.$$

Feldmoment:

$$M_P = C\,a.$$

Auflagerkräfte:

$$A = -\frac{3\,M_A}{l}. \qquad B_1 = +\frac{3\,M_A}{l}.$$

$$B_2 = \frac{P\,a + 2\,M_A}{l\,n}. \qquad B = B_1 + B_2.$$

$$C = \frac{P\,b - 2\,M_A}{l\,n}.$$

Wenn $a = b = \frac{ln}{2}$:

$$M_A = +\frac{3}{8}\cdot\frac{Pln^2}{3+4n}. \qquad A = -\frac{3M_A}{l} = -\frac{9}{8}\cdot\frac{Pn^2}{3+4n}.$$

$$M_B = -2M_A = -\frac{3}{4}\cdot\frac{Pln^2}{3+4n}. \qquad B_1 = -A = +\frac{9}{8}\cdot\frac{Pn^2}{3+4n}.$$

$$M_P = \frac{Pln}{8}\cdot\frac{6+5n}{3+4n}. \qquad B_2 = \frac{P}{2} + \frac{3}{4}\cdot\frac{Pn}{3+4n}.$$

$$B = B_1 + B_2. \qquad C = \frac{P}{4}\cdot\frac{6+5n}{3+4n}.$$

Belastungsfall 8.

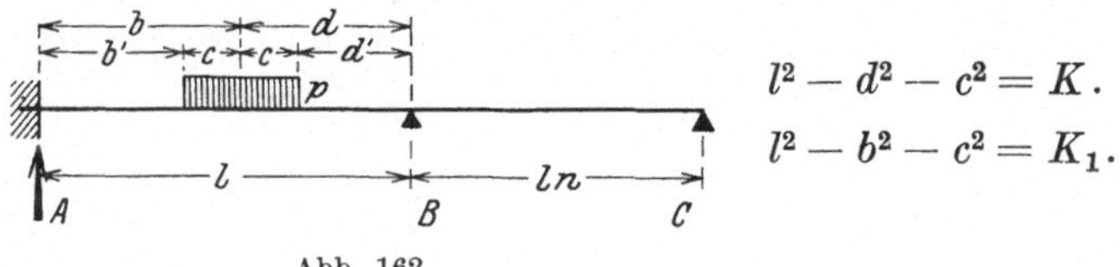

Abb. 162.

Stützenmomente:

$$M_A = -\frac{2pc}{l^2}\cdot\frac{2d(1+n)K - bK_1}{3+4n}. \qquad M_B = -\frac{2pcdK}{l^2} - 2M_A.$$

Auflagerkräfte:

$$A = \frac{2pcd + M_B - M_A}{l}. \qquad B_1 = 2pc - A = \frac{2pcb + M_A - M_B}{l}.$$

$$B_2 = -\frac{M_B}{ln}. \qquad B = B_1 + B_2. \qquad C = -B_2.$$

Feldmoment:

Für $M_{\max}$ ist $x = b' + \frac{A}{p}$ von A entfernt.

$$M_{\max} = M_A + \frac{A}{2}(x + b').$$

Wirkt die Last symmetrisch zur Feldmitte,

so ist $d = b = 0{,}5l$ und $d' = b' = 0{,}5l - c$. $\qquad k = \frac{0{,}75l^2 - c^2}{l(3+4n)}$.

Stützenmomente: $M_A = -pck(1+2n)$. $M_B = -pck$.

Auflagerkräfte:

$$A = pc + \frac{M_B - M_A}{l} \quad \text{d. i.} \quad = pc(1+2nk).$$

$$B_1 = 2pc - A \quad \text{d. i.} \quad = pc(1-2nk).$$

$$B_2 = -\frac{M_B}{ln}. \qquad B = B_1 + B_2. \qquad C = -B_2.$$

Belastungsfall 9.

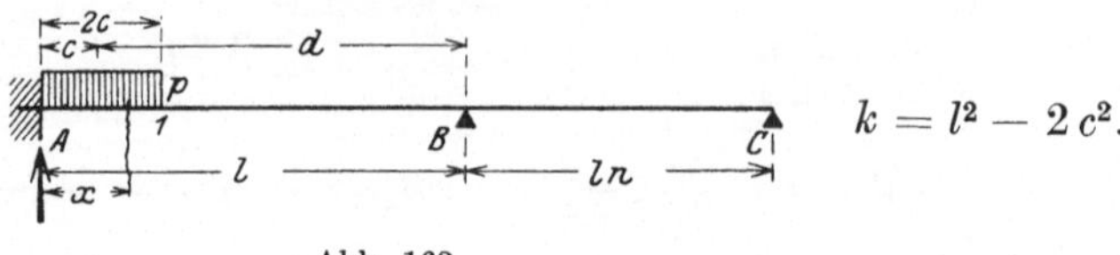

$k = l^2 - 2c^2.$

Abb. 163.

Auflagermomente:

$$M_A = -\frac{2pc^2}{l^2} \cdot \frac{4d^2(1+n) - k}{3+4n}.$$

$$M_B = -\frac{4pc^2d^2}{l^2} - 2M_A.$$

Auflagerkräfte:

$$A = \frac{2pcd + M_B - M_A}{l}.$$

$$B_1 = 2pc - A. \qquad B_2 = -\frac{M_B}{ln}.$$

$$B = B_1 + B_2. \qquad C = -B_2.$$

Feldmomente: $M_x = M_A + x(A - 0{,}5px).$

$$M_{\max} = M_A + \frac{A^2}{2p}. \qquad M_1 = M_A + 2c(A - pc).$$

Wenn $c = 0{,}25l$:

$$M_A = -\frac{pl^2}{64} \cdot \frac{11+18n}{3+4n}. \qquad M_B = -\frac{pl^2}{64} \cdot \frac{5}{3+4n}.$$

Belastungsfall 10.

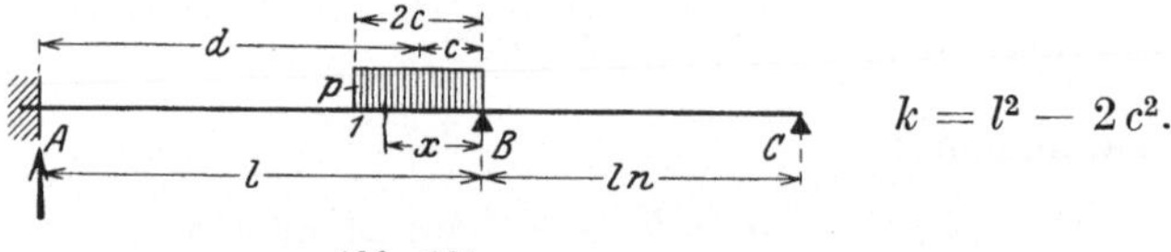

$k = l^2 - 2c^2.$

Abb. 164.

Auflagermomente:

$$M_A = -\frac{4pc^2}{l^2} \cdot \frac{(1+n)k - d^2}{3+4n}.$$

$$M_B = -\frac{2pc^2k}{l^2} - 2M_A.$$

Auflagerkräfte:

$$A = \frac{2pc^2 + M_B - M_A}{l}.$$

B und C wie oben.

Feldmomente: $M_x = M_B + x(B_1 - 0{,}5px).$

$$M_{\max} = M_B + \frac{B_1^2}{2p}. \qquad M_1 = M_A + A(d - c).$$

Wenn $c = 0{,}25l$:

$$M_A = -\frac{pl^2}{64} \cdot \frac{5+14n}{3+4n}. \qquad M_B = -\frac{pl^2}{64} \cdot \frac{11}{3+4n}.$$

Belastungsfall 11.

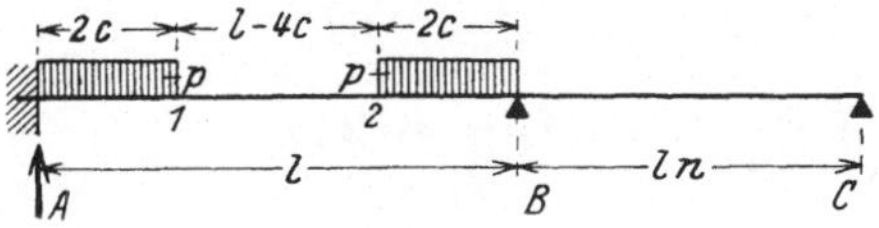

$$k = 3l - 4c.$$

Abb. 165.

Auflagermomente:

$$M_A = -\frac{2pc^2k}{l}\cdot\frac{1+2n}{3+4n}.$$

$$M_B = \frac{M_A}{1+2n} \quad \text{d. i.} \quad = -\frac{2pc^2k}{l(3+4n)}.$$

Auflagerkräfte:

$$A = 2pc + \frac{M_B - M_A}{l}.$$

$$B_1 = 2pc - \frac{M_B - M_A}{l}.$$

$$B_2 = -\frac{M_B}{ln}. \quad C = -B_2.$$

Feldmomente: $M_1 = M_A + 2c(A - pc)$.

$$M_2 = M_B + 2c(B_1 - pc). \qquad M_{\max} = M_B + \frac{B_1^2}{2p}.$$

Wenn $c = 0{,}25l$ (d. i. Last auf der Strecke l):

$$k = 2l.$$

$$M_A = -\frac{pl^2}{4}\cdot\frac{1+2n}{3+4n}. \qquad M_B = -\frac{pl^2}{4(3+4n)}.$$

Feldmomente: x von A an.

$$M_x = M_A + x(A - 0{,}5px). \qquad M_{\max} = M_A + \frac{A^2}{2p}.$$

Für die Nullpunkte: $x_0 = \frac{A}{p} \mp \frac{1}{p}\sqrt{2M_Ap + A^2}$.

Belastungsfall 12.

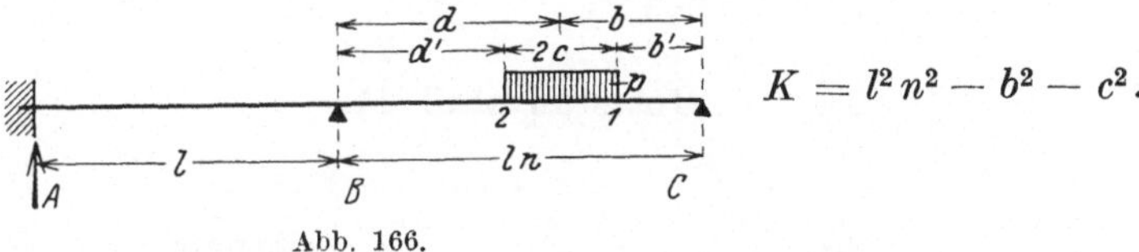

$$K = l^2n^2 - b^2 - c^2.$$

Abb. 166.

Auflagermomente:

$$M_A = \frac{2pcbK}{l^2n(3+4n)}.$$

$$M_B = -2M_A = -\frac{4pcbK}{l^2n(3+4n)}.$$

Auflagerkräfte:

$$A = -\frac{3M_A}{l}; \qquad B_1 = -A.$$

$$B_2 = \frac{2pcb + 2M_A}{ln}; \qquad B = B_1 + B_2.$$

$$C = 2pc - B_2.$$

Feldmomente: $M_1 = Cb'$. $\quad M_2 = M_B + B_2d'$.

Für $M_{\max}$ ist: $x = b' + \frac{C}{p}$. $\quad M_{\max} = \frac{C}{2}(x + b')$.

Wirkt die Last symmetrisch zur Feldmitte,

so ist $d = b = 0{,}5\,l$ und $d' = b' = 0{,}5\,l - c$. $K = 0{,}75\,l^2 n^2 - c^2$.

$$M_A = \frac{p\,c\,K}{l\,(3 + 4\,n)}. \quad M_B = -\,2\,M_A. \quad A = -\,\frac{3\,M_A}{l}.$$

$$B_1 = -\,A.$$

Für $M_{\max}$ ist: $x_m = b' + \frac{C}{p}$. $\quad B_2 = p\,c + \frac{2\,M_A}{l\,n}$.

$$M_{\max} = C\,b' + \frac{C^2}{2\,p}. \quad C = 2\,p\,c - B_2.$$

Belastungsfall 13.

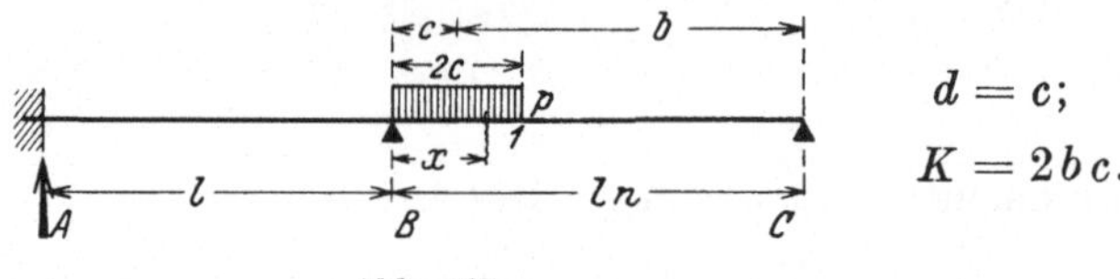

$d = c$; $K = 2\,b\,c$.

Abb. 167.

Auflagermomente:

$$M_A = \frac{4\,p\,c^2\,b^2}{l^2\,n\,(3 + 4\,n)}.$$

$$M_B = -\,2\,M_A.$$

Auflagerkräfte:

$$A = -\,\frac{3\,M_A}{l}; \quad B_1 = -A.$$

$$B_2 = 2\,p\,c - C. \quad C = \frac{2\,p\,c^2 - 2\,M_A}{l\,n}.$$

Feldmomente: $M_1 = C\,(b - c)$. $\quad M_x = M_B + x\,(B_2 - 0{,}5\,p\,x)$.

Für $M_{\max}$ ist: $x_m = \frac{B_2}{p}$; $\quad M_{\max} = M_B + \frac{B_2^2}{2\,p}$.

Für den Nullpunkt ist: $x_0 = x_m - \sqrt{B_2^2 + 2\,p\,M_B}$.

Wenn $c = 0{,}25\,l\,n$:

$$M_A = \frac{9}{64} \cdot \frac{p\,l^2\,n^3}{3 + 4\,n}. \quad M_B = -\,\frac{9}{32} \cdot \frac{p\,l^2\,n^3}{3 + 4\,n}.$$

Belastungsfall 14.

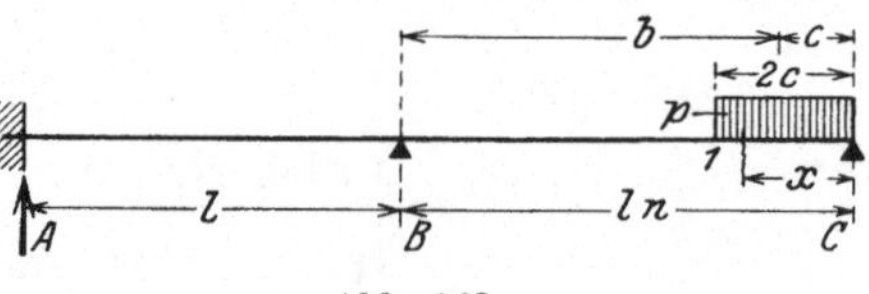

Abb. 168.

Auflagermomente:

$$M_A = \frac{2\,p\,c^2\,(l^2 n^2 - 2\,c^2)}{l^2\,n\,(3 + 4\,n)}.$$

$$M_B = -\,2\,M_A.$$

Auflagerkräfte:

$$A = -\,\frac{3\,M_A}{l}; \quad B_1 = -A.$$

$$B_2 = \frac{2\,p\,c^2 + 2\,M_A}{l\,n}.$$

$$B = B_1 + B_2. \quad C = 2\,p\,c - B_2.$$

Feldmomente: $M_x = x(C - 0{,}5\,p\,x)$.

Für $M_{\max}$ ist: $x_m = \frac{C}{p}$. $M_{\max} = \frac{C^2}{2p}$. $M_1 = 2c(C - pc)$.

Wenn $c = 0{,}25\,l\,n$:

$$M_A = \frac{7}{64} \cdot \frac{p\,l^2 n^3}{3 + 4n}. \qquad M_B = -2M_A.$$

Belastungsfall 15.

Auflagermomente:

$$M_A = \frac{2\,p\,c^2(3\,l\,n - 4c)}{l(3 + 4n)}.$$

$$M_B = -2M_A.$$

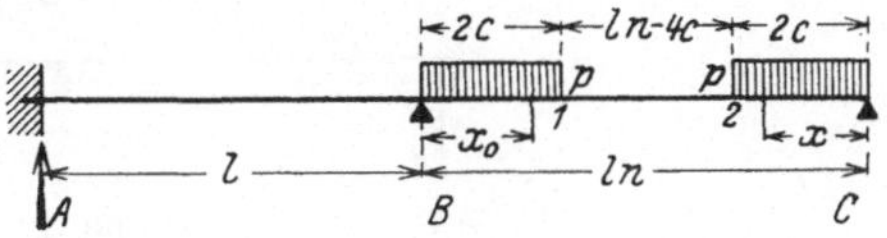

Abb. 169.

Auflagerkräfte:

$$A = -\frac{3M_A}{l}. \quad B_1 = -A. \quad B_2 = 2pc + \frac{2M_A}{l\,n}. \quad B = B_1 + B_2.$$

$$C = 4pc - B_2 = 2pc - \frac{2M_A}{l\,n}.$$

Feldmomente: $M_1 = M_B + 2c(B_2 - pc)$. $M_2 = 2c(C - pc)$.

Für $M_{\max}$ ist: $x_m = \frac{C}{p}$. $M_{\max} = \frac{C^2}{2p}$.

Abstand des Nullpunktes von B: $x_0 = \frac{B_2}{p} - \frac{1}{p}\sqrt{B_2^2 + 2\,p\,M_B}$.

Wenn $c = 0{,}25\,l\,n$

d. i. gleichmäßige Last auf der ganzen Strecke $l\,n$:

$$M_A = \frac{p\,l^2}{4} \cdot \frac{n^3}{3 + 4n}$$ (vgl. den Belastungsfall 2 auf S. 206).

$$M_B = -2M_A. \qquad C = 1{,}5\,p\,l\,n\frac{1 + n}{3 + 4n}.$$

Für $M_{\max}$ ist: $x_m = \frac{C}{p}$. $M_{\max} = 0{,}5\,C\,x_m$.

Der Nullpunkt ist $= 2x_m$ von C entfernt.

Belastungsfall 16.

Auflagermomente:

$$M_A = -\frac{P\,a\,b\,k}{7\,l^2}.$$

$$M_B = -\frac{3}{7} \cdot \frac{P\,a^2 b}{l^2}.$$

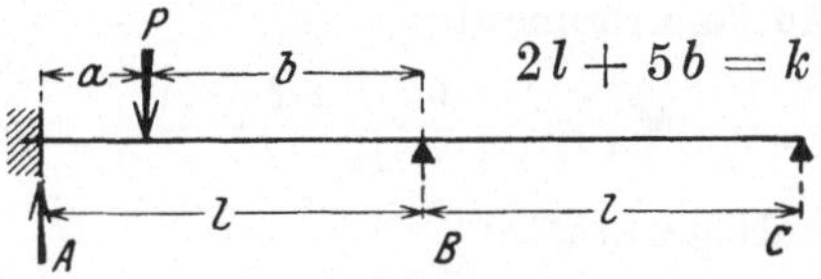

$2l + 5b = k$.

Abb. 170.

Auflagerkräfte:

$$A = \frac{Pb + M_B - M_A}{l}. \quad B_1 = P - A. \quad B_2 = -\frac{M_B}{l}. \quad C = -B_2.$$

Feldmoment: $M_P = M_A + A\,a$.

Wenn $a = b = \frac{l}{2}$:

$$M_A = -\tfrac{9}{56} P l. \quad M_B = -\tfrac{3}{56} P l = \frac{M_A}{3}. \quad M_P = \frac{P l}{7}.$$

$$A = \tfrac{17}{28} P. \quad B = \tfrac{25}{56} P. \quad C = -\tfrac{3}{56} P.$$

Belastungsfall 17.

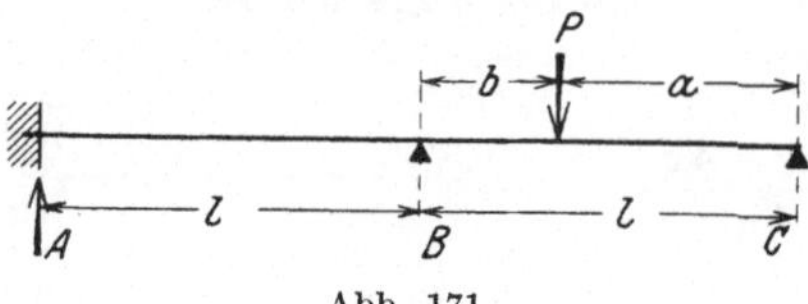

Abb. 171.

Auflagermomente:

$$M_A = +\frac{P a b (l + a)}{7 l^2}. \quad M_B = -2 M_A = -\frac{2 P a b (l + a)}{7 l^2}.$$

Auflagerkräfte: $A = + \frac{3 M_A}{l}$. $B_1 = -A$.

$$B_2 = \frac{P a + 2 M_A}{l}. \quad B = B_1 + B_2. \quad C = P - B_2.$$

Feldmoment: $M_P = C a$.

Wenn $a = b = 0{,}5 l$:

$$M_A = \tfrac{3}{56} P l. \quad M_B = -\tfrac{3}{28} P l.$$

$$M_P = \frac{11}{56} P l = \sim \frac{P l}{5}.$$

$$A = -\tfrac{9}{56} P. \quad B = \tfrac{43}{56} P. \quad C = \tfrac{11}{28} P.$$

Belastungsfall 18.

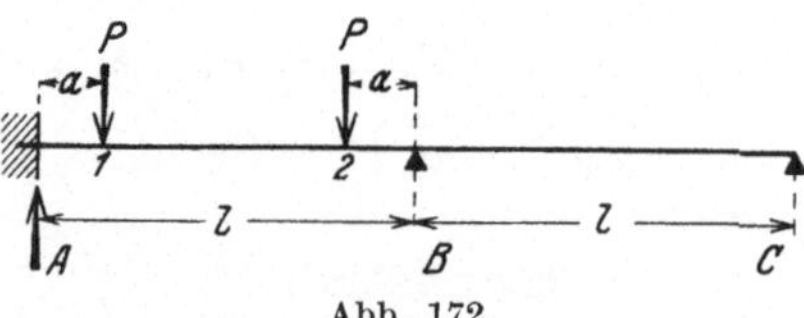

Abb. 172.

Auflagermomente:

$$M_A = -\frac{9}{7} \cdot \frac{P a (l - a)}{l}. \quad M_B = -\frac{3}{7} \cdot \frac{P a (l - a)}{l} = \frac{M_A}{3}.$$

Auflagerkräfte:

$$A = P + \frac{M_B - M_A}{l}. \quad B_1 = 2 P - A. \quad B_2 = -\frac{M_B}{l}$$

$$B = B_1 + B_2 = P + \frac{M_A}{3 l}. \quad C = \frac{M_B}{l}.$$

Feldmomente: $M_1 = M_A + A a$. $M_2 = M_B + B_1 a = M_{\max}$.

Wenn $a = \frac{l}{3}$:

$$M_A = -\tfrac{2}{7} Pl. \quad M_B = -\tfrac{2}{21} Pl. \quad M_{\max} = +\tfrac{11}{63} Pl.$$

$$A = \tfrac{25}{21} P. \quad B_1 = \tfrac{17}{21} P. \quad B_2 = \tfrac{2}{21} P. \quad B = \tfrac{19}{21} P. \quad C = -\tfrac{2}{21} P.$$

Belastungsfall 19.

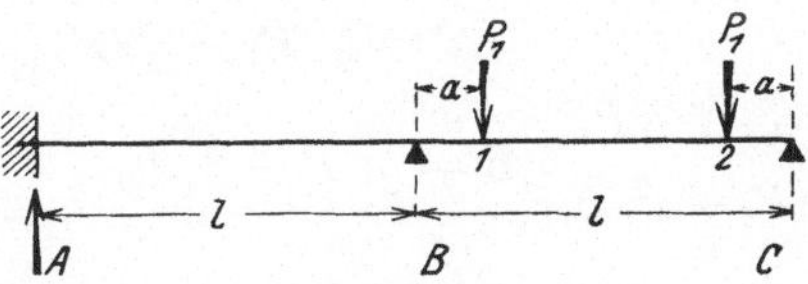

Abb. 173.

Auflagermomente:

$$M_A = +\frac{3}{7} \cdot \frac{P_1 a (l-a)}{l}. \qquad M_B = -2 M_A = -\frac{6}{7} \cdot \frac{P_1 a (l-a)}{l}.$$

Auflagerkräfte:

$$A = -\frac{3 M_A}{l}. \quad B_1 = \frac{3 M_A}{l}. \quad B_2 = P_1 - \frac{M_B}{l}. \quad B = B_1 + B_2.$$

$$C = P_1 + \frac{M_B}{l} = 2 P_1 - B_2.$$

Feldmomente: $M_1 = P_1 a - 2 M_A \frac{l-a}{l}. \quad M_2 = P_1 a - 2 M_A \frac{a}{l}.$

Wenn $a = \frac{l}{3}$:

$$M_A = \tfrac{2}{21} P_1 l. \quad M_B = -\tfrac{4}{21} P_1 l.$$

$$A = -\tfrac{2}{7} P_1. \quad B_1 = \tfrac{2}{7} P_1. \quad B_2 = \tfrac{25}{21} P_1. \quad B = \tfrac{31}{21} P_1. \quad C = \tfrac{17}{21} P_1.$$

$$M_1 = \tfrac{13}{63} P_1 l. \quad M_2 = \tfrac{17}{63} P_1 l.$$

Belastungsfall 20.

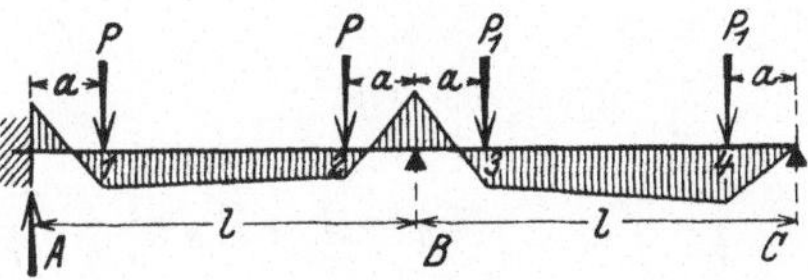

Abb. 174.

Auflagermomente:

$$M_A = -\frac{3a}{7l}(l-a)(3P - P_1). \quad M_B = -\frac{3a}{7l}(l-a)(P + 2P_1).$$

Auflagerkräfte:

$$A = P + \frac{M_B - M_A}{l}. \quad B_1 - 2P - A. \quad C = P_1 + \frac{M_B}{l}.$$

$$\left.\begin{aligned} B_1 &= P - \frac{M_B - M_A}{l} \\ B_2 &= P_1 - \frac{M_B}{l} \end{aligned}\right\} B = P + P_1 + \frac{M_A - 2 M_B}{l}.$$

Feldmomente: $M_1 = M_A + Aa$. $M_2 = M_B + B_1 a$.

$M_3 = M_B + B_2 a$. $M_4 = Ca$.

Wenn $a = \frac{l}{3}$:

$$M_A = -\frac{2l}{21}(3P - P_1). \quad M_B = -\frac{2l}{21}(P + 2P_1).$$

$$A = \tfrac{25}{21}P - \tfrac{2}{7}P_1. \quad C = \tfrac{17}{21}P_1 - \tfrac{2}{21}P.$$

$$\left.\begin{aligned} B_1 &= \tfrac{17}{21}P + \tfrac{2}{7}P_1 \\ B_2 &= \tfrac{25}{21}P_1 + \tfrac{2}{21}P \end{aligned}\right\} B = \tfrac{19}{21}P + \tfrac{31}{21}P_1.$$

$$M_1 = \frac{Pl}{9}. \quad M_2 = \tfrac{11}{63}Pl - \tfrac{2}{21}P_1 l. \quad M_3 = \tfrac{13}{63}P_1 l - \tfrac{4}{63}Pl.$$

$$M_4 = \tfrac{17}{63}P_1 l - \tfrac{2}{63}Pl.$$

Wenn $a = \frac{l}{4}$:

$$M_A = -\frac{9l}{112}(3P - P_1). \quad M_B = -\frac{9l}{112}(P + 2P_1).$$

$$A = \tfrac{65}{56}P - \tfrac{27}{112}P_1. \quad C = \tfrac{47}{56}P_1 - \tfrac{9}{112}P.$$

$$\left.\begin{aligned} B_1 &= \tfrac{47}{56}P + \tfrac{27}{112}P_1 \\ B_2 &= \tfrac{65}{56}P_1 + \tfrac{9}{112}P \end{aligned}\right\} B = \tfrac{103}{112}P + \tfrac{157}{112}P_1.$$

$$M_1 = \tfrac{11}{224}Pl + \tfrac{9}{448}P_1 l. \quad M_2 = \tfrac{29}{224}Pl - \tfrac{45}{448}P_1 l.$$

$$M_3 = \tfrac{29}{224}P_1 l - \tfrac{27}{448}Pl. \quad M_4 = \tfrac{47}{224}P_1 l - \tfrac{9}{448}Pl.$$

Belastungsfall 21.

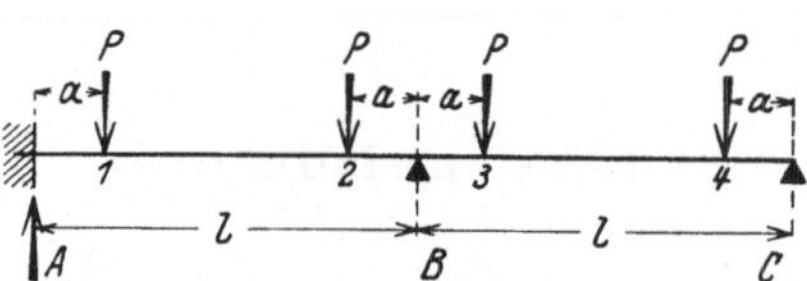

Abb. 175.

Auflagermomente:

$$M_A = -\frac{6}{7}\cdot\frac{Pa(l-a)}{l}. \quad M_B = 1{,}5\,M_A = -\frac{9}{7}\cdot\frac{Pa(l-a)}{l}.$$

Auflagerkräfte:

$$A = P + \frac{M_A}{2l}. \quad B_1 = 2P - A. \quad C = P + \frac{3M_A}{2l}.$$

$$\left.\begin{aligned} B_1 &= P - \frac{M_A}{2l} \\ B_2 &= P - \frac{3M_A}{2l} \end{aligned}\right\} B = 2\left(P - \frac{M_A}{l}\right).$$

Feldmomente: $M_1 = M_A + Aa$. $M_2 = M_B + B_1 a$.

$M_3 = M_B + B_2 a$. $M_4 = Ca$.

Wenn $a = \frac{l}{3}$:

$$M_A = -\tfrac{4}{21} P l . \qquad M_B = -\tfrac{2}{7} P l .$$

$$A = \tfrac{19}{21} P . \qquad \left. \begin{array}{l} B_1 = \tfrac{23}{21} P \\ B_2 = \tfrac{27}{21} P \end{array} \right\} B = \tfrac{50}{21} P . \qquad C = \tfrac{15}{21} P .$$

$$M_1 = \frac{P l}{9} . \qquad M_2 = \tfrac{5}{63} P l . \qquad M_3 = \frac{P l}{7} . \qquad M_4 = \tfrac{5}{21} P l .$$

Wenn $a = \frac{l}{4}$:

$$M_A = -\tfrac{9}{56} P l . \qquad M_B = -\tfrac{27}{112} P l .$$

$$A = \tfrac{103}{112} P . \qquad \left. \begin{array}{l} B_1 = \tfrac{121}{112} P \\ B_2 = \tfrac{139}{112} P \end{array} \right\} B = \tfrac{65}{28} P . \qquad C = \tfrac{85}{112} P .$$

$$M_1 = \frac{31}{448} P l \sim \frac{P l}{14{,}5} . \qquad M_2 = \frac{13}{448} P l \sim \frac{P l}{34{,}5} .$$

$$M_3 = \frac{31}{448} P l \sim \frac{P l}{14.5} . \qquad M_4 = \frac{85}{448} P l \sim \frac{P l}{5{,}3} .$$

Belastungsfall 22.

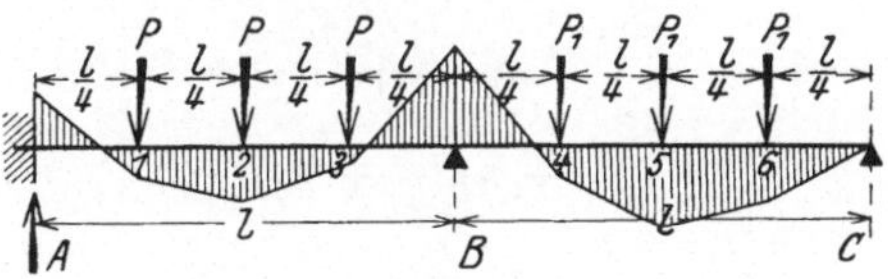

Abb. 176.

Auflagermomente:

$$M_A = -\frac{15 l}{112}(3 P - P_1) . \qquad M_B = -\frac{15 l}{112}(P + 2 P_1) .$$

Auflagerkräfte:

$$A = \tfrac{99}{56} P - \tfrac{45}{112} P_1 . \quad B = \tfrac{153}{112} P + \tfrac{243}{112} P_1 . \quad C = -\tfrac{15}{112} P + \tfrac{69}{56} P_1 .$$

Feldmomente:

$$M_1 = \frac{9}{224} P l + \frac{15}{448} P_1 l = \sim \frac{P l}{25} + \frac{P_1 l}{30} .$$

$$M_2 = \frac{13}{56} P l - \frac{15}{224} P_1 l = \sim \frac{P l}{4{,}3} - \frac{P_1 l}{15} .$$

$$M_3 = \frac{39}{224} P l - \frac{75}{448} P_1 l = \sim \frac{P l}{5{,}74} - \frac{P_1 l}{6} .$$

$$M_4 = \frac{39}{224} P_1 l - \frac{45}{448} P l = \sim \frac{P_1 l}{5{,}74} - \frac{P l}{10} .$$

$$M_5 = \frac{41}{112} P_1 l - \frac{15}{224} P l = \sim \frac{P_1 l}{2{,}73} - \frac{P l}{15} .$$

$$M_6 = \frac{69}{224} P_1 l - \frac{15}{448} P l = \sim \frac{P_1 l}{3{,}25} - \frac{P l}{30} .$$

Wenn $P_1 = P$:

$$M_A = -\tfrac{15}{56} Pl. \qquad M_B = -\tfrac{45}{112} Pl = 1{,}5\, M_A.$$

$$A = \tfrac{153}{112} P. \qquad B = \tfrac{99}{28} P. \qquad C = \tfrac{123}{112} P.$$

$$M_1 = \frac{33}{448} Pl \sim \frac{Pl}{13{,}6}. \qquad M_2 = \frac{37}{224} Pl \sim \frac{Pl}{6}. \qquad M_3 = \frac{3}{448} Pl \sim \frac{Pl}{149}.$$

$$M_4 = \frac{33}{448} Pl = M_1. \qquad M_5 = \frac{67}{224} Pl \sim \frac{Pl}{3{,}34}. \qquad M_6 = \frac{123}{448} Pl \sim \frac{Pl}{3{,}64}.$$

Der über drei Felder durchlaufende Balken mit gleichem Trägheitsmoment.

Belastungsfall 1.

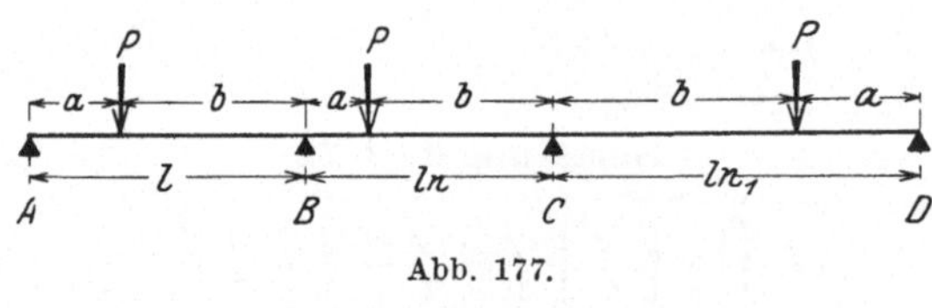

Abb. 177.

$$K = 4\,(1 + n)\,(n + n_1) - n^2.$$

1. Einzellast P im Felde $\overline{AB}$ im Abstand a von A und b von B.

$$M_B = -\frac{2\,Pab}{K l^2}\,(l + a)\,(n + n_1)\,, \qquad M_C = -\frac{M_B n}{2\,(n + n_1)}\,,$$

$$M_C = +\frac{Pabn}{K l^2}\,(l + a)\,,$$

oder $\quad M_B = -\dfrac{Pl}{K}\,(n + n_1) \cdot c\,, \qquad M_C = +\dfrac{c \cdot Pln}{2\,K}\,,$

wenn man für die verschiedenen Werte von $a:l$ den entsprechenden Wert c der folgenden Tabelle entnimmt:

$a:l$	c	$a:l$	c	$a:l$	c
0,05	0,09975	0,40	0,672	0,75	0,65625
0,10	0,198	0,45	0,71775	0,80	0,576
0,15	0,29325	0,50	0,750	0,85	0,47175
0,20	0,384	0,55	0,76725	0,90	0,342
0,25	0,46875	0,60	0,768	0,95	0,18525
0,30	0,546	0,65	0,75075	1,00	0
0,35	0,61425	0,70	0,714	—	—

2. Einzellast P im Felde $\overline{BC}$ im Abstand a von B und b von C.

$$M_B = -\frac{Pab}{nKl^2}[2lnn_1 + b(3n + 2n_1)].$$

$$M_C = -\frac{Pab}{2nl^2}\cdot\frac{ln + a}{n + n_1} - \frac{n}{2(n + n_1)}M_B.$$

3. Einzellast P im Felde $\overline{CD}$ im Abstand a von D und b von C.

$$M_B = -\frac{2Pab}{Kl^2n_1}(ln_1 + a)(1 + n). \qquad M_C = +\frac{Pabn}{Kl^2n_1}(ln_1 + a).$$

Belastungsfall 2.

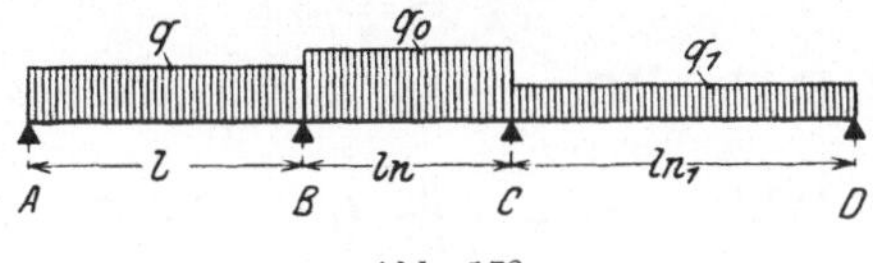

Abb. 178.

$$K = 4(1 + n)(n + n_1) - n^2.$$

Stützenmomente:

$$M_B = -\frac{l^2}{4K}[2q(n + n_1) + q_0 n^3(n + 2n_1) - q_1 n n_1^3].$$

$$M_C = -\frac{l^2}{4K}[2q_1 n_1^3(1 + n) + q_0 n^3(2 + n) - qn].$$

Auflagerkräfte:

$$A = 0{,}5\,ql + \frac{M_B}{l}. \qquad B_1 = ql - A. \qquad B_2 = 0{,}5\,q_0 ln + \frac{M_C - M_B}{ln}$$

$$B = B_1 + B_2. \qquad C_1 = q_0 ln - B_2. \qquad C_2 = 0{,}5\,q_1 l n_1 - \frac{M_C}{ln_1}.$$

$$C = C_1 + C_2. \qquad D = q_1 l n_1 - C_2 \text{ d.i. } = 0{,}5\,q_1 l n_1 + \frac{M_C}{ln_1}.$$

Feldmomente:

1. Feld: Für $M_{\max}$ ist: $x_m = \frac{A}{q}$. $\quad M_{\max} = 0{,}5\,A x_m = \frac{A^2}{2q}$.

   Für den Nullpunkt ist: $x_0 = 2x_m$ von A.

2. Feld: Für $M_{\max}$ ist: $x_m = \frac{B_2}{q_0}$. $\quad M_{\max} = M_B + 0{,}5\,B_2 x_m$.

   Für die Nullpunkte ist: $x_0 = x_m \mp \sqrt{x_m^2 + \frac{2M_B}{q_0}}$.

3. Feld: Für $M_{\max}$ ist: $x_m = \frac{D}{q_1}$. $\quad M_{\max} = 0{,}5\,D x_m$.

   Für den Nullpunkt ist: $x_0 = 2x_m$ von D.

Die Vorzeichen der Stützenmomente sind zu beachten!

Belastungsfall 3.

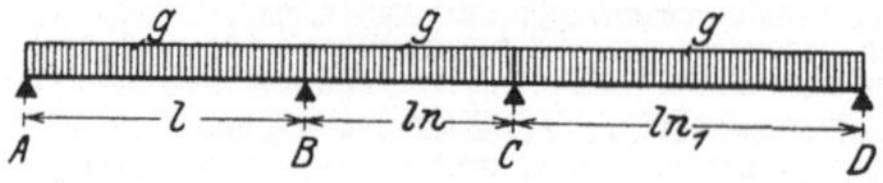

Abb. 179.

$$K = 4(1+n)(n+n_1) - n^2.$$

$$k = \frac{(2+n^3)(n+n_1) + n\,n_1(n^2 - n_1^2)}{4K}. \qquad k_1 = \frac{(1+n)(2n_1^3 + n^3) - n(1-n^2)}{4K}.$$

Stützenmomente: $M_B = -g l^2 k. \quad M_C = -g l^2 k_1.$

Feldmomente: 1. Feld: $M_{\max} = \frac{g l^2}{8}(1-2k)^2.$

2. Feld: $M_{\max} = M_B + \frac{g l^2}{8 n^2}(n^2 + 2k - 2k_1)^2.$

3. Feld: $M_{\max} = \frac{g l^2}{8 n_1^2}(n_1^2 - 2k_1)^2.$

Auflagerkräfte: $A = 0{,}5\, g l (1 - 2k).$

$B_1 = g l - A \quad$ d. i. $\quad B_1 = 0{,}5\, g l (1 + 2k).$

$B_2 = \frac{g l}{2n}[n^2 + 2(k - k_1)]. \qquad B = B_1 + B_2.$

$B = \frac{g l}{2n}[(1+n)(n+2k) - 2k_1].$

$C_1 = \frac{g l}{2n}[n^2 - 2(k - k_1)] \quad$ d. i. $\quad = g l n - B_2.$

$C_2 = \frac{g l}{2 n_1}(n_1^2 + 2k_1). \qquad C = C_1 + C_2.$

$D = g l n_1 - C_2 \quad$ d. i. $\quad D = \frac{g l}{2 n_1}(n_1^2 - 2k_1).$

Belastungsfall 4.

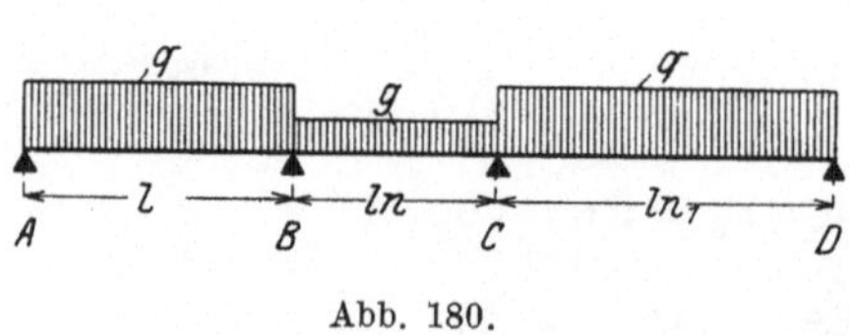

Abb. 180.

Dieser Belastungsfall gibt
die Größtwerte
für die Endfeld-Momente und
die Auflagerkräfte A und D,
den Kleinstwert
für das Mittelfeld-Moment.

$$K = 4(1+n)(n+n_1) - n^2.$$

Stützenmomente: $M_B = -\frac{l^2}{4K}[2q(n+n_1) - q n n_1^3 + g n^3(n+2n_1)].$

$M_C = -\frac{l^2}{4K}[2q n_1^3(1+n) - q n + g n^3(2+n)].$

Auflagerkräfte und Feldmomente entsprechend dem Belastungsfall 2.

Belastungsfall 5.

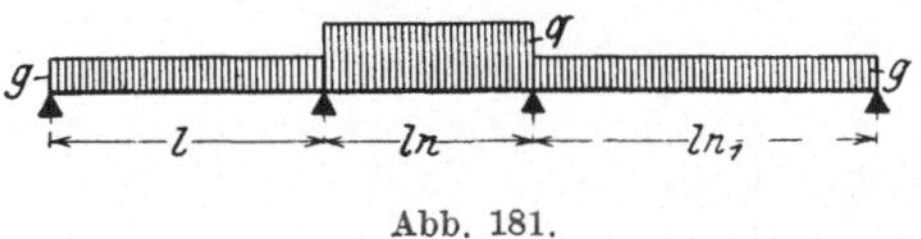

Abb. 181.

Dieser Belastungsfall gibt
den Größtwert für das Mittelfeld-Moment und
die Kleinstwerte für die Endfeld-Momente und
die Auflagerkräfte A und D.

Stützenmomente: $M_B = -\frac{l^2}{4K}[q n^3 (n + 2n_1) + 2g(n + n_1 - 0{,}5 n n_1^3)]$.

$$M_C = -\frac{l^2}{4K}[q n^3 (2 + n) + 2g n_1^3 (1 + n) - g n].$$

Auflagerkräfte und Feldmomente entsprechend dem Belastungsfall 2.

Belastungsfall 6.

Dieser Belastungsfall gibt
die Größtwerte
für das Stützenmoment M_B
und die Auflagerkraft B.

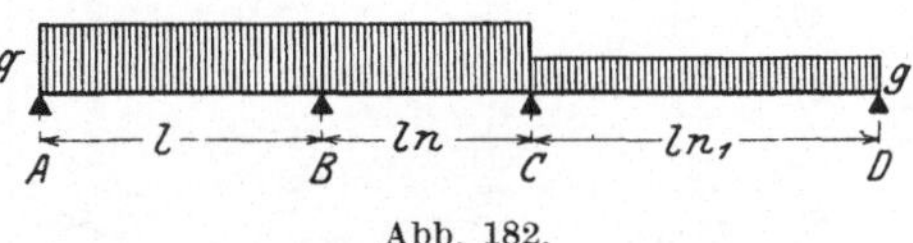

Abb. 182.

$$K = 4(1 + n)(n + n_1) - n^2.$$

Stützenmomente: $M_B = -\frac{l^2}{4K}[2q(n + n_1) + q n^3 (n + 2n_1) - g n n_1^3]$.

$$M_C = -\frac{l^2}{4K}[2g n_1^3 (1 + n) + q n^3 (2 + n) - q n].$$

$$B_{\max} = 0{,}5\, q l (1 + n) + \frac{M_C - M_B}{l n} - \frac{M_B}{l}.$$

Auflagerkräfte und Feldmomente entsprechend dem Belastungsfall 2.

Belastungsfall 7.

Dieser Belastungsfall gibt die
Größtwerte
für das Stützenmoment M_C
und die Auflagerkraft C.

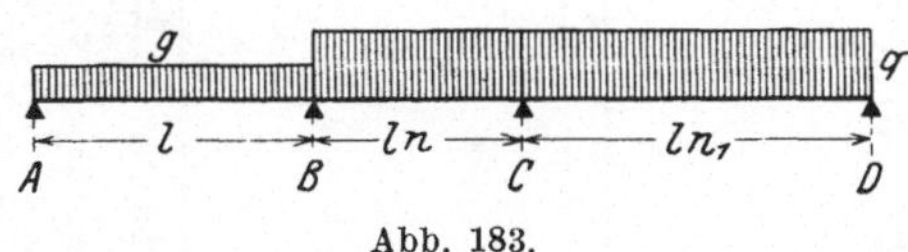

Abb. 183.

Stützenmomente: $M_B = -\frac{l^2}{4K}[2g(n + n_1) + q n^3 (n + 2n_1) - q n n_1^3]$.

$$M_C = -\frac{l^2}{4K}[2q n_1^3 (1 + n) + q n^3 (2 + n) - g n].$$

$$C_{\max} = 0{,}5\, q l (n + n_1) + \frac{M_B - M_C}{l n} - \frac{M_C}{l n_1}.$$

Auflagerkräfte und Feldmomente entsprechend dem Belastungsfall 2.

Der durchlaufende Balken auf 4 Stützen. Die Stützweiten sind verschieden.

$$K = 4\,(1 + n)\,(n + n_1) - n^2.$$

Belastungsfall 8.

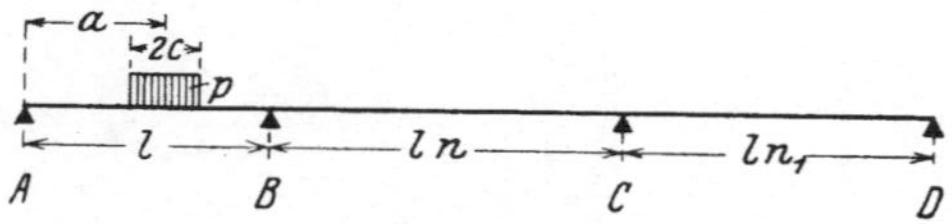

Abb. 184.

$$M_B = -\frac{4\,p\,c\,a}{l^2 K}\,(n + n_1)\,(l^2 - a^2 - c^2). \qquad M_C = \frac{2\,p\,c\,a\,n}{l^2 K}\,(l^2 - a^2 - c^2).$$

Wenn $a = 0{,}5\,l$:

$$M_B = -\frac{2\,p\,c}{l\,K}\,(n + n_1)\,(0{,}75\,l^2 - c^2). \qquad M_C = \frac{p\,c\,n}{l\,K}\,(0{,}75\,l^2 - c^2).$$

Belastungsfall 9.

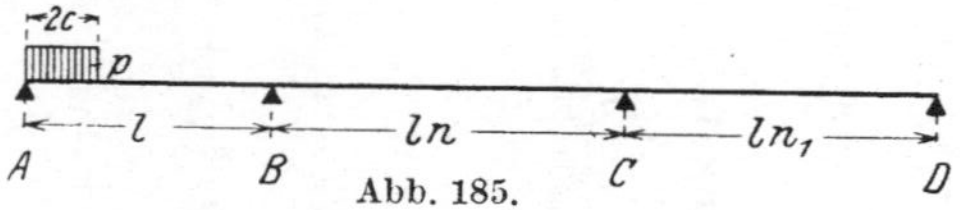

Abb. 185.

$$M_B = -\frac{4\,p\,c^2}{l^2 K}\,(n + n_1)\,(l^2 - 2\,c^2). \qquad M_C = \frac{2\,p\,c^2\,n}{l^2 K}\,(l^2 - 2\,c^2).$$

Wenn $c = 0{,}25\,l$:

$$M_B = -\frac{7}{32}\cdot\frac{p\,l^2}{K}\,(n + n_1). \qquad M_C = \frac{7}{64}\cdot\frac{p\,l^2\,n}{K}$$

Belastungsfall 10.

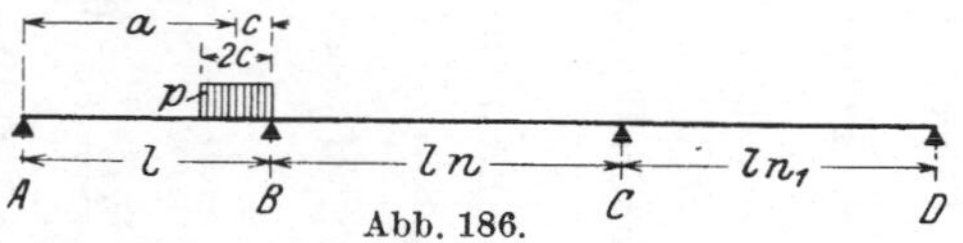

Abb. 186.

$$M_B = -\frac{8\,p\,c^2\,a^2}{l^2 K}\,(n + n_1). \qquad M_C = \frac{4\,p\,c^2\,n\,a^2}{l^2 K}.$$

Wenn $c = 0{,}25\,l$:

$$M_B = -\frac{9}{32}\cdot\frac{p\,l^2}{K}\,(n + n_1). \qquad M_C = \frac{9}{64}\cdot\frac{p\,l^2\,n}{K}.$$

Belastungsfall 11.

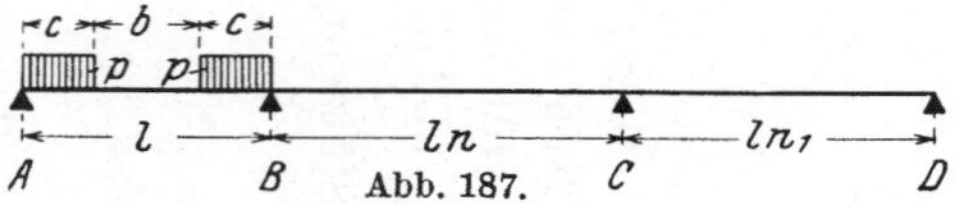

Abb. 187.

$$M_B = -\frac{p\,c^2}{l\,K}\,(n + n_1)\,(2\,l + b). \qquad M_C = \frac{p\,c^2\,n}{2\,l\,K}\,(2\,l + b).$$

Wenn $c = 0{,}25\,l$:

$$M_B = -\frac{5}{32}\cdot\frac{p\,l^2}{K}\,(n + n_1). \qquad M_C = \frac{5}{64}\cdot\frac{p\,l^2\,n}{K}.$$

Der durchlaufende Balken auf 4 Stützen. Die Stützweiten sind verschieden.

$$K = 4(1+n)(n+n_1) - n^2.$$

Belastungsfall 12.

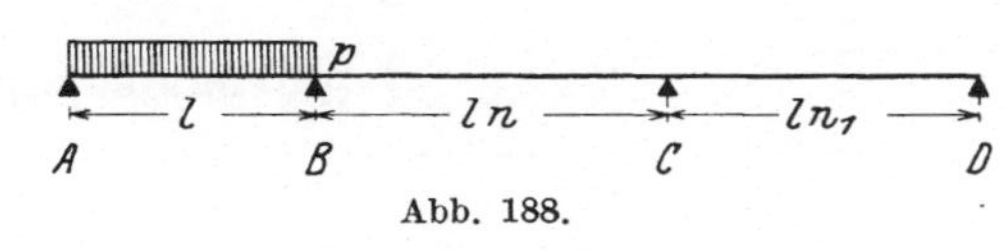

Abb. 188.

$$M_B = -\frac{pl^2}{2K}(n+n_1). \qquad M_C = \frac{pl^2 n}{4K}.$$

$$A = 0{,}5\,pl + \frac{M_B}{l}. \qquad B = pl - A + \frac{M_C - M_B}{ln}.$$

$$C = -\frac{M_C - M_B}{ln} - \frac{M_C}{ln_1}. \qquad D = \frac{M_C}{ln_1}.$$

Belastungsfall 13.

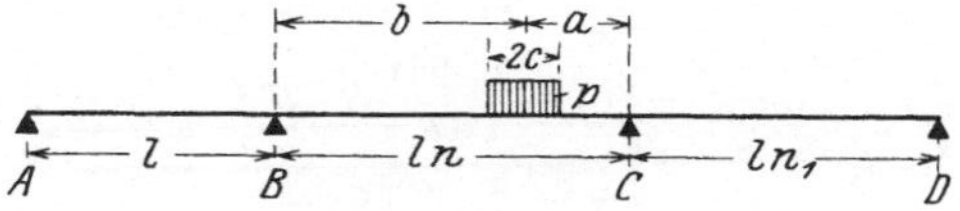

Abb. 189.

$$k = l^2 n^2 - a^2 - c^2. \qquad k_1 = l^2 n^2 - b^2 - c^2.$$

$$M_B = -\frac{2pc}{nKl^2}[2ak(n+n_1) - nbk_1]. \qquad M_C = -\frac{2pc}{nKl^2}[2bk_1(1+n) - nak].$$

Wenn $a = b = 0{,}5\,ln$: $k = k_1 = 0{,}75\,l^2 n^2 - c^2$.

$$M_B = -\frac{pck}{lK}(n+2n_1). \qquad M_C = -\frac{pck}{lK}(2+n).$$

Belastungsfall 14.

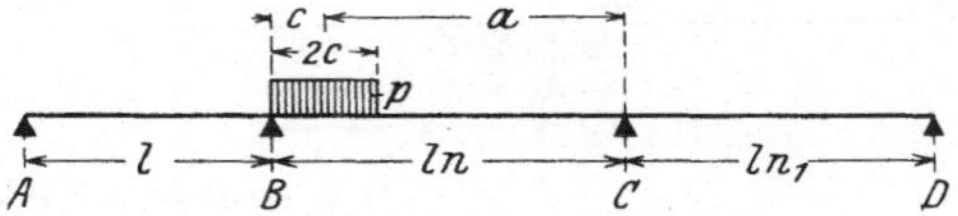

Abb. 190.

$$k = l^2 n^2 - 2c^2.$$

$$M_B = -\frac{2pc^2}{nKl^2}[4a^2(n+n_1) - kn]. \qquad M_C = -\frac{4pc^2}{nKl^2}[k(1+n) - na^2].$$

Wenn $c = 0{,}25\,ln$:

$$M_B = -\frac{pl^2 n^3}{64K}(11n + 18n_1). \qquad M_C = -\frac{pl^2 n^3}{64K}(14 + 5n).$$

Der durchlaufende Balken auf 4 Stützen. Die Stützweiten sind verschieden.

Belastungsfall 15.

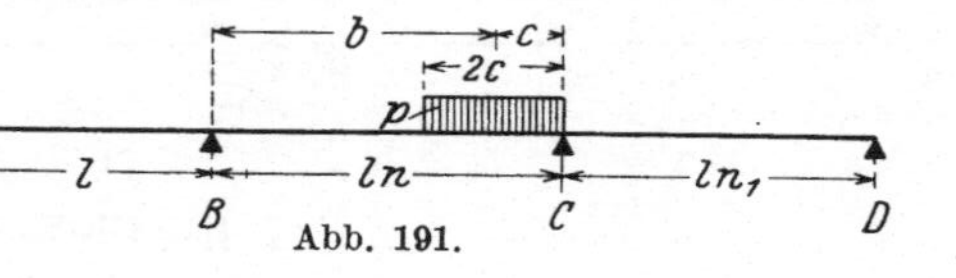

Abb. 191.

$$K = 4(1+n)(n+n_1) - n^2. \qquad k = l^2 n^2 - 2c^2.$$

$$M_B = -\frac{4pc^2}{nKl^2}[k(n+n_1) - nb^2]. \qquad M_C = -\frac{2pc^2}{nKl^2}[4b^2(1+n) - nk].$$

Wenn $c = 0{,}25\,l\,n$:

$$M_B = -\frac{pl^2n^3}{64K}(5n + 14n_1). \qquad M_C = -\frac{pl^2n^3}{64K}(18 + 11n).$$

Belastungsfall 16.

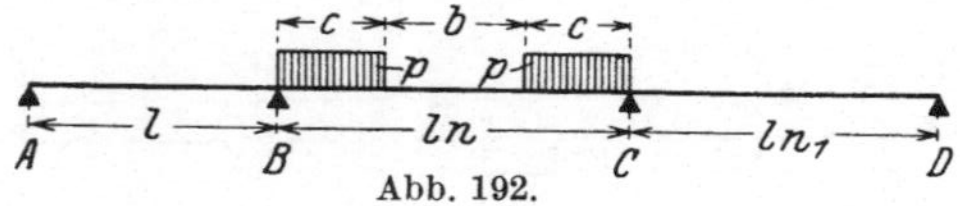

Abb. 192.

$$M_B = -\frac{pc^2}{2lK}(2ln + b)(n + 2n_1). \qquad M_C = -\frac{pc^2}{2lK}(2ln + b)(2 + n).$$

Wenn $c = 0{,}25\,l\,n$:

$$M_B = -\frac{3}{64}\cdot\frac{pl^2n^3}{K}(n + 2n_1). \qquad M_C = -\frac{3}{64}\cdot\frac{pl^2n^3}{K}(2 + n).$$

Belastungsfall 17.

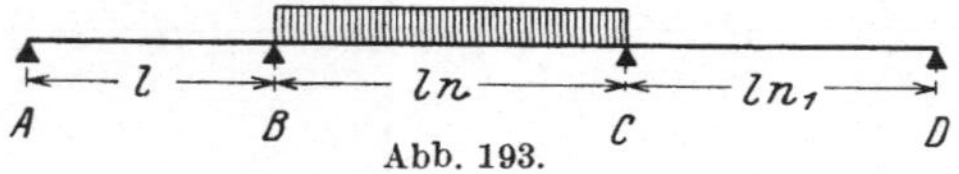

Abb. 193.

$$M_B = -\frac{pl^2n^3}{4K}(n + 2n_1). \qquad M_C = -\frac{pl^2n^3}{4K}(2 + n).$$

$$A = \frac{M_B}{l}. \qquad B = 0{,}5\,p\,l\,n - \frac{M_B}{l} + \frac{M_C - M_B}{l\,n}.$$

$$C = 0{,}5\,p\,l\,n - \frac{M_C}{l\,n_1} + \frac{M_B - M_C}{l\,n}. \qquad D = \frac{M_C}{l\,n_1}.$$

Belastungsfall 18.

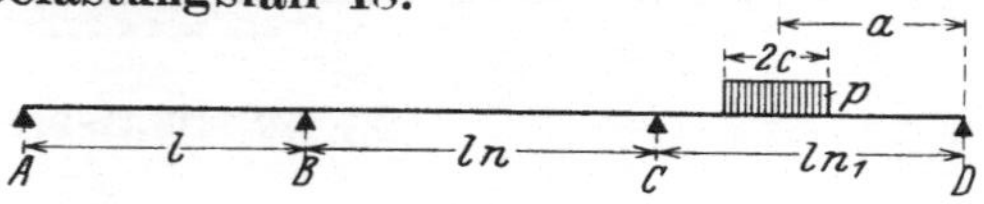

Abb. 194.

$$k = l^2 n_1^2 - a^2 - c^2.$$

$$M_B = \frac{2\,p\,c\,a\,n\,k}{l^2 n_1 K}. \qquad M_C = -\frac{4\,p\,c\,a\,k(1+n)}{l^2 n_1 K}.$$

Wenn $a = 0{,}5\,l\,n_1$:

$$M_B = \frac{p\,c\,n\,k}{lK}. \qquad M_C = -\frac{2\,p\,c\,k(1+n)}{lK}.$$

Der durchlaufende Balken auf 4 Stützen. Die Stützweiten sind verschieden.

$$K = 4(1+n)(n+n_1) - n^2.$$

Belastungsfall 19.

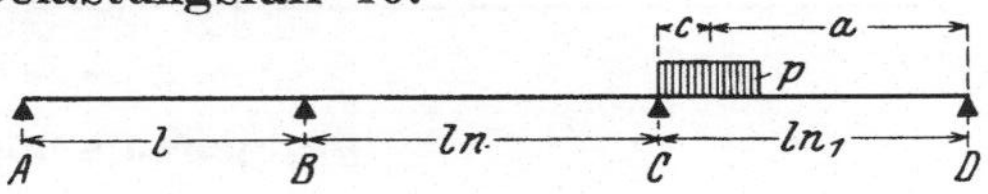

Abb. 195.

$$M_B = \frac{4\,p\,c^2 a^2 n}{l^2 n_1 K}. \qquad M_C = -\frac{8\,p\,c^2 a^2 (1+n)}{l^2 n_1 K}.$$

Wenn $c = 0{,}25\,l\,n_1$:

$$M_B = \frac{9}{64}\cdot\frac{p\,l^2 n_1^3 n}{K}. \qquad M_C = -\frac{9}{32}\cdot\frac{p\,l^2 n_1^3 (1+n)}{K}.$$

Belastungsfall 20.

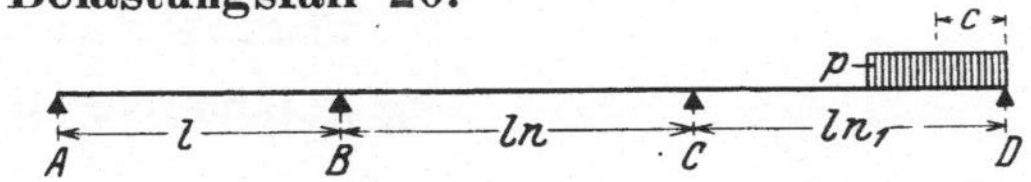

Abb. 196.

$$M_B = \frac{2\,p\,c^2 n}{l^2 n_1 K}(l^2 n_1^2 - 2c^2). \qquad M_C = -\frac{4\,p\,c^2}{l^2 n_1 K}(1+n)(l^2 n_1^2 - 2c^2).$$

Wenn $c = 0{,}25\,l\,n_1$:

$$M_B = \frac{7}{64}\cdot\frac{p\,l^2 n_1^3 n}{K}. \qquad M_C = -\frac{7}{32}\cdot\frac{p\,l^2 n_1^3 (1+n)}{K}.$$

Belastungsfall 21.

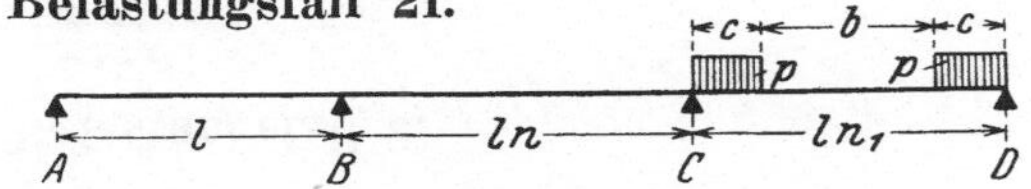

Abb. 197.

$$M_B = \frac{p\,c^2 n}{2\,l\,K}(2\,l\,n_1 + b). \qquad M_C = -\frac{p\,c^2 (1+n)}{l\,K}(2\,l\,n_1 + b).$$

Wenn $c = \frac{l\,n_1}{3}$:

$$M_B = \frac{7}{54}\cdot\frac{p\,l^2 n_1^3 n}{K}. \qquad M_C = -\frac{7}{27}\cdot\frac{p\,l^2 n_1^3 (1+n)}{K}.$$

Belastungsfall 22.

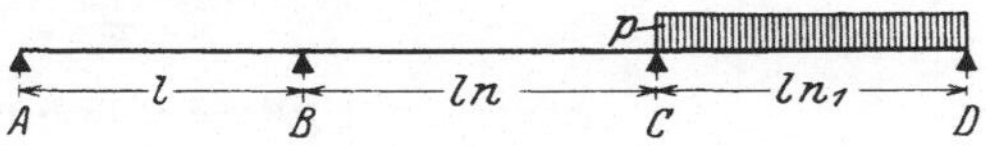

Abb. 198.

$$M_B = \frac{p\,l^2 n\,n_1^3}{4K}. \qquad M_C = -\frac{p\,l^2 n_1^3 (1+n)}{2K}.$$

$$A = \frac{M_B}{l}. \qquad B = -\frac{M_B}{l} + \frac{M_C - M_B}{l\,n}.$$

$$C = 0{,}5\,p\,l\,n_1 + \frac{M_B - M_C}{l\,n} - \frac{M_C}{l\,n_1}. \qquad D = 0{,}5\,p\,l\,n_1 + \frac{M_C}{l\,n_1}.$$

Der durchlaufende Balken auf 4 Stützen. Die Endfelder sind gleich.

$$K = 4(1+n)^2 - n^2.$$

Belastungsfall 1.

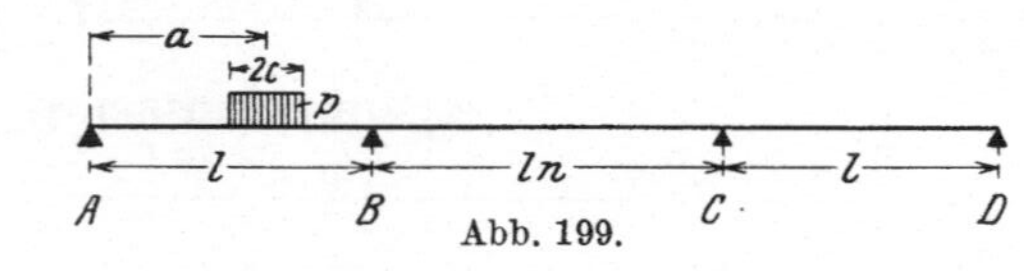

Abb. 199.

$$M_B = -\frac{4pca}{l^2 K}(1+n)(l^2 - a^2 - c^2). \qquad M_C = \frac{2pcan}{l^2 K}(l^2 - a^2 - c^2).$$

Wenn $a = 0{,}5\,l$:

$$M_B = -\frac{2pc}{lK}(1+n)(0{,}75\,l^2 - c^2). \qquad M_C = \frac{pcn}{lK}(0{,}75\,l^2 - c^2).$$

Belastungsfall 2.

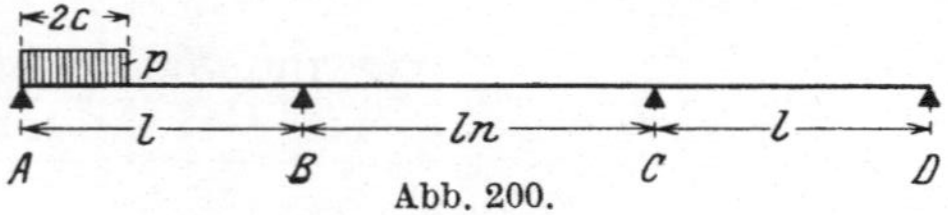

Abb. 200.

$$M_B = -\frac{4pc^2}{l^2 K}(1+n)(l^2 - 2c^2). \qquad M_C = \frac{2pc^2 n}{l^2 K}(l^2 - 2c^2).$$

Wenn $c = 0{,}25\,l$:

$$M_B = -\frac{7}{32}\cdot\frac{pl^2}{K}(1+n). \qquad M_C = \frac{7}{64}\cdot\frac{pl^2 n}{K}.$$

Belastungsfall 3.

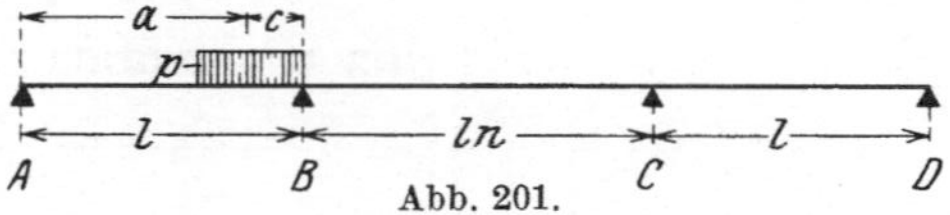

Abb. 201.

$$M_B = -\frac{8pc^2a^2}{l^2 K}(1+n). \qquad M_C = \frac{4pc^2a^2 n}{l^2 K}.$$

Wenn $c = 0{,}25\,l$:

$$M_B = -\frac{9}{32}\cdot\frac{pl^2}{K}(1+n). \qquad M_C = \frac{9}{64}\cdot\frac{pl^2 n}{K}.$$

Belastungsfall 4.

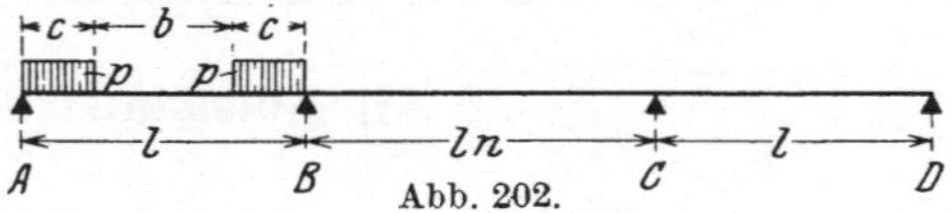

Abb. 202.

$$M_B = -\frac{pc^2}{lK}(1+n)(2l+b). \qquad M_C = \frac{pc^2 n}{2lK}(2l+b).$$

Wenn $c = \frac{l}{3}$:

$$M_B = -\frac{7}{27}\cdot\frac{pl^2}{K}(1+n). \qquad M_C = \frac{7}{54}\cdot\frac{pl^2 n}{K}.$$

Der durchlaufende Balken auf 4 Stützen. Die Endfelder sind gleich.

Belastungsfall 5.

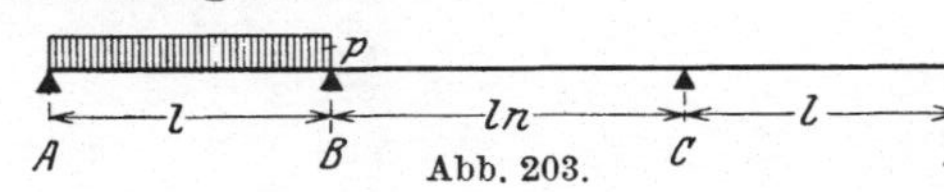

Abb. 203.

$$K = 4\,(1+n)^2 - n^2.$$

$$M_B = -\frac{p\,l^2}{2\,K}\,(1+n)\,. \qquad M_C = \frac{p\,l^2\,n}{4\,K}\,.$$

Belastungsfall 6.

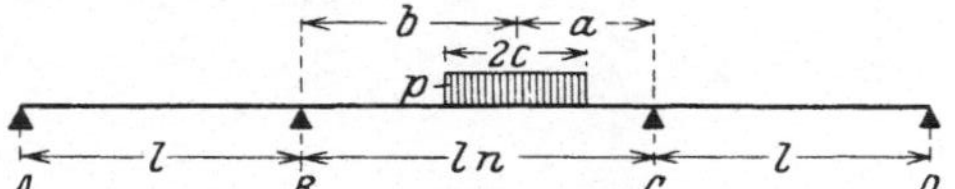

Abb. 204.

$$k = l^2 n^2 - a^2 - c^2. \qquad k_1 = l^2 n^2 - b^2 - c^2.$$

$$M_B = -\frac{2\,p\,c}{l^2 n\,K}\,[2\,a\,k\,(1+n) - n\,b\,k_1]. \qquad M_C = -\frac{2\,p\,c}{l^2 n\,K}\,[2\,b\,k_1\,(1+n) - n\,a\,k].$$

Wenn $a = b$.

$$M_B = M_C = -\frac{p\,c}{l\,K}\,(2+n)\,(0{,}75\,l^2 n^2 - c^2)\,.$$

Belastungsfall 7.

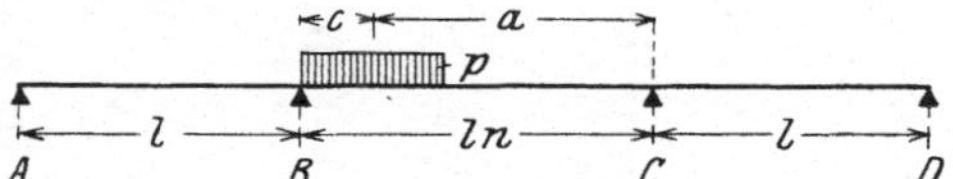

Abb. 205.

$$k = l^2 n^2 - 2\,c^2.$$

$$M_B = -\frac{2\,p\,c^2}{l^2 n\,K}\,[4\,a^2\,(1+n) - n\,k]. \qquad M_C = -\frac{4\,p\,c^2}{l^2 n\,K}\,[k\,(1+n) - a^2\,n].$$

Wenn $c = 0{,}25\,l\,n$:

$$M_B = -\frac{p\,l^2 n^3}{64\,K}\,(18 + 11\,n)\,. \qquad M_C = -\frac{p\,l^2 n^3}{64\,K}\,(14 + 5\,n)\,.$$

Belastungsfall 8.

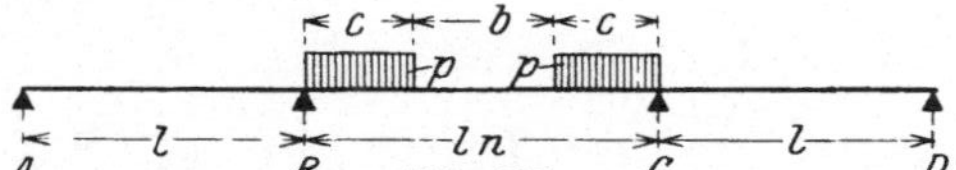

Abb. 206.

$$M_B = M_C = -\frac{p\,c^2\,(2+n)\,(2\,l\,n + b)}{2\,l\,K}\,.$$

Wenn $c = \frac{l\,n}{3}$: $\quad M_B = M_C = -\frac{7}{54}\cdot\frac{p\,l^2 n^3}{K}\,(2+n)\,.$

Belastungsfall 9.

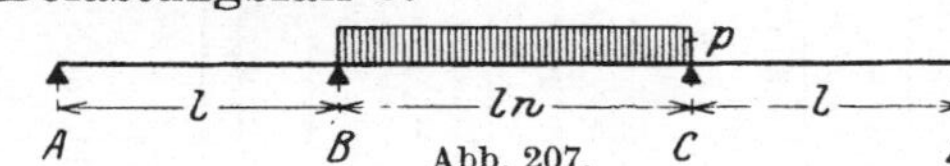

Abb. 207.

$$M_B = M_C = -\frac{p\,l^2 n^3\,(2+n)}{4\,K}\,.$$

Gleiche Stützweiten.

Belastungsfälle 1—7.

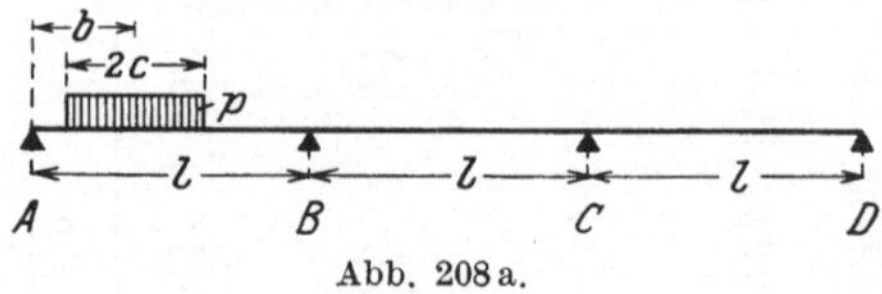

Abb. 208a.

Bestimmung der Stützenmomente aus folgenden Gleichungen:

1. $4\,M_B + M_C = -\frac{2\,p\,c\,b}{l^2}\,(l^2 - b^2 - c^2.)\qquad \frac{l^2 - b^2 - c^2}{l^2} = k.$

2. $M_B + 4\,M_C = 0.\qquad 2\,p\,c = Q.$

Die Auflösung dieser Gleichungen ergibt:

$$M_B = -\frac{4}{15}\,Q\,b\,k.\qquad M_C = -\frac{M_B}{4} = \frac{1}{15}\,Q\,b\,k.$$

Auflagerkräfte:

$$A = \frac{1}{l}\,[Q\,(l - b) + M_B].\qquad B_1 = Q - A.\qquad B_2 = -\frac{1{,}25\,M_B}{l}.$$

$$B = \frac{Q\,b - 2{,}25\,M_B}{l}.\qquad C_1 = -B_2.\qquad C_2 = -\frac{M_C}{l} = \frac{M_B}{4\,l}.$$

$$C = \frac{1{,}5\,M_B}{l}.\qquad D = -C_2 = -\frac{M_B}{4\,l}.$$

Für folgende Belastungsfälle ist:

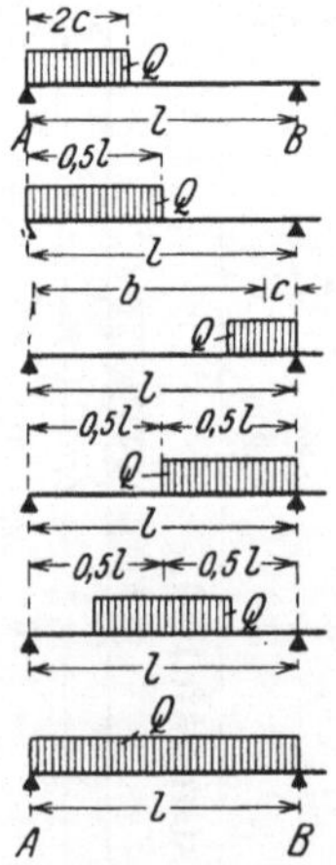

$$M_B = -\frac{4}{15}\cdot\frac{Q\,c}{l^2}\,(l^2 - 2\,c^2) = -0{,}266667\,\frac{Q\,c}{l^2}\,(l^2 - 2\,c^2).$$

$$M_B = -\frac{7}{120}\,Q\,l \sim -\frac{Q\,l}{17{,}1} = -0{,}058333\,Q\,l.$$

$$M_B = -\frac{8}{15}\cdot\frac{Q\,c\,b^2}{l^2} = -0{,}533333\,\frac{Q\,c\,b^2}{l^2}.$$

$$M_B = -\frac{3}{40}\,Q\,l \sim -\frac{Q\,l}{13{,}3} = -0{,}075\,Q\,l.$$

$$M_B = -\frac{2}{15}\cdot\frac{Q}{l}\,(0{,}75\,l^2 - c^2) = -0{,}133333\,\frac{Q}{l}\,(0{,}75\,l^2 - c^2).$$

$$M_B = -\frac{Q\,l}{15} = -0{,}066667\,Q\,l.\qquad M_C = \frac{Q\,l}{60} = 0{,}016667\,Q\,l.$$

Abb. 208b bis 208g.

In allen Fällen ist $M_C = -\frac{M_B}{4}$.

Belastungsfälle 8—14.

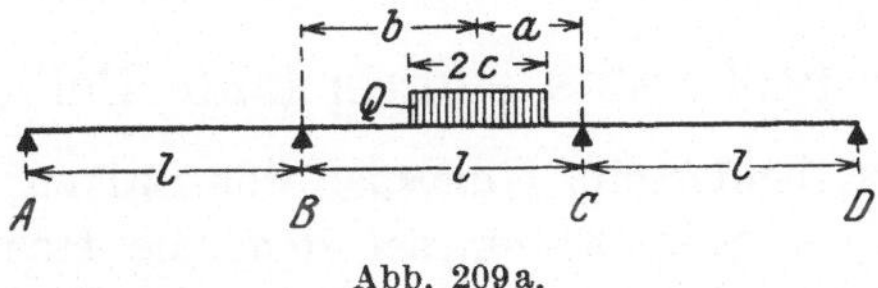

Abb. 209a.

Bestimmung der Stützenmomente aus folgenden Gleichungen:

1. $$4M_B + M_C = -\frac{Q\,a}{l^2}(l^2 - a^2 - c^2) = -Q\,k,$$

wenn $\frac{a}{l^2}(l^2 - a^2 - c^2) = k$.

2. $$M_B + 4M_C = -\frac{Q\,b}{l^2}(l^2 - b^2 - c^2) = -Q\,k_1,$$

wenn $\frac{b}{l^2}(l^2 - b^2 - c^2) = k_1$.

Die Auflösung dieser Gleichungen ergibt:

$$M_B = -\frac{Q}{15}(4k - k_1). \qquad M_C = -\frac{Q}{15}(4k_1 - k).$$

Auflagerkräfte:

$$A = \frac{M_B}{l}. \qquad B_1 = -A. \qquad B_2 = \frac{Q\,a}{l} + \frac{M_C - M_B}{l}.$$

$$B = \frac{1}{l}(Q\,a + M_C - 2M_B). \qquad C_1 = \frac{Q\,b}{l} - \frac{M_C - M_B}{l}. \qquad C_2 = -\frac{M_C}{l}.$$

$$C = \frac{1}{l}(Q\,b + M_B - 2M_C). \qquad D = -C_2 = \frac{M_C}{l}.$$

Für folgende Belastungsfälle ist:

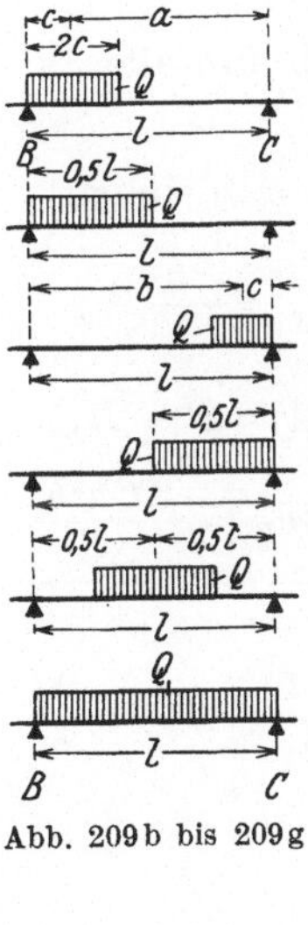

$$M_B = -\frac{2Qc}{15l^2}(4a^2 + c^2 - 0{,}5\,l^2). \quad M_C = -\frac{4Qc}{15l^2}(l^2 - 2c^2 - 0{,}5\,a^2).$$

$$M_B = -\tfrac{29}{480}Q\,l = -0{,}0604\,Q\,l. \quad M_C = -\tfrac{19}{480}Q\,l = -0{,}0396\,Q\,l.$$

$$M_B = -\frac{4Qc}{15l^2}(l^2 - 2c^2 - 0{,}5\,b^2). \quad M_C = -\frac{2Qc}{15l^2}(4b^2 + c^2 - 0{,}5\,l^2).$$

$$M_B = -0{,}0396\,Q\,l. \qquad M_C = -0{,}0604\,Q\,l.$$

$$M_B = M_C = -\frac{Q}{10\,l}(0{,}75\,l^2 - c^2). \qquad c = 0{,}5 \text{ Laststrecke}.$$

$$M_B = M_C = -\frac{Q\,l}{20} = -0{,}05\,Q\,l.$$

Abb. 209b bis 209g.

Der zweiseitig und der einseitig eingespannte Balken.

Der beiderseits eingespannte Balken.

Man kann den beiderseits eingespannten Balken ansehen als den Rechteckrahmen 2 — Seite 21 —, bei dem die Höhe h gleich Null ist. Von den von der Rahmenform abhängigen Verschiebungswerten fallen demnach alle Glieder fort, in denen „h“ enthalten ist. Es verbleiben:

$$\delta_{aa} = \frac{l^3}{3}. \qquad \delta_{ac} = \frac{l^2}{2}. \qquad \delta_{cc} = l.$$

Alle Glieder, die im Index ein „b“ enthalten, sind fortgefallen. Hieraus sieht man, was ohne weiteres bekannt ist, daß die statisch unbestimmte Größe X_b, d. i. der Horizontalschub, nicht in Betracht kommt. Der beiderseits eingespannte Balken ist zweifach statisch unbestimmt. Die statisch Unbekannten sind der Auflagerdruck B und das Einspannmoment M_B.

Mit obigen Verschiebungswerten lauten die beiden Elastizitätsgleichungen:

$$1. \quad \delta_{ma} = \frac{B l^3}{3} + M_B \frac{l^2}{2}.$$

$$2. \quad \delta_{mc} = \frac{B l^2}{2} + M_B l.$$

Die Auflösung dieser beiden Gleichungen ergibt:

$$\mathbf{B = \frac{6}{l^3}(2\,\delta_{ma} - l\,\delta_{mc}).} \qquad \mathbf{M_B = \frac{2}{l^2}(2\,l\,\delta_{mc} - 3\,\delta_{ma}).}$$

Mit Hilfe dieser beiden Grundformeln ergeben sich für alle Belastungsfälle die statisch unbestimmten Größen.

Die bekanntesten Belastungsfälle sind nachstehend aufgeführt.

Abb. 210 und 211.

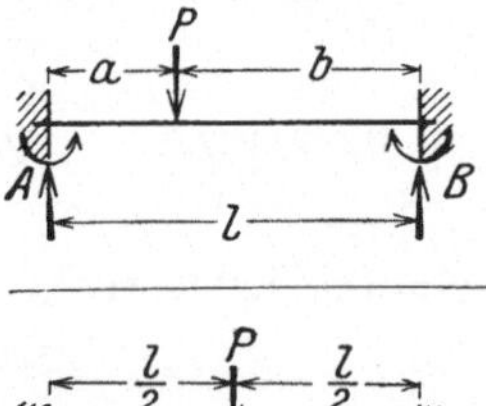

$$\delta_{ma} = \frac{P a^2}{6}(2l + b). \qquad \delta_{mc} = \frac{P a^2}{2}.$$

$$B = \frac{P a^2}{l^3}(l + 2b). \qquad A = P - B.$$

$$M_A = -\frac{P a b^2}{l^2}. \quad M_B = -\frac{P a^2 b}{l^2}. \quad M_P = \frac{2 P a^2 b^2}{l^3}.$$

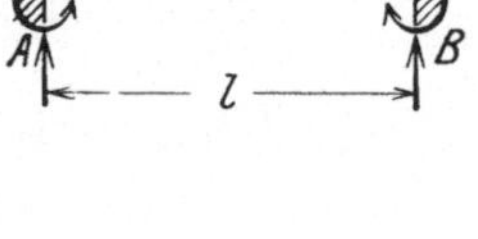

$$A = B = \frac{P}{2}. \quad M_A = M_B = -\frac{P l}{8}. \quad M_P = \frac{P l}{8}.$$

Abb. 212 bis 218.

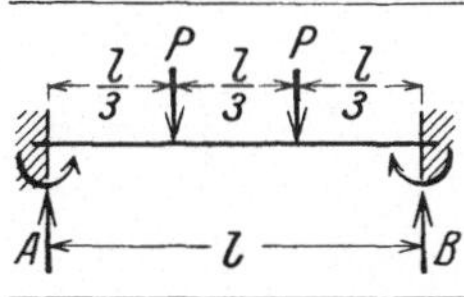

$$\delta_{ma} = \frac{Pl}{6}(2l^2 - 3ab). \qquad \delta_{mc} = \frac{P}{2}(l^2 - 2ab).$$

$$A = B = P. \qquad M_A = M_B = -\frac{Pab}{l}.$$

$$M_P = M_B + Pa \quad \text{d. i.} \quad M_P = \frac{Pa^2}{l}.$$

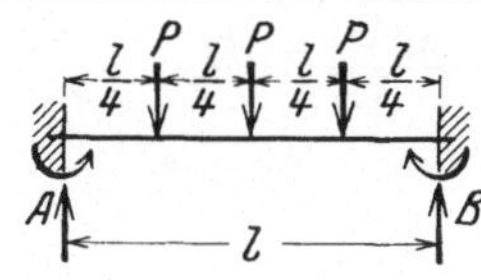

$$A = B = P. \qquad M_A = M_B = -\tfrac{2}{9}Pl.$$

$$M_P = \frac{Pl}{9}. \qquad y_m = \frac{5}{648}\cdot\frac{Pl^3}{EJ}.$$

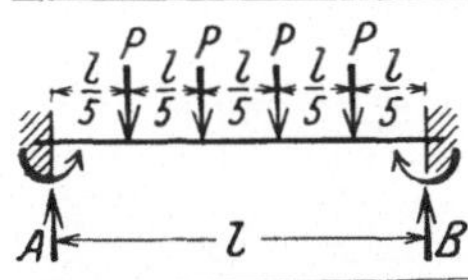

$$A = B = \tfrac{3}{2}P. \qquad M_A = M_B = -\tfrac{5}{16}Pl.$$

$$M_{\max} = \tfrac{3}{16}Pl. \qquad y_m = \frac{Pl^3}{96EJ}.$$

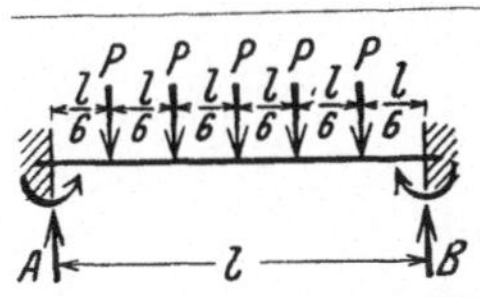

$$A = B = 2P. \qquad M_A = M_B = -\tfrac{2}{5}Pl.$$

$$M_{\max} = \frac{Pl}{5}. \qquad y_m = 0{,}013\frac{Pl^3}{EJ}.$$

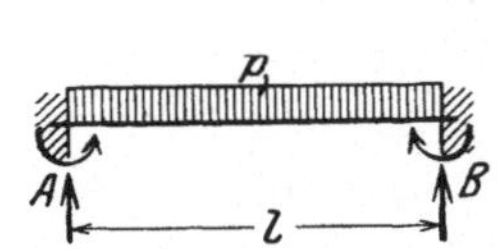

$$A = B = \tfrac{5}{2}P. \qquad M_A = M_B = -\tfrac{35}{72}Pl.$$

$$M_{\max} = \tfrac{19}{72}Pl. \qquad y_m = \frac{Pl^3}{64EJ}.$$

$$\delta_{ma} = \frac{pl^4}{8}. \qquad \delta_{mc} = \frac{pl^3}{6}. \qquad A = B = \frac{pl}{2}.$$

$$M_A = M_B = -\frac{pl^2}{12}. \qquad M_x = M_A + \frac{px}{2}(l-x).$$

Für $x = \frac{l}{2}$ ist: $M_{\max} = \frac{pl^2}{24}$.

$x_0 = 0{,}21133\,l$ bzw. $0{,}78867\,l$.

Abstand zwischen den $x_0 = 0{,}57734\,l$.

$$y = \frac{p}{24EJ}(l^2x^2 + x^4 - 2lx^3). \qquad y_m = \frac{pl^4}{384EJ}.$$

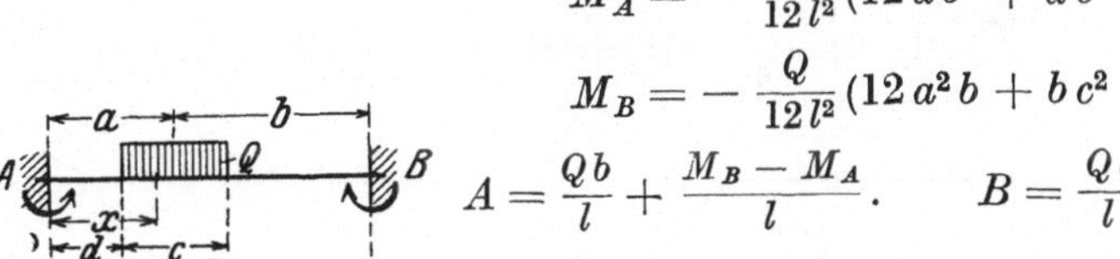

$$M_A = -\frac{Q}{12l^2}(12ab^2 + ac^2 - 2bc^2).$$

$$M_B = -\frac{Q}{12l^2}(12a^2b + bc^2 - 2ac^2).$$

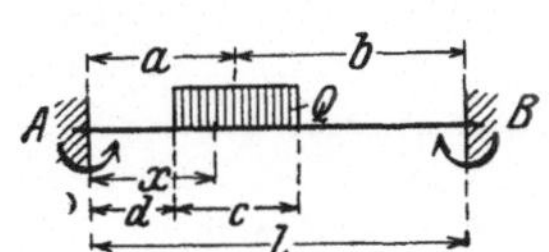

$$A = \frac{Qb}{l} + \frac{M_B - M_A}{l}. \qquad B = \frac{Qa}{l} - \frac{M_B - M_A}{l}.$$

Für die Strecke c ist:

$$M_x = M_A + Ax - 0{,}5q(x-d)^2. \qquad q = \frac{Q}{c}.$$

$$x_m = d + \frac{A}{q}. \qquad M_{\max} = M_A + \tfrac{1}{2}A(d + x_m).$$

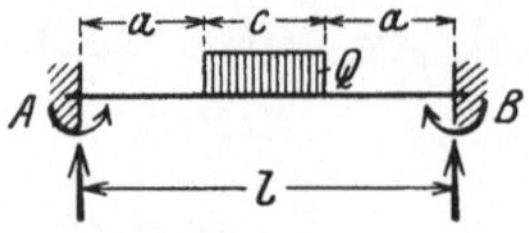

$$M_A = M_B = -\frac{Q}{24\,l}(3\,l^2 - c^2). \qquad A = B = \frac{Q}{2}.$$

$$M_{\max} = M_A + \frac{Q}{8}(2\,l - c) = \frac{Q}{24\,l}(6\,a\,l + c^2).$$

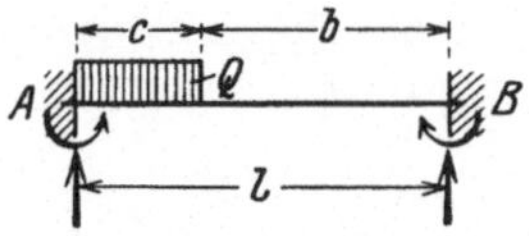

Abb. 219.

$$M_A = -\frac{Q\,c}{12\,l^2}(l^2 + 2\,l\,b + 3\,b^2). \qquad B = \frac{Q\,c^2}{2\,l^3}(l + b).$$

$$M_B = -\frac{Q\,c^2}{12\,l^2}(l + 3\,b). \qquad A = Q - B.$$

$$M_x = M_A + A\,x - 0{,}5\,q\,x^2. \qquad M_{\max} = M_A + \frac{A^2}{2\,q}.$$

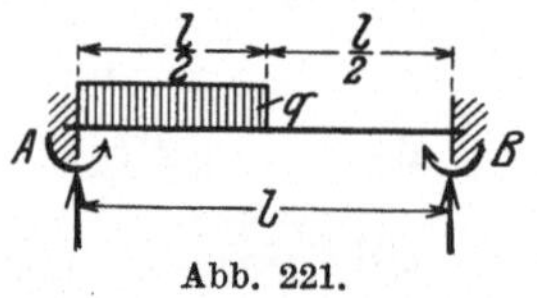

Abb. 220.

$$A = \tfrac{13}{32}\,q\,l. \qquad B = \tfrac{3}{32}\,q\,l.$$

$$M_A = -\tfrac{11}{192}\,q\,l^2. \qquad M_B = -\tfrac{5}{192}\,q\,l^2.$$

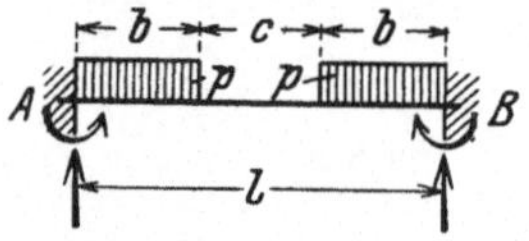

Abb. 221.

$$A = B = p\,b. \qquad M_A = M_B = -\frac{p\,b^2}{6\,l}(2\,l + c).$$

$$M_{\max} = \frac{p\,b^3}{3\,l}. \qquad y_m = \frac{p\,b^3}{24\,E\,J}(b + c).$$

Abb. 222.

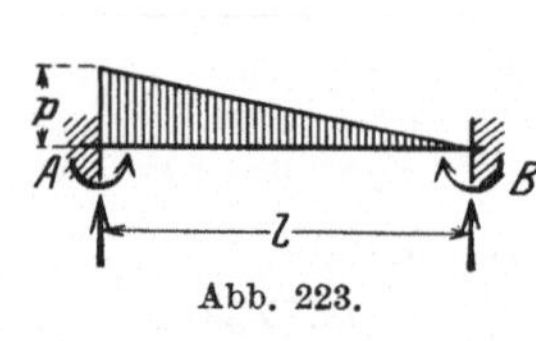

$$A = \tfrac{7}{20}\,p\,l. \qquad B = \tfrac{3}{20}\,p\,l.$$

$$M_A = -\frac{p\,l^2}{20}. \qquad M_B = -\frac{p\,l^2}{30} = \frac{2}{3}\,M_A.$$

$$M_{\max} = 0{,}0216\,p\,l^2 \quad \text{für} \quad x = 0{,}548\,l \text{ von } B.$$

$$y_{\max} = 0{,}001\,309\,\frac{p\,l^4}{E\,J} \quad \text{für} \quad x = 0{,}525\,l \text{ von } B.$$

Abb. 223.

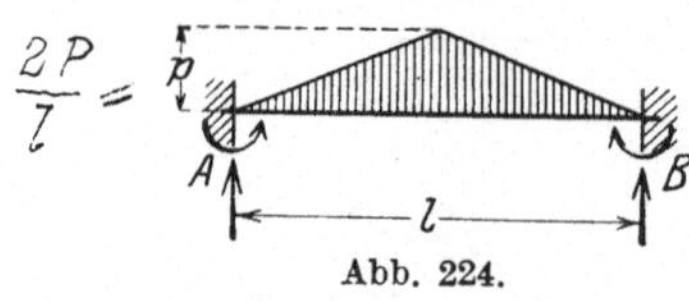

$$\delta_{m\,a} = \tfrac{11}{192}\,p\,l^4. \qquad \delta_{m\,c} = \tfrac{7}{96}\,p\,l^3.$$

$$A = B = \frac{p\,l}{4}. \quad M_A = M_B = -\tfrac{5}{96}\,p\,l^2. \quad M_{\max} = \frac{p\,l^2}{32}.$$

Abb. 224.

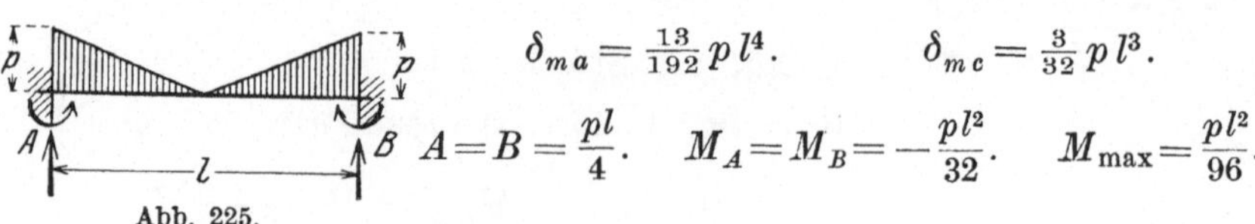

$$\delta_{m\,a} = \tfrac{13}{192}\,p\,l^4. \qquad \delta_{m\,c} = \tfrac{3}{32}\,p\,l^3.$$

$$A = B = \frac{p\,l}{4}. \quad M_A = M_B = -\frac{p\,l^2}{32}. \quad M_{\max} = \frac{p\,l^2}{96}.$$

Abb. 225.

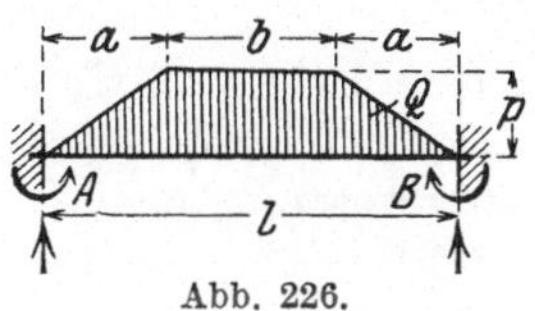

Abb. 226.

$$Q = p\,(a + b). \qquad A = B = \frac{Q}{2}.$$

$$M_A = M_B = -\frac{Q}{12\,l}\,(l^2 + a^2 + a\,b).$$

$$M_{\max} = \frac{p}{24\,l}\,(l^3 - 2\,a^3).$$

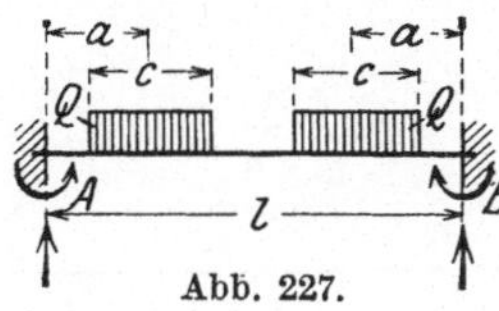

Abb. 227.

$$b = l - a. \qquad A = B = Q.$$

$$M_A = M_B = -\frac{Q}{12\,l}\,(12\,a\,b - c^2).$$

$$M_{\max} = \frac{Q}{12\,l}\,(12\,a^2 + c^2).$$

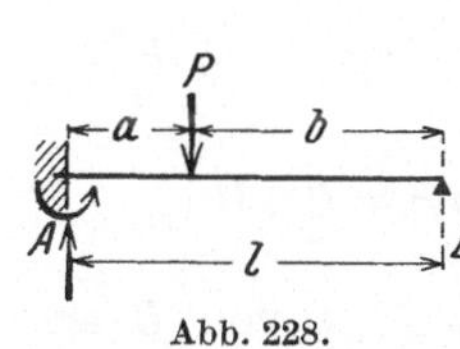

Abb. 228.

$$\delta_{a\,a} = \frac{l^3}{3}. \qquad \delta_{m\,a} = \frac{P\,a^2}{6}\,(2\,l + b). \qquad B = \frac{\delta_{m\,a}}{\delta_{a\,a}}.$$

$$B = \frac{P\,a^2}{2\,l^3}(2\,l + b). \quad A = P - B \text{ d.i. } A = \frac{P\,b}{2\,l^3}(3\,l^2 - b^2).$$

$$M_A = B\,l - P\,a \text{ d.i. } M_A = -\frac{P\,a\,b}{2\,l^2}\,(l + b). \quad M_P = B\,b.$$

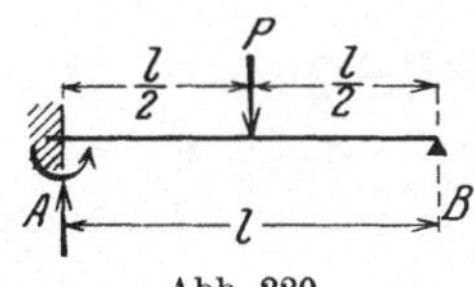

Abb. 229.

$$A = \tfrac{11}{16}\,P. \qquad B = \tfrac{5}{16}\,P. \qquad M_A = -\tfrac{3}{16}\,P\,l.$$

$$M_P = \tfrac{5}{32}\,P\,l.$$

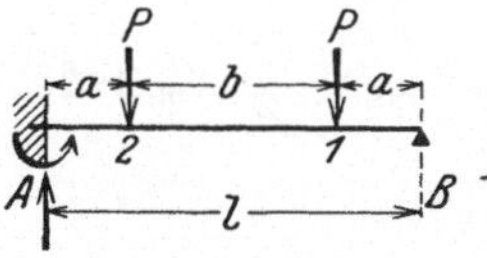

Abb. 230.

$$B = \frac{P}{2\,l^2}\,(2\,l^2 + 3\,a^2 - 3\,a\,l). \qquad A = 2\,P - B.$$

$$M_A = -\frac{3\,P\,a}{2\,l}\,(a + b). \qquad M_1 = B\,a.$$

$$M_2 = B\,(a + b) - P\,b.$$

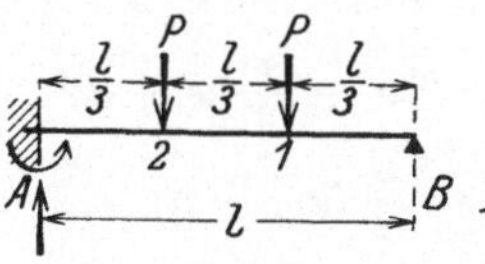

Abb. 231.

$$A = \tfrac{4}{3}\,P. \qquad B = \tfrac{2}{3}\,P. \qquad M_A = -\frac{P\,l}{3}.$$

$$M_1 = M_{\max} = \tfrac{2}{9}\,P\,l. \qquad M_2 = \frac{P\,l}{9}.$$

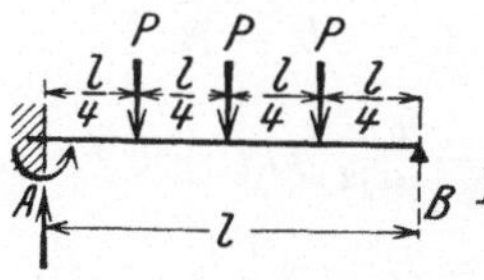

Abb. 232.

$$A = \tfrac{63}{32}\,P. \qquad B = \tfrac{33}{32}\,P.$$

$$M_A = -\tfrac{15}{32}\,P\,l. \qquad x_m = \frac{l}{2}. \qquad M_{\max} = \tfrac{17}{64}\,P\,l.$$

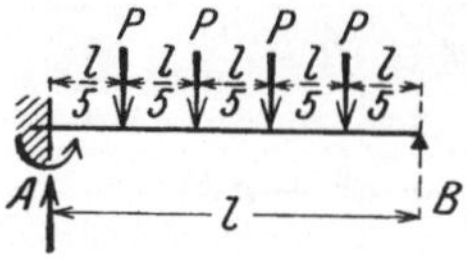

Abb. 233.

$A = \frac{13}{5} P = 2{,}6\,P. \qquad B = \frac{7}{5} P = 1{,}4\,P.$

$M_A = -\frac{3}{5} P l. \quad x_m = \frac{3}{5} l$ von $A. \quad M_{\max} = \frac{9}{25} P l.$

Abb. 234.

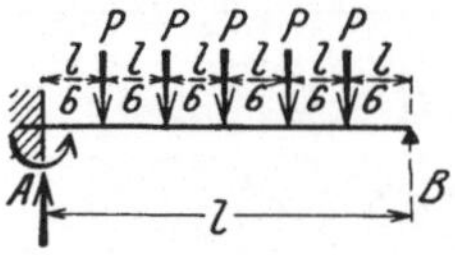

$A = \frac{155}{48} P = 3\frac{11}{48} P. \qquad B = \frac{85}{48} P = 1\frac{37}{48} P.$

$M_A = -\frac{35}{48} P l. \qquad x_m = \frac{l}{2}. \qquad M_{\max} = \frac{37}{96} P l.$

Abb. 235.

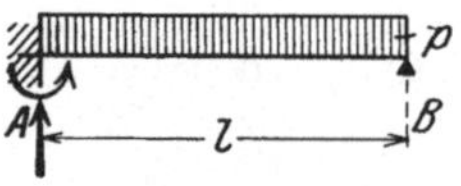

$\delta_{ma} = \frac{p l^4}{8}. \qquad \delta_{aa} = \frac{l^3}{3}. \qquad B = \frac{\delta_{ma}}{\delta_{aa}}.$

$B = \frac{3}{8} p l. \qquad A = \frac{5}{8} p l. \qquad M_A = -\frac{p l^2}{8}.$

$x_m = \frac{B}{p} = \frac{3}{8} l. \qquad M_{\max} = \frac{9}{128} p l^2 = 0{,}5\,B x_m.$

Für den Nullpunkt ist $x_0 = \frac{3}{4} l$. x von B an.

Abb. 236.

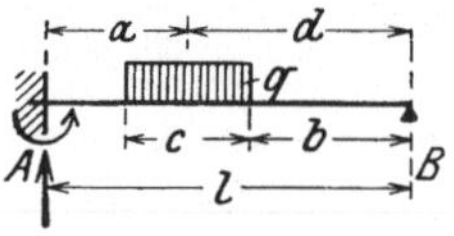

$$M_A = \frac{Q d}{2 l^2}\left(l^2 - d^2 - \frac{c^2}{4}\right) = B l - Q a.$$

$$B = \frac{Q}{2 l^3}\left(2 l a^2 + d a^2 + \frac{d c^2}{4}\right) = \frac{Q a}{l} + \frac{M_A}{l}.$$

$$A = Q - B. \qquad x_m = b + \frac{B}{q}. \qquad Q = q c.$$

Für Strecke c ist:

$$M_x = B x - \frac{q}{2}(x - b)^2. \qquad M_{\max} = \frac{B}{2}(x_m + b).$$

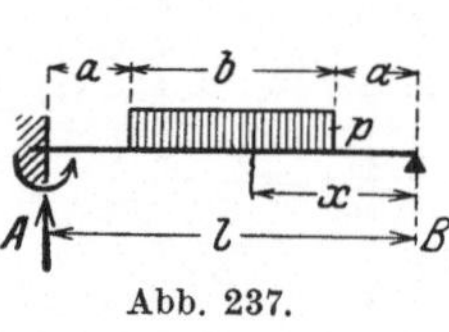
Abb. 237.

$$B = \frac{p b}{16 l^2}(5 l^2 + b^2). \qquad A = p b - B.$$

$$M_A = l(B - 0{,}5\,p b).$$

Für Strecke b ist: $M_x = B x - \frac{p}{2}(x - a)^2$.

$$x_m = a + \frac{B}{p}. \qquad M_{\max} = \frac{B}{2}(x_m + a).$$

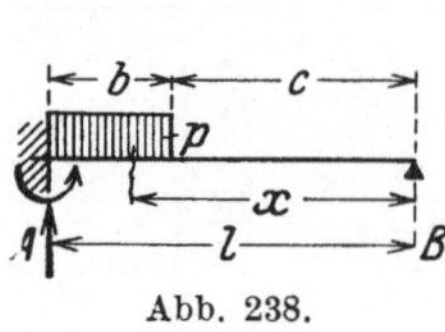
Abb. 238.

$$B = \frac{p b^3}{8 l^3}(3 l + c). \qquad A = p b - B.$$

$$M_A = B l - \frac{p b^2}{2}. \qquad M_A = -\frac{p b^2}{8 l^2}(4 l c + b^2).$$

Für Strecke b ist: $M_x = B x - \frac{p}{2}(x - c)^2$.

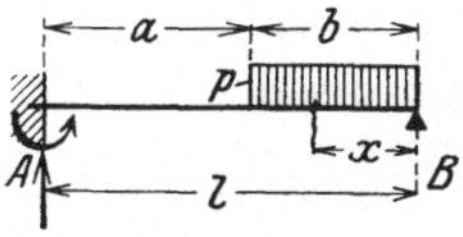

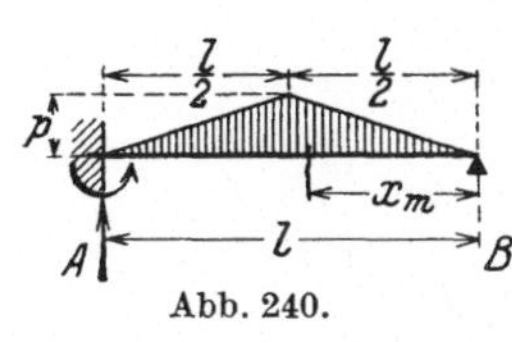

Abb. 239.

$$B = \frac{pb}{8l^3}[3l(b^2 + 3al) - a^3]. \qquad A = pb - B.$$

$$M_A = Bl - \frac{pb}{2}(l + a) \text{ d.i. } M_A = -\frac{pb^2}{8l^2}(2l^2 - b^2).$$

Für Strecke b ist: $M_x = Bx - 0{,}5px^2$.

$$x_m = \frac{B}{p}. \qquad M_{\max} = \frac{B^2}{2p}.$$

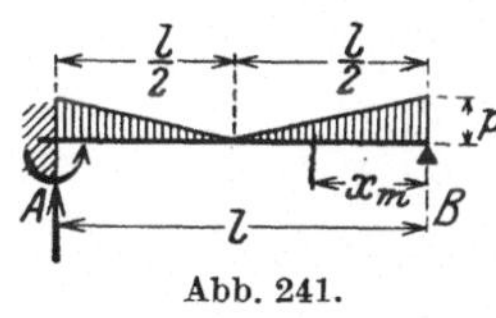

Abb. 240.

$A = \frac{21}{64}pl. \qquad B = \frac{11}{64}pl. \qquad M_A = -\frac{5}{64}pl^2.$

$x_0 = \sim 0{,}258\,l$ von A. $\qquad x_m = 0{,}4146\,l$ von B.

$$M_{\max} = 0{,}0475\,pl^2.$$

Für $\frac{l}{2}$ ist: $\quad M = \frac{17}{384}pl^2.$

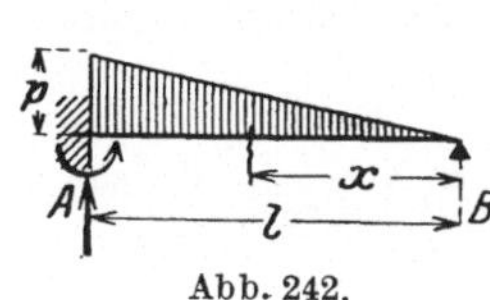

Abb. 241.

$A = \frac{19}{64}pl. \qquad B = \frac{13}{64}pl. \qquad M_A = -\frac{3}{64}pl^2.$

$x_m = 0{,}2835\,l$ von B. $\qquad M_{\max} = \sim 0{,}025\,pl^2.$

Für $\frac{l}{2}$ ist: $\quad M = \frac{7}{384}pl^2.$

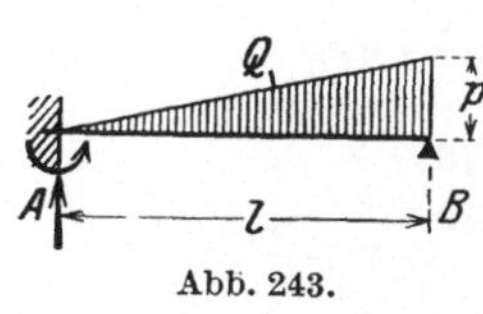

Abb. 242.

$A = \frac{2}{5}pl. \quad B = \frac{1}{10}pl. \quad M_x = \frac{p}{30\,l}(3\,l^2x - 5x^3).$

$$x_m = \frac{l}{\sqrt{5}}. \qquad M_A = -\frac{pl^2}{15}.$$

$$M_{\max} = \frac{pl^2}{15\sqrt{5}} = 0{,}0298\,pl^2. \qquad x_0 = 0{,}7746\,l.$$

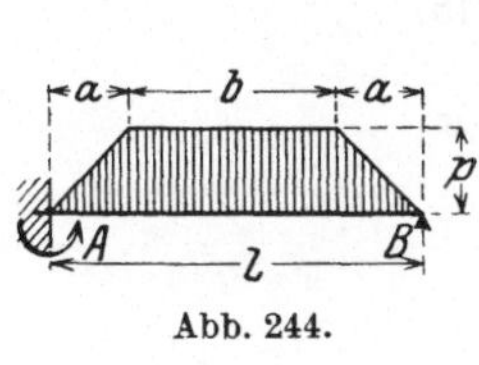

Abb. 243.

$A = \frac{9}{40}pl = \frac{9}{20}Q. \quad B = \frac{11}{40}pl = \frac{11}{20}Q.$

$M_A = -\frac{7}{60}Ql. \qquad x_m = \frac{3}{2}\cdot\frac{l}{\sqrt{5}}$ von A.

$$M_{\max} = \frac{pl^2}{120\sqrt{5}}(27 - 7\sqrt{5}) = 0{,}0423\,pl^2.$$

Abb. 244.

$$Q = p(a + b). \quad M_A = -\frac{Q}{8\,l}(l^2 + a^2 + ab).$$

$$B = \frac{Q}{2} + \frac{M_A}{l}.$$

Wenn $B < \frac{pa}{2}$: $\quad M_x = Bx - \frac{px^3}{6a}.$

Für $M_{\max}$ ist: $\quad x_m = \sqrt{\frac{2Ba}{p}}.$

Wenn $B > \frac{pa}{2}$: $\quad M_x = Bx - \frac{px}{2}(x - a) - \frac{pa^2}{6}. \qquad x_m = \frac{a}{2} + \frac{B}{p}.$

Dreimomentengleichungen nach Clapeyron.

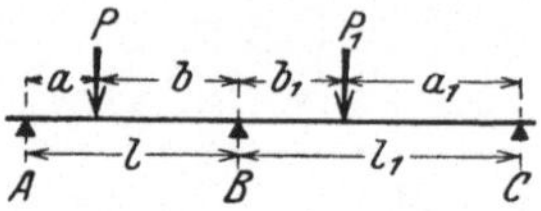

P P_1 a b b_1 a_1 l l_1 A B C

Abb. 245.

Im folgenden ist:

$$\Sigma M l = M_A l + 2 M_B (l + l_1) + M_C l_1.$$

Für obige Abbildung ist:

$$\Sigma M l = -\frac{P a b}{l}(l + a) - \frac{P_1 a_1 b_1}{l_1}(l_1 + a_1)$$

oder

$$\Sigma M l = -e P l^2 - e_1 P_1 l_1^2.$$

Für letztere Gleichung ergeben sich die Werte e bzw. e_1 für die verschiedenen Verhältnisse von $a:l$ bzw. von $a_1:l_1$ aus nachstehender Tabelle.

$a:l$ bzw. $a_1:l_1$	e bzw. e_1	$a:l$ bzw. $a_1:l_1$	e bzw. e_1
0,05	0,049 875	0,5773	0,384 911 = max
0,10	0,099	0,60	0,384
0,15	0,146 625	0,65	0,375 375
0,20	0,192	0,66	0,370 370
0,25	0,234 375	0,70	0,357
0,30	0,273	0,75	0,328 125
0,33	0,2963	0,80	0,288
0,35	0,307 125	0,85	0,235 875
0,40	0,336	0,90	0,171
0,45	0,358 875	0,95	0,092 625
0,50	0,375	1,00	0
0,55	0,383 625		

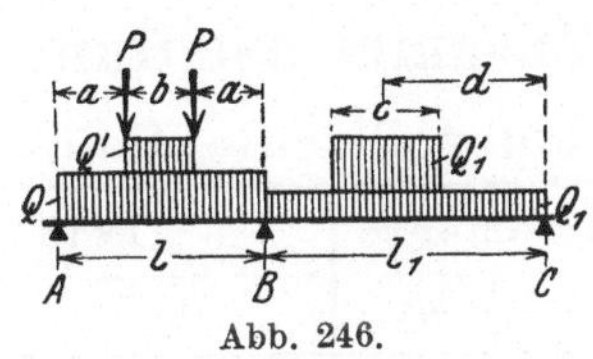

Abb. 246.

$$\Sigma M l = -\frac{Q l^2}{4} - \frac{Q_1 l_1^2}{4} - \frac{Q'}{8}(3 l^2 - b^2) - \frac{Q_1' d}{l_1}\left(l_1^2 - d^2 - \frac{c^2}{4}\right) - 3 P a (a + b).$$

Abb. 247.

$$\Sigma M l = -\frac{Q a}{2 l}\left(l^2 - \frac{a^2}{2}\right)$$

$$\text{wenn } a = \frac{l}{2} = -\tfrac{7}{32} Q l^2,$$

$$-\frac{Q_1 b_1}{4 l_1}(l_1 + a_1)^2$$

$$\text{wenn } a_1 = \frac{l_1}{2} = -\tfrac{9}{32} Q_1 l_1^2.$$

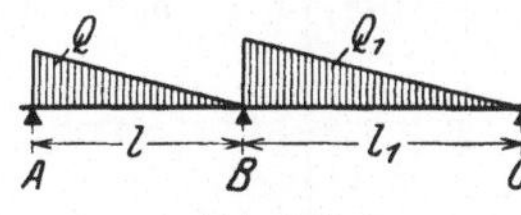

Abb. 248.

$$\Sigma M l = -\tfrac{5}{16} Q l - \frac{Q_1}{4}[l_1^2 + a(a + b)].$$

Abb. 249.

$$\Sigma M l = -\tfrac{7}{30} Q l^2 - \tfrac{4}{15} Q_1 l_1^2.$$

Nicht vorhandene Lasten sind gleich Null zu setzen.

Durchbiegungen in cm.

(Lasten in t, Längen in m.)

Abb. 250.

$$f_a = \frac{10^9 P a^2}{6 E J}(3 l + 2 a). \qquad y = \frac{10^9 P a x}{2 E J}(l - x).$$

$$y_m = \frac{10^9 P a l^2}{8 E J}. \qquad f = \frac{10^9 P a}{24 E J}(8 a^2 + 3 l^2 + 12 a l).$$

Abb. 251.

$$y = \frac{10^9 q}{24 E J}[x^4 - 2 x^2 (x - 3 a)(l + 2 a) - 4 a^2 x (3 l + 4 a) + l^3 (x - a) + a^3 (8 l + 7 a)].$$

$$f_a = \frac{10^9 q a}{24 E J}(8 l a^2 + 7 a^3 - l^3).$$

$$f = \frac{10^9 q l^2}{384 E J}(5 l^2 - 24 a^2).$$

Zusammenstellung

Der über drei gleiche Felder durchlaufende

Belastungsfall (Abb. 252 bis 258)	Einspann- und Stützenmomente M_a	M_b	$M_{b'}$	$M_{a'}$	Feld- M_1
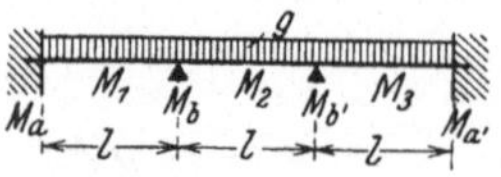 g; M_a, M_1, M_b, M_2, $M_{b'}$, M_3, $M_{a'}$; l, l, l	$-\frac{1}{12}\,g\,l^2$	$-\frac{1}{12}\,g\,l^2$	$-\frac{1}{12}\,g\,l^2$	$-\frac{1}{12}\,g\,l^2$	$+\frac{1}{24}\,g\,l^2$
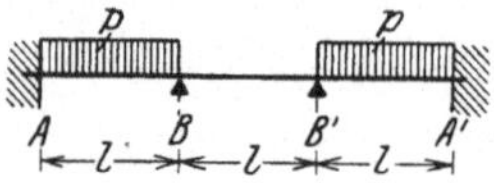 p, p; A, B, B', A'; l, l, l	$\mathbf{-\frac{1}{9}\,p\,l^2}$	$-\frac{1}{36}\,p\,l^2$	$-\frac{1}{36}\,p\,l^2$	$\mathbf{-\frac{1}{9}\,p\,l^2}$	$+17/288 \sim \mathbf{+\frac{1}{17}\,p\,l^2}$
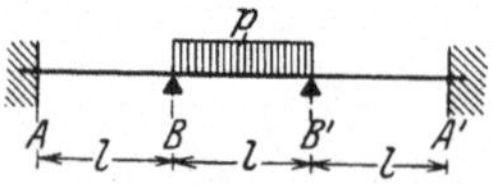 p; A, B, B', A'; l, l, l	$+\frac{1}{36}\,p\,l^2$	$-\frac{1}{18}\,p\,l^2$	$-\frac{1}{18}\,p\,l^2$	$+\frac{1}{36}\,p\,l^2$	$-\frac{1}{72}\,p\,l^2$
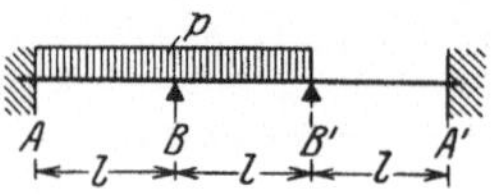 p; A, B, B', A'; l, l, l	$-\frac{7}{90}\,p\,l^2$	$\mathbf{-\frac{17}{180}\,p\,l^2}$	$-\frac{2}{45}\,p\,l^2$	$+\frac{1}{45}\,p\,l^2$	$+\frac{7}{180}\,p\,l^2$
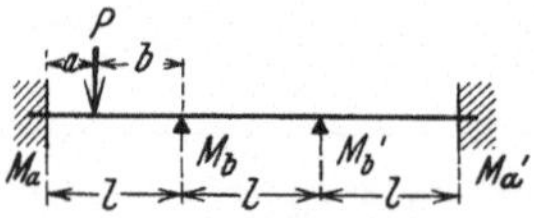 P; a, b; M_a, M_b, M_b', M_a'; l, l, l	$-\frac{P\,a\,b\,k}{15\,l^2}$	$-\frac{7\,P\,a^2\,b}{15\,l^2}$	$-\frac{2}{7}\,M_b$	$\frac{1}{7}\,M_b$	$M_P = M_a + A\,a$
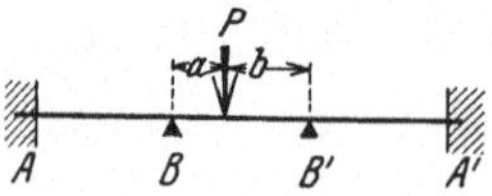 P; a, b; A, B, B', A'	$-\frac{M_b}{2}$	$-\frac{2\,P\,a\,b\,k}{15\,l^2}$	$-\frac{2\,P\,a\,b\,k_1}{15\,l^2}$	$-\frac{M_{b'}}{2}$	$M_P = \frac{P\,a\,b\,k_2}{15\,l^3}$
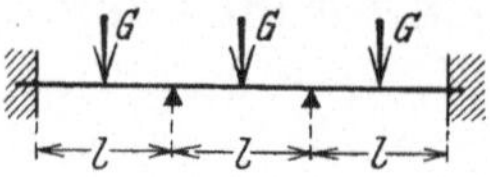 G, G, G; l, l, l	$-\frac{G\,l}{8}$	$-\frac{G\,l}{8}$	$-\frac{G\,l}{8}$	$-\frac{G\,l}{8}$	$+\frac{G\,l}{8}$

Anm. Die fettgedruckten Werte

wichtiger Belastungsfälle.

Balken mit eingespannten Endauflagern.

momente		Auflagerkräfte				Bemerkungen
M_2	M_3	A	B	B'	A'	
$+\frac{1}{24}\,gl^2$	$+\frac{1}{24}\,gl^2$	$\frac{1}{2}\,gl$	$1\,gl$	$1\,gl$	$\frac{1}{2}\,gl$	$x_m = \frac{l}{2}$
$-\frac{1}{36}\,pl^2$	$+17/288 \sim$ **$+\frac{1}{17}\,pl^2$**	**$\frac{7}{12}\,pl$**	$\frac{5}{12}\,pl$	$\frac{5}{12}\,pl$	**$\frac{7}{12}\,pl$**	$x_m = \frac{7}{12}\,l$ von A
$+\frac{5}{72}\,pl^2$	$-\frac{1}{72}\,pl^2$	$-\frac{1}{12}\,pl$	$+\frac{7}{12}\,pl$	$+\frac{7}{12}\,pl$	$-\frac{1}{12}\,pl$	$x = \frac{l}{2}$
$+\frac{1}{18}\,pl^2$	$-\frac{1}{90}\,pl^2$	$+\frac{29}{60}\,pl$	**$+\frac{16}{15}\,pl$**	$+\frac{31}{60}\,pl$	$-\frac{1}{15}\,pl$	$x = \frac{l}{2}$
$\frac{5}{14}\,M_b$	$-\frac{M_b}{14}$	$\frac{Pb + M_b - M_a}{l}$	$\frac{Pa^2 k_1}{5\,l^3}$	$-\frac{6\,M_{b'}}{l}$	$-\frac{3M_{a'}}{l}$	$k = 4\,l + 11\,b$ $k_1 = 5\,l + 9\,b$ Für Feld 2 u. 3: $x = \frac{l}{2}$
$\frac{M_b}{4}$	$\frac{M_{b'}}{4}$	$-\frac{3\,M_a}{l}$	$B = \frac{Pb}{5\,l^3}(8\,l^2 - 4\,a^2 - 3\,b^2)$ $B' = \frac{Pa}{5\,l^3}(8\,l^2 - 4\,b^2 - 3\,a^2)$		$-\frac{3M_{a'}}{l}$	$k = l + 3\,b$ $k_1 = l + 3\,a$ $k_2 = 7\,l^2 + 12\,a\,b$ Für Feld 1 u. 3: $x = \frac{l}{2}$
$+\frac{Gl}{8}$	$+\frac{Gl}{8}$	$\frac{G}{2}$	G	G	$\frac{G}{2}$	$x_m = 0{,}5\,l$

sind Größtwerte.

Der über drei gleiche Felder durchlaufende

Belastungsfall (Abb. 259 bis 266)	Einspann- und Stützenmomente M_a	M_b	$M_{b'}$	$M_{a'}$	Feld- M_1
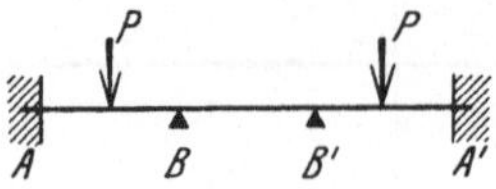 P P A B B' A'	$\mathbf{-\frac{Pl}{6}}$	$-\frac{Pl}{24}$	$-\frac{Pl}{24}$	$\mathbf{-\frac{Pl}{6}}$	$\mathbf{+\frac{7}{48}Pl}$
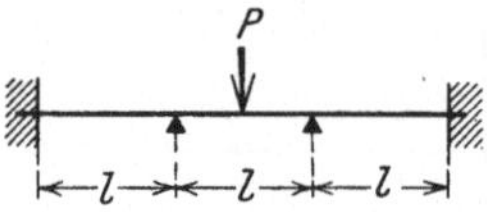 P l l l	$+\frac{Pl}{24}$	$-\frac{Pl}{12}$	$-\frac{Pl}{12}$	$+\frac{Pl}{24}$	$-\frac{Pl}{48}$
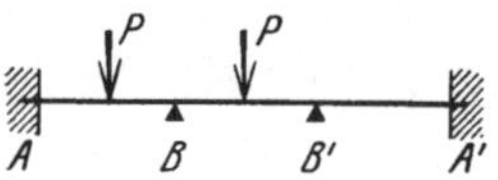 P P A B B' A'	$-\frac{7}{60}Pl$	$\mathbf{-\frac{17}{120}Pl}$	$-\frac{Pl}{15}$	$+\frac{Pl}{30}$	$+\frac{29}{240}Pl$
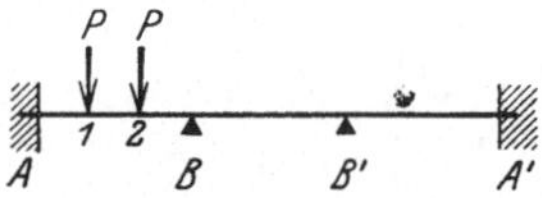 P P 1 2 A B B' A'	$-\frac{38}{135}Pl$	$-\frac{14}{135}Pl$	$+\frac{4}{135}Pl$	$-\frac{2}{135}Pl$	1) $\frac{Pl}{9}$ 2) $\frac{23}{135}Pl$
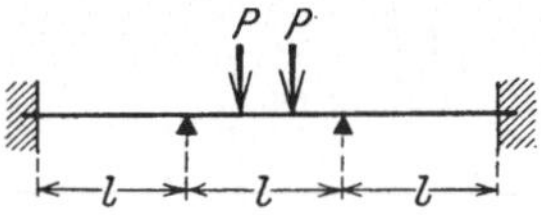 P P l l l	$\frac{2}{27}Pl$	$-\frac{4}{27}Pl$	$-\frac{4}{27}Pl$	$\frac{2}{27}Pl$	$x_0 = \frac{l}{3}$ rechts von A
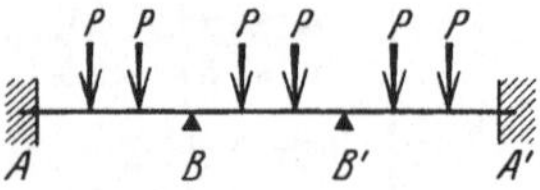 P P P P P P A B B' A'	$-\frac{2}{9}Pl$	$-\frac{2}{9}Pl$	$-\frac{2}{9}Pl$	$-\frac{2}{9}Pl$	$\frac{Pl}{9}$
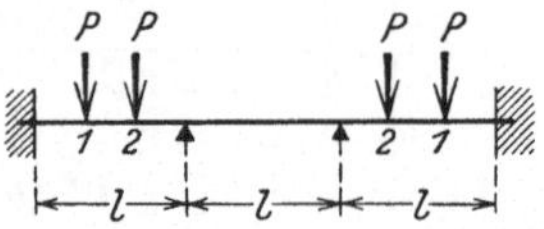 P P P P 1 2 2 1 l l l	$\mathbf{-\frac{8}{27}Pl}$	$-\frac{2}{27}Pl$	$-\frac{2}{27}Pl$	$\mathbf{-\frac{8}{27}Pl}$	1) $\frac{Pl}{9}$ 2) $\mathbf{\frac{5}{27}Pl}$
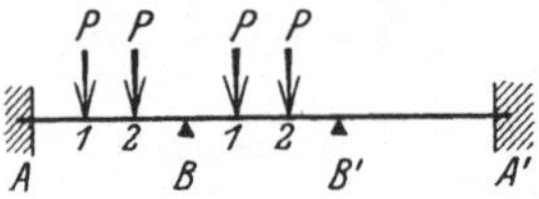 P P P P 1 2 1 2 A B B' A'	$-\frac{28}{135}Pl$	$\mathbf{-\frac{34}{135}Pl}$	$-\frac{16}{135}Pl$	$\frac{8}{135}Pl$	1) $\frac{Pl}{9}$ 2) $\frac{13}{135}Pl$

Anm. Die fettgedruckten Werte

Balken mit eingespannten Endauflagern.

momente		Auflagerkräfte				Bemerkungen
M_2	M_3	A	B	B'	A'	
$-\frac{Pl}{24}$	$\boldsymbol{+\frac{7}{48}Pl}$	$\boldsymbol{\frac{5}{8}P}$	$\frac{3}{8}P$	$\frac{3}{8}P$	$\boldsymbol{\frac{5}{8}P}$	$x_m = 0{,}5\,l$
$\boldsymbol{+\frac{Pl}{6}}$	$-\frac{Pl}{48}$	$-\frac{P}{8}$	$+\frac{5}{8}P$	$+\frac{5}{8}P$	$-\frac{P}{8}$	$x_m = 0{,}5\,l$
$+\frac{7}{48}Pl$	$-\frac{Pl}{60}$	$+\frac{19}{40}P$	$\boldsymbol{+\frac{11}{10}P}$	$+\frac{21}{40}P$	$-\frac{1}{10}P$	$x_m = 0{,}5\,l$
$x_0 = \frac{7}{9}l$ rechts von B	$x_0' = \frac{l}{3}$ links von A'	$\frac{53}{45}P$	$\frac{43}{45}P$	$-\frac{8}{45}P$	$\frac{2}{45}P$	x_0 ist $= \frac{7}{9}l$ von B und $x_0' = \frac{l}{3}$ von A' entfernt
$\boldsymbol{\frac{5}{27}Pl}$	$x_0 = \frac{l}{3}$ links von A'	$-\frac{2}{9}P$	$\frac{11}{9}P$	$\frac{11}{9}P$	$-\frac{2}{9}P$	
$\frac{Pl}{9}$	$\frac{Pl}{9}$	P	$2P$	$2P$	P	
$-\frac{2}{27}Pl$	1) $\frac{Pl}{9}$ 2) $\boldsymbol{\frac{5}{27}Pl}$	$\boldsymbol{\frac{11}{9}P}$	$\frac{7}{9}P$	$\frac{7}{9}P$	$\boldsymbol{\frac{11}{9}P}$	
1) $\frac{17}{135}Pl$ 2) $\frac{23}{135}Pl$	$x_0 = \frac{l}{3}$ links von A'	$\frac{43}{45}P$	$\boldsymbol{\frac{98}{45}P}$	$\frac{47}{45}P$	$-\frac{8}{45}P$	

sind Größtwerte.

Der durchlaufende Balken auf 3 bis 6 Stützen.

Belastungsfälle (Abb. 267 bis 280)	Feldmomente $\mathfrak{M}_1$	Feldmomente $\mathfrak{M}_2$	Stützenmoment M_B	Faktor	Auflagerkräfte A	Auflagerkräfte B	Auflagerkräfte C	Faktor
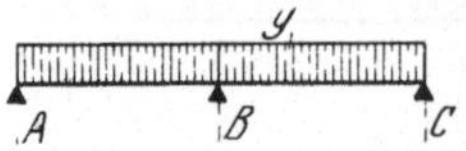	0,0703	0,0703	$-0,125$	gl^2	0,375	**1,250**	0,375	gl
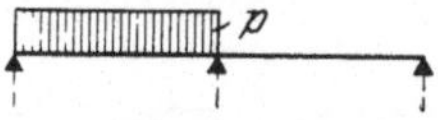	**0,0957**	$-0,03125$	$-0,0625$	pl^2	**0,4375**	0,6250	$-0,0625$	pl
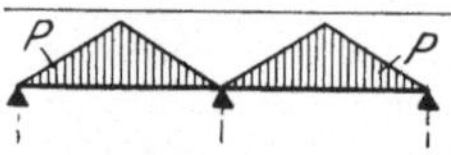	0,0950	0,0950	$-0,15625$	Pl	0,34375	**1,3125**	0,34375	P
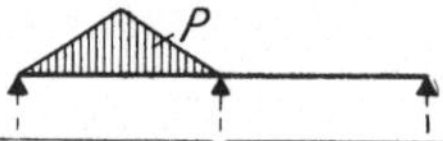	**0,1292**	$-0,0391$	$-0,0781$	Pl	**0,4219**	0,6562	$-0,0781$	P
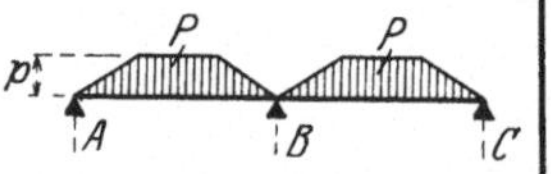	$M_B=-\frac{P}{8l}(l^2+al-a^2)$. $x=\sqrt{\frac{2Aa}{p}}<a$. $M_1=M_2=\frac{2}{3}Ax$. $x=\frac{a}{2}+\frac{A}{p}>a$. $M_1=M_2=Ax-\frac{ap}{2}\left(x-\frac{a}{3}\right)-\frac{p}{2}(x-a)^2$.				$A=C=\frac{P}{2}+\frac{M_B}{l}$. $B_1=B_2=P-A$. $B=B_1+B_2$.			–
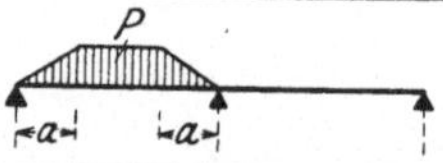	$M_B=-\frac{P}{16l}(l^2+al-a^2)$ x und M_1 wie vor.				$A=\frac{P}{2}+\frac{M_B}{l}$. $B_2=-\frac{M_B}{l}$. $B_1=P-A$. $C=-B_2$.			–
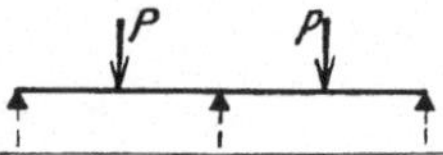	0,15625	0,15625	$-0,1875$	Pl	0,3125	**1,3750**	0,3125	P
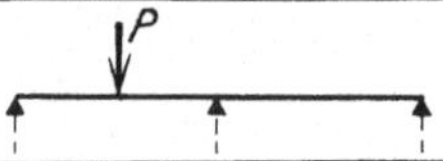	**0,203125**	$-0,046875$	$-0,09375$	Pl	**0,40625**	0,6875	$-0,09375$	P
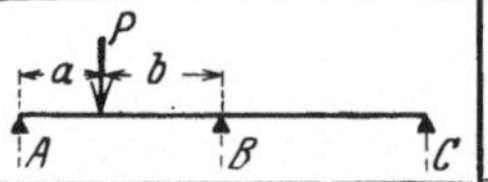	Aa	Cx	$-\frac{Pab}{4l^2}(l+a)$	–	$\frac{Pb+M_B}{l}$	$\frac{Pa-2M_B}{l}$	$\frac{M_B}{l}$	–
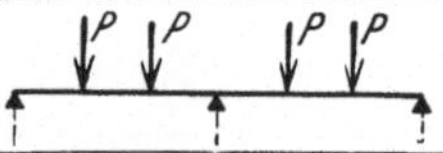	$\frac{2}{9}Pl$	$\frac{2}{9}Pl$	$-\frac{Pl}{3}$	–	$\frac{2}{3}P$	$\mathbf{\frac{8}{3}P}$	$\frac{2}{3}P$	–
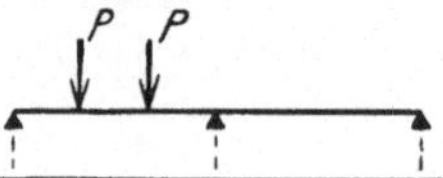	$\mathbf{\frac{5}{18}Pl}$	$-\frac{Pl}{18}$	$-\frac{Pl}{6}$	–	$\mathbf{\frac{5}{6}P}$	$\frac{4}{3}P$	$-\frac{P}{6}$	–
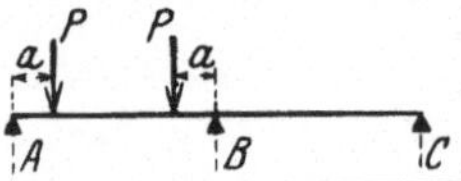	Aa	Cx	$-\frac{3Pa(l-a)}{4l}$	–	$P+\frac{M_B}{l}$	$P-\frac{2M_B}{l}$	$\frac{M_B}{l}$	–
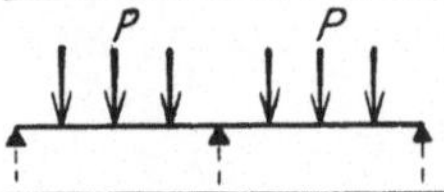	0,2656	0,2656	$-0,46875$	Pl	1,031	**3,938**	1,031	P
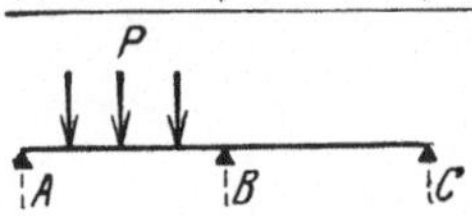	**0,3828**	$-0,1172$	$-0,2344$	Pl	**1,2656**	1,9688	$-0,2344$	P

Der über drei gleiche Felder durchlaufende Balken.

Belastungsfälle (Abb. 281 bis 289)	Feldmomente			Stützenmomente		Auflagerkräfte			
	$\mathfrak{M}_1$	$\mathfrak{M}_2$	$\mathfrak{M}_3$	M_B	M_C	A	B	C	D
g; A B C D	$g l^2$ 0,080	$g l^2$ 0,025	$g l^2$ 0,080	$g l^2$ — 0,10	$g l^2$ — 0,10	$g l$ 0,400	$g l$ 1,100	$g l$ 1,100	$g l$ 0,400
p, p	$p l^2$ **0,1013**	$p l^2$ 0,0500	$p l^2$ **0,1013**	$p l^2$ — 0,05	$p l^2$ — 0,05	$p l$ **0,45**	$p l$ 0,55	$p l$ 0,55	$p l$ **0,45**
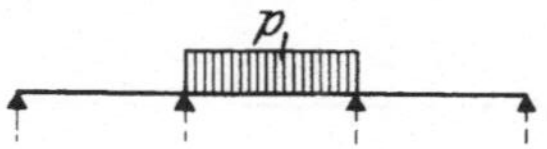 p	— 0,025	**0,075**	— 0,025	— 0,05	— 0,05	— 0,05	0,55	0,55	— 0,05
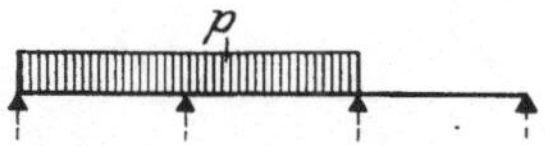 p	0,0735	0,0535	— 0,0167	**— 0,1167**	— 0,0333	0,383	**1,200**	0,450	— 0,033
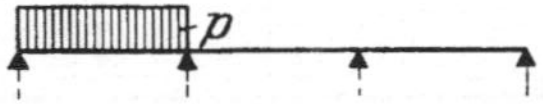 p	0,0939	—	—	— 0,0667	0,01667	0,4333	0,650	— 0,100	0,0167
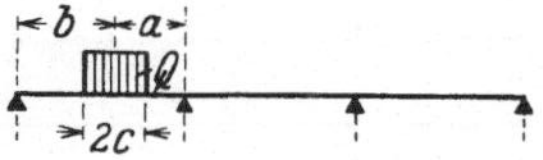 b, a, Q, 2c	$k = \frac{l^2 - b^2 - c^2}{l^2}$. $Q = 2pc$. $M_B = -\frac{4}{15} Q b k$. $M_C = -\frac{M_B}{4}$.					$A = \frac{Qa + M_B}{l}$. $B = \frac{Qb - 2{,}25 M_B}{l}$. $C = \frac{1{,}5 M_B}{l}$. $D = -\frac{M_B}{4l}$.			
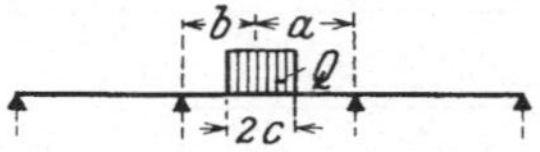 b, a, Q, 2c	$k = \frac{a}{l^2}(l^2 - a^2 - c^2)$. $k_1 = \frac{b}{l^2}(l^2 - b^2 - c^2)$. $M_B = -\frac{Q}{15}(4k - k_1)$. $M_C = -\frac{Q}{15}(4k_1 - k)$.					$A = \frac{M_B}{l}$. $B = \frac{Qa + M_C - 2M_B}{l}$. $C = \frac{Qb + M_B - 2M_C}{l}$. $D = \frac{M_C}{l}$.			
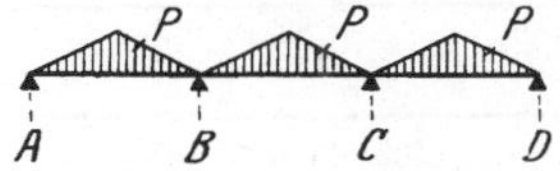 P, P, P; A B C D	$P l$ 0,1083	$P l$ 0,0417	$P l$ 0,1083	$P l$ — 0,125	$P l$ — 0,125	P 0,375	P 1,125	P 1,125	P 0,375
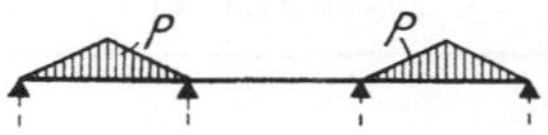 P, P	**0,1364**	— 0,0625	**0,1364**	— 0,0625	— 0,0625	**0,4375**	0,5625	0,5625	0,4375

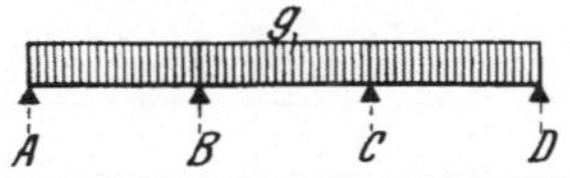

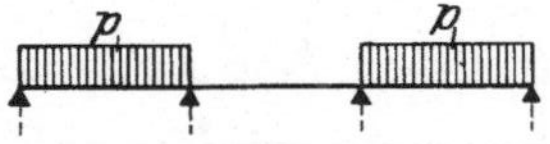

Der über drei gleiche Felder durchlaufende Balken.

Belastungsfälle (Abb. 290 bis 307)	Feldmomente			Stützenmomente		Auflagerkräfte			
	$\mathfrak{M}_1$	$\mathfrak{M}_2$	$\mathfrak{M}_3$	M_B	M_C	A	B	C	D
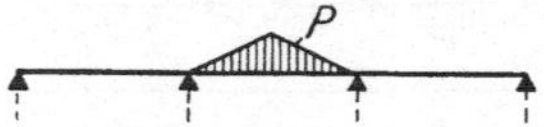	Pl – 0,0313	Pl **0,1042**	Pl – 0,0313	Pl – 0,0625	Pl – 0,0625	P – 0,0625	P 0,5625	P 0,5625	P – 0,0625
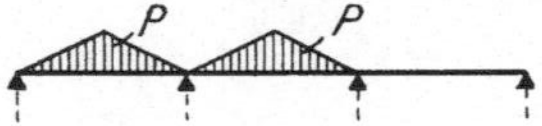	0,0994	0,0757	– 0,0208	– **0,1458**	– 0,0417	0,3542	**1,250**	0,4375	– 0,0417
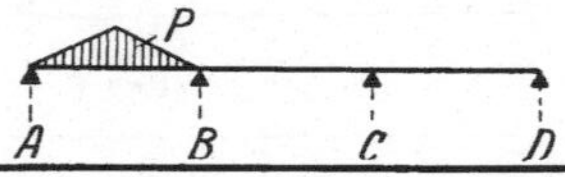	0,1268	—	—	– 0,0833	0,0208	0,4167	0,6875	– 0,125	0,0208
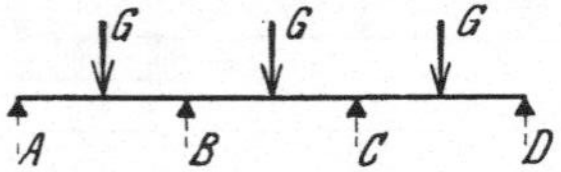	Gl 0,175	Gl 0,100	Gl 0,175	Gl – 0,150	Gl – 0,150	G 0,350	G 1,150	G 1,150	G 0,350
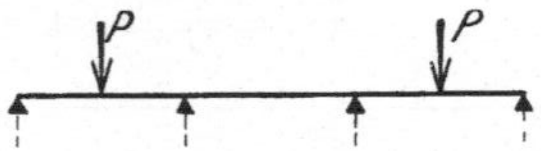	Pl **0,2125**	Pl – 0,075	Pl **0,2125**	Pl – 0,075	Pl – 0,075	P **0,425**	P 0,575	P 0,575	P **0,425**
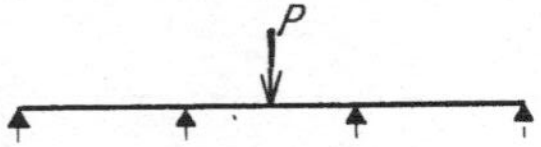	– 0,0375	**0,175**	– 0,0375	– 0,075	– 0,075	– 0,075	0,575	0,575	– 0,075
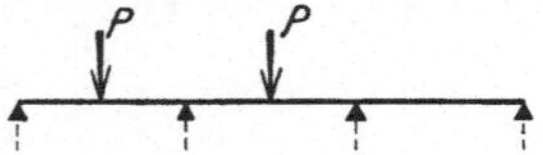	0,1625	0,1375	– 0,025	– **0,175**	– 0,050	0,325	**1,300**	0,425	– 0,050
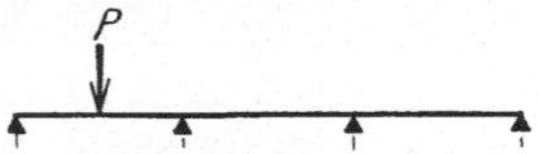	0,200	—	—	– 0,100	0,025	0,400	0,725	– 0,150	0,025
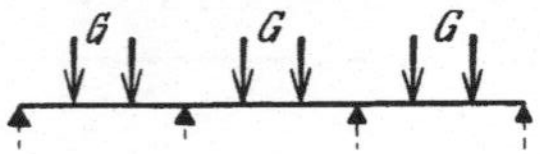	Gl 0,2444	Gl 0,0667	Gl 0,2444	– 0,2667	– 0,2667	**0,733**	2,267	2,267	0,733

	Pl	Pl	Pl						
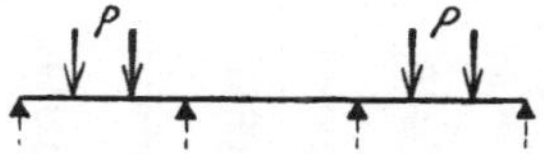	0,2889	— 0,1333	0,2889	—0,1333	— 0,1333	— 0,8667	1,1333	1,1333	— 0,8667
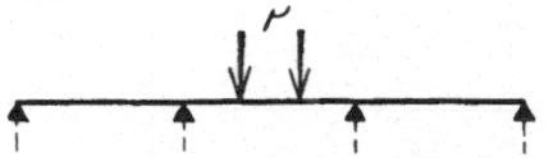	— 0,044	0,200	— 0,044	— 0,1333	— 0,1333	— 0,1333	1,1333	1,1333	— 0,1333
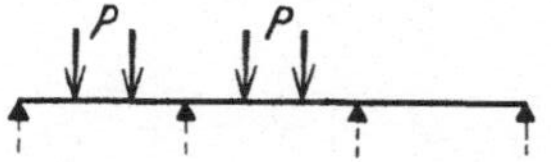	0,2296	0,1704	— 0,0444	— 0,3111	— 0,0889	0,6889	2,5333	0,8667	— 0,0889
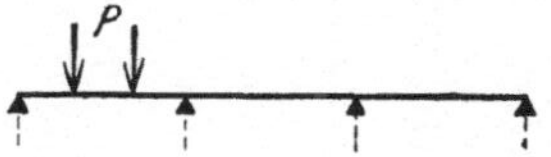	0,2741	—	—	— 0,1778	0,0444	0,8222	1,4000	— 0,2666	0,0444
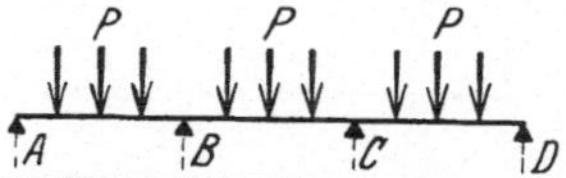	0,3125	0,125	0,3125	— 0,375	— 0,375	1,125	3,375	3,375	1,125
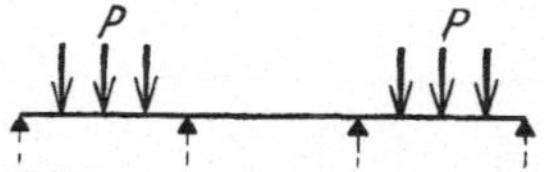	0,40625	— 0,1875	0,40625	— 0,1875	— 0,1875	1,3125	1,6875	1,6875	1,3125
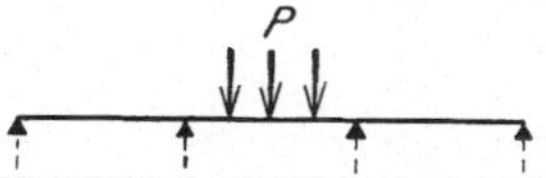	—0,09375	0,3125	—0,09375	— 0,1875	— 0,1875	— 0,1875	1,6875	1,6875	— 0,1875
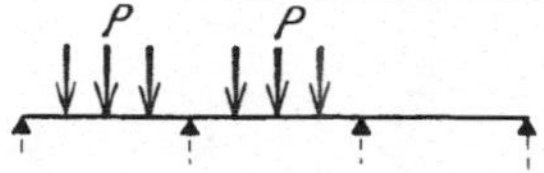	0,28125	0,21875	—0,0625	— 0,4375	— 0,125	1,0625	3,750	1,3125	— 0,125
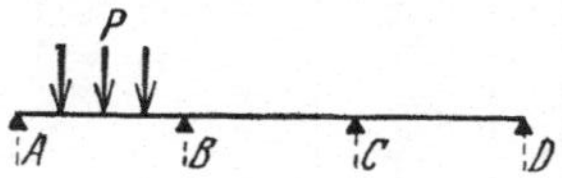	0,375	—	—	— 0,250	0,0625	1,250	2,0625	— 0,375	0,0625

Der über vier gleiche Feld

Belastungsfälle (Abb. 308 bis 321)	Feldmomente $\mathfrak{M}_1$	$\mathfrak{M}_2$	$\mathfrak{M}_3$	$\mathfrak{M}_4$	Stütze M_B
g; M_1, M_2, M_3, M_4; A, B, C, D, E	0,07717	0,03635	0,03635	0,07717	− 0,1071
p; p	**0,09965**	−0,04464	**0,080517**	−0,0268	− 0,0536
p; p	—	—	—	—	**− 0,12054**
p	—	—	—	—	− 0,03571
p	0,0936	—	—	—	− 0,06696
p	—	0,07369	—	—	− 0,04911
Q; $k=\frac{l^2-b^2-c^2}{l^2}$; 2c, b, a	—	—	—	—	**− 0,26786**
$k=\frac{l^2-b^2-c^2}{l^2}$; Q; $k_1=\frac{l^2-d^2-c^2}{l^2}$; 2c, d, b	—	—	—	—	$-\frac{Q}{56}(15\,b\,k-4\,d\,k_1)$
P, P, P, P	0,1044	0,0556	0,0556	0,1044	− 0,1339
P, P; B, C, D	**0,1343**	−0,0558	**0,1110**	−0,0335	− 0,0670
P, P, P	0,0973	0,0845	−0,0474	0,1317	**− 0,1507**
P, P	−0,0223	0,0794	0,0794	−0,0223	− 0,0446
P	—	—	—	—	− 0,0837
P; A, B, C, D, E	—	—	—	—	− 0,0614

durchlaufende Balken.

momente		Faktor	Auflagerkräfte					Faktor
M_C	M_D		A	B	C	D	E	
-0,0714	-0,1071	$g l^2$	0,3929	1,1429	0,9286	1,1429	0,3929	$g l$
-0,0357	-0,0536	$p l^2$	**0,4464**	0,5715	0,4642	0,5715	-0,0536	$p l$
-0,01786	-0,05804	$p l^2$	0,3795	**1,2232**	0,3571	0,5982	0,4420	$p l$
-0,10714	-0,03571	$p l^2$	-0,0357	0,4643	**1,1429**	0,4643	-0,0357	$p l$
0,01786	-0,00446	$p l^2$	0,4330	0,6518	-0,1071	0,0268	-0,0045	$p l$
-0,05357	0,01339	$p l^2$	-0,0491	0,5446	0,5714	-0,0803	0,0134	$p l$
0,07143	-0,01786	$Q b k$	—	—	—	—	—	—
$-\frac{Q}{14}(4 d k_1 - b k)$	$-\frac{M_C}{4}$	—	—	—	—	—	—	—
-0,0893	-0,1339	$P l$	0,3660	1,1786	0,9107	1,1786	0,3660	P
-0,0446	-0,0670	$P l$	**0,4330**	0,5893	0,4554	0,5893	-0,0670	P
-0,0223	-0,0725	$P l$	0,3493	**1,2790**	0,3214	0,6228	0,4275	P
-0,1339	-0,0446	$P l$	-0,0446	0,4553	**1,1786**	0,4553	-0,0446	P
0,0223	-0,0056	$P l$	0,4163	0,6897	-0,1339	0,0335	-0,0056	P
-0,0670	0,0167	$P l$	-0,0614	0,5558	0,5893	-0,1004	0,0167	P

Der über vier gleiche Felder

Belastungsfälle (Abb. 322 bis 332)	Feldmomente				Stützen-
	$\mathfrak{M}_1$	$\mathfrak{M}_2$	$\mathfrak{M}_3$	$\mathfrak{M}_4$	M_B
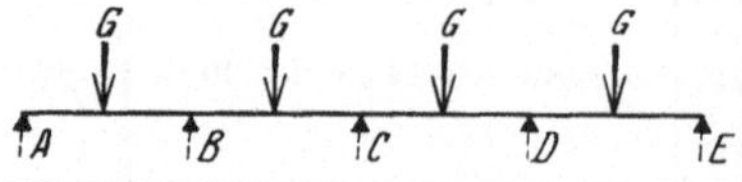 G G G G; A B C D E	0,1696	0,1161	0,1161	0,1696	−0,1607
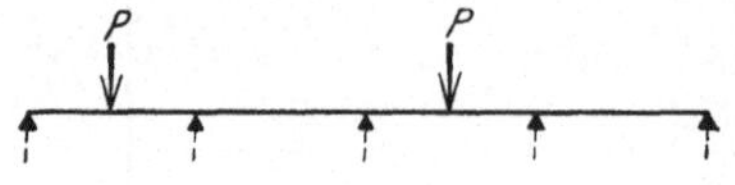 P P	**0,2098**	−0,0670	**0,1830**	−0,0402	−0,0804
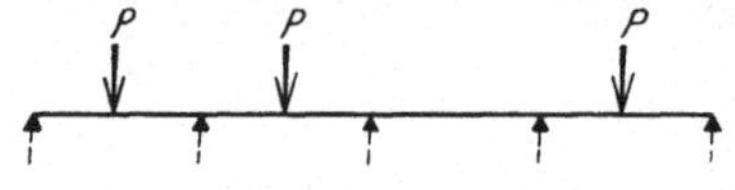 P P P	—	—	—	—	−**0,1808**
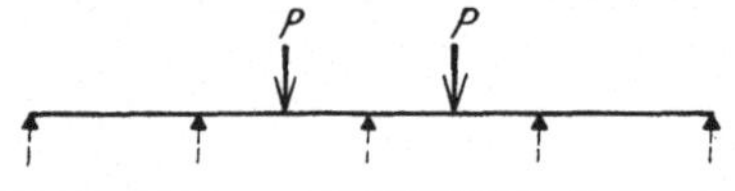 P P	—	—	—	—	−0,0536
 P	—	—	—	—	**−0,1004**
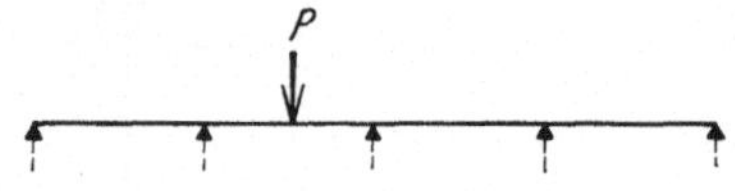 P	—	—	—	—	−0,0737
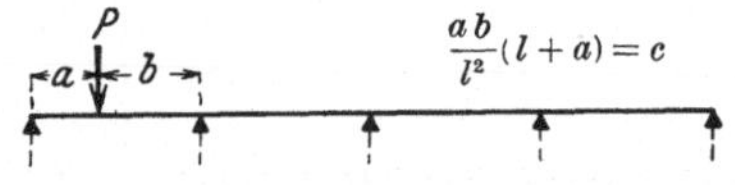 P; a b; $\frac{ab}{l^2}(l+a)=c$	—	—	—	—	−0,2679
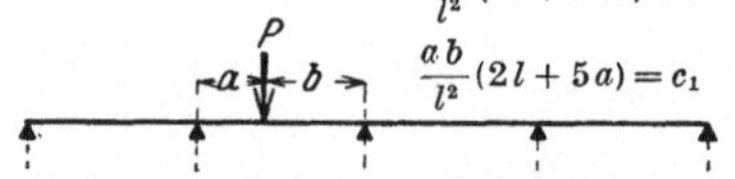 P; a b; $\frac{ab}{l^2}(7l+19b)=c$; $\frac{ab}{l^2}(2l+5a)=c_1$	—	—	—	—	$-\frac{Pc}{56}$
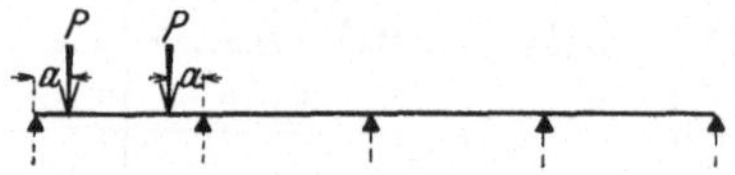 P P; a a	—	—	—	—	−0,8036
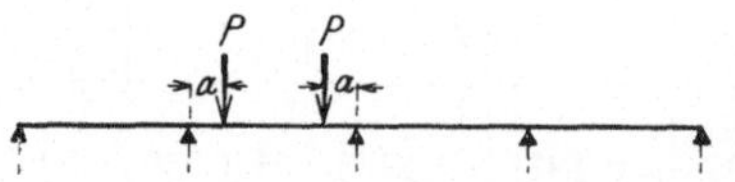 P P; a a	—	—	—	—	−0,5893
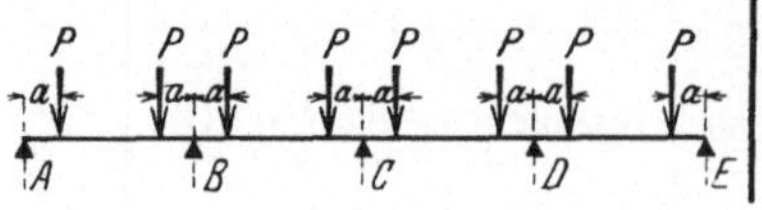 P P P P P P P P; a a a a a a a a; A B C D E	Aa	$0{,}5\,Ca + M_C$	$0{,}5\,Ca + M_C$	Ea	−1,2857

durchlaufende Balken.

momente		Faktor	Auflagerkräfte					Faktor
M_C	M_D		A	B	C	D	E	
−0,1071	−0,1607	Gl	0,3393	1,2143	0,8928	1,2143	0,3393	G
−0,0536	−0,0804	Pl	**0,4196**	0,6072	0,4464	0,6072	−0,0804	P
−0,0268	−0,0871	Pl	0,3192	**1,3348**	0,2857	0,6474	0,4129	P
−0,1607	−0,0536	Pl	−0,0536	0,4465	**1,2142**	0,4465	−0,0536	P
0,0268	−0,0067	Pl	0,3996	0,7276	−0,1607	0,0402	−0,0067	P
−0,0804	0,0201	Pl	−0,0737	0,5670	0,6072	−0,1206	0,0201	P
0,0714	−0,0179	Pc	—	—	—	—	—	—
$-\frac{Pc_1}{14}$	$-\frac{M_C}{4}$	—	—	—	—	—	—	—
0,2143	−0,0536	$\frac{Pa(l-a)}{l}$	—	—	—	—	—	—
−0,6429	0,1607	$\frac{Pa(l-a)}{l}$	—	—	—	—	—	—
−0,8571	−1,2857	$\frac{Pa(l-a)}{l}$	—	—	—	—	—	—

Der über vier gleiche Felder

Belastungsfälle (Abb. 333 bis 344)	Feldmomente				Stützen-
	$\mathfrak{M}_1$	$\mathfrak{M}_2$	$\mathfrak{M}_3$	$\mathfrak{M}_4$	M_B
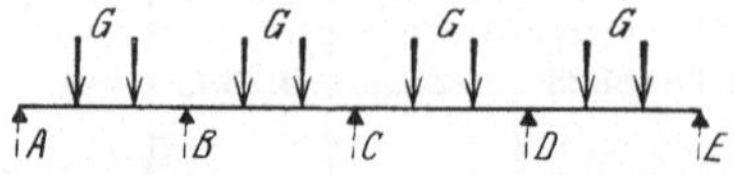 G G G G A B C D E	0,2381	0,1111	0,1111	0,2381	−0,2857
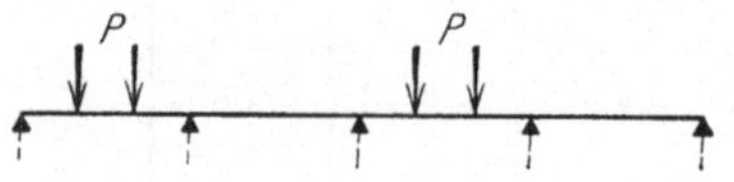 P P	**0,2857**	−0,1111	**0,2222**	−0,0476	−0,1429
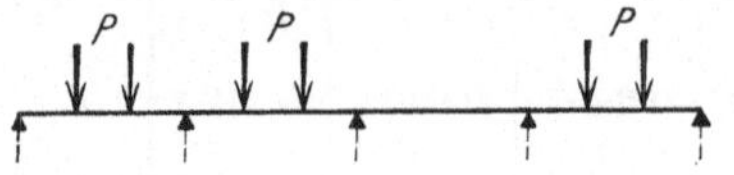 P P P	—	—	—	—	**−0,3214**
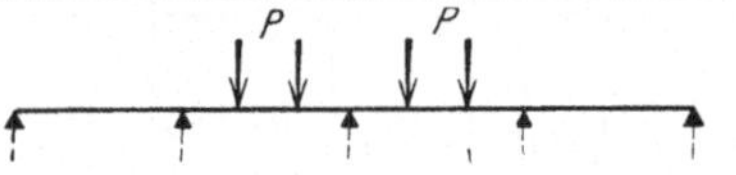 P P	—	—	—	—	−0,0952
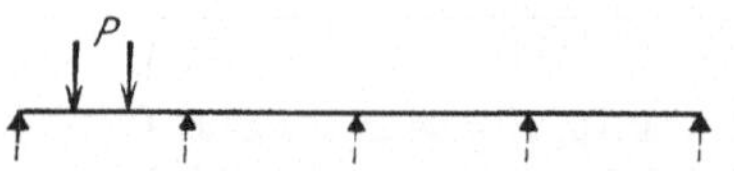 P	—	—	—	—	−0,1786
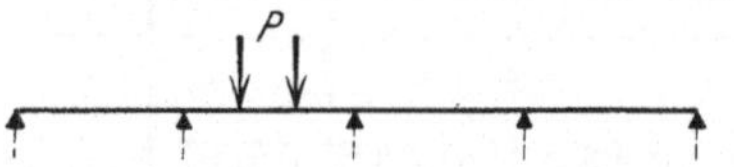 P	—	—	—	—	−0,1310
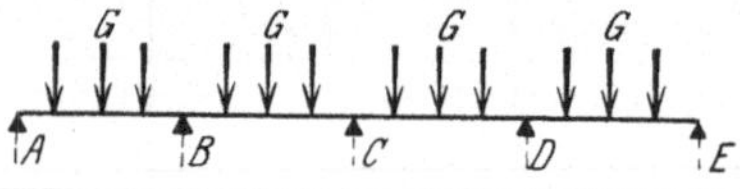 G G G G A B C D E	0,2991	0,1652	0,1652	0,2991	−0,4018
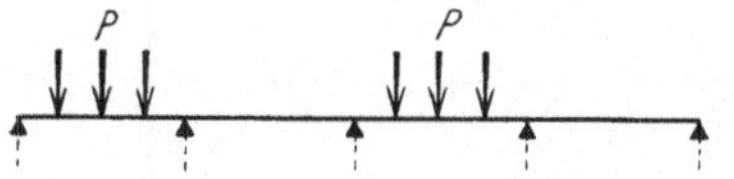 P P	**0,3996**	−0,1674	**0,3326**	−0,1004	−0,2009
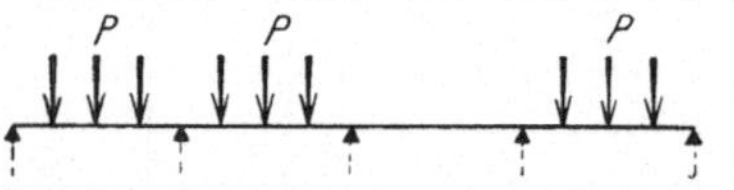 P P P	—	—	—	—	**−0,4520**
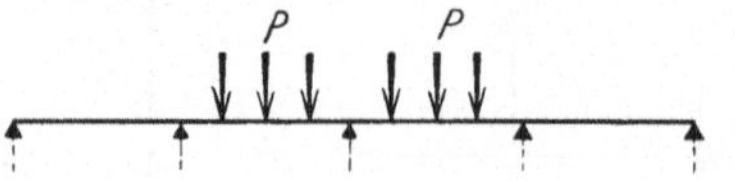 P P	—	—	—	—	−0,1339
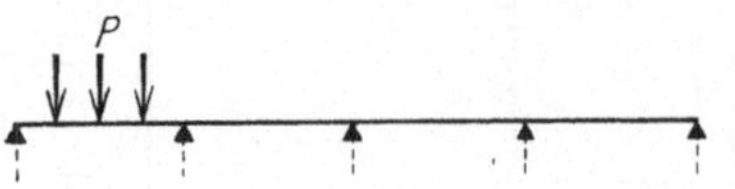 P	—	—	—	—	−0,2511
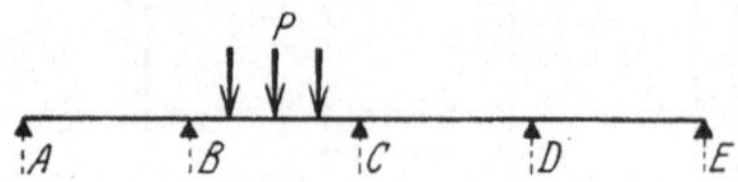 P A B C D E	—	—	—	—	−0,1842

durchlaufende Balken.

momente		Faktor	Auflagerkräfte					Faktor
M_C	M_D		A	B	C	D	E	
−0,1905	−0,2857	Gl	0,7143	2,3810	1,8094	2,3810	0,7143	G
−0,0952	−0,1429	Pl	**0,8571**	1,1905	0,9048	1,1905	−0,1429	P
−0,0476	−0,1548	Pl	0,6786	**2,5952**	0,6191	1,2619	0,8452	P
−0,2857	−0,0952	Pl	−0,0952	0,9047	**2,3810**	0,9047	−0,0952	P
0,0476	−0,0119	Pl	0,8214	1,4048	−0,2857	0,0714	−0,0119	P
−0,1429	0,0357	Pl	−0,1310	1,1190	1,1905	−0,2142	0,0357	P
−0,2679	−0,4018	Gl	1,0982	3,5357	2,7322	3,5357	1,0982	G
−0,1339	−0,2009	Pl	**1,2991**	1,7679	1,3661	1,7679	−0,2010	P
·0,0670	−0,2176	Pl	1,049	**3,837**	0,964	1,868	1.282	P
−0,4018	−0,1339	Pl	−0,1339	1,3661	**3,5356**	1,3661	−0,1339	P
0,0670	−0,0167	Pl	1,2489	2,0692	−0,4018	0,1004	−0,0167	P
−0,2009	0,0502	Pl	−0,1842	1,6675	1,7678	−0,3013	0,0502	P

Der über fünf gleiche Felder

Belastungsfälle (Abb. 345 bis 355)	Feldmomente $\mathfrak{M}_1$ u. $\mathfrak{M}_5$	$\mathfrak{M}_2$ u. $\mathfrak{M}_4$	$\mathfrak{M}_3$	Stützen- M_B	M_C
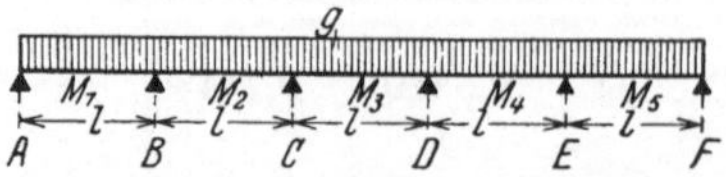 g; M_1 M_2 M_3 M_4 M_5; l l l l l; A B C D E F	0,0779	0,0332	0,0461	−0,1053	−0,0789
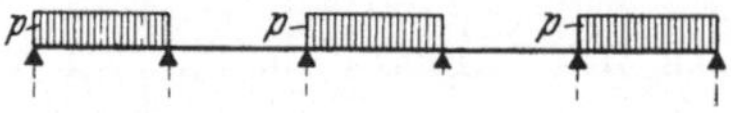 p p p	**0,1001**	−0,0461	**0,0855**	−0,0526	−0,0395
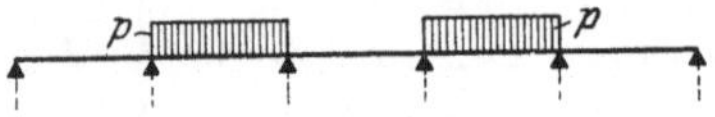 p p	−0,0263	**0,0790**	−0,0395	−0,0526	−0,0395
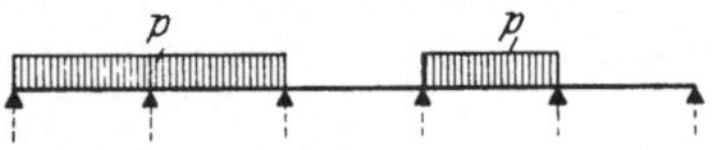 p p	0,0723 −0,0257	0,0592 0,0772	−0,0329	−**0,1196**	−0,0215
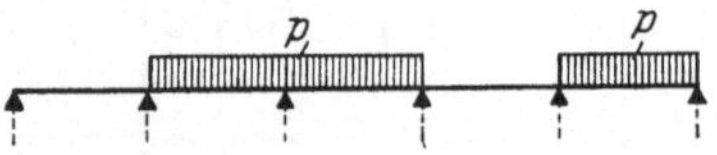 p p	−0,0173 0,0979	0,0550 −0,3887	0,0633	−0,0347	−**0,1112**
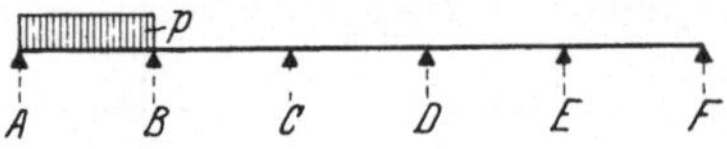 p; A B C D E F	0,0937 0,0006	—	—	$-\frac{14}{209}$	$-\frac{15}{56} M_B$
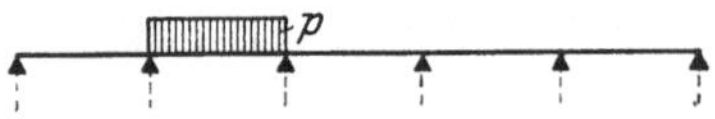 p	—	—	—	−0,0490	−0,0538
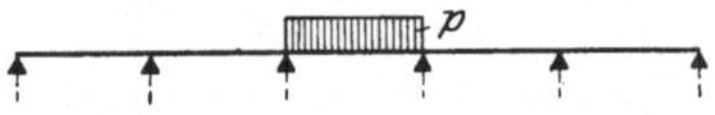 p	—	—	—	$+\frac{1}{76}$	$-\frac{1}{19}$
 2c P; b; $k = \frac{l^2 - b^2 - c^2}{l^2}$	—	—	—	−0,2679	0,0718
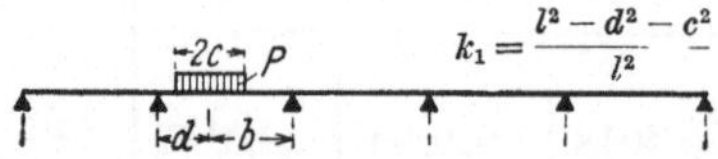 2c P; d b; $k = \frac{l^2 - b^2 - c^2}{l^2}$; $k_1 = \frac{l^2 - d^2 - c^2}{l^2}$	—	—	—	—	—
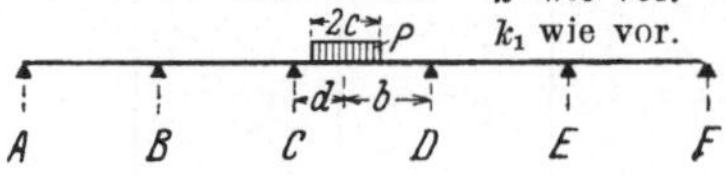 2c P; d b; k wie vor. k_1 wie vor.; A B C D E F	—	—	—	—	—

durchlaufende Balken.

momente		Faktor	Auflagerkräfte						Faktor
M_D	M_E		A	B	C	D	E	F	
-0,0789	-0,1053	gl^2	0,3947	1,1316	0,9737	0,9737	1,1316	0,3947	gl
-0,0395	-0,0526	pl^2	**0,4474**	0,5658	0,4868	0,4868	0,5658	**0,4474**	pl
-0,0395	-0,0526	pl^2	-0,0526	0,5658	0,4868	0,4868	0,5658	-0,0526	pl
-0,0443	-0,0514	pl^2	0,3804	**1,2177**	0,3792	0,5156	0,5586	-0,0514	pl
-0,0203	-0,0574	pl^2	-0,0347	0,4581	**1,1675**	0,3720	0,5945	0,4426	pl
$\frac{M_B}{14}$	$-\frac{M_B}{56}$	pl^2	0,4330	0,6519	-0,1076	0,0287	-0,0072	0,0012	pl
0,0144	-0,0036	pl^2	-0,0490	0,5442	0,5730	-0,0862	0,0216	-0,0036	pl
$-\frac{1}{19}$	$+\frac{1}{76}$	pl^2	0,0132	-0,0789	0,5657	0,5657	-0,0789	0,0132	pl
-0,0191	0,0048	Pbk	—	—	—	—	—	—	—
$M_B = -\frac{P}{209}(56\,bk - 15\,dk_1)$. $M_C = -\frac{15\,P}{209}(4\,dk_1 - bk)$. $M_D = -\frac{4}{15}M_C$. $M_E = \frac{M_C}{15}$.				—	—	—	—	—	—
$M_C = -\frac{4\,P}{209}(15\,bk - 4\,dk_1)$. $M_D = -\frac{4\,P}{209}(15\,dk_1 - 4\,bk)$. $M_B = -\frac{M_C}{4}$. $M_E = -\frac{M_D}{4}$.				—	—	—	—	—	—

Der über fünf gleiche Felder

Belastungsfälle (Abb. 356 bis 366)	Feldmomente			Stützen-	
	$\mathfrak{M}_1$ u. $\mathfrak{M}_5$	$\mathfrak{M}_2$ u. $\mathfrak{M}_4$	$\mathfrak{M}_3$	M_B	M_C
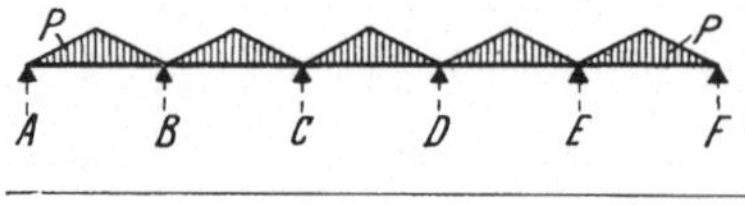	0,1054	0,0518	0,0680	−0,1316	−0,0987
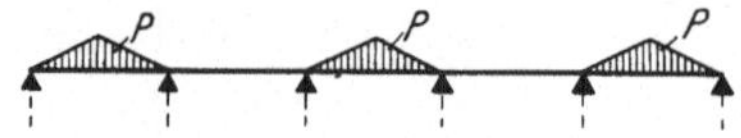	**0,1349**	−0,0576	**0,1173**	−0,0658	−0,0493
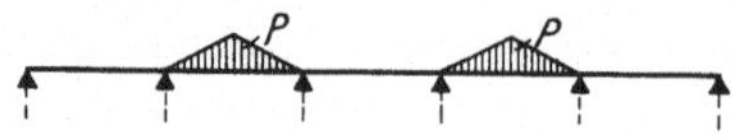	−0,0329	**0,1092**	−0,0493	−0,0658	−0,0493
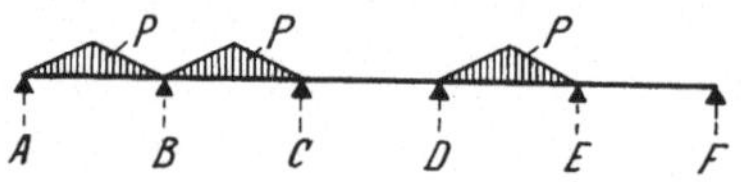	0,0978 −0,0321	0,0824 0,1069	−0,0411	**−0,1495**	−0,0269
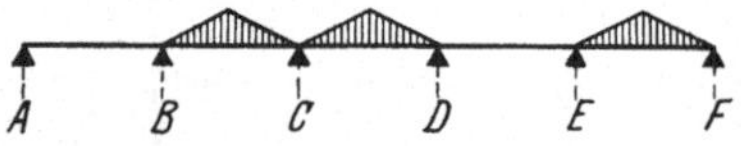	−0,0217 0,1321	0,0777 −0,0486	0,0878	−0,0434	**−0,1391**
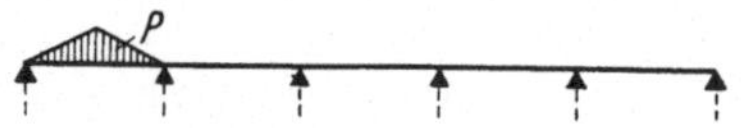	—	—	—	−0,0837	0,0224
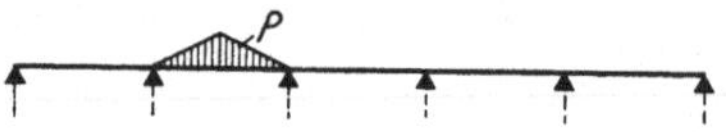	—	—	—	−0,0613	−0,0673
	—	—	—	0,0164	−0,0658
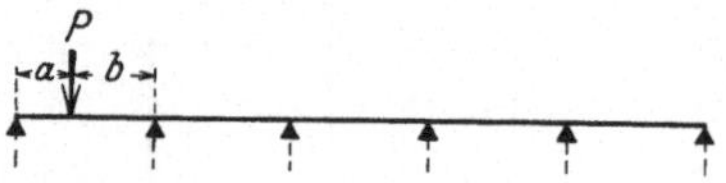	$A a$	—	—	−0,2679	0,0718
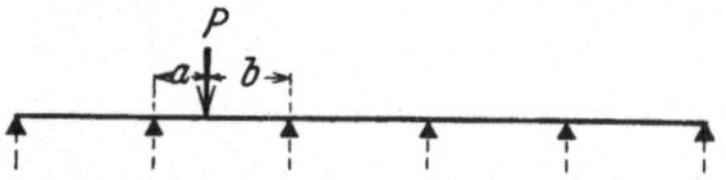	—	—	—	—	—
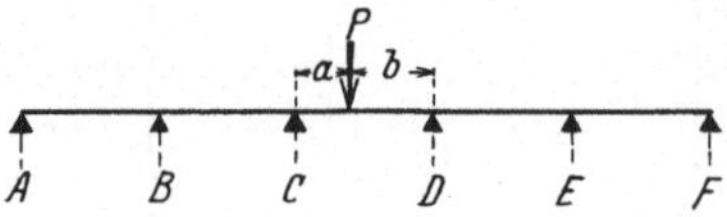	—	—	—	—	—

durchlaufende Balken.

momente		Faktor	Auflagerkräfte						Faktor
M_D	M_E		A	B	C	D	E	F	
-0,0987	-0,1316	Pl	0,3648	1,1645	0,9671	0,9671	1,1645	0,3684	P
-0,0493	-0,0658	Pl	**0,4342**	0,5822	0,4836	0,4836	0,5822	**0,4342**	P
-0,0493	-0,0658	Pl	-0,0658	0,5822	0,4836	0,4836	0,5832	-0,0658	P
-0,0553	-0,0643	Pl	0,3505	**1,2721**	0,3490	0,5194	0,5733	-0,0643	P
-0,0254	-0,0718	Pl	-0,0433	0,4477	**1,2093**	0,3400	0,6181	0,4282	P
-0,0060	0,0015	Pl	0,4163	0,6898	-0,1345	0,0359	-0,0090	0,0015	P
0,0179	-0,0045	Pl	-0,0613	0,5553	0,5912	-0,1076	0,0269	-0,0045	P
-0,0658	0,0164	Pl	0,0164	-0,0986	0,5822	0,5822	-0,0986	0,0164	P
-0,0191	0,0048	$\frac{Pab(l+a)}{l^2}$	—	—	—	—	—	—	—
$M_B = \frac{Pab}{209} \cdot \frac{26l+71b}{l^2}$. $M_C = \frac{15Pab}{209} \cdot \frac{2l+5a}{l^2}$. $M_D = \frac{4}{15} M_C$. $M_E = \frac{1}{15} M_C$.				—	--	—	—	—	—
$M_C = \frac{4Pab}{209 l^2}(7l+19b)$. $M_D = \frac{4Pab}{209 l^2}(7l+19a)$. $M_B = \frac{M_C}{4}$. $M_E = \frac{M_D}{4}$.				—	—	—	—	—	—

Der über fünf gleiche Felder

Belastungsfälle (Abb. 367 bis 377)	Feldmomente			Stützen-		
	$\mathfrak{M}_1$ u. $\mathfrak{M}_5$	$\mathfrak{M}_2$ u. $\mathfrak{M}_4$	$\mathfrak{M}_3$	M_B	M_C	M_D
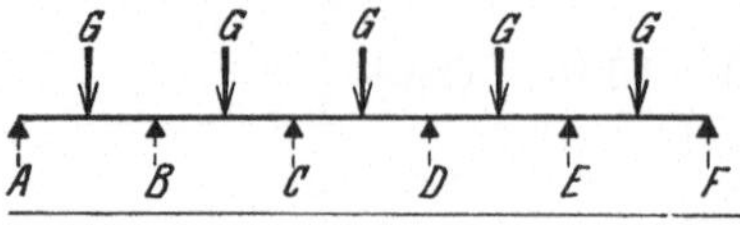 G G G G G A B C D E F	0,1711	0,1118	0,1316	−0,1579	−0,1184	−0,1184
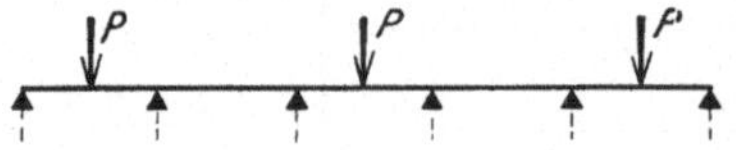 P P P	**0,2105**	−0,0691	**0,1908**	−0,0789	−0,0592	−0,0592
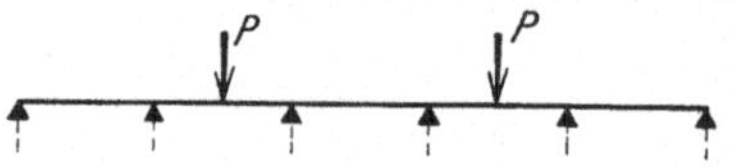 P P	−0,0395	**0,1809**	−0,0592	−0,0789	−0,0592	−0,0592
 P P P	0,1603 −0,0386	0,1441 0,1782	−0,0493	**−0,1794**	−0,0323	−0,0656
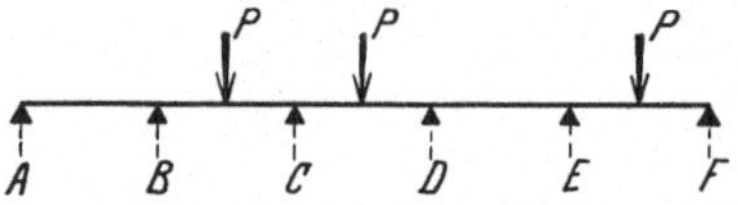 P P P A B C D E F	−0,0260 0,2069	0,1406 −0,0583	0,1513	−0,0520	**−0,1669**	−0,0305
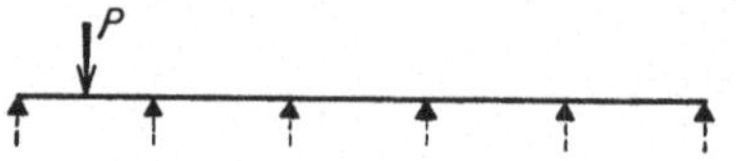 P	0,1998 0,0009	—	—	−0,1005	0,0269	−0,0072
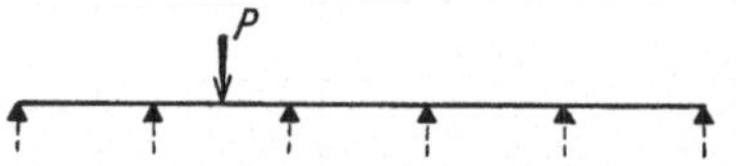 P	—	—	—	−0,0736	−0,0807	0,0215
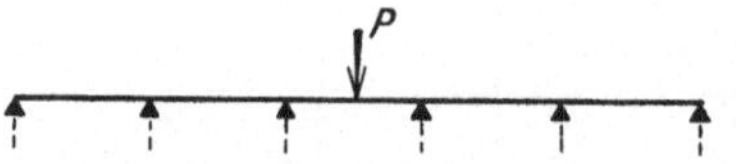 P	—	—	—	0,0197	−0,0789	−0,0789
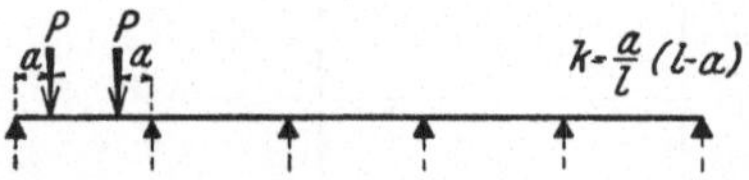 P P a a $k=\frac{a}{l}(l-a)$	$\frac{a}{l}(P\,l+M_B)$ $=\frac{Pa}{l}(l-0{,}8\,k)$	—	—	−0,8038	0,2153	−0,0574
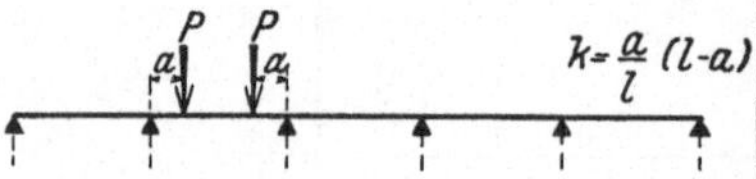 P P a a $k=\frac{a}{l}(l-a)$	—	—	—	−0,5885	−0,6459	0,1722
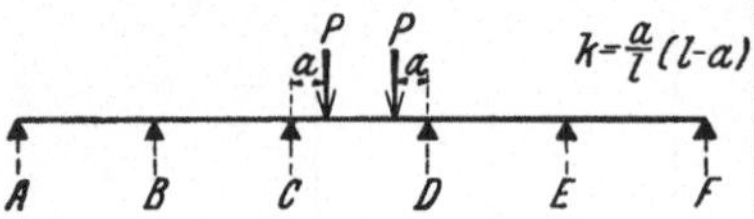 P P a a $k=\frac{a}{l}(l-a)$ A B C D E F	—	—	M_C+Pa	0,1579	−0,6316	−0,6316

durchlaufende Balken.

momente	Faktor	Auflagerkräfte						Faktor
M_E		A	B	C	D	E	F	
−0,1579	Gl	0,3421	1,1974	0,9605	0,9605	1,1974	0,3421	G
−0,0789	Pl	**0,4210**	0,5987	0,4803	0,4803	0,5987	**0,4210**	P
−0,0789	Pl	−0,0789	0,5987	0,4802	0,4802	0,5987	−0,0789	P
−0,0772	Pl	0,3206	**1,3266**	0,3188	0,5233	0,5879	−0,0772	P
−0,0861	Pl	−0,0520	0,4372	**1,2512**	0,3080	0,6417	0,4139	P
0,0018	Pl	0,3995	0,7279	−0,1615	0,0431	−0,0108	0,0018	P
−0,0053	Pl	−0,0736	0,5665	0,6093	−0,1290	0,0321	−0,0053	P
0,0197	Pl	0,0197	−0,1183	0,5986	0,5986	−0,1183	0,0197	P
0,0144	Pk	$P-0{,}8038\frac{Pk}{l}$	$1{,}8229\frac{Pk}{l}$	$-1{,}2918\frac{Pk}{l}$	$0{,}3445\frac{Pk}{l}$	$-0{,}0862\frac{Pk}{l}$	$0{,}0144\frac{Pk}{l}$	—
−0,0431	Pk	$-0{,}5885\frac{Pk}{l}$	$P+0{,}5311\frac{Pk}{l}$	$P+0{,}8755\frac{Pk}{l}$	$-1{,}0334\frac{Pk}{l}$	$0{,}2584\frac{Pk}{l}$	$-0{,}0431\frac{Pk}{l}$	—
0,1579	Pk	$0{,}1579\frac{Pk}{l}$	$-0{,}9474\frac{Pk}{l}$	$P+0{,}7895\frac{Pk}{l}$	$P+0{,}7895\frac{Pk}{l}$	$-0{,}9474\frac{Pk}{l}$	$0{,}1579\frac{Pk}{l}$	—

Der über fünf gleiche Felder

Belastungsfälle (Abb. 378 bis 385)	Feldmomente $\mathfrak{M}_1$ u. $\mathfrak{M}_5$	$\mathfrak{M}_2$ u. $\mathfrak{M}_4$	$\mathfrak{M}_3$	Stützen- M_B	M_C
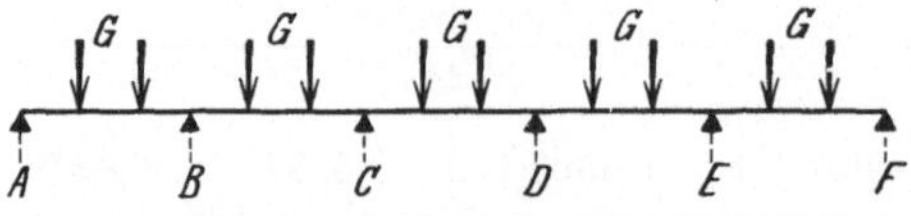 G G G G G; A B C D E F	0,2398	0,0994	0,1228	−0,2807	−0,2105
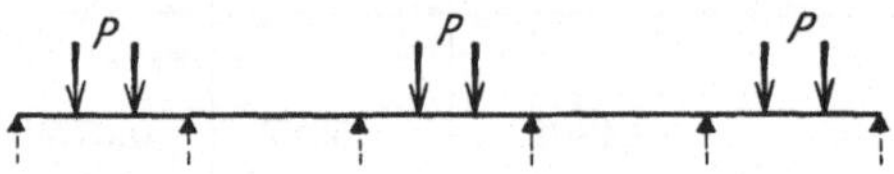 P P P	**0,2866**	−0,1170	**0,2281**	−0,1404	−0,1053
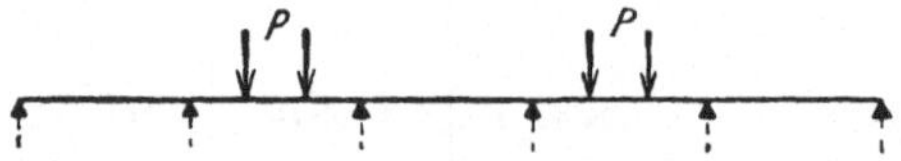 P P	−0,0468	**0,2164**	−0,1053	−0,1404	−0,1053
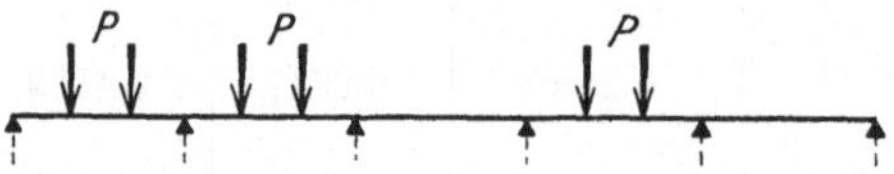 P P P	0,2270 −0,0457	0,1887 0,2089	−0,0776	**−0,3190**	−0,0574
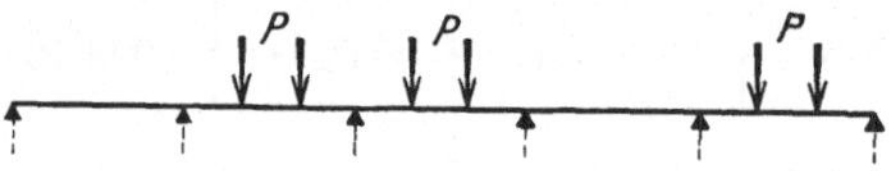 P P P	—	—	—	−0,0925	**−0,2967**
 P	—	—	—	−0,1679	0,0478
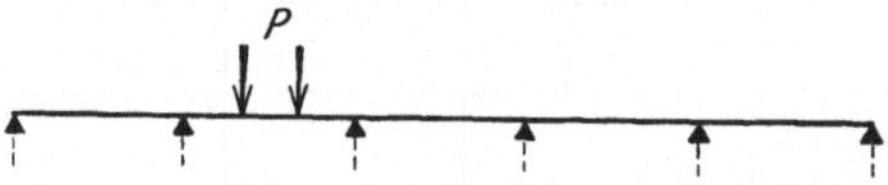 P	—	—	—	−0,1308	−0,1435
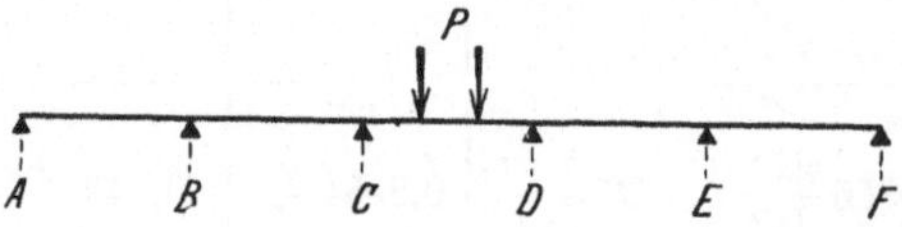 P; A B C D E F	—	—	0,193	0,0351	−0,1404

durchlaufende Balken.

momente		Faktor	Auflagerkräfte						Faktor
M_D	M_E		A	B	C	D	E	F	
−0,2105	−0,2807	Gl	0,7193	2,3509	1,9298	1,9298	2,3509	0,7193	G
−0,1053	−0,1404	Pl	**0,8596**	1,1755	0,9649	0,9649	1,1755	**0,8596**	P
−0,1053	−0,1404	Pl	−0,1404	1,1755	0,9649	0,9649	1,1755	−0,1404	P
−0,1180	−0,1372	Pl	0,6810	**2,5805**	0,6778	1,0415	1,1563	−0,1371	P
−0,0542	−0,1531	Pl	−0,0925	0,8883	**2,4466**	0,6587	1,2520	0,8469	P
−0,0128	0,0032	Pl	0,8321	1,3836	−0,2763	0,0766	−0,0192	0,0032	P
0,0383	−0,0096	Pl	−0,1308	1,1180	1,1946	−0,2298	0,0574	−0,0094	P
−0,1404	0,0351	Pl	0,0351	−0,2106	1,1755	1,1755	−0,2106	0,0351	P

Der über fünf gleiche Felder

Belastungsfälle (Abb. 386 bis 393)	Feldmomente			Stützen-	
	$\mathfrak{M}_1$ u. $\mathfrak{M}_5$	$\mathfrak{M}_2$ u. $\mathfrak{M}_4$	$\mathfrak{M}_3$	M_B	M_C
	0,3026	0,1546	0,2039	−0,3947	−0,2961
	0,4013	−0,1727	**0,3520**	−0,1974	−0,1480
	−0,0987	**0,3272**	−0,1480	−0,1974	−0,1480
	—	—	—	**−0,4486**	−0,0807
	—	—	—	−0,1301	**−0,4172**
	—	—	—	−0,2512	0,0673
	—	—	—	−0,1839	−0,2019
	—	—	—	0,0493	−0,1974

durchlaufende Balken.

momente		Faktor	Auflagerkräfte						Faktor
M_D	M_E		A	B	C	D	E	F	
−0,2961	−0,3947	Gl	1,1053	3,4934	2,9013	2,9013	3,4934	1,1053	G
−0,1480	−0,1974	Pl	1,3026	1,7467	1,4507	1,4507	1,7467	1,3026	P
−0,1480	−0,1974	Pl	−0,1974	1,7467	1,4507	1,4507	1,7467	−0,1974	P
−0,1660	−0,1929	Pl	1,0514	3,8164	1,0470	1,5583	1,7198	−0,1929	P
−0,0763	−0,2153	Pl	−0,1301	1,3430	3,6280	1,0200	1,8544	1,2847	P
−0,0179	0,0045	Pl	1,2488	2,0697	−0,4037	0,1076	−0,0269	0,0045	P
0,0538	−0,0135	Pl	−0,1839	1,6659	1,7737	−0,3230	0,0808	−0,0135	P
−0,1974	0,0493	Pl	0,0493	−0,2960	1,2467	1,2467	−0,2960	0,0493	P

Anhang.

Die Durchbiegung von Trägern.

Die auf den folgenden Seiten angegebenen Formeln sollen ein Hilfsmittel sein, um die Durchbiegungen von Trägern aus Baustahl mit $E = 21 \cdot 10^5$ für größere Stützweiten schnell bestimmen zu können. Alle Lasten sind in t bzw. in t pro m und alle Längen in m einzusetzen. Die Durchbiegung $f = y_{max}$ ergibt sich in cm. Die Zahl n ist der Quotient aus $l_{cm} : f$. Dieser ist für Träger größerer Stützweiten in manchen Ländern durch baupolizeiliche Vorschriften festgesetzt, z. B. in Sachsen auf 600 und in Hamburg für verschiedene Fälle auf 300, 500 und 600.

Für Holz mit $E = 10^5$ sind die Tabellenwerte mit 21 und für Eisenbeton mit 10 zu multiplizieren.

Zur Erläuterung sei ein Beispiel gerechnet:

Beispiel. Ein Träger mit 8,00 m Stützlänge ist mit 500 kg/m, d. i. mit 4000 kg gleichmäßig und in den Fünftelpunkten mit 4 Einzellasten von je 3200 kg belastet. Der Träger ist zu berechnen unter der Annahme von $\sigma_{zul.} = 1400$ kg/cm² und $f = \sim \frac{l}{500}$.

Lösung. Erforderlich ist: $W = \frac{4000 \cdot 800}{8 \cdot 1400} + \frac{3200 \cdot 3 \cdot 800}{5 \cdot 1400} = 1383$ cm³.

$$J = \frac{125}{2016} \cdot Q l^2 n + \frac{3 P l^2 n}{10}$$

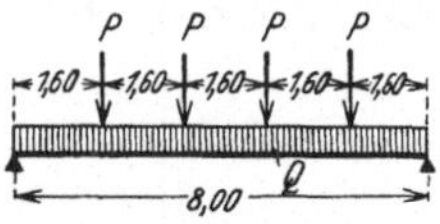

P P P P
1,60 1,60 1,60 1,60 1,60
Q
8,00

Abb. 394.

$$\text{d. i.}\quad J = 8^2 \cdot 500 \left(\frac{125 \cdot 4{,}0}{2016} + \frac{3 \cdot 3{,}2}{10} \right) \text{cm}^4.$$

$$J = 32000\,(0{,}248 + 0{,}960)\ \text{cm}^4$$

$$J = 32000 \cdot 1{,}208 = 38656\ \text{cm}^4.$$

Mit der Wahl eines Normalprofils I $42\frac{1}{2}$ ($W = 1740$ cm³, $J = 36970$ cm⁴) oder eines Peiner Breitflansch-Trägers I 34 ($W = 2170$ cm³, $J = 36940$ cm⁴) können die gestellten Forderungen als erfüllt angesehen werden.

$$n = \frac{36940}{1{,}208 \cdot 8^2} = 478.$$

Durchbiegung.

Lasten in t. f in cm. Längen in m.

Belastungsfall (Abb. 395 bis 401)	Durchbiegung f in cm	Biegungsmoment	Für $E = 2\,100\,000$ kg/cm² ist f in cm	J_{erf} in cm⁴	Bemerkungen
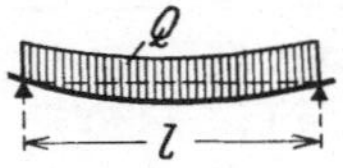	$\frac{5\cdot 10^9}{384}\cdot\frac{Q l^3}{E J}$	$\frac{Q l}{8}$	$\frac{3125}{504}\cdot\frac{Q l^3}{J}$	$\frac{125\,n}{2016}\,Q\,l^2$	Biegelinie: $y = \frac{10^9 Q x}{24\,E J l}(l^3 - 2\,l\,x^2 + x^3)$
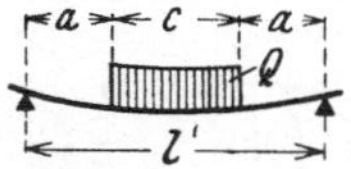	$\frac{10^9}{384}\cdot\frac{Q k}{E J}$	$\frac{Q\,(2\,l - c)}{8}$	$\frac{625}{504}\cdot\frac{Q k}{J}$	$\frac{25\,n}{2016}\cdot\frac{Q k}{l}$	$k = l^2\,(5\,l + 6\,a) + 4\,a\,c\,(l + a)$
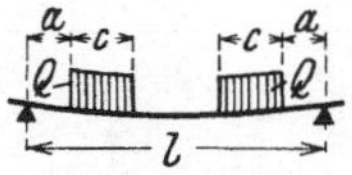	$\frac{10^9}{24}\cdot\frac{Q k}{E J}$	$\frac{Q}{2}\,(2\,a + c)$	$\frac{1250}{63}\cdot\frac{Q k}{J}$	$\frac{25\,n}{126}\cdot\frac{Q k}{l}$	$d = a + c$ $k = (a + d)\,(1{,}5\,l^2 - a^2 - d^2)$
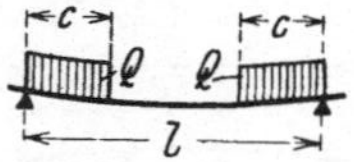	$\frac{10^9}{48}\cdot\frac{Q k}{E J}$	$\frac{Q c}{2}$	$\frac{625}{63}\cdot\frac{Q k}{J}$	$\frac{25\,n}{252}\cdot\frac{Q k}{l}$	$k = c\,(3\,l^2 - 2\,c^2)$
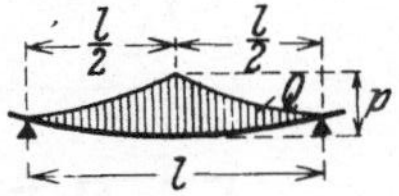	$\frac{10^8}{6}\cdot\frac{Q l^3}{E J}$	$\frac{Q l}{6}$	$\frac{500}{63}\cdot\frac{Q l^3}{J}$	$\frac{5}{63}\,n\,Q\,l^2$	Biegelinie: $y = \frac{10^9 Q x}{12\,l^2 E J}(0{,}625\,l^4 - l^2 x^2 - x^4)$
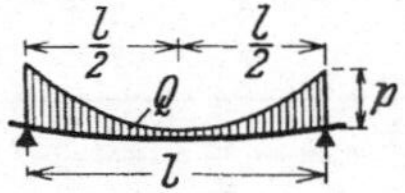	$\frac{3\cdot 10^8}{32}\cdot\frac{Q l^3}{E J}$	$\frac{Q l}{12}$	$\frac{125}{28}\cdot\frac{Q l^3}{J}$	$\frac{5}{112}\,n\,Q\,l^2$	Biegelinie: $y = \frac{10^9 Q x}{12\,l^2 E J}(0{,}375\,l^4 - l^2 x^2 + l\,x^3 - 0{,}4\,x^4)$
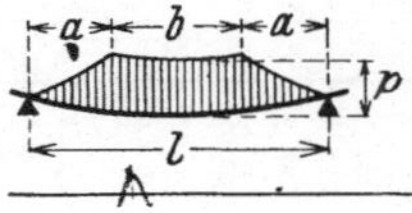	$\frac{10^8}{192}\cdot\frac{p k}{E J}$	$\frac{p}{24}\,(3\,l^2 - 4\,a^2)$	$\frac{125}{504}\cdot\frac{p k}{J}$	$\frac{5}{2016}\cdot\frac{n\,p\,k}{l}$	$k = 25\,l^4 - 8\,a^2\,(5\,l^2 - 2\,a^2)$

y ist der Abstand der Balkenachse von der Wagerechten durch die Auflagerpunkte.

Lasten in t. Durchbiegung. f in cm. Längen in m.

Belastungsfall (Abb. 402 bis 415)	Durchbiegung f in cm	Biegungsmoment	Für $E = 2\,100\,000$ kg/cm² ist f in cm	Für $E = 2\,100\,000$ kg/cm² ist J_{erf} in cm⁴	Bemerkungen
	$13 \cdot 10^6 \frac{Q l^3}{E J}$	$\frac{Q l}{7{,}794}$	$\frac{130}{21} \cdot \frac{Q l^3}{J}$	$\frac{13}{210} n Q l^2$	Biegelinie: $y = \frac{10^8 Q x}{18 l^2 E J}(7 l^4 + 3 x^4 - 10 l^2 x^2)$ x von links.
	$\frac{10^9}{24} \cdot \frac{P k}{E J}$	$P a$	$\frac{1250}{63} \cdot \frac{P k}{J}$	$\frac{25}{126} \cdot \frac{n P k}{l}$	$k = a(3 l^2 - 4 a^2)$
	$\frac{23 \cdot 10^9}{648} \cdot \frac{P l^3}{E J}$	$\frac{P l}{3}$	$\frac{23 \cdot 10^4}{13\,608} \cdot \frac{P l^3}{J}$	$\frac{23 \cdot 10^2}{13\,608} n P l^2$	$x = 0{,}5\, l$
	$\frac{11 \cdot 10^9}{384} \cdot \frac{P l^3}{E J}$	$\frac{P l}{4}$	$\frac{6875}{504} \cdot \frac{P l^3}{J}$	$\frac{275}{216} n P l^2$	$x = 0{,}5\, l$
	$\frac{19 \cdot 10^9}{384} \cdot \frac{P l^3}{E J}$	$\frac{P l}{2}$	$\frac{19 \cdot 10^4}{21 \cdot 384} \cdot \frac{P l^3}{J}$	$\frac{475}{2016} n P l^2$	$x = 0{,}5\, l$
	$63 \cdot 10^6 \frac{P l^3}{E J}$	$\frac{3 P l}{5}$	$\frac{30 P l^3}{J}$	$\frac{3}{10} n P l^2$	$x = 0{,}5\, l$
	$\frac{11 \cdot 10^9}{144} \cdot \frac{P l^3}{E J}$	$\frac{3 P l}{4}$	$\frac{11 \cdot 10^4}{3024} \cdot \frac{P l^3}{J}$	$\frac{275}{756} n P l^2$	$x = 0{,}5\, l$

P; $\frac{l}{2}$, $\frac{l}{2}$; l	$\frac{10^9}{48} \cdot \frac{P l^3}{E J}$	$\frac{P l}{4}$	$\frac{625}{63} \cdot \frac{P l^3}{J}$	$\frac{25}{252} n P l^2$	Biegelinie: $y = \frac{10^9 P x}{48 E J} (3 l^2 - 4 x^2)$
P; $0{,}4 l$, $0{,}6 l$; l	$\frac{224 \cdot 10^5 \sqrt{7}}{3} \cdot \frac{P l^3}{E J}$	$0{,}24 P l$	$9{,}41 \frac{P l^3}{J}$	$0{,}0941 n P l^2$	$x = 0{,}471 l$ von A
P; $0{,}3 l$, $0{,}7 l$; l	$\frac{637 \cdot 10^5}{3} \sqrt{\frac{13}{21}} \cdot \frac{P l^3}{E J}$	$0{,}21 P l$	$7{,}96 \frac{P l^3}{J}$	$0{,}0796 n P l^2$	$x = 0{,}449 l$ von A
P; $0{,}2 l$, $0{,}8 l$; l	$\frac{256 \cdot 10^5 \sqrt{2}}{3} \cdot \frac{P l^3}{E J}$	$0{,}16 P l$	$5{,}75 \frac{P l^3}{J}$	$0{,}0575 n P l^2$	$x = 0{,}434 l$ von A
P; $0{,}1 l$, $0{,}9 l$; l	$33 \cdot 10^5 \sqrt{\frac{11}{3}} \cdot \frac{P l^3}{E J}$	$0{,}09 P l$	$3{,}01 \frac{P l^3}{J}$	$0{,}0301 n P l^2$	$x = 0{,}426 l$ von A
P; a, b; x, l, x_1	$\frac{10^9}{3} \cdot \frac{P a^2 b^2}{l E J}$	$\frac{P a b}{l}$	$\frac{10^4}{63} \cdot \frac{P a^2 b^2}{l J}$	$\frac{100}{63} \cdot \frac{P a^2 b^2 n}{l^2}$	Für a: $y = \frac{10^9 P b}{6 E J l} (a^2 x + 2 a b x - x^3)$ Für b: $y_1 = \frac{10^9 P a}{6 E J l} (b^2 x_1 + 2 a b x_1 - x_1^3)$ Wenn $a < b$: $x_m = a \sqrt{\frac{l + b}{3 a}}$
Q; l	$\frac{10^9}{384} \cdot \frac{Q l^3}{E J}$	$-\frac{Q l}{12}$ bzw. $+\frac{Q l}{24}$	$\frac{625}{504} \cdot \frac{Q l^3}{J}$	$\frac{6{,}25}{504} n Q l^2$	Biegelinie: $y = \frac{10^9 Q}{24 l E J} (l^2 x^2 + x^4 - 2 l x^3)$

y ist der Abstand der Balkenachse von der Wagerechten durch die Auflagerpunkte.

Lasten in t. Durchbiegung. f in cm. Längen in m.

Belastungsfall (Abb. 416 bis 429)	Durchbiegung f in cm	Biegungs-moment	Für $E = 2100000$ kg/cm² ist f in cm	Für $E = 2100000$ kg/cm² ist J_{erf} in cm⁴	Bemerkungen
	$\frac{10^9}{384} \cdot \frac{Q\,k}{E\,J}$	siehe Seite 232	$\frac{625}{504} \cdot \frac{Q\,k}{J}$	$\frac{6{,}25}{504} \cdot \frac{n\,Q\,k}{l}$	$k = l^3 + 2\,a\,l^2 + 4\,a^2\,c$
	$\frac{10^9}{96} \cdot \frac{Q\,k}{E\,J}$	siehe Seite 233	$\frac{625}{126} \cdot \frac{Q\,k}{J}$	$\frac{6{,}25}{126} \cdot \frac{n\,Q\,k}{l}$	$k = 3\,a\,l^2 + 4\,c^2\,(a + c + d) - a\,(4\,a^2 + 3\,d^2)$
	$\frac{10^9}{24} \cdot \frac{Q\,c^2\,(c + d)}{E\,J}$	siehe Seite 232	$\frac{1250}{63} \cdot \frac{Q\,c^2\,(c + d)}{J}$	$\frac{12{,}5}{63} \cdot \frac{n\,Q\,c^2\,(c + d)}{l}$	$x = 0{,}5\,l$
	$\frac{7 \cdot 10^8}{192} \cdot \frac{Q\,l^3}{E\,J}$	$-\frac{5}{48}\,Q\,l$ bzw. $+\frac{Q\,l}{16}$	$\frac{125}{72} \cdot \frac{Q\,l^3}{J}$	$\frac{1{,}25}{72}\,n\,Q\,l^2$	$x = 0{,}5\,l$
	$\frac{10^8}{64} \cdot \frac{Q\,l^3}{E\,J}$	$-\frac{Q\,l}{16}$ bzw. $+\frac{Q\,l}{48}$	$\frac{125}{168} \cdot \frac{Q\,l^3}{J}$	$\frac{1{,}25}{168}\,n\,Q\,l^2$	$x = 0{,}5\,l$
	$\frac{10^8}{192} \cdot \frac{p\,k}{E\,J}$	siehe Seite 233	$\frac{125}{504} \cdot \frac{p\,k}{J}$	$\frac{5}{2016} \cdot \frac{n\,p\,k}{l}$	$k = 5\,l^4 - 4\,a^3\,(3\,l + 2\,b)$
	$2618 \cdot 10^3\,\frac{Q\,l^3}{E\,J}$	siehe Seite 232	$\frac{26{,}18}{21} \cdot \frac{Q\,l^3}{J}$	$\frac{26{,}18}{2100}\,n\,Q\,l^2$	$x = 0{,}525\,l$ von A

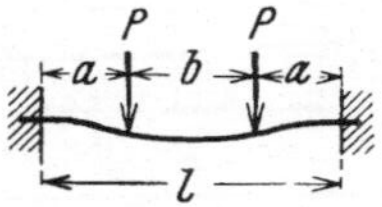 P, P; a, b, a; l	$\frac{10^9}{24} \cdot \frac{P a^2}{E J} (l + 2b)$	siehe Seite 231	$\frac{1250}{63} \cdot \frac{P a^2}{J} (l + 2b)$	$\frac{12{,}5}{63} \cdot \frac{n P a^2}{l} (l + 2b)$	$x = 0{,}5\, l$
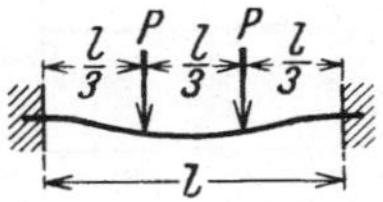 P, P; $\frac{l}{3}$, $\frac{l}{3}$, $\frac{l}{3}$; l	$\frac{5 \cdot 10^9}{648} \cdot \frac{P l^3}{E J}$	$-\frac{2}{9} P l$ bzw. $\frac{P l}{9}$	$\frac{6250}{1701} \cdot \frac{P l^3}{J}$	$\frac{62{,}5}{1701} n P l^2$	$x = 0{,}5\, l$
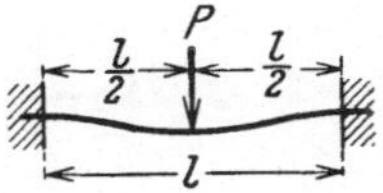 P; $\frac{l}{2}$, $\frac{l}{2}$; l	$\frac{10^9}{192} \cdot \frac{P l^3}{E J}$	$-\frac{P l}{8}$ bzw. $+\frac{P l}{8}$	$\frac{625}{252} \cdot \frac{P l^3}{J}$	$\frac{6{,}25}{252} n P l^2$	Biegelinie: $y = \frac{10^9 P x^2}{48 E J} (3 l - 4 x)$
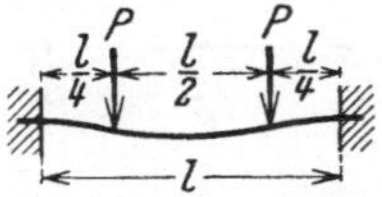 P, P; $\frac{l}{4}$, $\frac{l}{2}$, $\frac{l}{4}$; l	$\frac{10^9}{192} \cdot \frac{P l^3}{E J}$	$-\frac{3}{16} P l$ bzw. $+\frac{1}{16} P l$	$\frac{625}{252} \cdot \frac{P l^3}{J}$	$\frac{6{,}25}{252} n P l^2$	$x = 0{,}5\, l$
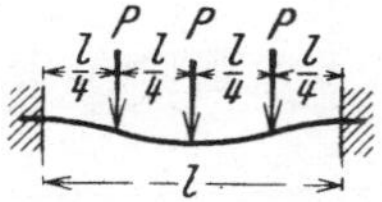 P, P, P; $\frac{l}{4}$, $\frac{l}{4}$, $\frac{l}{4}$, $\frac{l}{4}$; l	$\frac{10^9}{96} \cdot \frac{P l^3}{E J}$	$-\frac{5}{16} P l$ bzw. $+\frac{3}{16} P l$	$\frac{625}{126} \cdot \frac{P l^3}{J}$	$\frac{6{,}25}{126} n P l^2$	$x = 0{,}5\, l$
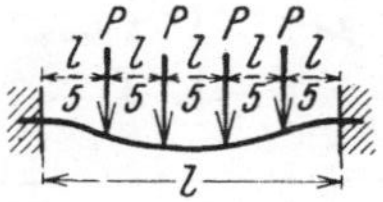 P, P, P, P; $\frac{l}{5}$, $\frac{l}{5}$, $\frac{l}{5}$, $\frac{l}{5}$, $\frac{l}{5}$; l	$13 \cdot 10^6 \frac{P l^3}{E J}$	$-\frac{2}{5} P l$ bzw. $+\frac{1}{5} P l$	$\frac{130}{21} \cdot \frac{P l^3}{J}$	$\frac{1{,}3}{21} n P l^2$	$x = 0{,}5\, l$
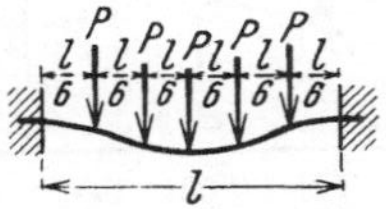 P, P, P, P, P; $\frac{l}{6}$, $\frac{l}{6}$, $\frac{l}{6}$, $\frac{l}{6}$, $\frac{l}{6}$, $\frac{l}{6}$; l	$\frac{10^9}{64} \cdot \frac{P l^3}{E J}$	$-\frac{35}{72} P l$ bzw. $+\frac{19}{72} P l$	$\frac{625}{84} \cdot \frac{P l^3}{J}$	$\frac{6{,}25}{84} n P l^2$	$x = 0{,}5\, l$

y ist der Abstand der Balkenachse von der Wagerechten durch die Auflagerpunkte.

Lasten in t. Durchbiegung. f in cm. Längen in m.

Belastungsfall (Abb. 430 bis 444)	Durchbiegung f in cm	Biegungs-moment	Für $E = 2100000$ kg/cm² ist f in cm	Für $E = 2100000$ kg/cm² ist J_{erf} in cm⁴	Bemerkungen
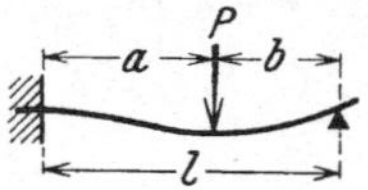	$\frac{10^9}{12} \cdot \frac{P\,k}{E\,J}$	siehe Seite 233	$\frac{2500}{63} \cdot \frac{P\,k}{J}$	$\frac{25}{63} \cdot \frac{n\,P\,k}{l}$	$k = \frac{a^3 b^2}{l^3}(3\,l + b)$ $x = b$ von B
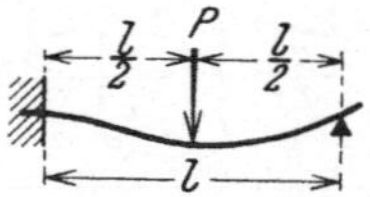	$\frac{7 \cdot 10^9}{768} \cdot \frac{P\,l^3}{E\,J}$	$-\frac{3}{16} P\,l$ bzw. $+\frac{5}{32} P\,l$	$\frac{625}{144} \cdot \frac{P\,l^3}{J}$	$\frac{25}{576} n\,P\,l^2$	$x = \frac{l}{2}$
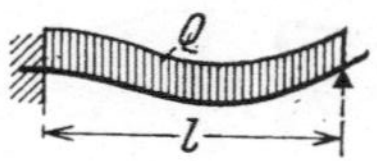	$\frac{10^9}{185} \cdot \frac{Q\,l^3}{E\,J}$	$-\frac{Q\,l}{8}$ bzw. $+\frac{9}{128} Q\,l$	$\frac{2000}{777} \cdot \frac{Q\,l^3}{J}$	$\frac{20}{777} n\,Q\,l^2$	Biegelinie: $y = \frac{10^9 Q}{48\,l\,E\,J}(3\,l^2 x^2 - 5\,l\,x^3 + 2\,x^4)$ x von links
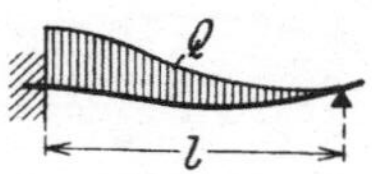	$\frac{4 \cdot 10^9}{375\sqrt{5}} \cdot \frac{Q\,l^3}{E\,J}$	$-\frac{2}{15} Q\,l$ bzw. $+ 0{,}0596\,Q\,l$	$\frac{47{,}7}{21} \cdot \frac{Q\,l^3}{J}$	$\frac{0{,}477}{21} n\,Q\,l^2$	Biegelinie: $y = \frac{10^8 Q}{6\,l^2 E\,J}(x^5 - 2\,l^2 x^3 + l^4 x)$ x von rechts $x_m = \frac{l}{\sqrt{5}}$
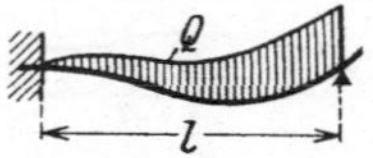	$10^5 \cdot 61 \frac{Q\,l^3}{E\,J}$	siehe Seite 235	$\frac{61}{21} \cdot \frac{Q\,l^3}{J}$	$\frac{0{,}61}{21} n\,Q\,l^2$	$x = 0{,}599\,l$ von links

Durchbiegung am freien Balkenende $= f$ in cm.

Belastungsfall	Durchbiegung f in cm	Biegungs-moment	f in cm	J_{erf} in cm⁴	Bemerkungen
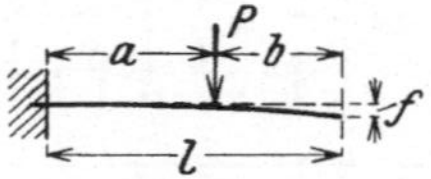	$\frac{10^9}{6} \cdot \frac{P\,k}{E\,J}$	$-P\,a$	$\frac{5000}{63} \cdot \frac{P\,k}{J}$	$\frac{50}{63} \cdot \frac{n\,P\,k}{l}$	$k = a^2(2\,l + b)$
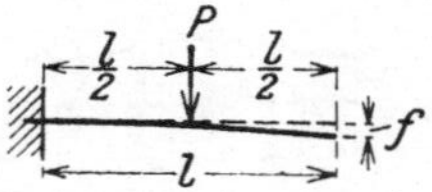	$\frac{5 \cdot 10^9}{48} \cdot \frac{P\,l^3}{E\,J}$	$-\frac{P\,l}{2}$	$\frac{3125}{63} \cdot \frac{P\,l^3}{J}$	$\frac{31{,}25}{63} n\,P\,l^2$	

P; l; f	$\frac{10^9}{3}\cdot\frac{P l^3}{E J}$	$-P l$	$\frac{10^4}{63}\cdot\frac{P l^3}{J}$	$\frac{100}{63} n P l^2$	Biegelinie: $y=\frac{10^9 P x}{6 E J}(3 l^2-x^2)$
P, P; a, a; l; f	$\frac{10^9}{6}\cdot\frac{P l k}{E J}$	$-P l$	$\frac{5000}{63}\cdot\frac{P l k}{J}$	$\frac{50}{63} n P k$	$k=2 l^2-3 a(l-a)$
P, P; $\frac{l}{3}$, $\frac{l}{3}$, $\frac{l}{3}$; l; f	$\frac{2\cdot 10^9}{9}\cdot\frac{P l^3}{E J}$	$-P l$	$\frac{2\cdot 10^4}{189}\cdot\frac{P l^3}{J}$	$\frac{200}{189} n P l^2$	
P, $\frac{P}{2}$; $\frac{l}{2}$, $\frac{l}{2}$; l; f	$\frac{13\cdot 10^9}{48}\cdot\frac{P l^3}{E J}$	$-P l$	$\frac{8125}{63}\cdot\frac{P l^3}{J}$	$\frac{81{,}25}{63} n P l^2$	
a, b; Q; l; f	$\frac{10^9}{12}\cdot\frac{Q k}{E J}$	$-\frac{Q}{2}(l+a)$	$\frac{2500}{63}\cdot\frac{Q k}{J}$	$\frac{25}{63}\cdot\frac{n Q k}{l}$	$p b=Q$ $k=3 a l^2+l^3+\frac{b^3}{2}$
b, c; Q; l; f	$\frac{10^9}{24}\cdot\frac{Q k}{E J}$	$-\frac{Q b}{2}$	$\frac{1250}{63}\cdot\frac{Q k}{J}$	$\frac{12{,}5}{63}\cdot\frac{n Q k}{l}$	$k=b^2(3 l+c)$
a, b, c; Q; l; f	$\frac{10^9}{24}\cdot\frac{Q k}{b E J}$	$-\frac{Q}{2}(2 a+b)$	$\frac{1250}{63}\cdot\frac{Q k}{b J}$	$\frac{12{,}5}{63}\cdot\frac{n Q k}{l b}$	$k=(3 l+c)(a+b)^3-a^3(4 l-a)$
Q; l; f	$\frac{10^9}{8}\cdot\frac{Q l^3}{E J}$	$-\frac{Q l}{2}$	$\frac{1250}{21}\cdot\frac{Q l^3}{J}$	$\frac{12{,}5}{21} n Q l^2$	Biegelinie: $y=\frac{10^9 Q x}{24 E J l}(4 l^3-x^3)$

y ist der Abstand der Balkenachse von der Wagerechten durch die Auflagerpunkte.

Hauptformel zur Bestimmung von Berechnungsformeln zur Bemessung doppelt bewehrter Eisenbeton-Rechteckquerschnitte.

Es sei: σ_e die zulässige Beanspruchung des Eisens in kg/cm²,
σ_b die zulässige Beanspruchung des Betons in kg/cm²,
f_e der Querschnitt der Zugeisen in cm²,

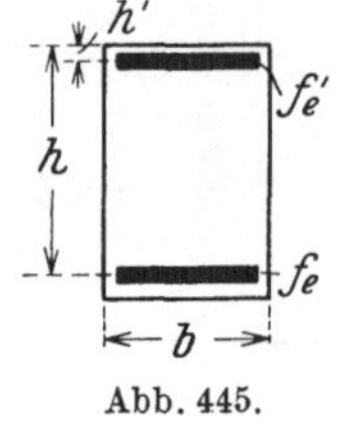

Abb. 445.

$f_e = t\sqrt{M \cdot b} = bt\sqrt{M:b} = t_1 b h$,
f'_e der Querschnitt der Druckeisen, $f'_e = \varphi f_e$,
$h = r\sqrt{M:b}$, M in mkg, b in m.
h' der Abstand der Druckeisen von Balkenoberkante,
$e' = 1 - \frac{n\sigma_b}{3(\sigma_e + n\sigma_b)}$. $n = \frac{E_e}{E_b}$.
$\gamma = \sigma_e : \sigma_b$. $\varepsilon = h:h'$.

Für die veränderlichen Werte von γ, ε und φ lassen sich r und t nach folgenden Hauptformeln bestimmen:

$$r = \sqrt{\frac{6}{\sigma_e} \cdot \frac{(n+\gamma)^2[\gamma(\varepsilon+\varphi) + n\varphi(1-\varepsilon)]}{n\varepsilon(2n+3\gamma)}}.$$

Für $n = 15$ ist:

$$r = \sqrt{\frac{2}{\sigma_e} \cdot \frac{(15+\gamma)^2[\gamma(\varepsilon+\varphi) + 15\varphi(1-\varepsilon)]}{15\varepsilon(10+\gamma)}}.$$

$$t = \frac{100}{\sigma_e e' r} \quad \text{und} \quad t_1 = \frac{t}{r}.$$

Beispiel. Für $\sigma_b = 40$ kg/cm², $\sigma_e = 1200$ kg/cm², also $\gamma = 30$ ist:

$$r = \sqrt{\frac{45^2 \cdot 15}{40^2 \cdot 15^2} \cdot \frac{2(\varepsilon+\varphi)+\varphi(1-\varepsilon)}{\varepsilon}} \quad \text{d. i.} \quad r = \sqrt{\frac{9^2 \cdot 5^2}{8^2 \cdot 15 \cdot 5^2} \cdot \frac{2(\varepsilon+\varphi)+\varphi(1-\varepsilon)}{\varepsilon}}$$

d. i. $$r = \frac{9}{8\sqrt{15}}\sqrt{\frac{2(\varepsilon+\varphi)+\varphi(1-\varepsilon)}{\varepsilon}} = 0{,}2904725\sqrt{R};$$

worin $R = \frac{2(\varepsilon+\varphi)+\varphi(1-\varepsilon)}{\varepsilon}$, $e' = \frac{8}{9}$; $t = \frac{3}{32r} = \frac{0{,}09375}{r}$. Es ist also kurz $r = c\sqrt{R}$; $c = 0{,}2904725$. Angenommen, die Druckeisen liegen in $\frac{1}{14} \cdot h$, d. i. $\varepsilon = 14$, dann ist: $r = c\sqrt{\frac{28 - 11\varphi}{14}}$. Setzt man die veränderlichen Werte von φ hier ein, dann ist für diese Spannungen ohne große Mühe in kurzer Zeit eine ganze Tabelle aufgestellt. Es ist beispielsweise

für $\varphi = 0$: $r = 0{,}2904725\sqrt{2} = 0{,}411$; $t = \frac{0{,}09375}{0{,}411} = 0{,}228$; $t_1 = \frac{0{,}228}{0{,}411} = 0{,}555$,

„ $\varphi = 1$: $r = 0{,}2904725\sqrt{\frac{17}{14}} = 0{,}320$; $t = \frac{0{,}09375}{0{,}320} = 0{,}293$; $t_1 = \frac{0{,}293}{0{,}320} = 0{,}916$.

Doppelt bewehrte Rechteckquerschnitte.

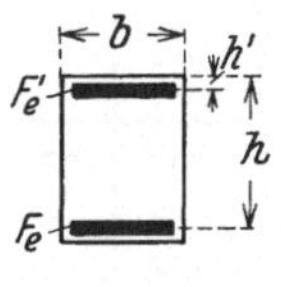

Abb. 446.

Die obere Reihe enthält die Werte $10^3 r$, die untere Reihe die Werte $10^3 t$.

$$h = r\sqrt{M:b}. \qquad F_e = t\sqrt{Mb} = bt\sqrt{M:b}.$$

$$F_e' = \varphi F_e. \qquad h' = \frac{h}{14}.$$

σ_b	σ_e	Werte für φ											σ_e	σ_b
		0	0,1	0,2	0,3	0,4	0,5	0,6	0,7	0,8	0,9	1,0		
35	750	401	389	377	365	352	338	324	309	294	278	260	750	35
		385	397	410	424	440	457	477	500	526	557	594		
	1000	433	424	415	405	395	385	375	365	354	343	331	1000	
		261	266	272	279	286	293	301	310	319	330	341		
40	800	369	357	345	333	320	306	292	277	261	244	226	800	40
		395	408	423	439	456	477	500	527	559	598	646		
	1000	390	381	371	361	350	340	329	317	305	293	280	1000	
		293	300	308	317	326	337	348	360	374	390	408		
	1200	411	403	394	386	377	368	359	350	340	330	320	1200	
		228	233	238	243	249	255	261	268	276	284	293		
	1250	416	408	400	392	383	375	366	357	348	339	329	1250	
		216	220	224	229	234	239	245	251	258	265	273		
	1500	440	433	426	420	412	405	398	391	383	376	368	1500	
		168	170	173	176	179	182	185	188	192	196	200		
45	1000	357	347	337	326	315	303	292	279	266	252	238	1000	45
		324	333	343	355	367	381	396	414	434	458	485		
	1200	375	366	357	348	339	330	320	310	300	289	278	1200	
		253	259	265	272	279	287	296	306	316	328	341		
	1250	379	371	362	354	345	336	326	317	307	297	286	1250	
		239	244	250	256	263	270	278	286	295	305	317		
	1500	400	393	386	378	371	363	356	348	340	332	323	1500	
		186	189	193	197	201	205	209	214	219	224	230		
50	1000	330	320	309	297	286	274	261	248	233	218	202	1000	50
		354	365	378	392	408	426	447	471	500	535	577		
	1200	345	337	327	318	308	298	288	277	266	254	242	1200	
		277	284	292	301	310	321	332	345	359	376	395		
	1500	367	360	353	345	337	329	321	313	304	295	286	1500	
		204	208	213	217	222	228	234	240	246	254	262		
55	1000	308	297	286	274	262	249	235	221	205	188	170	1000	55
		383	397	412	430	450	474	501	534	574	625	692		
	1200	321	312	303	293	283	272	261	250	238	225	212	1200	
		300	309	319	329	341	355	369	386	406	429	456		
	1500	341	333	326	318	310	301	293	284	275	265	255	1500	
		222	227	232	238	244	251	258	267	275	285	296		
60	1000	289	278	266	254	241	227	213	197	180	162	140	1000	60
		411	427	446	468	493	523	558	602	659	735	846		
	1200	302	292	282	272	261	250	238	226	213	199	184	1200	
		322	333	345	358	373	389	408	430	456	488	527		
	1500	319	311	303	295	296	277	268	259	249	239	229	1500	
		239	245	252	259	266	275	284	294	306	319	333		

σ_b	σ_e	Werte für φ											σ_e	σ_b
		0	0,1	0,2	0,3	0,4	0,5	0,6	0,7	0,8	0,9	1,0		
65	1200	284	274	264	253	242	231	218	205	191	176	160	1200	65
		345	357	371	387	405	425	449	477	512	556	613		
	1300	289	280	271	261	251	240	229	217	205	191	177	1300	
		310	320	332	344	358	374	392	413	439	469	506		
	1500	300	292	283	275	266	257	247	238	227	216	205	1500	
		256	263	271	279	289	299	310	323	338	355	374		
70	1200	269	259	249	237	226	214	201	187	172	155	137	1200	70
		367	381	397	416	437	462	492	528	574	635	720		
	1400	279	270	261	251	242	231	221	209	197	184	171	1400	
		299	309	319	332	345	360	378	398	423	452	488		
	1500	284	275	267	258	249	239	229	219	208	196	184	1500	
		272	281	290	300	311	323	337	353	372	394	420		

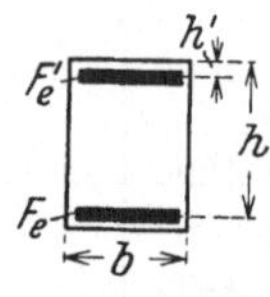

Abb. 447.

Doppelt bewehrte Rechteckquerschnitte.

50 : 1200

$$h = r\sqrt{M:b}. \qquad F_e = t\sqrt{M b} = b t\sqrt{M:b}.$$

$$x = \tfrac{5}{13}\,h; \qquad e = \tfrac{34}{39}\,h.$$

$\frac{h'}{h}$	$F_e:F_e'$										$\frac{h'}{h}$
	1 : 0,1	1 : 0,2	1 : 0,3	1 : 0,4	1 : 0,5	1 : 0,6	1 : 0,7	1 : 0,8	1 : 0,9	1 : 1	
	$10^3 r$ $10^3 t$	$10^3 r$ $10^3 t$	$10^3 r$ $10^3 t$	$10^3 r$ $10^3 t$	$10^3 r$ $10^3 t$	$10^3 r$ $10^3 t$	$10^3 r$ $10^3 t$	$10^3 r$ $10^3 t$	$10^3 r$ $10^3 t$	$10^3 r$ $10^3 t$	
$\frac{1}{8}$	338	331	323	315	307	298	290	281	272	263	$\frac{1}{8}$
	283	289	296	304	311	320	330	340	351	364	
$\frac{1}{9}$	338	330	322	313	305	296	287	277	268	257	$\frac{1}{9}$
	283	290	297	305	314	323	333	345	357	371	
$\frac{1}{10}$	337	329	321	312	303	294	284	274	264	253	$\frac{1}{10}$
	283	291	298	307	316	326	337	349	362	377	
$\frac{1}{12}$	337	328	319	310	300	290	280	269	258	247	$\frac{1}{12}$
	284	291	300	309	318	329	341	355	370	387	
$\frac{1}{14}$	337	327	318	308	298	288	277	266	254	242	$\frac{1}{14}$
	284	292	301	310	321	332	345	359	376	395	
$\frac{1}{16}$	336	327	317	307	297	286	275	263	251	238	$\frac{1}{16}$
	284	293	301	311	322	334	348	363	381	401	
$\frac{1}{20}$	336	326	316	306	295	284	272	260	247	233	$\frac{1}{20}$
	285	293	303	313	324	337	352	368	387	410	
$\frac{1}{24}$	336	326	315	305	293	282	270	257	244	230	$\frac{1}{24}$
	285	294	303	314	326	339	354	372	392	415	
$\frac{1}{28}$	336	325	315	304	292	281	268	255	242	227	$\frac{1}{28}$
	285	294	304	315	327	341	356	374	395	421	
$\frac{1}{32}$	335	325	314	303	292	280	267	254	240	225	$\frac{1}{32}$
	285	294	304	315	328	342	358	376	398	424	

Einfach bewehrte Rechteckquerschnitte.

Für diese gilt, wenn $n = 15$, M in mkg und b in m eingesetzt werden, allgemein:

$$r = \frac{\sqrt{2}\,(\sigma_e + 15\,\sigma_b)}{\sigma_b\sqrt{15\,(\sigma_e + 10\,\sigma_b)}} \quad \text{d. i.} \quad \boldsymbol{r} = \frac{0{,}365\,143\,(\sigma_e + 15\,\sigma_b)}{\sigma_b\sqrt{\sigma_e + 10\,\sigma_b}}.$$

$$t = \frac{100\,(\sigma_e + 15\,\sigma_b)}{r\,\sigma_e\,(\sigma_e + 10\,\sigma_b)} \quad \text{d. i.} \quad \boldsymbol{t} = \frac{273{,}865\,\sigma_b}{\sigma_e\sqrt{\sigma_e + 10\,\sigma_b}}.$$

σ_b	$\sigma_e = 1200$			$\sigma_e = 1500$			$\sigma_e = 1000$			σ_b
	$10^3 r$	$10^3 t$	$10^3 e$	$10^3 r$	$10^3 t$	$10^3 e$	$10^3 r$	$10^3 t$	$10^3 e$	
15	944	093	947	1034	067	957	880	121	939	15
16	891	099	944	975	072	954	831	128	935	16
17	844	105	942	922	076	952	788	136	932	17
18	802	111	939	876	080	949	751	143	929	18
19	765	116	936	834	084	947	716	151	926	19
20	732	122	933	797	090	944	686	159	923	20
21	702	128	931	763	093	942	657	165	920	21
22	674	133	928	732	097	940	632	173	917	22
23	649	139	926	704	101	938	610	179	914	23
24	626	144	923	678	105	935	588	187	912	24
25	604	150	920	654	109	933	568	194	909	25
26	584	155	918	633	113	931	550	200	907	26
27	566	161	916	612	117	929	532	207	904	27
28	550	166	914	593	121	927	518	214	901	28
29	533	171	911	576	125	925	504	221	899	29
30	517	177	909	559	129	923	490	228	897	30
31	505	182	907	544	133	921	477	234	894	31
32	492	187	905	530	137	919	464	242	892	32
33	480	193	903	516	141	917	453	248	890	33
34	470	197	901	503	145	915	443	254	887	34
35	458	202	899	491	149	914	433	261	885	35
36	447	208	897	480	152	912	423	267	883	36
37	437	213	895	469	156	910	414	273	881	37
38	429	218	893	459	160	908	406	280	879	38
39	419	223	891	449	164	906	398	286	877	39
40	411	228	889	440	168	905	390	293	875	40
41	403	233	887	431	171	903	383	299	873	41
42	395	238	885	423	175	901	376	306	871	42
43	388	243	884	415	179	900	370	310	869	43
44	381	248	882	407	182	898	363	317	867	44
45	375	253	880	400	186	897	357	324	866	45
46	368	258	878	393	190	895	351	330	864	46
47	362	263	877	386	194	893	346	335	862	47
48	356	268	875	380	197	892	340	341	860	48
49	350	273	873	373	200	890	335	347	859	49
50	345	277	872	367	204	889	330	354	857	50

$$x = 3\,h\,(1 - e)$$

σ_b	$\sigma_e = 1200$ $10^3 r$	$10^3 t$	$10^3 e$	$\sigma_e = 1500$ $10^3 r$	$10^3 t$	$10^3 e$
51	340	282	870	362	208	887
52	335	286	869	356	211	886
53	331	291	867	351	215	885
54	326	295	866	346	218	883
55	321	300	864	341	222	882
56	317	305	863	336	225	880
57	313	309	861	332	228	879
58	309	314	860	327	232	878
59	305	318	859	323	236	876
60	302	322	857	319	239	875
61	298	327	856	315	242	874
62	294	332	854	311	246	872
63	291	336	853	307	249	871
64	287	341	852	303	253	870
65	284	345	851	300	256	869
66	281	349	849	296	260	867
67	278	354	848	293	263	866
68	275	358	847	290	266	865
69	272	362	846	287	269	864
70	269	367	844	284	272	863

$10^3 r$	$10^3 t$	σ_e	σ_b
463	192	1250	35
452	197		36
443	201		37
433	206		38
424	211		39
416	216		40
408	220		41
400	225		42
393	230		43
386	234		44
379	239		45
515	241	900	27
475	263		30
380	337		40
322	407		50
367	397	800	40
339	435		45
314	475		50

$$x = 3h(1 - e)$$

Trägheitsmoment von Plattenbalken.

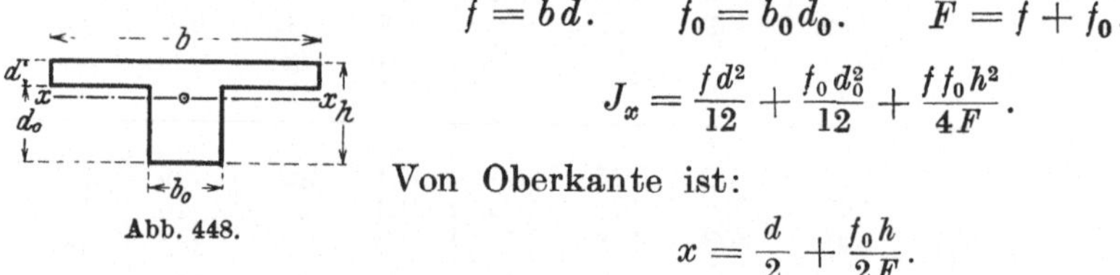

Abb. 448.

$$f = bd. \qquad f_0 = b_0 d_0. \qquad F = f + f_0.$$

$$J_x = \frac{f d^2}{12} + \frac{f_0 d_0^2}{12} + \frac{f f_0 h^2}{4F}.$$

Von Oberkante ist:

$$x = \frac{d}{2} + \frac{f_0 h}{2F}.$$

Pfahlrammung.

Nach der **Rammformel von Redtenbacher** ist das Tragvermögen des Pfahls vor dem Einsinken:

$$T = F\left[-\frac{eE}{l} + \sqrt{\frac{2E}{Fl}\cdot\frac{Q^2 h}{Q+q} + \left(\frac{eE}{l}\right)^2}\right].$$

Hierin haben die einzelnen Buchstaben die weiter unten angegebene Bedeutung, doch sind hier alle Längen in mm, alle Kräfte und Gewichte in kg und F in mm² einzusetzen.

Da die Eindringung des Pfahls eine Funktion der Fallhöhe h ist, soll obige Formel nach e aufgelöst werden. Es ist:

$$\left(\frac{T}{F} + \frac{eE}{l}\right)^2 = \frac{2E}{Fl} \cdot \frac{Q^2 h}{Q+q} + \left(\frac{eE}{l}\right)^2;$$

$$\frac{T^2}{F} + \frac{2eET}{l} = \frac{2E}{l} \cdot \frac{Q^2 h}{Q+q}; \qquad \frac{T^2}{F} = \frac{2E}{l}\left(\frac{Q^2 h}{Q+q} - Te\right);$$

$$\frac{T^2 l}{2EF} = \frac{Q^2 h}{Q+q} - Te;$$

$$\boldsymbol{e = \frac{Q^2 h}{T(Q+q)} - \frac{Tl}{2EF}}.$$

Es sei nun im folgenden:

T = Tragkraft des Pfahls vor dem Einsinken
Q = Gewicht des Rammbären } in t,
q = „ „ Pfahls

l = Länge des Pfahls } in m,
h = Fallhöhe des Rammbären

e = Eindringungstiefe beim letzten Schlag **in mm**,
E = Elastizitätsmodul des Pfahlmaterials in kg/cm².

Ferner sei:

F = oberer Pfahlquerschnitt in cm²,
σ = zulässige Beanspruchung des Materials über den Pfahlköpfen in kg/cm²,
P = die dem Pfahl zugewiesene Last in t bzw. $= 0{,}001\, F\sigma$,
n = Sicherheitsfaktor; $Pn = T$,

$$k_1 = \frac{Q^2}{Q+q} \text{ und } k = k_1 h = \frac{Q^2 h}{Q+q}.$$

I. Holzpfähle.

(Elastizitätsmodul für Holz = 1200 kg/mm².)

$$e_{\mathrm{mm}} = \frac{1000\, k_1 h}{Pn} - \frac{\sigma n l}{240}.$$

Für $n = 3{,}5$ und $\sigma = 30$ kg/cm² ist:

$$\boldsymbol{e_{\mathrm{mm}} = \frac{2000\, k_1 h}{7P} - 0{,}4375\, l}.$$

Weiter ist allgemein:

$$\boldsymbol{T = -ae + \sqrt{a^2 e^2 + ck}}.$$

Die Werte a, a^2 und c sind für Holzpfähle mit 25 bis 40 cm oberem Durchmesser und 5 bis 18 m Länge der folgenden Tabelle zu entnehmen.

Tabelle für Holzpfähle.

Oberer Durchmesser cm	Pfahllänge m	Oberer Querschnitt cm²	Mittlerer Durchmesser cm	Pfahlgewicht für $s=900\ kg/m^3$ in t	a	a^2		Pfahllänge m	Oberer Durchmesser cm
	5	491	22,0	0,171	11,784	138,863	23568	5	
25	6	491	21,4	0,194	9,820	96,432	19640	6	25
	7	491	20,8	0,214	8,417	70,846	16834	7	
	5	531	23,0	0,187	12,744	162,410	25488	5	
26	6	531	22,4	0,213	10,620	112,784	21240	6	26
	7	531	21,8	0,235	9,103	82,865	18206	7	
	6	573	23,4	0,232	11,460	131,332	22920	6	
27	7	573	22,8	0,257	9,823	96,491	19646	7	27
	8	573	22,2	0,279	8,595	73,874	17190	8	
	7	616	23,8	0,280	10,560	111,514	21120	7	
28	8	616	23,2	0,305	9,240	85,378	18480	8	28
	9	616	22,6	0,325	8,213	67,453	16426	9	
	7	661	24,8	0,304	11,331	128,392	22662	7	
29	8	661	24,2	0,331	9,915	98,307	19830	8	29
	9	661	23,6	0,351	8,813	77,669	17626	9	
	8	707	25,2	0,359	10,605	112,466	21210	8	
30	9	707	24,6	0,385	9,427	88,868	18854	9	30
	10	707	24,0	0,407	8,484	71,978	16968	10	
	8	755	26,2	0,388	11,325	128,256	22650	8	
31	9	755	25,6	0,417	10,067	101,344	20134	9	31
	10	755	25,0	0,442	9,060	82,084	18120	10	
	9	804	26,6	0,450	10,720	111,702	21440	9	
32	10	804	26,0	0,478	9,648	93,084	19296	10	32
	11	804	25,4	0,502	8,770	76,913	17540	11	
	10	855	27,0	0,516	10,260	105,268	20520	10	
33	11	855	26,4	0,542	9,327	86,993	18654	11	33
	12	855	25,8	0,565	8,550	73,103	17100	12	
	11	908	27,4	0,584	9,905	98,109	19810	11	
34	12	908	26,8	0,609	9,080	82,446	18160	12	34
	13	908	26,2	0,631	8,382	70,258	16764	13	
	12	962	27,8	0,656	9,620	92,544	19240	12	
35	13	962	27,2	0,680	8,880	78,854	17760	13	35
	14	962	26,6	0,701	8,246	67,997	16492	14	
	12	1018	28,8	0,703	10,180	103,632	20360	12	
36	13	1018	28,2	0,731	9,397	88,304	18794	13	36
	14	1018	27,6	0,753	8,726	76,143	17452	14	
	14	1134	29,6	0,867	9,720	94,478	19440	14	
38	15	1134	29,0	0,892	9,072	82,301	18144	15	38
	16	1134	28,4	0,912	8,505	72,335	17010	16	
	15	1257	31,0	1,019	10,056	101,123	20112	15	
40	16	1257	30,4	1,045	9,428	88,887	18856	16	40
	18	1257	29,2	1,085	8,380	70,224	16760	18	

Beispiele. 1. Ein Großwohnhaus muß auf 9 m langen Pfählen fundiert werden. Zur Verwendung gelangen Holzpfähle mit 28 cm oberem Durchmesser und ein Rammbär im Gewicht von 600 kg. Die zulässige Pfahllast ist:

$$_{\max}P = 0{,}001\,F\sigma; \quad _{\max}P = 0{,}616 \cdot 30 = \sim 18{,}5\ \text{t}.$$

Diese Last erfordert bei 3,5facher Sicherheit aus 1,40 m Fallhöhe beim letzten Schlag folgende Eindringungstiefe:

$$e_{\text{mm}} = \frac{2000\,k_1 h}{7P} - 0{,}4375\,l. \qquad k_1 = \frac{Q^2}{Q+q} = \frac{0{,}6^2}{0{,}6+0{,}325} = 0{,}389.$$

$$e_{\text{mm}} = \frac{2 \cdot 389 \cdot 1{,}40}{7 \cdot 18{,}5} - 0{,}4375 \cdot 9 = 8{,}4108 - 3{,}9375 = 4{,}4733 = \sim 4{,}5\ \text{mm}.$$

2. Die nach vorstehenden Rammbedingungen geschlagenen Probepfähle ergaben in der letzten Hitze (10 Schläge) eine Eindringungstiefe von 6 cm. Mit wieviel t dürfen die Pfähle unter Beibehaltung einer 3,5fachen Sicherheit belastet werden?

Lösung:

$$T = -ae + \sqrt{a^2 e^2 + ck}. \quad k = k_1 h = 0{,}389 \cdot 1{,}4 = 0{,}545.$$

$$3{,}5\,P = -8{,}2 \cdot 6 + \sqrt{49{,}2^2 + 16426 \cdot 0{,}545}.$$

$$3{,}5\,P = -49{,}2 + \sqrt{11372{,}8} = -49{,}2 + 106{,}6 = 57{,}4\ \text{t}.$$

$$P = \frac{57{,}4}{3{,}5} = 16{,}4\,\text{t}.$$

3. Wie groß würde der Sicherheitsgrad n sein, wenn bei der Eindringung von 6 cm pro Hitze die Last $_{\max}P = 18{,}5$ t bleiben würde?

Lösung: $$n = \frac{57{,}4}{18{,}5} = 3{,}10.$$

II. Eisenbetonpfähle.

(Elastizitätsmodul = 1400 kg/mm².)

$$e_{\text{mm}} = \frac{1000\,k_1 h}{Pn} - \frac{\sigma n l}{280}. \qquad k_1 = \frac{Q^2}{Q+q}.$$

Für $n = 3{,}5$ und $\sigma = 35$ kg/cm² ist:

$$e_{\text{mm}} = \frac{2000\,k_1 h}{7P} - 0{,}4375\,l.$$

Für einen Querschnitt $F = 34 \cdot 34$ cm ist:

$$\boldsymbol{e_{\text{mm}} = 7{,}0616\,k_1 h - 0{,}4375\,l.}$$

Für Pfähle mit $F = 34 \cdot 34$ cm in Längen von 6 bis 16 m und für Bärgewichte von 1,50 bis 3,00 t ist e für alle Fallhöhen mit Hilfe der folgenden Tabelle leicht zu ermitteln.

Tabelle für Eisenbetonpfähle 34 · 34 cm.

Lg. m	Bärgewichte in t 1,5	1,6	1,7	1,8	1,9	2,0	2,1	2,2	2,3	2,4	2,5	2,6	2,7	2,8	2,9	3,0	Abzug β	q t	Lg. m
6	5,02	5,54	6,07	6,60	7,15	7,70	8,27	8,84	9,42	10,01	10,60	11,19	11,79	12,40	13,01	13,62	2,63	1,67	6
7	4,62	5,10	5,60	6,11	6,64	7,15	7,71	8,25	8,81	9,37	9,94	10,51	11,09	11,68	12,27	12,86	3,06	1,94	7
8	4,27	4,73	5,21	5,69	6,19	6,69	7,21	7,73	8,27	8,80	9,35	9,90	10,46	11,03	11,60	12,18	3,50	2,22	8
9	3,98	4,41	4,86	5,32	5,80	6,28	6,77	7,28	7,79	8,31	8,83	9,37	9,91	10,45	11,00	11,56	3,94	2,50	9
10	3,72	4,13	4,56	5,00	5,45	5,91	6,39	6,87	7,36	7,86	8,37	8,88	9,41	9,93	10,47	11,00	4,38	2,77	10
11	3,49	3,89	4,29	4,72	5,15	5,58	6,05	6,51	6,98	7,46	7,95	8,45	8,95	9,46	9,98	10,50	4,81	3,05	11
12		3,67	4,06	4,46	4,88	5,29	5,74	6,18	6,64	7,10	7,57	8,05	8,54	9,03	9,53	10,04	5,25	3,33	12
13			3,85	4,23	4,63	5,04	5,46	5,89	6,32	6,77	7,23	7,69	8,16	8,64	9,13	9,62	5,68	3,60	13
14				4,03	4,41	4,80	5,20	5,62	6,04	6,47	6,91	7,36	7,82	8,28	8,75	9,23	6,13	3,88	14
15					4,21	4,58	4,97	5,37	5,78	6,20	6,63	7,06	7,50	7,95	8,41	8,87	6,56	4,16	15
16						4,39	4,76	5,15	5,54	5,95	6,36	6,78	7,20	7,65	8,09	8,54	7,00	4,44	16

Zahlenwerte α.

Links an der abgetreppten stärkeren Linie ist das Pfahlgewicht ungefähr gleich dem Bärgewicht.

Diese Tabelle gibt für Eisenbetonpfähle $^{34}/_{34}$ von 40 t Traglast in Zentimetern die zulässige Eindringungstiefe e in der letzten Hitze von 10 Schlägen bei 3,5facher Sicherheit nach der Rammformel von Redtenbacher.

In der ersten und letzten Spalte sind die Pfahllängen in Metern angegeben. Von den Zahlenwerten α unter den Bärgewichten ist der in der β-Spalte angegebene Abzug β zu machen; man erhält dann die zulässige Eindringungstiefe e für eine Fallhöhe von $h = 1{,}0$ m.

Bei anderen Fallhöhen h ist der Zahlenwert α mit der Fallhöhe h in Metern zu vervielfachen und dann der Abzug β wie oben zu machen.

Beträgt die Pfahllast nicht 40 t, sondern P t, so ergibt sich die zugehörige Eindringungstiefe e durch folgende Umrechnung:

$$e = \alpha \cdot h \cdot \frac{40}{P} - \beta \cdot \frac{P}{40}.$$

Beispiel: 1. Es wird ein 10,0-m-Pfahl mit 2,5-t-Rammbär bei $h = 1{,}0$-m-Fallhöhe geschlagen. Die größte zulässige Eindringungstiefe e findet man wie folgt: Senkrecht unter dem Bärgewicht 2,5 t entnimmt man aus der wagerechten Reihe für 10-m-Pfähle die Zahl $\alpha = 8{,}37$, hiervon ist der entsprechende Abzug $\beta = 4{,}38$ zu machen; somit zulässige Eindringungstiefe $e = 8{,}37 - 4{,}38 = 3{,}99$ rd. 4 cm in den letzten 10 Schlägen.

2. Bei sonst gleichen Verhältnissen wie unter 1. wird eine Fallhöhe von $h = 1{,}20$ m gewählt. Die Zahl $\alpha = 8{,}37$ ist mit $h = 1{,}20$ zu vervielfachen, also $8{,}37 \cdot 1{,}20 - 4{,}38 = 10{,}05 - 4{,}38 = 5{,}67$ rd. 5,7 cm zulässige Eindringungstiefe.

3. Beträgt bei sonst gleichen Verhältnissen wie bei 2. allgemein die Pfahllast 48 t (z. B. Schornsteinfundament), so ergibt sich:

$$e = 8{,}37 \cdot 1{,}20 \cdot \tfrac{40}{48} - 4{,}38 \cdot \tfrac{48}{40} = 3{,}10 \text{ cm}.$$

Weiter ist allgemein:

$$T = -ae + \sqrt{a^2 e^2 + ck}.$$

Hierin bezeichnen wie vor:

e = Eindringungstiefe beim letzten Schlag in mm,

$$k = \frac{Q^2 h}{Q + q}\Big\} \; Q \text{ und } q \text{ in t und } h \text{ in m}.$$

Die Werte a, a^2 und c für Pfahllängen von 6 bis 16 m ergeben sich aus der folgenden Tabelle.

Tabelle
(für Eisenbetonpfähle $^{34}/_{34}$ cm).

Lg. m	a	a^2	c	q	Lg. m
6	27,0	727,6	53947	1,67	6
7	23,1	534,5	46240	1,94	7
8	20,2	409,3	40460	2,22	8
9	18,0	323,4	35964	2,50	9
10	16,2	261,9	32368	2,77	10
11	14,7	216,5	29426	3,05	11
12	13,5	181,9	26974	3,33	12
13	12,4	155,0	24898	3,60	13
14	11,6	133,6	23120	3,88	14
15	10,8	116,4	21578	4,16	15
16	10,1	102,3	20230	4,44	16

Beispiel: Ein 10 m langer Pfahl dringt beim letzten Schlag von einem 2,5 t schweren Rammbären aus 1,10 m Fallhöhe 6 mm ein. Wie groß ist

1. seine Tragfähigkeit P bei einer 3,5fachen Sicherheit,
2. der Sicherheitsgrad n, wenn die vorhandene Pfahllast 40 t beträgt?

Lösung:

1. $$T = -a e + \sqrt{a^2 e^2 + c k}. \qquad k = \frac{Q^2 h}{Q + q} = \frac{2{,}5^2 \cdot 1{,}1}{2{,}5 + 2{,}77} = 1{,}30.$$

$$3{,}5\,P = -16{,}2 \cdot 6 + \sqrt{97{,}2^2 + 32368 \cdot 1{,}3}.$$

$$3{,}5\,P = -97{,}2 + \sqrt{51\,526{,}2} = -97{,}2 + 227{,}0 = 129{,}8\,\text{t}.$$

$$P = \frac{129{,}8}{3{,}5} = 37{,}08 = \sim 37\,\text{t}.$$

2. $$n = \frac{129{,}8}{40} = 3{,}245.$$

Die Rammtabelle nach Brix.

Es ist:

$$\tfrac{1}{2} M_q v^2 = T e.$$

Hierin ist:

$$M_q = \frac{q}{g}, \qquad v = \frac{Q}{Q + q}\sqrt{2 g h},$$

$T = P n =$ Tragfähigkeit in kg,

$e =$ Eindringung beim letzten Schlag in mm.

Weiter ist:

$Q =$ Gewicht des Rammbären in kg,

$q =$ „ „ Pfahls in kg,

$h =$ Fallhöhe des Rammbären in mm,

$n =$ Sicherheitsgrad.

Nach Einsetzung ist:

$$\frac{Q^2 q}{(Q + q)^2} \cdot \frac{h}{e} = P n,$$

oder wenn P, Q und q in t und h in m, aber e in mm eingesetzt und für $\frac{10^3 Q^2 q}{(Q+q)^2}$ kurz k gesetzt wird:

$$Pn = \frac{hk}{e}.$$

Für Eisenbetonpfähle von 34·34cm Querschnitt und 6,0 bis 16,0m Länge und für Bärgewichte von 1,500 bis 3,000 t sind die Werte k in nebenstehender Tabelle zusammengestellt worden. Mit Hilfe dieser Tabelle sind, wie folgende Beispiele zeigen, alle gewünschten Werte leicht zu bestimmen.

Beispiele: a) Ein 10 m langer Pfahl wird für eine Tragfähigkeit von 40 t mit einem Rammbären von 2,5 t aus 1 m Fallhöhe geschlagen. Wie groß darf die Eindringung e beim letzten Schlag sein, wenn eine 3,5fache Sicherheit gefordert wird?

Lösung:

$$e = \frac{kh}{Pn} = \frac{623,4 \cdot 1,0}{40 \cdot 3,5} = 4,45 \text{ mm}.$$

b) Ein 10 m langer Pfahl dringt beim letzten Schlag von einem 2,5 t schweren Rammbären aus 1,10 m Fallhöhe 6 mm ein. Wie groß ist

1. seine Tragfähigkeit P bei einer dreifachen Sicherheit,
2. der Sicherheitsgrad n, wenn die vorhandene Pfahllast 40 t beträgt?

Lösung:

$$1.\quad P = \frac{kh}{ne} = \frac{623,4 \cdot 1,10}{3 \cdot 6} = 38,09 = \sim 38,1 \text{ t}.$$

$$2.\quad n = \frac{kh}{Pe} = \frac{623,4 \cdot 1,10}{40 \cdot 6} = 2,86.$$

Lg.	k-Werte bei einem Gewicht des Rammbären in t																Lg.	q
m	1,5	1,6	1,7	1,8	1,9	2,0	2,1	2,2	2,3	2,4	2,5	2,6	2,7	2,8	2,9	3,0	m	t
6	373,9	399,8	425,0	449,4	473,0	496,0	518,2	539,7	560,5	580,7	600,2	619,2	637,5	655,3	672,5	689,2	6	1,67
7	368,9	396,3	423,2	449,4	475,0	499,9	524,2	547,8	570,9	593,3	615,1	636,3	656,9	677,0	696,5	715,5	7	1,94
8	361,0	389,5	417,5	445,1	472,1	498,6	524,6	550,0	574,8	599,1	622,8	646,0	668,6	690,7	712,2	733,3	8	2,22
9	351,6	380,7	409,6	438,1	466,2	493,8	521,0	547,8	574,0	599,8	625,0	649,8	674,0	697,8	721,0	743,8	9	2,50
10	341,8	371,3	400,6	429,7	458,5	487,1	515,1	542,8	570,1	596,9	623,4	649,3	674,9	700,0	724,6	748,8	10	2,77
11	331,5	361,1	390,7	420,1	449,4	478,4	507,1	535,6	563,7	591,5	618,9	645,9	672,5	698,7	724,5	749,9	11	3,05
12	321,2	350,7	380,4	410,0	439,5	468,9	498,1	527,0	555,8	584,2	612,3	640,2	667,6	694,8	721,5	748,0	12	3,33
13	311,1	340,5	370,0	399,6	429,3	458,8	488,3	517,6	546,7	575,7	604,4	632,8	661,0	688,8	716,4	743,6	13	3,60
14	301,6	330,8	360,1	389,7	419,3	448,9	478,5	508,0	537,4	566,7	595,8	624,6	653,3	681,7	709,9	737,7	14	3,88
15	292,2	321,0	350,1	379,4	408,9	438,5	468,2	497,8	527,3	556,8	586,2	615,4	644,4	673,3	701,9	730,3	15	4,16
16	283,1	311,6	340,4	369,5	398,8	428,2	457,8	487,4	517,0	546,6	576,2	605,6	634,9	664,1	693,1	721,9	16	4,44

Mehrteilige Rahmen. Verfahren zur einfachen Berechnung von mehrstieligen, mehrstöckigen und mehrteiligen geschlossenen Rahmen (Rahmenbalkenträgern). Von Ingenieur Gustav Spiegel. Mit 107 Textabbildungen. VII, 191 Seiten. 1920. RM 7.—

Rahmentafeln. Von Dr. Fukuhei Takabeya, Professor an der Kaiserlichen Hokkaido-Universität Sapporo, Japan. Mit 186 Textabbildungen. VI, 117 Seiten. 1930. RM 16.—; gebunden RM 17.—

Theorie der Rahmenwerke auf neuer Grundlage. Mit Anwendungsbeispielen von Professor Dr.-Ing. L. Mann, Breslau. Mit 76 Textabbildungen. VI, 123 Seiten. 1927. RM 9.—; gebunden RM 10.50

Der elastisch drehbar gestützte Durchlaufbalken (durchlaufende Rahmen). Gebrauchsfertige Zahlen für Einflußlinien und Größtwerte der Momente. Von Dr.-Ing. H. Craemer, Düsseldorf. Mit 7 Textabbildungen und 18 Zahlentafeln. IV, 28 Seiten. 1927. RM 5.10

Räumliche Vieleckrahmen mit eingespannten Füßen unter besonderer Berücksichtigung der Windbelastung. Von Dr.-Ing. Alfred Millies. Mit 53 Textabbildungen. VI, 96 Seiten. 1927. RM 12.—

Berechnung von Rahmenkonstruktionen und statisch unbestimmten Systemen des Eisen- und Eisenbetonbaues. Von Ingenieur P. Ernst Glaser. Mit 112 Textabbildungen. VIII, 132 Seiten. 1919. RM 4.50

Die Berechnung des symmetrischen Stockwerkrahmens mit geneigten und lotrechten Ständern mit Hilfe von Differenzengleichungen. Von Ingenieur Dr. techn. Josef Fritsche, Prag. Mit 17 Abbildungen. VI, 90 Seiten. 1923. RM 4.—

Strenge Untersuchungen am Rhombenfachwerk. Von Privatdozent Dr.-Ing. Paul Christiani, Aachen. Mit 17 Textabbildungen und 18 Zahlentafeln. IV, 52 Seiten. 1929. RM 4.—

Beitrag zur Berechnung statisch unbestimmter Fachwerke. Von Dr. H. Heimann. Mit 20 Abbildungen im Text. IV, 24 Seiten. 1928. RM 2.50

Statik der Tragwerke. Von Professor Dr.-Ing. **Walther Kaufmann**, Hannover. Zweite, ergänzte und verbesserte Auflage. (Handbibliothek für Bauingenieure, IV. Teil, 1. Band.) Mit 368 Textabbildungen. VIII, 322 Seiten. 1930. Gebunden RM 19.50

Die Statik des ebenen Tragwerkes. Von Professor **Martin Grüning**, Hannover. Mit 434 Textabbildungen. VII, 706 Seiten. 1925. Gebunden RM 45.—

Bemessungstafeln für Eisenbetonkonstruktionen. Tafeln zum Ablesen der Momente, der Bewehrungen für einfach und doppelt bewehrte Platten, Balken und Plattenbalken bei Verwendung von gewöhnlichem und hochwertigem Zement und Eisen bezw. Stahl, mit Berücksichtigung der Spannungen im Steg, und Tafeln für das sofortige Ablesen von Stützenquerschnitten und Bewehrungen auch bei Knickgefahr. Von Baurat **Paul Göldel**, Beratendem Ingenieur in Leipzig, IV, 231 Seiten. 1927. Gebunden RM 22.—

Durchlaufende Eisenbetonkonstruktionen in elastischer Verbindung mit den Zwischenstützen (Plattenbalkendecken und Pilzdecken). Einflußlinientafeln und Zahlentafeln für die maximalen Biegungsmomente und Auflagerdrücke infolge ständiger und veränderlicher Belastung unter Berücksichtigung der Stützeneinspannung (Winklersche Zahlen) nebst Anwendungsbeispielen von Baurat Dr.-Ing. **F. Kann**, Wismar. Mit 47 Textabbildungen. V, 72 Seiten. 1926. RM 7.20

Die Berechnung von kreisförmig begrenzten Pilzdecken bei zentralsymmetrischer Belastung. Von Dr.-Ing. **K. Hajnal-Kónyi**. Mit 26 Abbildungen im Text. V, 137 Seiten. 1929. RM 12.—

Die strenge Berechnung von Kreisplatten unter Einzellasten mit Hilfe von krummlinigen Koordinaten und deren Anwendung auf die Pilzdecke. Von Dr.-Ing. **Wilhelm Flügge**. Mit 25 Textabbildungen. V, 55 Seiten. 1928. RM 5.—

Die elastischen Platten. Die Grundlagen und Verfahren zur Berechnung ihrer Formänderungen und Spannungen, sowie die Anwendungen der Theorie der ebenen zweidimensionalen elastischen Systeme auf praktische Aufgaben. Von Professor Dr.-Ing. **A. Nádai**, Göttingen. Mit 187 Abbildungen im Text und 8 Zahlentafeln. VIII, 326 Seiten. 1925. Gebunden RM 24.—

Die Biegung kreissymmetrischer Platten von veränderlicher Dicke. Von Dr.-Ing. **Otto Pichler**. Mit 6 Textabbildungen. IV, 60 Seiten. 1928. RM 4.50

Die Berechnung auf vier Seiten gestützter rechteckiger Platten. Von Dr. **Takashi Inada**, Professor an der Kaiserlichen Kyushu-Universität Fukuoka, Japan. Mit 14 Textabbildungen. II, 17 Seiten. 1930. RM 2.—